इस्पात, लकड़ी व चिनाई की संरचनाएं

STEEL, TIMBER AND MASONRY STRUCTURES

(पोलिटैक्निक विद्यालयों के छात्रों के लिए)

डॉ. रामचन्द्र

B.E. (Civil), M.E. (HONS), Ph.D. (I.I.T., Roorkee)
रिटायर्ड प्रोफेसर एवं पूर्व विभाग अध्यक्ष
संरचनात्मक अभियांत्रिक विभाग
एम.बी.एम. इंजीनियरिंग कॉलेज, जोधपुर

एवं

वीरेन्द्र गहलोत B.E. (Civil)

कन्सलटेन्ट इंजीनियर, जोधपुर

साइन्टिफिक पब्लिशर्स (इंडिया)

पो. बॉ. 91 जोधपुर

Published by:

Scientific Publishers (India)
5 A, New Pali Road, P.O. Box 91
Jodhpur 342 001 (India)

Branch Office
Scientific Publishers (India)
4806/24, Ansari Road, Daryaganj
New Delhi - 110 002 (India)

E-mail: info@scientificpub.com
Website: www.scientificpub.com

Print: 2014

ISBN: 978-81-7233-787-2

ISBN:9788172337872
9 788172 337872
Price: 375/-

Laser typeset : Rajesh Ojha
Printed in India

Dedicated

TO OUR TEACHERS

प्रस्तावना (द्वितीय संस्करण)
(Preface to Second Edition)

इस पुस्तक का पहला संस्करण 1976 में IS : 800-1962 के आधार पर लिखा था। तत्पश्चात्, IS : 800-1984 का प्रकाशन मानक भवन दिल्ली द्वारा किया गया। वर्ष 1997 से वर्ष 2000 तक लेखक को पोलिटेक्निक विद्यालय के छात्रों के साथ रहने का अवसर मिला। छात्रों की इस पुस्तक में गहरी रूचि से लेखक को प्रेरणा मिली। इसी से उत्साहित होकर लेखक ने इस पुस्तक का द्वितीय संस्करण प्रकाशित किया है।

इस पुस्तक को IS : 800-1984 के आधार पर पाठ्यक्रम में पूर्णतया पुनर्निरीक्षण किया गया है। पाठ्यक्रम में S.I इकाइयों का प्रयोग किया गया है। और वर्तमान समय के स्तर के अनुसार जानकारी दी गयी है।

इस्पात का उत्पादन, पदार्थ में और बेल्लित खण्ड में आधुनिक विकास, बेदाग इस्पात, इस्पात के स्थायित्व (टिकाऊपन Durability) और इस्पात के संक्षारण (Corrosion) सम्बन्धी जानकारी दी गयी है। पवन (हवा) और भूकम्प से उत्पन्न संरचनाओं पर भार की जानकारी दी गयी है।

इसके अतिरिक्त छत कैचियों की अधिकतम किफायती दूरी (maximum economical spacing) का सूत्र, प्लेट गर्डरस में तनन फ्लैंज की लम्बाई में कटौती और प्लेट गर्डर के किसी अनुप्रस्थ काट खण्ड पर किसी रेशे (Fibre) पर अपरूपण प्रतिबल के सूत्र और उपयोग की विधि को समझाया गया है।

लेखक श्री राजेश ओझा को कम्प्यूटर पर सावधानी से मेकअप तैयार करने और श्री पवन शर्मा (प्रोपराइटर साइन्टिफिक पब्लिशर्स, पाली रोड, जोधपुर) को इस पुस्तक के रिवाइज्ड संस्करण को प्रकाशित करने के लिये हार्दिक धन्यवाद प्रस्तुत करते हैं।

इस पुस्तक से अध्ययन करते समय यदि कोई अध्यापक अथवा छात्र इस पुस्तक में किसी प्रकार से कोई त्रुटि समझे और वे यदि लेखक को सूचित करते हैं, तो लेखक उनके प्रति आभारी रहेंगे।

दिनांक : 12 अक्टुबर, 2005 (विजयदशमी)

डॉ. रामचन्द्र,
वीरेन्द्र गहलोत

प्रस्तावना
(Preface)

लेखक ने यह पुस्तक अपने लम्बे समय के अध्यापन के अनुभव के आधार पर लिखी है। यह पुस्तक कई राज्यों राजस्थान, मध्यप्रदेश, बिहार, पंजाब, विशेषकर उत्तरप्रदेश के प्रावधिक शिक्षा परिषदों (Boards of Technical Education) द्वारा पोलिटेक्निक के विद्यार्थियों के लिये नवीन स्वीकृत पाठ्यक्रमानुसार लिखी गई है। इस पुस्तक में कुल 11 अध्याय हैं। इस पुस्तक में विषय का प्रारम्भ से शुरू करते हुए पाठ्यक्रमानुसार पूर्ण विकास किया गया है।

इस पुस्तक में प्रयोग में लाये गये तकनीकी शब्द भारत सरकार द्वारा प्रकाशित तकनीकी शब्दों की शब्दावली (Glossary of Technical Terms) से लिये गये हैं। पुस्तकों में सरल भाषा का उपयोग किया गया है। पुस्तक में सभी सिद्धान्त एवं डिजाइन उदाहरण के साथ समझाये गये हैं। इस पुस्तक में अन्तर्राष्ट्रीय शब्दों को यथासम्भव उनके मूल रूप में सुरक्षित रखा गया है। ऐसे शब्दों के अन्तर्गत तत्त्वों और यौगिकों के नाम, भौतिक परिणामों की इकाइयाँ, व्यक्तिवाचक नामों पर आधारित शब्द, सूत्र, समीकरण आदि सम्मिलित हैं। सभी सूत्रों, समीकरणों और ज्योमितीय आकृतियों या आरेखों में रोमन या ग्रीक अक्षर ही प्रयुक्त किये गये हैं।

आशा है, यह पुस्तक डिप्लोमा के छात्रों के लिये बहुत उपयोगी सिद्ध होगी।

जोधपुर
अक्टूबर, 1976

रामचन्द्र

अनुक्रमणिका Contents

PART - I इस्पात की संरचनाएं
(Steel Structures)

PART II - लकड़ी की संरचनाएँ

(Timber Structures)

PART - 3 : चिनाई की संरचनाएं
(Masonry Structures)

भाग - 1. इस्पातीय संरचना 1

Part 1 - STEEL STRUCTURES

प्रस्तावना
(Introduction)

1.1. प्रस्तावना (Introduction)

इंजीनियर (Engineer) शब्द का अनुसंधान एक लेटिन शब्द एन जे रेरे (Ingenere) से हुआ है। भारतीय अथवा हिन्दु संस्कृति में वह व्यक्ति जो निर्माण करता है। जिनको वस्तुओं का उत्पादक (*i.e.,* विश्वकर्मा ब्रह्माजी अथवा विधाता) कहा जाता है। इंजीनियर अपनी युक्ति, कल्पना शक्ति और क्षमता का उपयोग करते हुए मूल रूप से शिल्प-तथ्यों का उत्पादन निष्कटता और शुद्ध भाव से करता है। इसके साथ-साथ दूसरे व्यक्ति की व्यय-क्षमता और विवशता का भी ध्यान रखता है। ऐसे शिल्प-तथ्य, निर्माण और उत्पादन जो संभव हो और व्यवहार में लाने योग्य भी हो। साधारण रूप से ऐसे भी कह सकते हैं कि इंजीनियर जो इंजन (*i.e.,* कल, पुर्जों से बना हुआ यंत्र/मशीन) की रचना करता हो और उसका उत्पादन करता हो। इंजीनियर (अंग्रेजी शब्द) का अनुवाद करके उसे अभियन्ता कहते हैं। कई वर्षों पूर्व केवल मिलिट्री इंजीनियर (सैनिक अभियन्ता) और सिविल इन्जीनियर (नागरिक अभियन्ता) दो प्रकार के इंजीनियर हुआ करते थे, जो सब के कार्यों की देखरेख करते थे। परन्तु आजकल सूक्ष्म से सूक्ष्म क्षेत्र में अलग-अलग इंजीनियर हुआ करते हैं और इनकी दक्षता अपने अपने क्षेत्रों में अधिक होती है। ये अपने कर्त्तव्य पालन करने में अधिक प्रवीण होते हैं।

आधुनिक समाज इंजीनियर से यह आशा करता है कि वह आर्थिक व्यवस्था, परियोजना का प्रबन्ध और तकनीकी सूचना की जानकारी के महत्त्व को समझे। इन्जीनियर अपनी रचनाओं के विशिष्टता में उन्नति करें। आज का समय अन्य विशिष्ट अनुशासन में विस्तृत हैं। इस युग में पास से साथ-साथ कार्य करना (सहकार्यता) की आवश्यकता है। अन्तर अनुशासन में परस्पर आपस के सम्बन्धों को प्रभावशाली तरीके से संचार करना और बनाये रखना भी आवश्यक है।

इंजीनियर की यह जुम्मेवारी भी रहती है कि वह यह सुनिश्चित करें कि उसके द्वारा बनाया गया अनुविक्षेप (plan) उस अभिप्राय के लिये अनुकूल हो, आर्थिक दृष्टि से उचित और टिकाऊ (Durable) हो। उपयोग कर्त्ता के और पर्यावरण के दोनों के लिये सुरक्षित हों। बिना किसी लोक समाज के असुविधा के निर्माण योग्य हो और इनके साथ सौन्दर्यबोधी (aesthetically) रूचि के अनुसार प्रसन्न करने वाला हो।

सिविल इंजीनियरिंग (Civil Engineering नागरिक अभियांत्रिकी) में आयोजना बनाना, डिजाइन करना, निर्माण करवाना, कार्यान्वित करना, अनुरक्षण करना (Maintenance) और पुनर्वास करना आदि कार्यों का वैज्ञानिक और कला (मिश्रित विषय) से अध्ययन करना होता है।

संरचनाओं में पुल (Bridges) भवन (Buildings), ऊँची मीनारें (Towers) बहुमन्जिला इमारतें (Multi-storey Buildings)

और कई सिविल इंजीनियरिंग संरचनाएँ सम्मिलित होती है। जिन्हें बनाने के लिये कोई भी संरचनात्मक पदार्थ का उपयोग करते हैं।

संरचनात्मक इंजीनियरिंग (Structural Engineering संरचनात्मक अभियांत्रिकी) सिविल इंजीनियरिंग की ही एक शाखा है जो कि संरचनात्मक इंजीनियरिंग विश्लेषण (Structural Engineering Analysis) और संरचनात्मक इंजीनियरिंग डिजाइन (Structural Engineering Design संरचनात्मक अभियांत्रिकी रचना) दोनों विषयों से सम्बन्ध रखती है।

संरचनात्मक इंजीनियरिंग विश्लेषण विषय में संरचनात्मक अवयवों का संरचना के लिये एक उपयुक्त व्यवस्था को विकसित करती हैं जो कि संरचनाओं पर बाहर से लगने वाले भार और बलों को वहन कर सकें। संरचनाओं पर लगने वाले विभिन्न प्रकार के सोचनीय स्थिति उत्पन्न करने वाले और संयुक्त रूप से कार्य करने वाले भार का ध्यान रखा जाता है।

संरचनात्मक विश्लेषण में संरचना के विभिन्न अवयवों में उत्पन्न होने वाले आन्तरिक बल ज्ञात किये जाते हैं। अक्षीय बल (Axial Force), बंकन आघूर्ण (Bending moment) और अपरूपण बल (Shear force) की गणना आन्तरिक बलों में की जाती है। संरचनाओं पर लगे भार से उत्पन्न विकृति या व्यावर्तन (Distortion) का भी आंकलन किया जाता है। इसके साथ-साथ संरचनाओं के विभिन्न अवयवों में इनका प्रतिरोध करने की क्षमता है अथवा नहीं। इस विचार का ध्यान रखा जाता है। संरचना के विभिन्न अवयवों में सोचनीय संयुक्त रूप से उत्पन्न प्रतिबल का परिमाण (magnitude), स्वभाव (Nature) और उनकी दिशा (Direction) भी ज्ञात की जाती है। ताकि उसके अनुसार अवयवों की डिजाइन की जा सकें। कुल भार और कुल बाहरी बलों से उत्पन्न प्रतिक्रिया बलों (Reactions) को नींव पर स्थानान्तरण (Transfer) कर दिये जाते हैं। संरचनाओं के विश्लेषण की विधि और सिद्धान्त संरचनाओं में उपयोग होने वाले पदार्थों से स्वतन्त्र होते हैं। संरचनाओं में कोई भी पदार्थ स्पात (steel), एल्युमिनियम (Aluminium), टिम्बर (Timber), प्लास्टिक (Plastic), कांक्रीट (Concrete) और रीइनफोर्स्ड कांक्रीट (Reinforced Concrete) आदि का प्रयोग किया जाता है।

संरचनात्मक डिजाइन (Structural design) अनुभव प्राप्त इंजीनियर के कला और विज्ञान विषयों के संयुक्त सोच के अनुसार संरचनाएं [स्थैतिकी (Statics) गति विज्ञान (Dynamics) और पदार्थों के यांत्रिकी (Mechanics of Materials) के सिद्धान्तों का ठोस ज्ञान के अनुसार] कैसा व्यवहार करती है। संरचनात्मक डिजाइन में संरचना के लिये उपयुक्त पदार्थ का चयन करती है। अवयवों का उचित माप, समानुपात अनुरूप और आकार का संकलन किया जाता है। सभी अवयवों (members) के जोड़ (Joints) की डिजाइन की जाती है। इन सब का सङ्कलन (Selection) आर्थिक दृष्टि से किफायती और सुरक्षित किया जाता है। जो कि प्रतिबल की आवश्यकताओं को संतुष्ट करती है। अन्त में विन्यास (Lay-out) मय पूर्ण परिमाप के तैयार की जाती है। ड्राइंग तैयार की जाती है ताकि अवयवों और उनके सिरों को जोड़ने का सामग्री का फेब्रिकेशन किया जा सकें। निर्माण कार्य शुरू करवाया जा सके। स्पातीय संरचनाओं की डिजाइन मानक विशिष्ट-विवरण (Standard Specifications) IS : 800-1984 के अनुसार की जाती है। जो कि संरचनाओं की डिजाइन का राष्ट्रीय स्तर पर नियंत्रण रखती है। इस्पातीय संरचनाओं के निर्माण में इस्पात (steel) का उपयोग किया जाता है। इसी कारण इनको इस्पातीय संरचनाएं कहते हैं।

1.2 इस्पात (Steel)

मनुष्य की सभ्यता के विकास के काफी समय पश्चात् इस्पात का विकास हुआ।

पाषाण युग के पश्चात्, लौह युग आरम्भ हुआ। हथियार और अस्त्र-शस्त्र मुख्यतह मनुष्य पशुओं का शिकार करने और लड़ने के लिये लोहे के बनाता था। अपने देश में रामायण और महाभारत से बहुत से उदाहरणों को दृष्टान्त किया जा सकता है। सिन्धु घाटी की सभ्यता से भी पुरातत्त्व लोहे के उपयोग के प्रमाण मिलते हैं।

कुतुबमीनार से कुछ दूरी पर मेहरौली, गाँव दिल्ली में पांचवी शताब्दी में लोहे स्तम्भ का निर्माण किया गया था। हाल ही में वैज्ञानिकों ने (जून-जुलाई, 2002) बताया है कि इस स्तम्भ में मोलीबडेनम-लोहे का उपयोग हुआ है। इस स्तम्भ पर काफी मोटाई में मोलीबडेनम आक्साइड की परत है। जिससे यह स्तम्भ पूरी दुनिया में एक आश्चर्य बना हुआ है कि इस पर जंग नहीं लगता। कर्नाटक राज्य में एक लोहे का पीलर है, जिस पर पन्द्रह सौ वर्षों से अभी तक जंग नहीं लगता है।

अठारहवीं शताब्दी से प्रसिद्ध इंजीनियर्स ने लोहे का उपयोग पुल बनाने में शुरू किया। कई आर्च-ब्रिजेज (मेहराब-पुल) के निर्माण में ढलाई के लोहे का उपयोग किया गया। सेवर्न नदी पर 30-5 मीटर लम्बाई का मेहराब 1779 में कोल बुकडले, स्ट्रोपशायर स्थान, इंग्लैण्ड में पहली दफ्ह एब्राहम और विल्किनशन ने लोहे से बनाया। धीरे-धीरे ढलाई के लोहे के स्थान पर कान्ति-लोहे (Wrought-Iron) का उपयोग होने लगा। तत्पश्चात्, उसके स्थान पर भी इस्पात का उपयोग शुरू हुआ।

बेसेमियर-विधि (Bessemier-Process (B.P.S.)] से इस्पात बनाया जाने लगा) 1855 में इंग्लैण्ड में स्पात का आविष्कार हुआ और इस विधि की रजिस्ट्री (Patent) करवा दी गयी। इस समय के लगभग साथ संयुक्त राज्य अमेरिका में भी विलियम केली ने इस्पात बनाने की तकनीकी का विकास किया। उन्नीसवीं शताब्दी में सीमेनस मार्टिन विधि ओपन हार्थ तकनीकी (Open Hearth Technique) सबसे पुरानी और लगभग बेसेमियर-विधि के साथ विकसित हुई। यह विधि धीमी थी और तुलनात्मक दृष्टि में किफायती भी नहीं थी। इस विधि के बदले में बेसिक आक्सीजन पद्धति [Basic Oxygen System (B.O.S.)] का उपयोग शुरू हुआ। इस विधि में नियम सूक्ष्मता नियतरण [Precision Control से रसायनिक बनावट पर ध्यान रखना आवश्यक रहता है। इस विधि को मूल रूप से उच्च कोटि के स्पात के निर्माण के चिन्तन (Devise) किया गया। हाल ही में एक नई विधि का चिन्तन किया गया है, जिसे लगातार - ढलाई विधि [Continuous Casting Process संक्षिप्त में (CON-CASTING) कहते हैं। इस विधि में पिघला हुआ पदार्थ सीधा ही ढलाई मशीन में उंडेल (Pour) दिया जाता है और प्राथमिक स्थिति में ही ठोस आकार का निर्माण किया जाता है।

1943 में हमारे देश में कोलकात्ता में एक अद्‌भुत आश्चर्य हावड़ा पुल का निर्माण इस्पात का उपयोग करके किया गया। यह पुल हुगली नदी पर बना हुआ एक सन्तुलित केन्टिलीवर पुल [Balanced - Cantilever Bridge] है। इसके मेहराब (Span) की लम्बाई 457 मीटर है।

हाल ही में इसी नदी पर मोटे लोहे के रस्से से तनाव में रखते हुए पुल (Cable-Stayed Bridge) का भी निर्माण हुआ है। ब्रह्मपुत्र नदी पर जोगीधोपा स्थान पर एक विशाल इस्पात-पुल का निर्माण हुआ है। हमारे देश में रेल-लाइनों के बहुत संख्या में पुल इस्पात से ही बने हुए हैं।

1.3 संरचनात्मक इस्पात (Structural Steel)

संरचनात्मक इस्पात विभिन्न प्रकार के बेल्लित स्पातीय खण्ड (Rolled steel sections) के उत्पादन में काम में लाया जाता है। विभिन्न प्रकार के अवयवों व उनके जोड़ से संरचनाएं बनाई जाती है।

लोहे और कार्बन (कम मात्रा में) और कई अन्य धातु (कम मात्रा में) में मिला कर इस्पात-मिश्रण बनाया जाता है। इस मिश्रण को इस्पात कहते हैं। इस्पात के सामर्थ्य (Strength), कठोरता (Hardness), भंगुरता (Brittleness) आदि गुणों में वृद्धि हो जाती है, परन्तु तन्यता (Ductility) में कमी हो जाती है। इस्पात की रसायनिक बनावट के अनुसार इस्पात को विभिन्न श्रेणियों में (i) मृदु इस्पात (Mild Steel), (ii) मध्यम कार्बन इस्पात (Medium Carbon Steel) (iii) उच्च कार्बन इस्पात (High Carbon Steel), (iv) कम मिश्रण इस्पात (Low Alloy Steel) और (v) उच्च मिश्रण इस्पात (High Alloy Steel) वर्गीकरण किया जाता है। मृदु इस्पात, मध्यम कार्बन इस्पात और कम मिश्रण इस्पात का उपयोग का साधारणतया इस्पातीय संरचनाओं के निर्माण में किया जाता है। कम प्रतिशत मात्रा में तांबा मिलाने से इस्पात की जंग (Rust) निरोधक क्षमता (Resistance) में वृद्धि हो जाती है।

कार्बन की इस्पात में मात्रा से यांत्रिक गुणों पर प्रभाव पड़ता है। कार्बन की मात्रा बढ़ाने से इस्पात की तनाव में सामर्थ्य और पराभव-क्षमता (Yield Strength) में वृद्धि होती है। परन्तु इस्पात की तन्यता (Ductility) में कमी हो जाती है। वैल्डिंग का कार्य कठिन हो जाता है।

अन्य पदार्थ जो कि कम प्रतिशत की मात्रा में इस्पात में मिलाने से इस्पात पर कार्बन की तरह प्रभाव पड़ता है। मैंगनीज (Manganese) का प्रभाव कार्बन की तरह ही होता है। सल्फर और फॉस्फोरस (0.06 प्रतिशत) से भंगुरता (Brittleness) बढ़

जाती है। वेल्डिग (Welding) कार्य पर प्रभाव पड़ता है। थकान-क्षमता (Fatigue) पर प्रभाव पड़ता है। क्रोम (Chrome) और निकल (Nickle) के प्रतिशत मात्रा से जंग निरोधक क्षमता (Corrosion Resistance) बढ़ती है। मोलिबडेनम (Molybdenum) 0.5 प्रतिशत मात्रा से इस्पात को रीफाइन बनाया जाता है।

1.4 मृदु इस्पात (Mild Steel)

मृदु इस्पात बेल्लित इस्पात खण्ड, रिवेट और बोल्ट बनाने में प्रयोग में लाया जाता है। मृदु इस्पात पर कटिंग, पंचिंग, ड्रिलिंग, मशीनिंग कार्य आसानी से किये जा सकते है। मृदु इस्पात से कटिंग उपकरण (Cutting tool) नहीं बनाये जा सकते।

निम्नलिखित मृदु इस्पात संरचनाओं के लिए उपयोग में लाये जाते हैं।

1. IS : 226-1975 संरचनात्मक इस्पात (Standard Quality)
2. IS : 1977-1975 संरचनात्मक इस्पात (Ordinary Quality)
3. IS : 2062-1984 वेल्डेबल संरचनात्मक इस्पात (Weldable Structural Steel)

1.5 IS : 226-1975 संरचनात्मक इस्पात (Standard Quality)

संरचनात्मक कार्य में प्रयोग किये जाने वाले मृदु इस्पात को St 44-S से नामकरण किया जाता है। St 44-S इस्पात में कुछ अलग श्रेणी के इस्पात में 0.20 और 0.35 प्रतिशत ताम्बा भी मिला हुआ होता है। इस प्रकार के इस्पात का नामकरण St 44-SC से किया जाता है।

IS : 226-1975 संरचनात्मक इस्पात के निम्नलिखित भौतिक गुण (Physical Properties) होते हैं।

1. इस्पात का प्रति आयतन भार 78.43 से 79.00 kN/m^3 होता है।
2. यंग का प्रत्यास्थता-मापांक (स्थिरांक) (Young's Modulus of Elasticity) $E = (2.04$ से $2.18) \times 10^5\ N/mm^2$
3. दृढ़ता मापांक (Modulus of Rigidity) $G = (0.84$ से $0.98) \times 10^5\ N/mm^2$ होता है।
4. तापीय प्रसार गुणांक (Coefficient of Thermal Expansion)

$$\alpha = 12 \times 10^{-6}/C, \quad \alpha = 6.7 \times 10^{-6}/F$$

IS : 226-1975 संरचनात्मक इस्पात का रासायनिक निर्माण (Chemical Composition) सारणी (Table) 1.1 के अनुसार होता है।

सारणी (Table) 1.1. रासायनिक निर्माण (Chemical Composition)

अंश (Constituent)	अधिकतम प्रतिशत
कार्बन (20 mm मोटाई/व्यास और इससे कम)	0.23
कार्बन (20 mm मोटाई/व्यास से ज्यादा)	0.25
सल्फर	0.055
फॉस्फोरस	0.055

IS : 226-1975 संरचनात्मक इस्पात के यांत्रिक गुण सारणी (Table) 1.2 में IS : 1608-1960 के अनुसार दिये गये हैं।

सारणी (Table) 1.2. यांत्रिक गुण (Mechanical Properties)

इस्पात उत्पादक की श्रेणी	नोमिनल मोटाई/व्यास (mm)	तनन सामर्थ्य (N/mm^2)	पराभव प्रतिबल न्यूनतम (N/mm^2)	प्रतिशत दीर्घाकरण न्यूनतम
Plates sections e.g. angles, lies, beams, channels etc. and flats	6 up to and including 20	410 - 530	260	23
	Over 20 upto and including 40	410-530	240	23
	over 60	410-530	230	23
Bars (Round squares and Hexagonals)	10 upto and including 20	410-530	250	23
	over 20	410-530	240	23

नोट : IS : 226-1975 संरचनात्मक इस्पात ही संरचनाओं की डिजाइन में प्रयोग किया गया है।

1.6 IS : 1977-1975 संरचनात्मक इस्पात (Ordinary Quality)

यह इस्पात IS : 226-1975 के अनुसार बना हुआ नहीं होता है। इस इस्पात के मानक (Standard) IS : 1977-1975 में दिए हुए हैं। यह इस्पात अपरीक्षित श्रेणी के होते हैं। यह इस्पात भी दो श्रेणी के होते हैं, जिन्हें St 44 O और St 32 O से नामकरण किया जाता है। St 44 OC इस्पात में तांबे की कुछ मात्रा मिली हुई होती है। तांबे की मात्रा 0.20 से 0.35 प्रतिशत के करीब होती है।

1.7 IS : 2062-1984 वेल्डेबल संरचनात्मक इस्पात (Weldable Structural Steel)

इस इस्पात का उपयोग संरचनाओं के उन अवयवों (Members) के लिये किया जाता है, जो कि गतिशील भार (Dynamic Loading) वहन करते हैं। जहाँ पर कटाई और गढ़ाई (Fabrication) का कार्य वेल्डिंग द्वारा किया जाता है। जहाँ पर श्रान्ति (थकान Fatigue) होनी की संभावना रहती है। (उदाहरण के लिए क्रेन गेन्ट्री गर्डर, सड़क और रेल लाइन पुल ऐसी ही संरचनाएं है। ऐसे इस्पात का नामाकरण (Designation) St 42-W और St 42-WC है। जिस इस्पात में तांबा होता है, उसका नामाकरण St 42- WC होता है।

यह इस्पात उन अवयवों के लिये उपयुक्त रहता है, जिस पर वेल्डिंग करनी होती है और उनकी मोटाई 28 mm, और 50mm के बीच होती है। यदि मोटाई 28mm से कम हो तो उनकी भी वेल्डिंग की जा सकती है, यदि कार्बन की मात्रा 0.22 प्रतिशत से कम हो।

1.8 उच्च तनाव इस्पात (High Tensile Steel)

उच्च तनाव इस्पात एक विशिष्ट श्रेणी का इस्पात होता है, जिसकी यॉंत्रिक गुणवत्ताएं मृदु इस्पात की तुलना में अधिक होती है। अधिकतर ऐसे इस्पात में वातावरण में जंग लगने की संभावनाओं के लिये प्रतिरोध क्षमता कुछ मिश्रण (Alloy) तत्त्व मिलाने से बढ़ाई जा सकता है।

ऐसे इस्पात का उपयोग अवयवों के वजन में बचत के लिये भी किया जाता है, क्योंकि इनकी तनाव क्षमता और सामर्थ्य अधिक होती है। उच्च तनाव इस्पात मिम्नलिखित श्रेणी के होते हैं।

1. IS : 961-1975 उच्च तनाव इस्पात (High Tensile Steel) इस श्रेणी में भी दो ग्रेड की इस्पात होती है।

(a) St 58-HT ग्रेड और (b) St 55-HTW ग्रेड, मध्यम और उच्च सामर्थ्य गुणवत्ता युक्त मार्जिन (Weldable Structural Steel, Medium and High Tensile Strength Qualities)

2. IS : 8500-1977 वेल्डेबल संरचनात्मक इस्पात St 58-HT ग्रेड इस्पात का उपयोग वहाँ पर किया जाता है, जहाँ पर गढ़ाई और कटाई (Fabrication) का कार्य में वेल्डिंग कार्य नहीं होता है। St 55-HTW ग्रेड इस्पात का उपयोग वहाँ पर किया जाता है, जहाँ पर गढ़ाई और कटाई (Fabrication) का कार्य पर वेल्डिंग कार्य होता है। इन दोनों इस्पात के ग्रेड में ताम्बा युक्त ग्रेड St 58-HTC और St 55-HTWC भी उपलब्ध हैं।

1.9 IS: 961-1975 उच्च तनाव इस्पात (High Tensile Steel)

उच्च तनाव इस्पात IS : 961-1975 की रसायनिक बनावट टेबल 1.3 (A) में दी गयी है।

टेबल (सारणी) Table 1.3 (A). रसायनिक बनावट (Chemical Composition)
(IS : 961-1975 इस्पात)

अंश (Constituent)	इस्पात ग्रेड (अधिकतम प्रतिशत)	
	St 58-HT	St 55-HTW
कार्बन (Carbon)	0.27	0.20
सल्फर (Sulphur)	0.055	0.055
फॉस्फोरस (Phosphorus)	0.055	0.055

IS : 961-1975 उच्च तनाव इस्पात के लिए तनाव सामर्थ्य और पराभव प्रतिबल (Tensile Strength और Yield Stress) के मान सारणी 1.4 (A) में दिये गये हैं। IS : 1608-1960 की टेस्टिंग विधि द्वारा ज्ञात प्रतिशत लम्बाई में वृद्धि (Percentage Elongation) भी सारणी 1.4 (A) में दिये गये हैं। परन्तु बेल्लित इस्पातीय चद्दर, तार और नली इनमें सम्मिलित नहीं हैं। IS : 961 इस्पात का उपयोग पुल निर्माण और भवन निर्माण में किया जाता है।

सारणी 1.4 (A). यांत्रिक गुणवत्ता (Mechanical Properties)

इस्पातीय प्रोडक्टस की श्रेणी	नोमिनल मोटाई/व्यास (mm)	तनाव सामर्थ्य न्यूनतम (N/mm^2)	ईल्ड प्रतिबल न्यूनतम N/mm^2	प्रतिशत लम्बाई में वृद्धि
संरचनात्मक इस्पात (St. 58-HT)				
प्लेटस,	6 upto and including in 28	570	350	20
खण्ड, प्लेटस	over 28 upto and including 45	570	340	20
छड़	over 45 upto and including 63	570	320	20
	over 63	540	290	20

संरचनात्मक इस्पात (St. 58-HT)				
प्लेटस, खण्ड, प्लेटस छड़	6 upto and including 16	540	350	20
	over 16 upto and including 32	540	340	20
	Over 32 upto and including 63	510	330	20
	Over 63	490	280	20

इस इस्पात की तनाव सामर्थ्य और पराभव गुणवत्ता (Yield Properties) में कार्बन और मैंगनीज की मात्रा बढ़ाकर वृद्धि की जा सकती है। परन्तु इसकी तन्यता (Ductlity) में कमी हो जाती है। इस प्रकार की इस्पात में वेल्डिंग करना भी कठिन हो जाता है। सल्फर और फॉस्फोरस की मात्रा 0.06 प्रतिशत से ज्यादा बढ़ाने पर इस्पात में भंगुरता (Brittlenss) आ जाती है। वेल्डिंग गुणवत्ता थकान (Fatigue) सामर्थ्य प्रभावित होती है। क्रोम औव निकल (Chrome and Nickle) यदि मिलाते हैं तो जंग के बचाव प्रतिबल (Corrosive Resistance) में बढ़ोतरी होती है। साथ में उच्च तापमान का प्रतिरोध करने की क्षमता में भी वृद्धि होती है।

इस्पात की तनाव सामर्थ्य, पराभव सामर्थ्य (Yield Strength), तन्यता (Ductility) और वेल्डेबल गुणवत्ताएँ उसके रसायनिक बनावट (Chemical Composition) पर निर्भर करती है। थकान सामर्थ्य (Fatigue Strength) इस इस्पात के अवयवों के आकार और सतह (Surface) के विशिष्ट गुण (Characteristics) पर निर्भर करती है। ये पाँचों विशिष्ट गुणवतारा इस्पात के लिये बहुत महत्त्वपूर्ण होती हैं।

अन्य कोई इस्पात का भी उपयोग किया जा सकता है यदि स्वीकृत प्रतिबल (Permissible stress) में उपयुक्त बदलाव कर दिये जाय। यह भी ध्यान रखना चाहिये कि इस्पात गढ़ाई और कटाई (Fabrication) के लिये भी उपयुक्त है।

1.10. IS : 8500-1977 वेल्डेबल संरचनात्मक इस्पात (मध्यम और उच्च सामर्थ्य गुणवत्ता युक्त [Weldable Structural Steel - Medium and High Strength Qualities]

विभिन्न वेल्डेबल इस्पात, जो कि मध्यम और उच्च सामर्थ्य रखते हैं (उदाहरण के लिये Fe 440 (HT1 और HT2), Fe 540 (HT, HTA और HTB), Fe 570 (HT) Fe 590 HT और Fe 640 HT) विकसित किये गये हैं। सारणी 1.3 (B) में उनकी रसायनिक बनावट का विवरण दिया गया है।

सारणी Table 1.3 (B). रसायनिक बनावट (Chemical Composition)

संघटक Constituents	इस्पात का नामाकरण (Steel Designation)		
	Fe440 HT	Fe 490 HT	Fe590 HT
कार्बन (Carbon)	0.25	0.25	0.25
सल्फर (Sulphur)	0.055	0.040	0.050
फॉस्फोरस (Phosphorus)	0.055	0.040	0.050
मैंगनीज (Manganese)	1.5	1.5	1.5

सारणी 1.4 (B) में इन इस्पात के यांत्रिक गुणवत्ता (Mechanical Properties) के विवरण दिये गये हैं।

सारणी Table 1.4 (B). यांत्रिक गुणवत्ताएँ (Mechanical Properties)
(IS : 8500-1977 इस्पात)

इस्पात प्रोडक्टस की श्रेणी	नोमिनल मोटाई/ व्यास (mm)	तनाव सामर्थ्य न्यूनतम (N/mm^2)	ईल्ड प्रतिबल न्यूनतम (N/mm^2)	प्रतिशत लम्बाई में वृद्धि न्यूनतम
Fe 440 HT1				
Plates, sections	upto 6	440-560	300	–
angles	over 6	440-560	300	–
beams	upto 20			
Fe 440 HT2				
Channels	over 20	440-560	280	–
etc	over 40			
bars,	over 40	440-560	280	–
flats	upto 63			
Fe 540 HT				
Plates, sections	upto 6	540-660	410	20-25
Fe 540 HTA				
angles	over 6 upto 20	540-660	400	20-25
beams	over 20 upto 40	540-660	390	–
channels etc.				20-25
Fe 540 HTB				
bars, flats	over 40 upto 63	540-660	380	–
Fe 570 HT				
Plats, section	upto 6 over 6	570-720	20-25	
angles beams	upto 20 over 20	570-720	20-25	
channels etc.	upto 40 over 40	570-720	20-25	
bars, flats	upto 63	570-720	20-25	
Fe 590 HT				
Fe640 HT	upto 6	640-790	540	
	over 6 upt 20	640-790	530	20-25

1.11 इस्पात का उत्पादन (Production of Steel)

इस्पात का उत्पादन लोहे में कम मात्रा में कार्बन मिला कर किया जाता है। कच्चा लोहे साफ किया जाता है। बुनियादी कच्चे लोहे को ब्लास्ट-भट्टी (Blast-Furnance) में पिघलाया जाता है। ब्लास्ट भट्टी लगातार कई वर्षों की अवधि तक कार्यशील रहती है और करीब 8000 टन (tonnes) पिघला हुआ लोहा प्रति 24 घण्टों में उत्पन्न किया जाता है।

कच्चा लोहा, चूने का पत्थर और सिन्टर (Sinter- जलधारा से जमा की हुई मिट्टी) का मिश्रण तैयार किया जाता है जिसको कि पहले से ही भून (Roast) लिया जाता है, ताकि पर्वतशील (Volatile) पदार्थ को उसमें से बाहर निकाल देते हैं। इस मिश्रण को भट्टी के ऊपर उंडेल दिया जाता है। भट्टी में गर्म हवा तापमान में वृद्धि करके प्रवेश की जाती है। हवा से ऑक्सीजन तत्त्व गर्म

कार्बन से क्रिया करती है। कार्बन कोक (Coke) में उपलब्ध रहता है। जिससे कार्बन मोनो आक्साइड बनता रहता है, जो कि कच्चे लोहे से लोहे को मुक्त करता रहता है। समय समय पर तल के पास नल से पिघला हुआ लोहा निकाला जाता है। यह पिघला हुआ लोहा बाद में इस्पात के उत्पादन में काम में लाया जाता है।

इस्पात उत्पादन के चार प्रकार की विधियाँ उपयोग में हैं। इमें ओपन हार्थ विधि (Open Hearth Process) सबसे पुरानी है। यह विधि धीमी गति से कार्य करती है और किफायती भी नहीं है। इस विधि को मूल आक्सीजन विधि (Basic Oxygen Process - B.O.S.) और विद्युत आर्क विधि (Electric Arc Method) से बदल दिया गया है।

विद्युत आर्क विधि को मूलतः उच्च कोटि के इस्पात के उत्पादन के लिये बनाई गयी थी। इस विधि में उच्च कोटि की शुद्धता (High Quality Precision) का नियंत्रण की आवश्यकता रहती है। मूल आक्सीजन विधि चार्जिंग क्रिया से शुरू की जाती है। पिघला हुआ लोहा और करीब 30 प्रतिशत पुराने लोहे की कतरन का मिश्रण को मूल आक्सीजन विधि के पात्र में उंधेल दिया जाता है। उच्च कोटि की शुद्ध आक्सीजन का तेज गति से प्रवाह किया जाता है। इसके साथ पानी से ठण्डी रखते हुए बरछी का उपयोग होता है। आक्सीजन आवश्यकता से अधिक मात्रा में उपस्थित कार्बन और अवांछित अशुद्धियों के साथ मिल जाती है। जो कि धातु-मल कचरा (Slag) सतह पर तैरता रहता है।

तापमान और रसायनिक बनावट का सावधानी से नियंत्रण रखा जाता है। जब लोहा और कार्बन सही समानुपात में लगता है। तब करछुल (Ladle) पर निकाला जाता है। इस पिघले हुए इस्पात को माउल्ड (Mould) में ढाल दिया जाता है। इस प्रकार यह मिश्रण ठोस पिण्ड (Ingots) में बदल जाता है। इन ठोस पिण्ड को मिल्स पर ले जाया जाता है। वहाँ पर बेल्लित खण्ड (घरन खण्ड, चेनल खण्ड, टी-खण्ड, कोण खण्ड, छड़, चपटी पत्ती, प्लेटस, चद्दर और पत्ती) के विभिन्न आकार में बेल्लित करते रहते हैं। इस नयी विधि में केवल 40 मिनट का समय लगता है और यह कार्य लगातार होता रहता है। इसकी तुलना में ओपन हार्थ विधि में करीब 10 घंटे का समय लगता था।

लगातार ढलाई विधि [(Continuous Casting Process (CONCAST)] का हाल ही में विकसित की गयी है। इस विधि में पिघला हुआ इस्पात को सीधे ही ढलाई मशीन पर उंधेल दिया जाता है, जहाँ पर इसको आरम्भ में ही ठोस आकार दे दिया जाता है। इस नयी विधि में उपरोक्त विवरण की अन्य विधियाँ जो बतायी गयी हैं, उनकी त्रुटियों को हटा दिया गया है। इस नयी विधि से ज्यादा सुधरे हुए गुणवत्ता वाले उत्पादनों का उत्पादन होता है। इस नयी विधि से कुछ मिलियन (Few Millions) टन प्रति मिल प्रति वर्ष उत्पादन होता है। यह नयी विधि तकनीकी तौर पर और आर्थिक विचार से काफी आकर्षित है।

हमारे देश भारत में 1907 से इस्पात के आकार में बनाया जाता है और उनको अलग-अलग आकार में बदल दिया जाता है। पहला इस्पात उत्पादन उपकरण (Plant) श्री जमसेत जी न्युशेरवान जी द्वारा जमशेदपुर में लगाया गया था।

1947 में स्वतंत्रता प्राप्ति के पश्चात् शक्तिशाली उपयोग के महत्त्व को समझते हुए हमारे प्रथम प्रधानमंत्री श्री जवाहरलाल नेहरू ने कुछ विदेशों को बड़े इस्पात उत्पादन उपकरण लगाने के लिये अधिकृत किया था। इनमें टाटा आइरन और इस्पात कम्पनी, भारतीय (इंडियन) आइरन और इस्पात कम्पनी और हिन्दुस्तान इस्पात प्रमुख हैं। हिन्दुस्तान इस्पात के उपकरण दुर्गापुर, रूअरकेला और भिलाई में हैं।

सर मोक्षाकुन्दम विश्वैश्वरया द्वारा भद्रवती, कर्नाटक में इस्पात उपकरण लगाया गया था।

आज हमारे देश भारत में कई इस्पात उत्पादक उपकरण निजी क्षेत्रों में हैं और इस्पात का उत्पादन होता है। 1999-2000 वर्ष में 25 मिलियन टन इस्पात का उत्पादन हुआ था। हमारे देश में इस्पात उत्पादन में तीव्र गति से वृद्धि हो रही है।

1.12 बेल्लित संरचनात्मक इस्पातीय खण्ड (Rolled Structural Steel Sections)

बेल्लित संरचनात्मक इस्पातीय खण्ड रोलिंग मिल्स में बनाये जाते हैं और उनका संरचनात्मक अवयव की तरह प्रयोग किया जाता है। इस्पातीय खण्ड का नाम उनके आकार के अनुसार होता है। विभिन्न प्रकार के इस्पातीय खण्ड निम्नलिखित हैं

1. बेल्लित इस्पातीय I-खण्ड (धरन खण्ड)
2. बेल्लित इस्पातीय चेनल खण्ड (नाली खण्ड)
3. बेल्लित इस्पातीय T-खण्ड
4. बेल्लित इस्पातीय कोण खण्ड
5. बेल्लित इस्पातीय छड़
6. बेल्लित इस्पातीय नली
7. बेल्लित इस्पातीय चपटी पत्ती
8. बेल्लित इस्पातीय चद्दर और पत्ती
9. बेल्लित इस्पातीय प्लेट्स

1.13 बेल्लित इस्पातीय धरन खण्ड (Rolled Steel Beam Sections)

IS : 808-1989 के अनुसार ब्यूरो ऑफ इंडियन स्टेण्डर्ड (BIS) के अनुसार बेल्लित इस्पाती धरन खण्ड निम्नलिखित चार श्रेणी में वर्गीकरण किया गया है।

बेल्लित इस्पातीय धरण खण्ड निम्नलिखित पाँच प्रकार के होते हैं

1. भारतीय मानक छोटी धरन - ISJB
2. भारतीय मानक हल्की धरन .. ISLB
3. भारतीय मानक मध्य भार धरन .. ISMB
4. भारतीय मानक चौड़ी स्फार धरन .. ISWB

IS: 808-1989 के अनुसार ब्यूरो आफ इंडियन स्टेण्डर्ड के निम्नलिखित दो और श्रेणी (स्तम्भ धारन है और भारी भार धरन) में वर्गीकरण किया गया है।

1. भारतीय मानक स्तम्भ खण्ड (H-धरन) .. ISHB
2. भारतीय मानक भारी भार धरन .. ISSC

बेल्लित इस्पातीय धरन खण्ड का आकार चित्र 1.1 में दिखाया गया है। धरन खण्ड का आकार दो फ्लेंज (स्फार) और एक वेब (Web) से बनता है। फ्लेंज (Flange) और वेब के जोड़ को फिलेट (Fillet) कहते हैं।

बेल्लित इस्पातीय धरन बंकन प्रतिरोध के लिये मुख्यतया काम में लायी जाती है। धरन का प्रयोग अक्षीय भार के प्रतिरोध के लिये भी किया जाता है। स्तम्भों के संघटित खण्डों में भी धरन का प्रयोग किया जाता है।

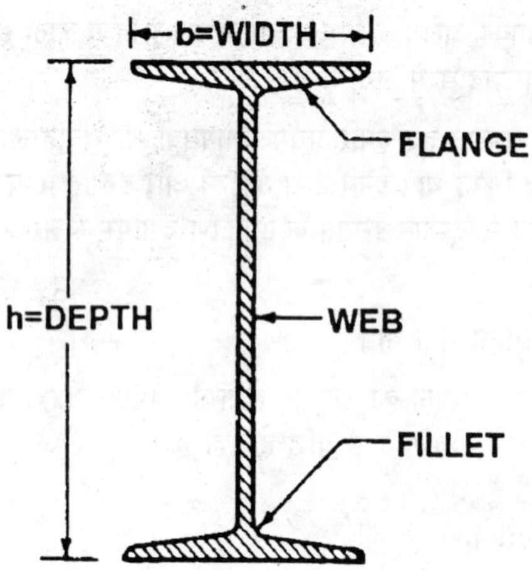

चित्र 1.1. धरन खण्ड

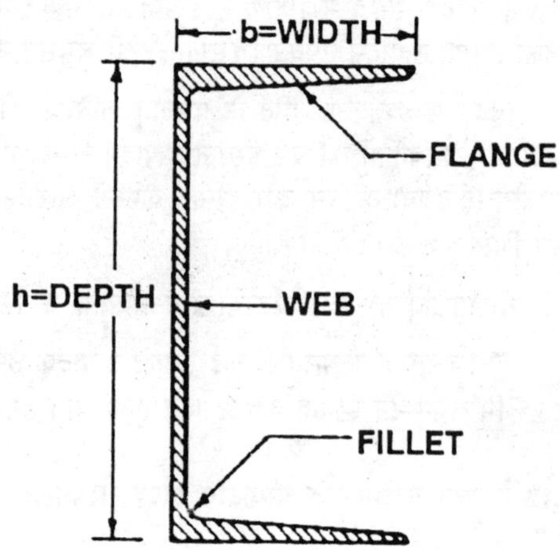

चित्र 1.2. चेनल खण्ड

1.14 बेल्लित इस्पातीय चेनल खण्ड (Rolled Steel Channel Sections)

बेल्लित इस्पातीय चेनल खण्ड निम्नलिखित चार प्रकार के होते हैं

1. भारतीय मानक छोटी चेनल ..ISJC
2. भारतीय मानक हल्की चेनल ..ISLC
3. भारतीय मानक मध्य भार चेनल . ISMC
4. भारतीय मानक विशेष चेनल . . ISSC

बेल्लित इस्पातीय चेनल का आकार चित्र 1.2 में दिखाया गया है। चेनल खण्ड का आकार दो फ्लेंज और एक वेब से बनता है। फ्लेंज और वेब के जोड़ को फिलेट (Fillet) कहते हैं।

चेनल पर्लिन की तरह बंकन के प्रतिरोध में काम में ली जाती है। चेनल खण्ड का मुख्य प्रयोग संघटित खण्ड बनाने में किया जाता है। दो चेनल खण्ड संघटित करके अक्षीय भार का प्रतिरोध भी किया जाता है। संघटित चेनल खण्ड का प्रयोग अक्षीय तनन बलों के प्रतिरोध के लिये भी किया जाता है।

1.15 बेल्लित इस्पातीय T-खण्ड (Rolled Steel T-Sections)

बेल्लित इस्पातीय T-खण्ड निम्नलिखित पाँच प्रकार के होते हैं

1. भारतीय मानक साधारण T-छड़ . . ISNT
2. भारतीय मानक चौड़ी स्फार T-छड़ . . ISHT
3. भारतीय मानक लम्बी टांग की T-छड़ . . ISST
4. भारतीय मानक हल्की T-छड़ . . ISLT
5. भारतीय मानक छोटी T-छड़ . . . ISJT

बेल्लित इस्पातीय T-खण्ड का आकार चित्र 1.3 में दिखाया गया है। T-खण्ड का आकार एक फ्लेंज और एक वेब से बनता है। फ्लेंज और वेब के जोड़ को फिलेट (Fillet) कहते हैं।

T-खण्डों को ब्रेक्ट में प्रयोग किया जाता है।

IS : 808-1984 के अनुसार निम्नलिखित टी-खण्ड अतिरिक्त अपनाये गये हैं

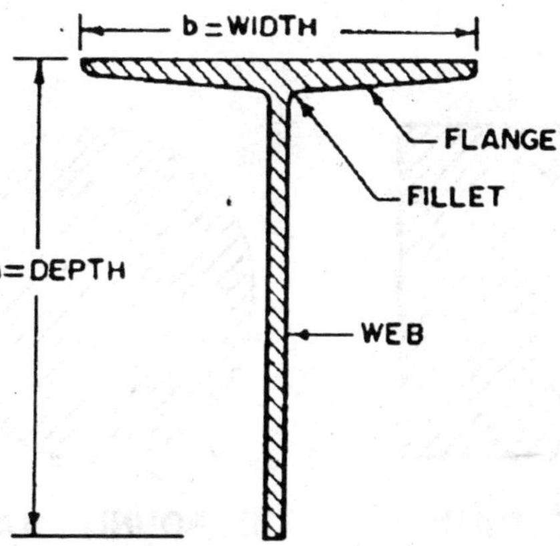

TEE - SECTION

चित्र 1.3 T-खण्ड

1.16 बेल्लित इस्पातीय कोण खण्ड (Rolled Steel Angle Sections)

बेल्लित इस्पातीय कोण खण्ड निम्नलिखित तीन प्रकार के होते हैं

1. भारतीय मानक समभुज कोण . . ISA
2. भारतीय मानक असमभुज कोण . . . ISA
3. भारतीय मानक घुंडीदार कोण . . ISBA

समभुज कोण, असमभुज कोण और घुंडीदार कोण क्रमशः चित्र 1.4 (A), 1.4 (B) और 1.4 (C) में दिखाये गये हैं।

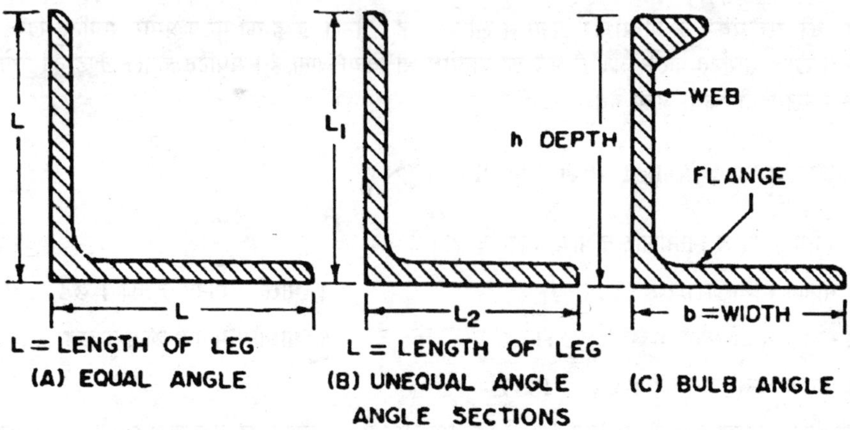

चित्र 1.4 कोण खण्ड

कोण खण्ड पर्लिन की तरह बंकन के प्रतिरोध में काम में लाये जाते हैं। एक, दो या चार कोण खण्डों को संघटित कर अक्षीय बल के प्रतिरोध के लिये काम में लाये जाते हैं। कोण खण्ड धरन और स्तम्भों के जोड़ के लिये भी काम में लाये जाते हैं।

IS : 808-1984 के अनुसार कुछ पूरक कोण खण्ड भी अतिरिक्त अपनाये गये हैं।

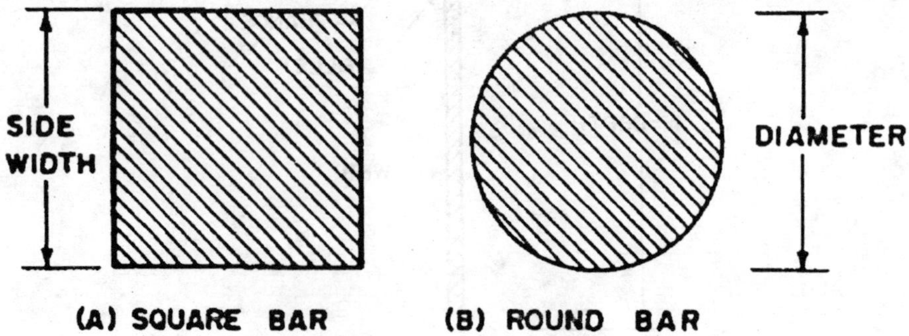

चित्र 1.5 इस्पातीय छड़

1.17 बेल्लित इस्पातीय छड़ (Rolled Steel Bars)

बेल्लित इस्पातीय छड़ निम्नलिखित दो प्रकार के होते हैं

1. भारतीय मानक गोलाकार छड़ . . ISRQ
2. भारतीय मानक वर्गाकार छड़ - . ISSQ

बेल्लित इस्पातीय छड़ चित्र 1.5 में दिखायी गई है। इस्पातीय छड़ तनन अवयव की तरह प्रयोग की जाती है।

1.18 बेल्लित इस्पातीय नली (Rolled Steel Tubes)

बेल्लित इस्पातीय नली चित्र 1.6 में दिखाई गई है।

बेल्लित इस्पातीय नली का स्तम्भ, संपीडांग और तनन अवयवों की तरह प्रयोग में लाये जाते हैं।

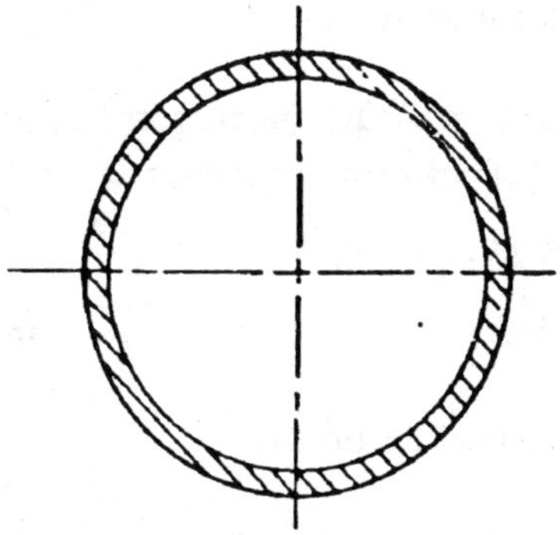

STEEL TUBES SECTION

चित्र 1.6 इस्पातीय नली

1.19 बेल्लित इस्पातीय चपटी पत्ती (Rolled Steel Flats)

बेल्लित इस्पातीय चपटी पत्ती चित्र 1.7 में दिखायी गयी है। इसका प्रयोग जालक छड़ (Lattice bars) की तरह किया जाता है। चपटी पत्ती तनन अवयव की तरह भी काम में आती है।

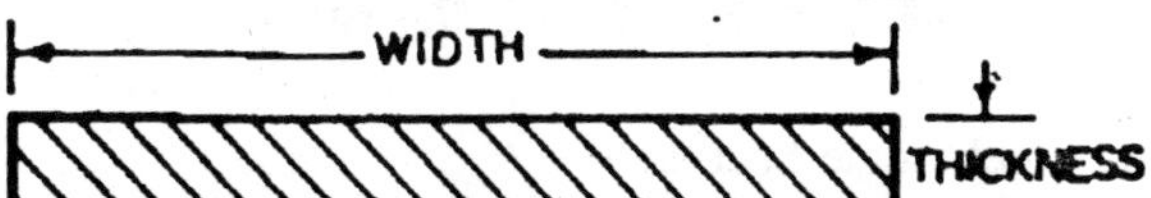

STEEL FLATS SECTION

चित्र 1.7 इस्पातीय चपटी पत्ती

1.20 बेल्लित इस्पातीय चद्दर और पत्ती (Rolled Steel Sheets and Strips)

बेल्लित इस्पातीय चद्दर और पत्ती चौकोर पानी की टंकी आदि के निर्माण में काम लायी जाती है।

1.21. बेल्लित इस्पातीय प्लेट्स (Rolled Steel Plates)

बेल्लित इस्पातीय चद्दर और प्लेट्स विस्तृत रूप से बहु निर्माण के प्रयोग में लायी जाती है। इनके प्रयोग से किसी भी प्रकार का निर्माण रिवेट और वेल्डिंग से किया जा सकता है। इनका प्रयोग चौकोर और गोलाकार टंकियाँ और इस्पातीय चिमनी के निर्माण में किया जाता है।

1.22. संरचनात्मक इस्पातीय खण्डों का नामकरण (Designation of Structural Steel Sections)

IS : हैन्ड बुक और IS : 800-1964 के अनुसार विभिन्न संरचनात्मक इस्पातीय खण्डों का नामकरण निम्न प्रकार से किया गया है।

1. **इस्पातीय धरन खण्ड** (Rolled Steel Beam Sections)

इस्पातीय धरन खण्ड का नामकरण सर्वप्रथम उनकी श्रेणी, तत्पश्चात् धरन की ऊँचाई mm में और धरन खण्ड का प्रति मीटर लम्बाई के भार को लिखते हुए किया जाता है। निम्नलिखित उदाहरण धरन के नामकरण को स्पष्ट करते हैं।

उदाहरण ISWB 600, @ 133.7 kg/m, ISHB 350, @ 67.4 kg/m,

ISWB 600, @ 145.1 kg/m, ISHB 350, @ 72.4 kg/m

2. **इस्पातीय चेनल खंड** (Rolled Steel Channel Sections)

इस्पातीय चेनल खंड का नामकरण सर्वप्रथम उनकी श्रेणी, तत्पश्चात् चेनल की ऊँचाई mm में और चेनल खण्ड का प्रतिमीटर लम्बाई के भार को लिखते हुए किया जाता है। निम्नलिखित उदाहरण चेनल खण्ड के नामकरण को स्पष्ट करता है।

उदाहरण ISMC 225, @ 25.9 kg/m

3. **इस्पातीय T-खंड** (Rolled steel T-Sections)

इस्पातीय T-खण्ड का नामकरण सर्वप्रथ उनकी श्रेणी, तत्पश्चात् T-खण्ड की ऊँचाई mm में और T-खण्ड का प्रति मीटर लम्बाई के भार को लिखते हुए किया जाता है। निम्नलिखित उदाहरण T-खण्ड के नामकरण को स्पष्ट करता है।

उदाहरण - ISHT 125, @ 27.4 kg/m

4. **इस्पातीय कोण खंड** (Rolled Steel Angle Sections)

इस्पातीय कोण खंड का नामकरण सर्वप्रथम उनकी श्रेणी, तत्पश्चात् दोनों भुजाओं की लम्बाई mm में और प्रतिमीटर लम्बाई के भार को लिखते हुए किया जाता है। निम्नलिखित उदाहरण कोण खण्ड के नामकरण को स्पष्ट करते हैं।

उदाहरण - ISA 130 130, @ 15.9 kg/m

ISA 200 100 @ 26.7 kg/m

इस्पातीय कोण खण्ड का नामकरण निम्नलिखित उदाहरण की तरह भी किया जा सकता है।

उदाहरण ISA 130 mm x 130 mm x 8 mm,

ISA 200 mm x 100 mm x 10 mm

इस प्रकार का नामकरण सरल रहता है। इस्पातीय कोण को आगे इसी नामकरण से बताया गया है।

5. **इस्पातीय छड़** (Rolled Steel Bars)

वृत्ताकार इस्पातीय छड़ के नामकरण में सर्वप्रथ इनकी श्रेणी ISRO, तत्पश्चात् छड़ का व्यास mm में लिखा जाता है। वर्गाकार इस्पाती छड़ के नामकरण में सर्वप्रथम इनकी श्रेणी ISSQ, तत्पश्चात् छड़ के वर्ग की चौड़ाई mm में लिखी जाती है।

6. **इस्पातीय चपटी पत्ती** (Rolled Steel Flats)

इस्पातीय चपटी पत्ती के नामकरण में सर्वप्रथम पत्ती की चौड़ाई mm में, तत्पश्चात् ISF और मोटाई mm में लिखी जाती है।

उदाहरण 50 ISF 8

7. **इस्पातीय चद्दर और पत्ती** (Rolled Steel Sheets and Strips)

इस्पातीय चद्दरों के नामकरण में सर्वप्रथम ISSH, तत्पश्चात् लम्बाई mm x चौड़ाई mm x मोटाई mm में लिखी जाती है। इस्पातीय पत्तियों के नामकरण में ISST, तत्पश्चात् चौड़ाई mm X मोटाई mm में लिखी जाती है।

उदाहरण - ISSH 2000 mm X 600 mm X 8 mm, ISST 250 mm x 2 mm

8. **इस्पातीय प्लेट्स** (Rolled Steel Plates)

इस्पातीय प्लेट्स के नामकरण में सर्वप्रथम ISPL, तत्पश्चात् लम्बाई mm x चौड़ाई mm x मोटाई mm में लिखी जाती है।

उदाहरण ISPL 2000 mm X 1000 mm X 6 mm.

1.23 आधुनिक इस्पात पदार्थ के विकास (Recent Developments in Steel Material)

हाल ही में इस्पात पदार्थ के गुणवत्ता में विकास हुए हैं। IS : 2062 वेल्डेबल इस्पात St 42-W ग्रेड और IS : 961 वेल्डेबल इस्पात St 55-HTW ग्रेड विकसित हुए हैं। जिससे वेल्डिंग कार्य का उपयोग बड़े पैमाने पर सम्भव हो सका है।

IS : 961 का उच्च तनाव सामर्थ्य के साथ विकसित हुआ है। इससे यांत्रिक गुणवत्ता में वृद्धि हुई है। इससे प्रतिमीटर लम्बाई के भार में भी बचत हुई है।

1.24 आधुनिक बेल्लित इस्पातीय खण्ड में विकास (Recent Developments in Steel Rolled Sections)

हाल ही में इस्पात पदार्थ के गुणवत्ता के विकास के साथ बेल्लित इस्पातीय खण्ड में भी विकास हुआ है। बेल्लित इस्पातीय धरन में फ्लेन्जेज से सिरे वेब तक टेपर होता है। हाल ही में धरन खण्ड समान्तर फ्लेन्जेज वाली विकसित हुई हैं। इन धारन खण्ड के जड़त्व आघूर्ण (Moment of Inertia), परिभ्रमण त्रिज्या (Radius of Gyration) और परिच्छेद मापांक (Section Modulus) के मान में वृद्धि हुई है। इन इस्पात खण्ड का उपयोग धरन और स्तम्भ की तरह उपयोग किये जाते हैं, जो कि ज्यादा

स्थायी साम्यावस्था रखते हैं (Stable Equilibrium)। अन्य अवयवों के साथ में जोड़ने में आसानी रहती है। किसी भी प्रकार की पैकिंग की आवश्यकता नहीं होती।

हमारे देश भारत में हालांकि समान्तर फ्लेन्जेज के धारन खण्ड का उत्पादन नहीं होता है।

1.25 बेदाग इस्पात (धब्बे रहित Stainless Steel)

बेदाग इस्पात इस्पात और क्रोमियम का मिश्रण होता है। ऐसी गुणवत्ता वाले इस्पात में क्रोमियम की मात्रा करीब इग्यारह प्रतिशत बढ़ा दी जाती है। तब इस्पात की सतह पर एक निष्क्रय फिल्म (झिल्ली) बन जाती है यह झिल्ली एक अवरोधक (Barrier) की तरह कार्य करती है और इस्पात की सतह को संरक्षण (Protection) देती है। इस्पात की सतह पर जंग नहीं लगने देती। किसी प्रकार का दाग भी नहीं बनता। यदि क्रोमियम की मात्रा इस्पात में इग्यारह प्रतिशत से ज्यादा बढ़ा दी जाती है, तब उपरोक्त बतायी गयी झिल्ली के सामर्थ्य में भी वृद्धि हो जाती है।

यदि किसी कारण जंग लगने के वातावरण में इस्पात की सतह को क्षति पहुँचती है तो यह इस्पात में स्वंम्य में उसकी पूर्ति (Repair) करने में सक्षम होता है।

यदि इस बेदाग इस्पात में निकल (Nickle) अतिरिक्त मिला दिया जाय तो जंग प्रतिरोध क्षमता में भी वृद्धि हो जाती है। सल्फरिक एसिड से दुषित वातावरण में भी इस इस्पात को क्षति नहीं होती। इस इस्पात की क्रिस्टल संरचना के रूप से दूसरे रूप में बदल जाती है। तन्यता (Ductility), दृढ़ता (Toughness) और वेल्डेबिलिटि के गुणों में वृद्धि हो जाती है। यदि इस बेदाग इस्पात में मोलोडिनियम (Molodinium) पदार्थ मिला दिया जाता है, तब सतह पर छोटे छोटे बारीक गड्ढे भी नहीं बनते। दरार बनाने वाले जंग (Crevice-Corrosion) भी नहीं होता।

ओस्टेनिटिक (Austenitic) और ड्यूप्लेक्स (Duplex) नाम के दो प्रकार के बेदाग इस्पात का उत्पादन बनाया जाता है।

ओस्टेनिटिक बेदाग इस्पात में करीब 17-18 प्रतिशत क्रोमियम और 9-12 प्रतिशत निकल होता है। ओस्टेनिटिक बेदाग इस्पात की तुलना में ड्यूप्लेक्स बेदाग इस्पात में सामर्थ्य ज्यादा होता है और घिसने (Wearing) को रोकने वाली प्रतिरोधक क्षमता भी अधिक होती है।

आजकल बेदाग इस्पात का भवन निर्माण में विस्तृत उपयोग होने लगा है। क्युआलाम्पुर में विश्व में सबसे ऊंची जुड़वा - टोवरस में हमारे देश भारत में बना बेदाग इस्पात का उपयोग हुआ है।

बेदाग-इस्पात की कीमत अधिक होते हुए भी आर्किटेक्टस का आकर्षण (रूचि) इस इस्पात में रहती है। बेदाग-इस्पात में सौन्दर्य, सामर्थ्य और टिकाऊ गुणवत्ता का मिला-जुला प्रभाव रखती है।

1.26 इस्पात का स्थायित्व (टिकाऊपन) (Durability of Steel)

इस्पात के स्थायित्व (टिकाऊपन) को प्रभावित करने वाले मुख्य कारण संक्षारण (जंग लगना Corrosion), थकान (Fatigue) और अग्नि (Fire) हैं। कुछ कारणों में इस्पात के संरचनाओं की डिजाइन और निर्माण में ये मुख्य संबंध रखते हैं। इन कारणों पर अतिरिक्त ध्यान रखने की आवश्यकता है। संक्षारण (जंग लगना Corrosion) का विवरण इस अनुच्छेद में दिया गया है जबकि थकान (Fatigue) और अग्नि (Fire) का विवरण बाद में अनुच्छेदों में दिया गया है।

1. **इस्पात में संक्षारण** (Corrosion of Steel)

इस्पात में जंग लगना एक विद्युत रसायनिक विधि हैं। एनोड (Anode) और कथोड (Cathode) इस्पात की सतह पर दो क्षेत्र बन जाते हैं। एनोड सिरे से विद्युत केथोड सिरे की तरफ बहती है। विद्युत रसायनिक संभाव्य (Potential) अन्तर [विभवान्तर

Potential Difference) के कारण ऐसा होता है। आर्द्रता की उपस्थिति (Moisture- गीलापन) विश्लेष्य (इलेक्ट्रोलाइट Electrolyte) की तरह कार्य करती है। आर्द्रता और आक्सीजन की उपस्थिति में विद्युत करेन्ट उत्पन्न होती है। एनोड घुलता जाता है। फेरस-आयन (Ferrous-ions) एनोड क्षेत्र से रिहा होकर (मुक्त होकर Release होकर) कथोड क्षेत्र की तरफ गति करते हैं और पानी और आक्सीजन के साथ मिश्रित होकर हाइड्रॉक्सिल - आयन (Hydroxyl-ion) बनाते हैं। इनकी फेरस-आयन के प्रतिक्रिया होती है।

इस्पातीय सतह जिस पर धूल और जंग लगी होती है वे एनोड का कार्य करती है और अन्य सतह वातावरण की आक्सीजन पर खुली है केथोड की तरह कार्य करती है। जंग लगने की क्रिया आगे बढ़ती है, तब ये क्षेत्र एक स्थान से दूसरे स्थान पर चली जाती है। जंग लगने की क्रिया से हाइड्रेटेड फेरेस आक्साइड (Hydrated Ferrous Oxide) उत्पन्न होता है, उसे जंग **(Rust)** कहते हैं। यह पीला- भूरा रंग का पाउडर होता है। इस पीले भूरे रंग के पाउडर का और आक्सीकरण (Oxidization) होता है, तब फेरिक-आक्साइड (Ferric-Oxide) बन जाता है और यह लाल-धूल के रंग जैसी होता है। इस प्रकार इस्पात की सतह पर कई विद्युत बेट्रीज बनती रहती हैं। इस जंग से बनी धूल की आयतन ढाई गुणा (इस्पात के मूल आयतन) से बढ़ जाता है।

आर्द्रता (Moisture) और आक्सीजन (Oxygen) दोनों संक्षारण (जंग लगने Corrosion) के लिए आवश्यक हैं। जंग और जंग की गति पानी में उपस्थित अशुद्धियों पर निर्भर करती हैं। तुलना के गांव में क्षेत्र पर वातावरण काफी साफ होता है, तो जंग लगने की संभावना और तीव्रता कम रहती है। परन्तु दूषित वातावरण में विशेषकर औद्योगिक क्षेत्रों में धुआँ और कार्बनिक पाउडर जहाँ अधिक होता है, वहाँ पर जंग लगने की तीव्रता अधिक रहती है। जहाँ पर हानिकारक तत्त्व (उदाहरण के लिये सल्फर डाई आक्साइड) उपस्थित होते हैं, वहाँ पर इस्पात के अवयवों की मोटाई में 0.075 mm प्रतिवर्ष या इससे अधिक हो जाती है। समुद्र के आस पास के वातावरण में क्लोराइड-आयनस उपस्थित रहते हैं। ये तत्त्व जंग-लगने की क्रिया को तेज कर देते हैं, और स्वंम्य ज्यादा आक्रमक रहते हैं।

संक्षारण (जंग लगने की क्रिया Corrosion) विभिन्न प्रकार के होते हैं। उदाहरण के लिये (i) जंग लगने से गड्ढे बन जाना (Pitting Corrosion) (ii) जंग लगने से दरार बन जाना (Crevice Corrosion) (iii) द्विधातु जंग लगना (Bimetallic Corrosion) (iv) प्रतिबल के कारण जंग लगना (Stress Corrosion) (v) टेडी (फ्रेटिंग - Corrosion) (vi) जीवाणु-करोजन (Bacterial corrosion)। इन संक्षारण (जंग लगने) की अलग अलग क्रियाओं को एक ही ग्रुप वातावरणिक करोजन (Atmospheric Corrosion) में रख सकते हैं। जो कि साधारण वातावरण में होते रहते हैं। अन्य करोजन क्रिया को नमक (लवणीय) ग्रुप (Chloride) में रख सकते हैं।

इस्पात की जंग लगने की संभावना से बचाने के लिये सुरक्षित रखने के लिए आर्द्रता (Moisture) और आक्सीजन (Oxygen) से बचाके रखने की आवश्यकता रहती है। इससे जंग लगने का खतरा न्यत्तम हो जाता है।

इस्पात के अवयवों पर जंग लगने से बचाव के लिये उनकी सतह पर रंग की कोटिंग (Paint Coating) उदाहरण के लिये लेंड आक्साइड लगा कर की जाती है। किसी धातु की कोटिंग (Metallic coating) उदाहरण के लिये गेल्वेनाइजिंग (Galvanizing) जो गर्म पिघले हुए जिंक से की जाती है। विशेष इस्पात जो कि जंग के प्रति प्रतिरोधक (Corrosion Resistant) होते हैं, उनका उपयोग किया जा सकता है। ब्रिटेन में ऐसे इस्पात को विकसित किया है, जिसे वेदरिंग इस्पात (Weathering Steel) कहते हैं। वाणिज्य/व्यवसाय में ऐसे उपलब्ध इस्पात को कोर टेन (Cor-Ten) कहते हैं। मूल रूप में इस इस्पात को संयुक्त राज्य इस्पात निगम (United State Steel Corporation) द्वारा विकसित किया गया था। कोपर, निकल, क्रोमियम और फॉस्फोरस तत्त्व इस गुणवत्ता वाले इस्पात में मिलाये जाते हैं। इन तत्त्वों की मात्रा करीब तीन प्रतिशत होती है। ये इस्पात उत्तम कोटि की प्रतिरोधक क्षमता रखते हैं।

1.27 इस्पातीय संरचनाएं (Steel Structures)

जब किसी पदार्थ के पिण्ड पर व्यवस्थित भार कार्यशील होते हैं, तब पदार्थ के पिण्ड में विकृति आ जाती है। पदार्थ के पिण् में इस विकृति के विरुद्ध प्रतिबल उत्पन्न हो जाता है। तब यह पिण्ड संरचना (Structure) कहलाती है।

संरचनाएं उस पर कार्यशील भार और बल को स्थानान्तरण करते हैं। संरचनाओं का वर्गीकरण दो वर्गों में किया जाता है। एक वर्ग में वे संरचनाएं जिनका विश्लेषण स्थिरता (Statically) के नियम से हो सकता है। दूसरे वर्ग वे संरचनाएं जिनका विश्लेषण केवल स्थिरता के नियम से नहीं किया जा सकता है। पहले वर्ग की संरचनाओं में स्टेटिक्स के तुल्य भारता (Statical Equilibrium) के समीकरण का संख्या काफी होती है, जिससे उसके सारे अवयवों में उत्पन्न बल ज्ञात कर सकते हैं। जब इन समीकरणों की संख्या पर्याप्त नहीं होती, तब सारे अवयवों में उत्पन्न बल ज्ञात नहीं कर सकते। प्रथम वर्ग की संरचनाएँ परिमित संरचनाएं (Determinate Structures) कहलाते हैं। दूसरे वर्ग की संरचनाएँ अपरिमित (अनिश्चित Inderterminate Structures) कहलाते हैं।

अपरिमित संरचनाओं का विश्लेषण करने लिए स्टेटिक्स के तुल्य भार के समीकरणों की संख्याओं में ज्योमितिया स्वीकार करने योग्य की (Geometrically Acceptable Deformations) समीकरणों को ज़ोड़ दी जाती है।

संरचनाओं के नाम का निर्धारण उनके आश्रय व्यवस्था (Supporting System) के अनुसार किया जाता है। आश्रय व्यवस्था एक परिमाणी, द्विपरिमाणी और तृतीय परिमाणी व्यवस्था (one, two and three dimensional) होती हैं।

1. एक परिमाणी आश्रय व्यवस्था को रेखिक आश्रय व्यवस्था (Line Supporting System) भी कहा जाता है। ऐसी व्यवस्था में एक परिमाण दूसरे दो परिमाणों की तुलना में अधिक ज्यादा होता है। पदार्थ एक सीधी रेखा अथवा वक्र रेखा पर अधिक केन्द्रित होता है। एक लचीला केबला (A Flexible Cable) इसका उदाहरण है।
2. द्विपरिमाणी आश्रय व्यवस्था को सतह आश्रय व्यवस्था (Surface Supporting System) भी कहा जाता है। इस व्यवस्था में दो परिमाण तीसरे परिमाण की तुलना में अधिक ज्यादा होते हैं। तीसरा परिमाण काफी छोटा होता है। पदार्थ पूर्ण सतह पर वितरित (Distributed) रहता है। ढांचेदार निर्मित (Frame Structures) संरचनाएं इसके उदाहरण है। ये रेखिक तत्वों से बनते हैं। सेल संरचनाएँ (Shell Structures) दृढ़ (Rigid) होती है और वक्र सतह पर वितरित होती हैं। इनका निर्माण प्लेट्स और शीट्स किया जाता है।
3. तृतीय आश्रय व्यवस्था तीनों परिमाणी आश्रय व्यवस्था में संरचनाओं का कोई भी आकार हो सकता है। इनको अवकाशिक संरचनाएँ (Spatial Structures) भी कहा जाता है।

उपरोक्त संरचनाओं को (i) कंकाल संरचनाएँ (Skeletal Structures) (ii) प्रतिबलित त्वचा संरचनाएं (Stressed Skin Structures) और ठोस संरचना (Solid Structures) में विभाजित किया जा सकता है।

1.28 इस्पातीय संरचनाओं के अवयवों का वर्गीकरण (Classification of Structural Members)

इस्पातीय संरचनाओं के अवयवों का भी वर्गीकरण संरचनाओं के वर्गीकरण के अनुसार (i) एक परिमाणी अवयव (ii) द्विपरिमाणी अवयव और (iii) तृतीय परिमाणी अवयव के रूप में किया जाता है। इस्पातीय संरचनाओं और संरचनात्मक अवयवों के तीन परिमाण लम्बाई, चौड़ाई और मोटाई हमेशा होते हैं।

परन्तु लम्बाई की तुलना में चौड़ाई और मोटाई बहुत कम होती है, तब ऐसे अवयव एक परिमाणी अवयव कहलाते हैं। उदाहरण के लिये धरन और स्तम्भ एक परिमाणी होते हैं।

जब लम्बाई और चौड़ाई दोनों की तुलना में केवल मोटाई ही बहुत कम होती है, तब ऐसे अवयव द्वि-परिमाणी अवयव कहलाते हैं। उदाहरण के लिये प्लेट्स द्विपरिमाणी अवयव हैं।

जहाँ तक लम्बाई, चौड़ाई और मोटाई के अनुपात देखा जाय तो किसी निश्चित अनुपात रेखाएँ नहीं हैं, उनके अनुसार ऐसा वर्गीकरण किया जाता है।

1.29 संरचनाओं और इनके अवयवों में इस्पात के उपयोग के गुण-दोष (Advantages & Disadvantages of Use of Steel)

इस्पात एक वरसेटाइल पदार्थ है, जिसका उपयोग संरचना में और कई अन्य कार्यों में किया जाता है। इस्पात पदार्थ में बहुत गुण हैं, और इसके उपयोग में बहुत लाभ है, जो कि निम्न है

1. इस्पातीय अवयवों में उच्च कोटि का सामर्थ्य होता है। तुलना में हल्के भार और छोटे आकार के अवयवों में उच्चे मान के भार का प्रतिरोध करने की क्षमता होती है।
2. इस्पात के अवयव का सुविधाजनक तौर पर परिवहन किया जा सकता है। क्योंकि इनका आकार छोटा होता है।
3. इस्पातीय अवयव गैस और पानी जैसे पदार्थों के लिये दृढ़ होते हैं। क्योंकि इस्पात का घनत्व (इकाई आयतन का भार) 7.845 ग्राम प्रति मि.ली. (gm/ml) होता है, जो कि काफी ज्यादा है।
4. इस्पातीय अवयवों का सेवा-जीवन (Service life) लम्बा होता है। जो कि उच्च घनत्व और समान (Homogeneous) सामर्थ्य औव क्षमता रखता है।
5. इस्पातीय अवयवों का प्री-फेब्रिकेशन सुविधापूर्वक और सरलता से कर सकते हैं।
6. इस्पातीय अवयवों का सहज में असज्जीकरण (Disassemble) करके बदले जा सकते हैं।
7. इस्पातीय अवयवों का निरीक्षण कम समय में बहुत जल्दी कर सकते हैं।
8. जो इस्पातीय संरचनाएं और अवयव अस्तित्व में हैं, उनका सामर्थ्य अतिरिक्त खण्ड या प्लेटस जोड़ कर किया जा सकता है।

इस्पातीय अवयवों में दो दोष है। उनका करोजन के प्रति प्रभाव-शीलता अधिक होती है। इनका मूल्य भी ज्यादा होता है।

1.30 विशिष्ट विवरण प्रतियाँ विनिर्देश (Specifications)

इस्पातीय संरचनाओं के निर्माण में मुख्यतया चार पक्ष स्वामी (Owner), डिजाईनर (Designer) [जो कि इंजीनियर और शिल्पकार], फेब्रिकेटरस और निर्माण कर्त्ता (Constructors) होते हैं। विशिष्ट विवरण प्रति डिजाइन तैयार करता है। पदार्थों की गुणवत्ता मानक और स्वीकृत हो और कार्यशैली फेब्रिकेशन में उचित परिभाषित हों। इनका विवरण विशिष्ट विकरण इन प्रतियों में होता है। डिजाइनर तीन प्रकार की विशिष्ट विवरण प्रतियाँ तैयार (प्रोजेक्ट इस्पेशिफिकेशन पदार्थों के मानक और डिजाइन कोड) किये जाते हैं।

विशिष्ट विवरण प्रतियाँ तैयार करने का उद्देश्य आर्थिक किफायत, पदार्थों का उचित उपयोग और निर्माण में मूल्य राशि में किफायत रखना होता है। परन्तु इनके साथ ही सुरक्षा का किसी प्रकार से त्याग भी नहीं करना है।

प्रोजेक्ट विशिष्ट विवरण प्रतियाँ में स्वामी और इंजीनियर्स की यथार्थ आवश्यकता और नियंत्रण का पूरा विवरण होता है।

पदार्थ संबंधी मानक में पदार्थों की गुणवत्ता और किफायती आर्थिक उपयोग के लिये होता है। डिजाइन कोडस में विभिन्न भार के बारे में साधारण मार्ग-प्रदर्शन करने वाला हो, स्वीकृत प्रतिबल के मान लिखित हो और डिजाइन सिद्धान्त और कार्य करने की रीति को बताता हो। इन तीनों बातों को डिजाइन कोडस में संयोग करने वाला होता है। पूरे देश (राष्ट्र) के लिये मार्ग-प्रदर्शन करता है।

जटिल और अधिक समय व्यय करने वाले सूत्रों के स्थान पर डिजाइन के लिए उचित विधान (नियम) कोडस में सम्मिलित किये जाते हैं। कोडस में उचित सारणियों तैयार करके सम्मिलित की जाती हैं, जो कि आकलन और गणना के कार्यों को सरल बनाती है और कम करती है। देश (राष्ट्र) की सरकार द्वारा बनायी गई संस्थाएं इन कोडस और विशिष्ट-विवरण प्रतियाँ तैयार करते हैं। अलग अलग देश में एक या एक से अधिक ऐसी संस्थाएँ होती है।

अमेरिका में अमेरिकन इन्स्टिट्यूट ओफ इस्टील निर्माण इस्पेसिफिकेशन (American Institute of Steel Construction Specifications) जिसको संक्षिप्त में AISC - Specifications कहते हैं। जिसमें डिजाइन, फेब्रिकेन और इरेक्शन संरचनात्मक इस्पातीय भवन से सम्बन्धित विवरण दिया होता है। डिजाइन की विशेष छवि के बारे में निम्नलिखित विशिष्ट विवरण प्रतियों में विवरण दिया गया है।

AISI	Speciations :	American Iron and Steel Institute Specifications
AWS	Speciations :	American Welding Society Specifications
SJI	Speciations :	Steel Joist Institute Specifications
AASTHTO	Speciations :	American Association of State Highway and Transporation Officials Specifications
USBPR	Speciations :	U.S. Bureau of Public Roads Specifications
AREA	Speciations :	American Railway Engineering Association Specifications
USASI	Speciations :	U.S. American Standard Institute

राष्ट्रीय उच्च मार्गों और रेलमार्गों के पुल के AASHO, USBPR and AREA specifications में विवरण दिया गया है।

ब्रिटेन के British Standard Institute इस्पेसिफिकेशनस तैयार करते हैं। जर्मनी के लिये German Standard Institution (DIN) इस्पेसिफिकेशनस तैयार करते हैं। संयुक्त समाजवादी राज्य रूल USSR के लिए USSR State Standards (GOST) इस्पेसिफिकेशन तैयार करते हैं।

अपने देश भारत के लिए निम्न संस्थाएँ इस्पेसिफिकेशनस तैयार करती हैं और उनका प्रकाशन भी करती हैं।

1. ब्यूरो आफ इंडियन स्टेण्डर्ड्स (BIS)

2. इंडियन रोड कांग्रेस (IRC)

3. रेल मार्गों के लिये रेल्वे बोर्ड मंत्रालय इस्पेसिफिकेशन तैयार करते हैं।

इस्पातीय संरचनाओं के लिए निम्न कोडस तैयार किये गये हैं।

1	226-1975	Structural Steel (standard quality)
2	227	Galvanised (Plain and Corrugated) sheets
3	459	Unreinforced Corrugated Asbestos Cement Sheets
4	723	Mild Steel Wire Nails
5	800-1984	Code of practice for General Construction in Steel
6	806	Use of Steel Tubes in General Building Construction
7	808	Rolled Steel Beams, Channels and Angle Sections
8	812-1957	Glossary of Terms Relating to Welding and Cutting Metals
9	813-1961	Scheme for Symbols of Welding
10	816-1969	Use of Metal Arc Welding for General Construction of Mild Steel
11	819-1957	Resistance Spot Welding for Light Assemblies in Mild Steel
12	875-1984	Loading Standard for Structural Safety of Buildings
13	961-1975	Strucutral Steel (High Tensile)

14	1148-1973	Rivets Bars for Structural Purposes
15	1149-1982	High Tensile Rivet Bars for Structural Purposes
16	1161	Steel Tubes for Structural Purposes
17	1173	Rolled Steel Sections, Tee-Bars
18	1252	Rolled Steel Sections, Buld-Angles
19	1261-1959	Seam Welding in Mild Steel
20	1323-1962	Code of Practice for Oxy-Acetylene Welding for Structural Works in Mild Steel
21	1730	Dimensions for Steel Plates, Sheets and Strips fr Structural and General Engineering Purposes
22	1731	Dimensions for Steel Flats for Structural General Engineering Purposes
23	1732	Dimensions for Round and Square Steel Bars for Struxctural and General Engineering Purpose
24	1911	Schedule of Unit Weight of Materials
25	1977-1975	Structural Steel (ordinary quality)
26	2062-1984	Weldable Structural Steel
27	2585	Black Square Bolts and Nuts and Black Square Screws
28	3139	Dimensions for Screw Threads for Bolts and Nuts
29	3757-1972	High Tensile Friction Grip Fasteners for Structural Engineering Purposes
30	4000-1967	Assembly for Structural Joint using High Tensile Friction Grip Fasteners
31	456-1978	Code of Practice for Plain and Reinforced Concrete (Third Revision)
32	6623-1972	High Tensile Friction Grip Nuts
33	6639-1972	Hexagon Bolts for Steel Structures
34	6649-1972	High Tensile Friction Grip Washers

उपरोक्त इस्पेसिफिकेशन के अतिरिक्त निम्नलिखित ISI Hand Books भी लकड़ी की संरचनाओं के लिए निम्न इस्पेसिफिकेशनसे उपयोगी है।

1	883	Use of Structural Timber in Building (Material, Grading and design)
2	2366	Nail Jointed Timber Construction.

इस्पातीय संरचनाओं के डीजाइन में उपयोगी है।

1 Handbook for Stuctural Engineering 1. (Structural Steel Section)

2 Handbook for Structural Engineers 2. (Steel Beams and Plate Girders)

3 Handbook for Structural Engineers 3. (Steel Columns and Struts)
Following Specifications are useful for the design of timber structures.

इस्पेसिफिकेशनस (Specifications) विशिष्ट विवरण प्रतियों का समय समय पर रीविजन (Revision) किया जाता है। जो कि शोध संस्थाओं और प्रयोगशालाओं में कार्य कर रहे शोधकर्त्ता के अनुभव, कार्यों के विकास और शोधकार्यों पर निर्भर करते हैं।

2

भार, डीजाइन विधि और इस्पात की गुणवताएँ
(Loads, Methods of Design and Properties of Steel)

2.1 प्रस्तावना (Introduction)

संरचनाएं और इनके अवयवों की डिजाइन (रचना) उपयोग संबंधी छवि और संरचनात्मक छवि प्राप्त करने के लिये की जाती है। दोनों छवि (Aspects) आपस में परस्पर संबंधित है। एक भवन को कई उपयोग (Functions) में संतोषपूर्वक कार्य करने होते हैं।

उपयोग संबंधी छवि इस विचार को ध्यान में रखता है कि भवन की डिजाइन किस उद्देश्य से करनी है। भवन निर्माण में व्यय होने वाली राशि और स्थान की आवश्यकता को व्यवस्थित करने को ज्ञात करना होता है। संरचनाएं उन सेवाओं को सन्तोषपूर्वक कर सके,जिसके लिए बनायी गयी है। कार्यशील उपयोगिताओं के लिए स्थान का निर्धारण करना और उनकी व्यवस्था करना उपयोग संबंधी छवि में सम्मिलित होती हैं। भवन के उपयोग कर्त्ताओं को संतोषजनक हो। भवन की सुरक्षा, अग्नि से सुरक्षा आदि का भी ध्यान रखा जाता है। स्वास्थ्य के लिये उचित सेनिटेशन और उचित वेन्टीलेशन होना आवश्यक होते हैं। इनके अतिरिक्त विशेष उपकरण, मशीन और अन्य फीचर जो संरचनाओं के उचित कार्य करने लिये आवश्यक हो, उनकी व्यवस्था भी होना चाहिए। संरचनाओं का प्रारम्भिक ले-आउट (Lay-out) तैयार किया जाता है। संरचना के लिए परिमाण, आकृति निर्धारण करने में ले-आउट उपयोगी रहता है। संरचनाओं का परिमाण उनकी डिजाइन करने में उपयोग में आते हैं।

संरचनात्मक छवि में यह सुनिश्चित किया जाता है कि भवन अथवा संरचनाएँ सुरक्षित (Safe), सक्षम (Strong) और टिकाऊ (Durable) हो और आर्थिक दृष्टि से किफायती हो। प्राकृतिक विपदाओं से बचाव के लिये, मानव को आश्रय देने के लिए, संरचनाओं का निर्माण किया जाता है। भवन के उपयोगकर्त्ता अपने जीवन और सम्पत्ति के प्रति सुरक्षित महसूस करें। संख्या में बहुत से व्यक्तियों की सुरक्षा भवन की सुरक्षा पर निर्भर रहती है। कोडस (Codes) और विशिष्ट विवरण प्रतियाँ (Specifications) में न्यूनतम आवश्यकताओं का विवरण दिया हुआ होता है।

कोडस (Codes) और विशिष्ट विवरण प्रतियों (Specifications) में संरचनाओं पर कार्यरत होने वाले अचल भार (Dead Loads), चल भार (Live-Loads), वायु से उत्पन्न भार (Wind Loads), हिम भार (Snow Loads), भूकम्पन से उत्पन्न होने वाले भार (Seismic Loads) का विवरण भी दिया हुआ होता है। अन-आवश्यक, अतिभारी भार बिना उचित गणना के (उनकी धारणा) नहीं करनी चाहिए। संरचनाओं की डिजाइन उस पर व्यय होने वाली राशि में किफायत और उनकी सुरक्षा को ध्यान में रखते हुए की जाती है। संरचनाओं की डिजाइन तीन मुख्य सिद्धान्त [सामर्थ्य (Strength), दृढ़ता (Stability) और कठोरता (Stiffness) की पूर्ति करते हुए करनी चाहिये।

संरचनाओं के अवयवों में उन पर आने संरचनात्मक प्रभाव, और डिजाइन भार वहन करने की क्षमता होनी चाहिये। सभी प्रकार के भार जो संरचनाओं पर अलग-अलग अथवा संयुक्त रूप से कार्यशील हो सकते हैं, उनको विचार में रखना चाहिए।

संरचनाओं पर निम्नलिखित विभिन्न भार कार्यशील हो सकते हैं।

1. अचल भार (Dead Load), 2. चल भार (Live Load) 3. वायु (पवन) भार (Wind Load) 4. हिम भार (Snow Load) 5. भूकम्पन भार (Seismic Load) 6. तापमान के प्रभाव (Temperature Effects)

उपरोक्त लिखित भार और प्रभाव के अतिरिक्त निम्नलिखित बल और प्रभाव भी डिजाइन के समय विचारणीय रहते हैं। इनका भी संरचनाओं पर [पदार्थ पर, सुरक्षा पर और प्रयोज्यता (Serviceability)] पर प्रभाव होता हो।

1. नींव में हलचल (Foundation Movement)
2. प्रत्यास्थी अक्षीय लघूकरण (Elastic Axial Shortening)
3. मृदा और द्रवीय दबाव (Soil and Liquid Pressure)
4. कम्पन्न (Vibrations)
5. फटीग (थकान) [Fatigue]
6. संघट्टन (टकराना) [गतिशील प्रभाव, Dynamic Effect]
7. अनुलोमक भार (निर्माण भार Erection Loads)
8. प्रतिबल केन्द्रित प्रभाव (Stress Concentration Effects)

सामर्थ्य की आवश्यकता के अनुसार आन्तरिक क्रिया बल संरचनाओं के जोड़ पर बाह्य डिजाइन भार, बल और प्रभाव बराबर होने चाहिए। इन दोनों का जोड़ पर सन्तुलन आवश्यक है।

2.2 **अचल भार** (Dead Loads)

संरचनाओं का स्वतः भार और उन पर लगे अतिरिक्त भार अचल भार के श्रेणी में आते हैं। डिजाइन करते समय स्वतः भार की पहले जानकारी नहीं होती। डिजाइन कर्त्ता अपने अनुभव से संरचनाओं के अवयवों के परिमाप मान कर ज्ञात करता है। यदि कोई सूत्र हो तो सूत्रों के उपयोग से ज्ञात कर लेता है। अतिरिक्त अचल भार निर्माण में प्रयोग होने वाले विभिन्न प्रकार के पदार्थों के भार (उनके प्रति आयतन या क्षेत्रफल) के अनुसार ज्ञात कर लेते हैं। इन पदार्थों का ईकाई भार सारणी (Table) 2.1 में दिये गये हैं।

अचल भार स्थिति (Position) में स्थिर रहते हैं और इनके परिमाण (Magnitude) में भी कोई परिवर्तन नहीं होता है।

सारणी (Table) 2.1. भवन निर्माण के उपयोगी पदार्थों ईकाई भार, एवं भवन के भाग और भवन के सम्बन्धी घटक

संख्या	निर्माण पदार्थ	नोमिनल	भार/मात्रा		
			kN	kg	per
	Building materials				
1	Asbestos natural	–	29.8	3040	m^3
	raw		5.90 to 8.95	600 to 900	m^3
2.	Asbestos cement sheeting	–			
	corrugated (146 mm)	6 mm	0.118 to	12	m^2
		6 mm	0.130	13.3	m^2
	Semi corrugated (240 mm)	6 mm	0118 to	12	m^2
		6 mm	0.127	13	m^2
	plain	5 mm	0.090	9.16	m^2

3.	Bitumen	–	0.102	10.4	m^2
4.	Boards (cork)				
	Compresed	10 mm	0.040	4	m^2
	Ordinary	10 mm	0.020	2	m^2
5.	Bricks, chips and broken bricks				
	Fine	–	14.20	1450	m^3
	Coarse	–	9.90	1010	m^3
6.	Brick dust (Surkhi)	–	9.90	1010	m^3
7.	Bricks (Engineering)	–	21.20	2160	m^3
8.	Cement				
	Ordinary and Aluminious	–	14.10	1440	m^3
	Rapid hardening	–	12.55	1280	m^3
9.	Plain cement concrete with sand and gravel or crushed natural stone	–	22 to 23.5	2240-2400	m^3
10.	Reinforced cement concrete sandstone aggregate with				
	1 percent steel	–	22.75 - 24.20	2310 – 2470	m^3
	2 percent steel	–	23.25 – 24.80	2370 – 2530	m^3
	5 percent steel	–	24.80 – 26.50	2530 – 2700	m^3
11.	Glass	–	24.384	2480	m^3
	Glass bricks	–	24.304	2480	m^3
	Window glass and		24.304	2480	m^3
	Looking glass		24.304	2480	m^3
	Sheet		24.304	2480	m^3
		2.0	0.049	5.0	m^3
		2.5	0.062	6.3	m^3
		3.0	0.074	7.5	m^3
		4.0	0.098	10.0	m^3
		5.0	0.123	12.5	m^3
		5.5	0.134	13.7	m^3
		6.5	0.167	17.0	m^3
12.	Gypsum				
	Mortar	–	11.75	1200	m^3
	Powder	–	13.89-17.25	1410-1760	m^3
13	Iron				
	Pig	–	70.60	7200	m^3
	Gray cast	–	68.95-69.70	7030-7130	m^3
	White cast	–	74.30-75.70	7530-7720	m^3
	Wrought	–	75.50	7700	m^3

14	Mastic asphalt	10 mm	0.215	22	m^2
15.	Metal sheeting Galvanised steel sheets (plain and corrugated)				
	Case 1	1.60 mm	0.131	10.00	m^2
		1.25 mm	0.104	10.50	m^2
		1.00 mm	0.084	8.60	m^2
		0.80 mm	0.069	7.03	m^2
		0.63 mm	0.056	5.70	m^2
	Case 2	1.60 mm	0.129	13.16	m^2
		1.25 mm	0.102	10.41	m^2
		1.00 mm	0.083	8.45	m^2
		0.80 mm	0.067	6.8	m^2
		0.63 mm	0.054	5.55	m^2
	Case 3	1.60 mm	0.128	13.01	m^2
		1.25 mm	0.101	10.26	m^2
		1.00 mm	0.081	8.30	m^2
		0.80 mm	0.066	6.73	m^2
		0.63 mm	0.053	5.40	m^2
	Case 4	1.60 mm	0.127	12.94	m^2
		1.25 mm	0.100	10.19	m^2
		1.00 mm	0.081	8.22	m^2
		0.80 mm	0.065	6.66	m^2
		0.63 mm	0.052	5.32	m^2
16	Mortar				
	Cement	–	20.40	2080	m^3
	Lime	–	15.70-18.05	1600-1840	m^3
17	Plaster				
	Cement	–	20.40	2080	m^3
	Lime	–	17.25	1760	m^3
18.	Soils and gravels				
	Alluvial ground (undisturbed)	–	15.60	1600	m^3
	Clay (dry and lump)	–	10.20	1040	m^3
	Dry (compact)	–	14.10	1440	m^3
	Damp. (compact)	–	17.25	1760	m^3
	Clay (wet and compact)	–	20.40	2080	m^3
	Undisturbed	–	18.85	1920	m^3
	Undisturbed bed gravelly	–	20.40	2080	m^3
	Earth				
	Dry	–	13.85 - 18.05	1410-1840	m^3
	Moist	–	15.70 - 19.60	1600-2000	m^3

	Gravel				
	Loose	–	15.70	1600	m^3
	Rammed	–	18.85 - 21.20	1920-2160	m^3
19.	Stone				
	Agale	–	25.50	2600	m^3
	Aggregate	–	15.70-18.05	1600-1920	m^3
	Basalt	–	27.95-29.05	2850-2960	m^3
	Granite	–	25.90-27.45	2640-2800	m^3
	Lime	–	23.55-25.90	2400-2640	m^3
	Marble	–	26.70	2720	m^3
	Sandstone	–	27.45	2800	m^3
20	Tiles clay				
	Mangalore pattern	–			
21	Timber				
	Hard wood (e.g. Babul)	–	6.27-9.41	640-960	
	Light wood (e.g. Fir)	–	3.91-4.71	400-480	
	Medium (e.g. Deodar)	–	4.71-6.7	480-640	
	Building parts and components				
22.	Ceiling (on wire netting)	10 mm	0.265	27	m^3
23.	Flooring				
	Asphalt	10 mm	0.22	22	m^3
	Terrazo paving	10 mm	0.24	24	m^3
24.	Roofing				
	Allahabad tiles (including battens)				
	Single	–	0.83	85	m^3
	Double	–	1.57	170	m^3
	Country tiles (with battens)				
	Single	–	0.69	70	m^3
	Double	–	1.18	120	m^3
	Mangalore tiles with battens	–	0.64	65	m^3
	(tiles with mortar)	–	1.08	110	m^3
	Slates (on battens)	–	0.34-0.49	35-50	m^3
	Glazed with aluminium alloy bars for span upto 3 m	6.4 mm	0.19	19.5	m^3
	Glazed with load covered steel bars at 0.6 m centres	6.4 mm	0.25 - 0.28	26-29	m^3

25.	Wall				
	Engg. bricks (in masonary)	–	23.55	2400	m^3
	Stone (masonry)				
	Granite ashlar	–	25.90	2640	m^3
	Granite rubble	–	23.55	2400	m^3
	Lime ashlar	–	25.70	2560	m^3
	Marble sand		26.5	2700	m^3
	Sand stone	–	22	2240	m^3

2.3 चल भार (Live Loads)

चल भार में भार की स्थिति (Position) या परिमाण (Magnitude) या दोनों में परिवर्तन होते हैं। चल भार को एक समान वितरित गतिहीन भार (Uniformly Distributed Equivalent Load) में व्यक्त किया जाता है। विभिन्न प्रकार के उपयोग में लाये जाने फर्शों को पृथक-पृथक श्रेणी में बाँट दिया गया है। इन फर्शों पर लगने वाले (प्रति इकाई क्षेत्रफल पर) भार का मान IS: 875 (Part 2) - 1987 के अनुसार सारणी (Table 2.2) में दिये गये हैं।

संरचनात्मक भवन जो विभिन्न प्रकार से अलग-अलग उपयोग में लाये जाते हैं, उनका वर्गीकरण निम्न श्रेणी मे किया गया है।

1. संयोजन (सम्मेलन) भवन (Assembly Building)
2. व्यापारिक भवन (Buisness Building)
3. आफिस भवन (Office Buildings)
4. शिक्षण संस्थान भवन (Educational Institutional Buildings)
5. औद्योगिक भवन (Industrial Buildings)
6. संस्थान भवन (Institutional Buildings)
7. वाणिज्य भवन (Mercantile Buildings)
8. निवासनीय भवन (Residential Buildings)
9. भंडार (गोदाम) भवन (Storage Buildings)

आरोपित भार (Imposed Loads) का निर्धारण अधियोग (Occupany) और अभीष्ट (Intended) उपयोग को ध्यान में रखते हुए किया जाता है।

सारणी (Table) 2.2. भिन्न भिन्न अधियोग के लिये आरोपित फर्श के भार

Sl. N.	Classification Occupancy	Uniformly Distributed Load (UDL)	Concentrated Load
(1)	(2)	(3)	(4)
(i)	**RESIDENTIAL BUILDINGS**	(kN/m2)	(kN)
	(a) Dwelling houses:		
	(1) All rooms and kitchen	2.0	1.8
	(2) Toilet and both rooms	2.0	–
	(3) Corridors, passages, staircases including fire escapes and store rooms	3.0	4.5
	(4) Balconies	3.0	1.5 per metre run concentrated at the outer edge

(b) Dwelling units planned and executed in accordance with IS: 8888-1989* only:		
(1) Habitable rooms, kitchens, toilet and bathrooms	1.5	1.4
(2) Corridors, passages and staircases including fire escapes	1.5	1.3
(3) Balconies	3.0	1.5 per metre run concentrated at the outer edge
(c) Hotels, hostels, boarding houses, lodging houses, domitones, residential clubs:		
(1) Living rooms bed rooms and domitories	2.0	1.8
(2) Kitchen and laundries	3.0	4.5
(3) Biliards room and public lounges	3.0	2.7
(4) Store rooms	5.0	4.5
(5) Dining rooms, cafeterias and restaurants	4.0	2.7
(6) Office rooms	2.5	2.7
(7) Rooms for indoor games	3.0	1.8
(8) Baths and toilets	2.0	—
(9) Corridors, passages, staircases including fire escapes lobbies - as per the floor serviced (excluding stores and the like) but not less than	3.0	4.5
(10) Balconies	Same as rooms to which they give access but with a minimum of 4.0	1.5 per metre run concentrated at the outer edge
(d) Boiler rooms and plant room - to be calculated but not less than	5.0	6.7
(e) Garges:	2.5	9.0
(1) Garage floors (including parking area and repair workshop) for passenger cars and vehicles not exceeding 25 kN gross weight, including access ways and ramps - to be calculated but not less than		
(2) Garage floors for vehicles not exceeding 40 kN gross weight (including access ways and ramps) - to be calculated but not less than	5.0	9.0
(ii) EDUCATIONAL BUILDINGS		
(a) Class rooms and lecture rooms (not used for assembly purpose)	3.0	2.7

(b) Dining rooms, Cafterias and restaurants	3.0*	2.7
(c) Office, lounges and staff rooms	2.5	2.7
(d) Dormitories	2.0	2.7
(e) Projection rooms	5.0	–
(f) Kitchens	3.0	4.5
(g) Toilets and bathrooms	2.0	–
(h) Store rooms	5.0	4.5
(i) Libraries and archieves		4.5
(1) Stack room/stack area	6.0 kN/m^2 for a minimum height of 2.2 + 2.0 kN/m^2 per metre height beyond 2.2 m	4.5
(2) Reading rooms (without separate storage)	4.0	4.5
(3) Reading rooms (with separate storage)	3.0	4.5
(j) Boiler rooms and plant rooms - to be calculated but not less than	4.0	4.5
(k) Corridors, passages, lobbies, staircases including fire escapes - as per the floor services (without accounting for storage and projection rooms) but not less than	4.0	4.5
(l) Balconies	Same as rooms to which they give access but with a minimum of 4.0	1.5 per metre run concentrated at the outer edge
(iii) **INSTITUTIONAL BUILDINGS**		
(a) Bed rooms, wards, dressing rooms, dormitories and lounges	2.0	1.8
(b) Kitchens, laundries and laboratories	3.0	4.5
(c) Dining rooms, cafeterias and restaurants	3.0*	2.7
(d) Toilets and bathrooms	2.0	–
(e) X-ray rooms, operating rooms, general storage areas - to be calculated but not less than	3.0	4.5
(f) Office rooms and OPD rooms	2.5	2.7
(g) Corridors passages, lobbies and staircases including fire escapes - as per the floor services but not less than	4.0	4.5
(h) Boiler rooms and plant rooms - to be calculated but not less than	5.0	4.5

(i) Balconies	Same as the rooms to which they give access but with a minimum of 4.0	1.5 per metre run concentrated at the outer edge
(iv) **ASSEMBLY BUILDINGS**		
(a) Assembly areas :	4.0	–
(1) with fixed seats**		
(2) without fixed seats	5.0	3.6
(b) Restaurants (subject to assembly), museums and art galleries and gymnasia	4.0	4.5
(c) Projection rooms	5.0	–
(d) stages	5.0	4.5
(e) Office rooms, kitchens and laundries	3.0	4.5
(f) Dressing rooms	2.0	1.8
(g) Lounges and billiards rooms	2.0	2.7
(h) Toilets and bathrooms	2.0	–
(i) Corridors, passages, staircases including fire escapes	4.0	4.5
(j) Balconies	Same as rooms to which they give access but with a minimum of 4.0	1.5 per metre run concentrated at the outer edge
(k) Boiler rooms and plant rooms including weight of machinery	7.5	4.5
(l) Corridors, passages subject to loads greater than from crowds, such as wheeled vehicles, trolleys and the like corridors, staircases and passages in grain Islands	5.0	4.5
(v) **BUSINESS AND OFFICE BUILDINGS** (see also 3.1.2)		
(a) Rooms for general use with separate storage	2.5	2.7
(b) Rooms without separate storage	4.0	4.5
(c) Banking halls	3.0	2.7
(d) Bathroom computing machine rooms (with fixed computers or similar equipment)	3.5	4.5
(e) Records/files store rooms and storage space	5.0	4.5
(f) Vaults and strong room - to be calculated but not less than	5.0	4.5
(g) Cafeterias and dining rooms	3.0*	2.7

	(h) Kitchens	3.0	2.7
	(i) Corridors, passages lobbies and staircases including fire escapes - as per the floor serviced (excluding stores) but not less than	4.0	4.5
	(j) Bath and toilet rooms	2.0	–
	(k) Balconies	Same as rooms to which they give access but with a minimum of 4.0	1.5 per metre run concentrated at the outer edge
	(l) Stationary stores	4.0 for each metre of storage height	9.0
	(m) Boiler rooms and plant rooms - to be calculated but not less than		6.7
	(n) Libraries	see Sl. No. (ii)	
(vi)	MERCANTILE BUILDINGS		
	(a) Retail shops	4.0	3.6
	(b) Wholesale shops - to be calculated but not less than	6.0	4.5
	(c) Office rooms	2.5	2/7
	(d) Dining rooms, restaurants and cafeterias	3.0*	2.7
	(e) Toilets	2.0	–
	(f) Kitchens and laundries	3.0	4.5
	(g) Boiler rooms adn plant rooms - to be calculated but not less than	5.0	6.7
	(h) Corridors, passages, staircases, including fire escapes and lobbies	4.0	4.5
	(i) Corridors, passages, staircases subject to loads greater than from crowds, such as wheeled vehicles, trolleys and the like	5.0	4.5
	(j) Balconies	Same as rooms to which they give access but with a minimum of 4.0	1.5 per metre run concentrated at the outer edge
(vii)	**INDUSTRIAL BUILDINGS**		
	(a) Work areas without machines/equipment	2.5	4.5
	(b) Work areas with machinery/equipments***		
	1. Light duty (To be calculated but not	5.0	4.5
	2. Medium duty less than)	7.0	4.5
	3. Heavy duty	10.0	4.5

(c) Boiler rooms and plant rooms - to be calculated but not less than	5.0	6.7
(d) Cafeterias and dining rooms	3.0*	2.7
(e) Corridors, passages and staircases including fire escapes	4.0	4.5
(f) Corridors, passages, staircases subject to machine loads, wheeled vehicles - to be calculated but not less than	5.0	4.5
(g) Kitchens	3.0	4.5
(h) Toilets and bathrooms	2.0	–

viii. **STORAGE BUILDINGS******

(a) Stoarge rooms (other than cold storage) warehouses - to be calculated based on the bulk density of materials stored but not less than	2.4 kN/m2 per each metre of storage height with a minimum of 7.5 kN/m2	7.0
(b) Cold storage - to be calculated but not less than	5.0 kN/m2 per each metre of storage height with a minimum of 15 kN/m2	9.0
(c) Corridors, passages and staircases including fire escapes - as per the floor serviced but not less than	4.0	4.5
(d) Corridors, passages subject to loads greater than from crowds such as wheeled vehicles trolleys and the like	5.0	4.5
(e) Boiler rooms and plant rooms	7.5	4.5

* Guide for requirements of low income housing

**Where unrestricted assembly of persons is anticipated the value of UDL should be increased to 4.0 kN/m2

***With fixed seats implies that the removal of the seating and the use of the space for other purposes is improbable. The maximum likely load in this acseis, therefore, closely controlled.

****The loading in industrial buildings (worships and factories) varies considerably and so three loadings under the terms light. medium and heavy are introduced in order to allow for more economical designs but the terms have no special meaning in themselves other than the imposed load for which the relevant floor is designed. It is, however, important particularly in he case of heavy weight loads, to assess the actual loads to ensure that they are not in excess of 10 kN/m^2. in case where they are in excess, the design shall be based on the actual loadings.

*****For various mechanical handling equipment which are used to transport goods, as in warehouses, workshops, store rooms, etc. the actual load coming from the use of such equipment shall be ascertained and designed should cater to such loads.

इस्तम्भस, एबटमेन्टस (Abutments), पिअर (Pier), दीवारें और उनको सहारा (आश्रय Support) करने वाले और नींव (Foundations) की डिजाइन करते समय सारणी 2.3 के अनुसार फर्श पर आने वाले चल भार के मान IS : 800-1984 के अनुसार कम कर दिये जाते हैं।

सारणी (Table) 2.3. चल भार के मान में प्रतिशत कमी

Storey	Percentage reduction
1. Top most storey	0
2. First storey below top most	10
3. Second storey below top most	20
4. Third storey below top most	30
5. Fourth storey below top most	40
6. All succeeding storeys	40

व्यापारिक भवन (Ware Houses), गैरेजेज (Garages) और अन्य भवन जो कि गोदाम कार्यों में उपयोग में आते हैं, और औद्योगिक फैक्ट्रीज और कार्यशालाएँ (Workshops) के चल भार में डिजाइन करते समय कमी नहीं की जाती है जि को 5 kN/m^2 के भार के लिए डिजाइन की जाती हैं। यदि इन भवनों की डिजाइन 5KN/m^2 भार से अधिक मान के लिए की जाय तो ये कमी की जाती है यदि स्तम्भ पर आने वाले भार में 5 KN/m^2 आने वाले भार में कमी नहीं होती है।

2.4 पवन (हवा) से उत्पन्न भार (Wind Loads)

हवा के दबाव से उत्पन्न भार को पवन (हवा) भार (Wind-Loads) कहते हैं। हवा का भार बहुत महत्त्वपूर्ण होता है इसका सही आकलन करना बहुत कठिन होता है।

हवा संरचनाओं पर दबाव डालती है। यह दबाव आन्तरिक और बाह्य दोनों प्रकार के होते हैं। हवा से उत्पन्न भार हवा की तीव्रता, संरचनाओं की भूगोलिक स्थिति और संरचनाओं की ऊँचाई पर निर्भर करता है। हवा का भार इसके अतिरिक्त संरचनाओं के स्वंम्य के आकार और परिमाप पर भी निर्भर रहता है। हवा का भार अस्थिर भार (Transient Load) भार होता है जो कि थोड़े (कम) समय के लिये कार्यशील होता है।

पृथ्वी की सतह के तुलना में प्राकृतिक हवा गतिशील रहती है। हवा की एक धारा पृथ्वी के सतह पर प्रवाह करती रहती है। सूर्य और पृथ्वी से सम्बन्धित विकिरण (Radiations) के कारण तापमान में अव्यवस्था स्थापित हो जाती है, जिससे उष्मणता में संनयन (Convection) उत्पन्न हो जाता है। इससे ऊपर की तरफ अथवा नीचे की तरफ प्रवाहित होती है। हवा का प्रवाह पृथ्वी के सतह के क्षैतिज्य रहती है।

हमारे देश भारत में हवा के छः क्षेत्र बनाये गये हैं। जो कि हवा की मूल गति 55, 50, 47, 44, 39 और 33 मीटर प्रति सैकिण्ड के अनुरूप है। IS : 875-Part III (हवा का भार) 1987 के अनुसार चित्र 2.1 मे दिखाये गये हैं। यह हवा की मूल गति औसतन जमीन की सतह से 10m की ऊँचाई के लिए उपयुक्त हैं।

हमारे देश भारत के कई प्रमुख शहरों के लिए हवा की मूल गति के मान सारणी 2.5 में IS : 875-Part III, 1987 के अनुसार दिये गये हैं।

सारणी 2.5. मूल वायु गति (मी./सैकण्ड)

शहर	गति	शहर	गति	शहर	गति
आगरा	47	देहरादून	47	मैसूर	33
अहमदाबाद	39	दिल्ली	47	नागपुर	44
अजमेर	47	दुर्गापुर	47	नैनीताल	47
अलमोरा	47	गंगटोक	47	नासिक	39
अमृतसर	47	गुवाहटी	50	नैल्लोर	50
आसनसोल	47	गया	39	पन्जीम	39
औरंगाबाद	39	गौरखपुर	47	पटियाला	47
बहरेच	47	हैदराबार	44	पटना	47
बंगलोर	33	इम्फाल	47	पोण्डिचेरी	50
बरोनी	47	जबलपुर	47	ब्लेअर	44
बरेली	47	जयपुर	47	पोर्ट	39
भटिंडा	47	जमशेदपुर	47	पुना	39
भिलाई	39	झाँसी	47	रायपुर	39
भोपाल	39	जोधपुर	47	राजकोट	39
भुवनेश्वर	50	कानपुर	47	राँची	39
भुज	50	कोहिमा	44	रूड़की	39
बीकानेर	47	कुमूल	39	राउरकेला	39
बोकारो	47	लक्ष्यद्वीप	39	शिमला	39
मुम्बई	44	लखनऊ	47	सुरत	44
कोलकाता	50	लुधियाना	47	त्रिचनापल्ली	47
कालीकट	39	चैन्नई	50	त्रिवेन्द्रम	39
चंडीगड़	47	मदुराई	39	उदयपुर	47
कोयटम्बुर	39	मण्डी	39	वड़ोदरा	44
कटक	50	मंगलोर	39	वाराणसी	47
दरबंगा	55	मुरादाबाद	47	विजयवाड़ा	50
दार्जलिंग	47			विशाखापट्टनम	50

इसके अतिरिक्त उपरोक्त हवा की गति से ज्यादा तीव्र चक्करदार आंधी (Cyclonic Wind) और इससे भी अधिक तीव्र प्रचंड आंधी (Tornado) घटित होती है। देश के किसी भी स्थान पर चक्करदार आंधी और प्रचण्ड आंधी की संभावना होती है। देश के उत्तरी क्षेत्रों में ये आंधियाँ अत्यन्त गंभीर भी हो सकती है।

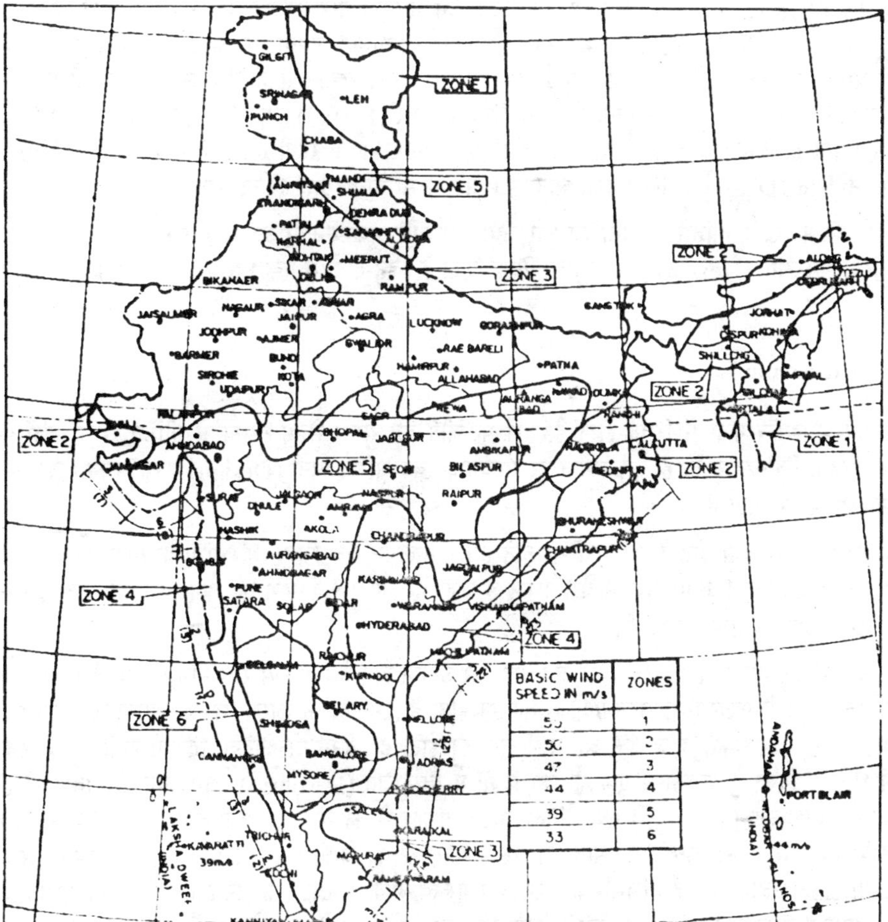

चित्र 2.1

इस तथ्य का भी विशेष ध्यान रखना चाहिए कि चित्र 2.1 में पूर्वी क्षेत्र और घाट क्षेत्र भी सम्मिलित हैं, और 1877 से 1982 की अवधि तक उपलब्ध रिकार्ड पर आधारित हैं। गंभीर चक्करदार आंधी (Cyclonic Storms), चक्रवाती आंधी (Hurricane Storms) और प्रचण्ड आंधी (Tarnado-Storms) की हवा की तीव्रता 87 मीटर प्रति सैकिण्ड और इससे भी अधिक हो सकती है। समुद्री तट्टों तक पहुँचते पहुँचते इनकी गति कम हो जाती है समुद्री तट्ट और तट्ट से 60 किलोमीटर की दूरी तक विस्तृत रहते हैं। 200 किलोमीटर दूरी के स्थान पर इसका मान, 1.15 गुणा (निकटतम समुद्री घाट क्षेत्र के मान से) ली जा सकती है।

2.5 हिम भार (Snow Loads)

किसी स्थान पर हिम भार उस स्थान के अक्षांश (Latitude) पर निर्भर करती हैं उस स्थान की भूगौलिक स्थिति पर भी निर्भर करती है। इसके साथ ही वातावरण में उपस्थित आर्द्रता (Humidity) पर भी निर्भर करती हैं। हिमभार ऊर्ध्वाधर (खड़ा Vertical) कार्यशील रहता है। इनका मान न्यूटन प्रति ईकाई क्षेत्रफल N/m^2 व्यक्त किया जाता है। ऐसे क्षेत्रों में ढलान वाली लोहे की कैचियों

का (Sloping Roof Trusses) का उपयोग किया जाता है। हिम भार का मान इन कैंचियों के ढलान पर निर्भर करता है। इसके साथ ये कैंचियां कितना बर्फ धारण (Retain) कर सकती हैं। यदि वास्तविक हिमबार के आंकड़े उपलब्ध नहीं हो तो इसका मान 2.5 न्यूटन प्रति वर्ग मीटर एक मिली मीटर की गहराई (Depth) के अनुसार मान सकते हैं। इस बात की भी ध्यान रखना चाहिए कि हिमपात सारे क्षेत्र (Total Area) पर होता है या आंशिक क्षेत्र पर (Partial) पर होता है, जो कि दोनों संभव हैं कैंचियों के एक तरफ पूरा हिमपात हो और एक तरफ आधा हिमपात हो, ऐसी भी संभावना रहती है। यदि कैंची का ढलान 50 से अधिक हो तो हिम भार को उपेक्षित (Dis-regarded) रखा जाता हैं। अशमा सम्मिलित नहीं किया जाता।

इस बात को ध्यान रखना चाहिये कि हवा का भार, हिम भार और भूकम्पन्न से उत्पन्न भार में से एक समय पर एक ही भार का प्रभाव रचना/अभिकल्पना (Design) में सम्मिलित किया जाता है। इन तीनों में एक भार जो भी अत्यन्त/अधिक प्रभावित करता है।

2.6 भूकम्पन्न भार (Seismic Load)

जब संरचनाएं भूकम्पन्न क्षेत्रों में स्थित होती है, जहाँ पर बीते हुए समय में भूकम्पन्न से पीड़ित रहे हैं, वहाँ पर भविष्य में भूकम्पन्न की सम्भावना निश्चित रहती है, ऐसे स्थानों पर संरचनाओं का अभिकल्पना (Design) करते समय भूकम्पन्न भार को भी सम्मिलित करना आवश्यक होता है।

भूकम्पन्न क्षेत्र भूगर्भीय युवा होते हैं और अस्थिर होते हैं। हिमालयन क्षेत्र, सिन्धु और गंगा के सपाट (Plain) क्षेत्र, पश्चिमी भारत में कच्छ और काठियावाड़, हमारे देश में ऐसे स्थान है, जहाँ पर अक्षर भूकम्पन्न का अनुभव होता रहता है। कभी-कभी ये भूकम्प अधिक गंभीर और हिंसात्मक होते हैं।

भूकम्प के आकस्मिक आघात (Shock) के कारण यह भार उत्पन्न होते हैं। भूकम्प से जमीन में गहराई से सतह की गति और कम्पन्न उत्पन्न होते हैं। इसी फलस्वरूप संरचनाओं में कम्पन्न होता है। भूकम्प के कारण उत्पन्न कम्पन्न को परस्पर तीन दिशाओं में वियोजन (Resolve) कर सकते हैं, जो कि आपस में लम्बवत् होती है। इनमें दो क्षैतिज्य दिशाएँ होती हैं। और एक ऊर्ध्वाधर होती हैं। दोनों क्षैतिज्य दिशा के तुलना में एक क्षैतिज्य दिशा में वियोजित (Resolved) भाग ज्यादा प्रभावशाली होता है। कई दफ्ह संरचनाओं का अभिकल्पन (Design) एक क्षैतिज्य बलिष्ट प्रभाव से की जाती है। कई दफ्ह संरचनाओं का अभिकल्पन एक क्षैतिज्य बलिष्ट प्रभाव और दूसरा ऊर्ध्वाधर प्रभाव (दो बल प्रभाव) से की जाती है। भूकम्पन्न गति से उत्पन्न सिसमिक गुणांक (Seismic Coefficient) ज्ञात करते हैं। सिसमिक त्वरण और गुरूत्व आकर्षण त्वरण के अनुपात से सिसमिक गुणांक को परिभाषित किया जाता है। हमारे देश भारत को सिसमिक गुणांक ज्ञात करने के लिये सात क्षेत्र बनाये गये हैं। अलग अलग प्रकार की मृदाओं (Soils) के लिये भी सिसमिक गुणांक के मान इंजीनियर्स के मार्ग दर्शन के लिये दिये गये हैं। भूकम्पन्न से प्रभावित संरचनाओं के वास्तविक अभिकल्पन के IS : 1893 को अध्ययन करना चाहिए। सिसमिक शब्द का अर्थ पृथ्वी पर भूकम्प ही होता है।

2.7 मृदा और स्थिर द्रवीय दबाव (Soil and Hydrostatic Pressure)

यदि संरचनाओं का निर्माण जमीन के स्तर पर होता है तब मृदा अथवा पानी अथवा दोनों द्वारा लगाये जाने वाले दबाव को भी डिजाइन में सम्मिलित करना चाहिए। मृदा द्वारा और द्रवीय दबाव स्थापित सिद्धान्तों के अनुसार ज्ञात किये जाते हैं।

2.8 निर्माण प्रभाव (Erection Effects)

संरचना और संरचनाओं के किसी भाग का अभिकल्पन (Design) करते समय निर्माण प्रभाव (भार) को विचार में रखना चाहिए। पदार्थों को परिवहन करने में निर्माण के उपकरणों को उपयोग करते समय ऐसे प्रभाव (भार) बनते हैं। निर्माण के ऊंचाई के अलग-अलग स्तर पर इनको विचाराधीन रख कर डिजाइन करनी चाहिये। निर्माण प्रभाव और भार से कई दफ्ह विपरीत प्रतिबल उत्पन्न होते हैं, जिससे मुख्य संरचना को या उसके किसी भाग को क्षति हो सकती है।

2.9 गति संबंधी प्रभाव (Dynamic Effects) और संघट्टन (Impact)

गतिशील भार से संरचनाओं में कम्पन्न (Vibrations) उत्पन्न होते हैं। और इस संघट्टन (Impact) प्रभाव भी पड़ता है। गतिशील भार और संघट्टन प्रभाव का आकलन संघट्टन गुणांक (Impact Factor) किया जाता है। दोनों प्रभाव की आकलन गतिशील भार जोड़ संघट्टन गुणांक गुणा गतिभार द्वारा किया जाता है।

कई संरचनाओं के निर्माण में क्रेन का उपयोग किया जाता है। पुलों का निर्माण तो गतिशील भार के लिये ही किया जाता है।

2.10 तापमान प्रभाव (Temeprature Effect)

वातावरण में तापमान के बढ़ने से और तापमान में गिरावट से संरचनाओं के पदार्थों में प्रसार (Expansion) और सिकुड़न (संकोचन (Contraction) होते हैं। तापमान में विभिन्नता और परिवर्तन का परास (Range) अलग-अलग स्थानों पर, अलग अलग मौसम और अलग-अलग दिन पर अलग अलग होती हैं। तापमान के प्रभाव को उचित तरीके से और पर्याप्त रूप में आकलन करना चाहिये। इसका प्रभाव अभिकल्पन (Design) में सम्मिलित करना चाहिए।

2.11 भार संयोजन (Combination of Loads)

संरचनाओं और इनके अवयवों को अनेक प्रकार के भार के अत्यन्त प्रतिकूल संयोजन से उत्पन्न प्रभाव को वहन करने की क्षमता होनी चाहिए। अचल भार, चल भार, आरोपित भार (Imposed Loads) वायु भार, अथवा भूकम्पन्न भार से साथ-साथ होने के कारण अत्यन्त प्रतिकूल संयोजन बनते हैं।

अभिकल्पन (Design) के लिए IS : 800-1984 में ऐसे संयोजनों को सुझाया है, जो कि अधिकतम बल और प्रभाव उत्पन्न करते हैं। वे संयोजन निम्नलिखित है।

(i) (अचल भार + आरोपित चल भार) (Dead Load + Imposed Live Load)

(ii) (अचल भार + आरोपित चल भार + वायु अथवा भूकम्पन्न भार) (Dead Load + imposed live load + Wind or earthquake loads) और

(iii) (अचल भार + वायु अथवा भूकम्प भार) (Dead Load + Wind load or earthquake loads)।

2.12 अलग अलग प्रकार के प्रतिबल (Different Types of Stresses)

किसी पदार्थ पर बाह्य बल (External Force) लगने पर, वह पदार्थ विरूपित हो जाता है। पदार्थों का यह विरूपण बढ़ता भी रहता है। पदार्थ के कणों के बीच परस्पर परमाणु बल (Molecular Forces) उत्पन्न हो जाते हैं। ये बल विरूपण (Deformation) का प्रतिरोध करते हैं। जब पूर्ण आन्तरिक प्रतिरोध उत्पन्न हो जाता है, तब विरूपण का बढ़ना रूक जाता है। पदार्थ में बाह्य बल के प्रतिरोध में उत्पन्न आन्तरिक बल (Internal Forces) को प्रतिबल (Stress) कहते हैं।

पृथक पृथक प्रतिबल निम्न प्रकार के होते हैं

1. अक्षीय प्रतिबल (Axial Stress)

(i) संपीडन प्रतिबल (Compressive Stress)

(ii) तनन प्रतिबल (Tensile Stress)

जो बाह्य बल पदार्थों की लम्बाई कम करते हैं या कम करने की कोशिश करते हैं, उनको संपीडन बल (Compressive Force) कहते हैं। संपीडन के प्रतिरोध में उत्पन्न आन्तरिक बल को संपीडन प्रतिबल कहते हैं।

जो बाह्य बल पदार्थों की लम्बाई में वृद्धि करते हैं या वृद्धि करने की कोशिश करते हैं, उनको तनन बल या तनाव (Tension Tensile Force) कहते हैं। तनाव के प्रतिरोध में उत्पन्न आन्तरिक बल को तनन प्रतिबल कहते हैं।

अक्षीय प्रतिबल को प्रत्यक्ष प्रतिबल (Direct Stress) भी कहते हैं।

2. धारण प्रतिबल (Bearing Stress)

जब बाह्य बल एक सतह से दूसरी स्पर्शीय सतह को स्थानान्तरित होता है, तब उस सतह पर उत्पन्न प्रतिबल को धारण प्रतिबल (Bearing stress) कहते हैं।

उपरोक्त प्रतिबलों के अतिरिक्त निम्नबल भी होते हैं।

3. बंकन प्रतिबल (Bending Stress) और 4. अपरूपण प्रतिबल (Shear Stress)

बंकन प्रतिबल और अपरूपण प्रतिबल का विवरण 'धरन की डिजाइन' के अध्याय में दिये गये हैं।

5. कार्यकारी प्रतिबल (Working Stress)

कार्यकारी प्रतिबल को अनुज्ञेय प्रतिबल (Allowable or Permissible Stress) भी कहते हैं संरचनाओं के लिए सुरक्षित भार की क्षमता को ज्ञात करने के लिए कार्यकारी प्रतिबल की जानकारी आवश्यक है। डिजाइन भार से उत्पन्न वास्तविक प्रतिबल कार्यकारी प्रतिबल से अधिक नहीं होना चाहिए। इसकी जाँच आवश्यक रूप से कर लेनी चाहिये। ऐसी परिस्थितियों में संरचनात्मक अवयव सुरक्षित होते हैं, और किसी भी प्रकार से संरचनात्मक को क्षति (Damage) होने की संभावना नहीं रहती। कार्यकारी अथवा अनुज्ञेय प्रतिबल का अधिकतम मान IS : 800-1984 से ज्ञात कर सकते हैं।

2.13 कार्यकारी/अनुज्ञेय प्रतिबल में वृद्धि (Increase in Working/Permissible Stresses)

एक संरचना पर अलग-अलग भार संयोजक (Different Combinations of Loads) कार्यशील होने की संभावना रहती है। ये भार ऐसे संयोजन के अधीन कम अवधि के लिए ही कार्यरत रहते हैं। अधिकतर राष्ट्रीय कोडस अनुज्ञेय प्रतिबल में वृद्धि की सिफारिश करते हैं। IS : 800-1984 में भी इस वृद्धि के लिये निम्न परिस्थितियों में सिफारिश की गयी है।

(i) जब वायु भार अथवा भूकम्पन्न भार अल्पकल्पन (Design) करते समय सम्मिलित किये गये हो तो अनुज्ञेय प्रतिबलों के दिये गये मान में 33.33 प्रतिशत की सिफारिश की गयी है।

(ii) रिवेट, बोल्ट और तनन छड़ के लिये अनुज्ञेय प्रतिबल में 25 प्रतिशत की सिफारिश की गयी है।

अनुज्ञेय प्रतिबलों के मान में वृद्धि करने के पश्चात् इनका कुल मान इस्पात के पराभव प्रतिबल से ज्यादा नहीं होने चाहिए।

2.14 मृदु इस्पात के लिए प्रतिबल विकृति सम्बन्ध (Stress-Strain Relationship for Mild Steel)

जब एक मृदु इस्पातीय छड़ पर अक्षीय तनन बल लगाया जाता है तब छड़ का लम्बाई में विस्तार होता है। इस विस्तार और छड़ की लम्बाई के समानुपात (Ratio) को विकृति (Strain) कहते हैं। विकृति की कोई इकाई (Unit) नहीं होती है। यह एक अविमितीय संख्या (Dimensional Number) होती है। प्रतिबल और विकृति समानुपातिकता की सीमा (Limit of Proportionality) के अन्दर समानुपात में होते हैं। प्रतिबल और विकृति सम्बन्ध का अध्ययन तनन परीक्षण (Tensile Test) द्वारा आरेख (Diagram) बनाकर किया जा सकता है।

जब तनन बल क्रमिकता से (Gradually) बढ़ाया जाता है, तब विकृति में विस्तार होता है। समानुपातिकता की सीमा (Limit of Proportionality) के अन्दर प्रतिबल और विकृति समानुपात में बढ़ते हैं और एक सीधी रेखा से सम्बन्धित रहते हैं। समानुपातिकता की सीमा के पश्चात्, प्रतिबल प्रत्यास्थता सीमा (Elastic Limit) तक पहुँच जाता है और इस बीच विकृति भी तेजी से बढ़ती है। प्रत्यास्थता सीमा के पश्चात् स्थायी विकृति शुरू हो जाती है। तनन बल के बढ़ने के कारण प्रतिबल उच्चतर पराभव बिन्दु (Higher Yield Point) तक पहुँच जाता है। उच्चतर पराभव बिन्दु पहुँचते ही प्रतिबल शीघ्र घटता है और विकृति क्षणिक स्थिर रहती है।

शीघ्र ही प्रतिबल निम्नतर पराभर बिन्दु (Lower Yield Point) पर पहुँच कर स्थिर हो जाता है और विकृति में तन्य विस्तार (Ductile Extension) होता है।

तत्पश्चात् विकृति को बढ़ने के लिये प्रतिबल में बढ़ाव या तनन बल में बढ़ाव आवश्यक होता है। इस बिन्दु को स्ट्रेन हार्डनिंग (Strain Hardening) बिन्दु कहते हैं। इस बिन्दु के बाद प्रतिबल के बढ़ने के साथ विकृति तेजी से बढ़ती है। तनन बल अधिकतम बल (Maximumu Load) या चरम सामर्थ्य (Ultimate Strength) पर पहुँच जाता है। चरम सामर्थ्य तक छड़ का विस्तार छड़ की पूर्ण लम्बाई में होता रहता है।

चरम सामर्थ्य के बाद अनुप्रस्थ काट में स्थानीय (Local) लघुकर (Contraction) होने लगता है। इस स्थानीय अनुप्रस्थ काट पर एक कटि (Waist) बन जाती है और छड़ टूट जाती है।

यह प्रतिबल विकृति सम्बन्धीय आरेख चित्र 2.1 में दिखाया गया है।

छड़ के टूटने के समय पर जितना तनन बाह्य बल होता है, उसे प्रारम्भिक छड़ के क्षेत्रफल से विभाजित करने पर आंकलित भंजन प्रतिबल (Nominal Breaking Stress) का मान ज्ञात होता है। किन्तु इसी बल को छड़ के वास्तविक क्षेत्रफळ से विभाजित किया जाय तो वास्तविक भंजन प्रतिबल का मान ज्ञात होता है।

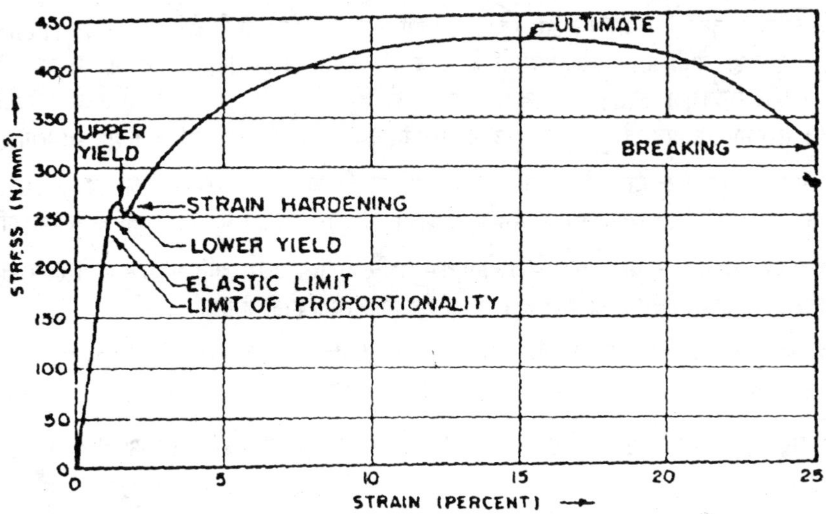

STRESS-STRAIN CURVE FOR MILD STEEL

चित्र 2.1

2.15 सुरक्षा गुणांक (Factor of Safety)

सुरक्षा गुणांक को निम्न प्रकार से परिभाषित किया जाता है।

यदि पदार्थ के पराभव प्रतिबल (Yield Stress) को अनुज्ञेय प्रतिबल (Permissible Stress) से विभाजित करने पर प्राप्त हो, उसे सुरक्षा गुणांक कहते हैं।

$$\text{सुरक्षा गुणांक} = \frac{\text{पराभव प्रतिबल}}{\text{अनुज्ञेय प्रतिबल}} = \left(\frac{\text{Yield stress}}{\text{Permissible stress}}\right) \quad (2.1)$$

काफी समय पूर्व सुरक्षा गुणांक का मान ज्यादा होता था, (करीब 3)। इस कारण अनुज्ञेय प्रतिबल का मान काफी कम रहता

था। संरचनात्मक अवयवों का परिमाप बड़ा होता था। जैसे-जैसे इंजीनियरस का अनुभव बढ़ता गया और संस्थाओं की प्रयोगशाला में जाँच होती गयी, वैसे वैसे इस निष्कर्ष पर ज्ञात हुआ कि इतना ज्यादा सुरक्षा का गुणांक के मान का आवश्यकता नहीं है। आजकल अपनाये गये सुरक्षा गुणांक का मान तुलनात्मक काफी कम है। इससे पदार्थ की मात्रा में प्रशंसीय बचत हुई है। निम्न विचारों पर ध्यान रखते हुए सुरक्षा गुणांक ज्ञात किया जाता है।

1. प्रयोगशाला में संख्या में कई ज्यादा नमूनों (Specimen) की जाँच करने के बाद पदार्थों का औसत सामर्थ्य ज्ञात किया जाता है।
2. अभिकल्पन (Design) में उपयुक्त भार के मान भी अनिश्चित होते हैं। हालांकि अचल भार का आकलन ज्यादा सही किया जा सकता है। परन्तु चल भार, इम्पेक्ट भार, आरोपित भार, वायु भार आदि का आकलन ज्यादा सही ज्ञात नहीं किया जा सकता। इनका मान उपलब्ध आकंडों के अनुसार किया जाता है।
3. आन्तरिक उत्पन्न बलों का मान संरचनाओं के विश्लेषण करने से ज्ञात होते हैं। अलग अलग विधि से विश्लेषण की शुद्धता (Precision) में भिन्नता होती है। यदि संरचनाओं का विश्लेषण शुद्धता (Precisely) किया जाय, तब सुरक्षागुणांक का मान कम रखा जा सकता है।
4. फेब्रिकेशन के समय में इस्पातीय अवयवों पर कई कार्य किये जाते हैं। अवयवों में छेद करते समय (Punching), अवयवों में विकृति उत्पन्न हो जाती है। उनसे अवयवों में उच्च अवशोषित (Residual) प्रतिबल बन जाते हैं विकृत संकलन (warping) और रोठन (Buckling) वेल्डिंग से उत्पन्न हो जाती है वेल्डिंग क्रिया से भी उच्च अवशोषित प्रतिबल शेष रह जाते हैं। संरचनात्मक अवयवों में तत्वों में अनिश्चित निर्माण के समय उत्पन्न प्रतिबल शेष रह जाते हैं।
5. तापमान के मान बढ़त और घटत (परिवर्तन) होता रहता है। संरचनाओं की नींव पर सपोर्ट में अनिश्चित ढसना (Settlement) होता है। कई दफ्ह ठीक और बहुत अच्छी तरह से डिजाइन की हुई संरचनाएँ में इन प्रभावों के कारण क्षति हो जाती है।
6. कुछ छोटी संरचनाओं के और उनके अवयव फेल होना कम गंभीर होता है, उससे क्षति भी कम होती है, परन्तु भव्य संरचनाओं के फेल होने से या मुख्य अवयवों के फेल होने से क्षति बहुत अधिक होती है।

सुरक्षा गुणांक का न्यूनतम मान विवेकपूर्ण और उचित विधि से परिभाषित करके ज्ञात किया जा सकता है। सुरक्षा गुणांक को निम्न प्रकार से परिभाषित कर सकते हैं।

संरचना और संरचनाओं अवयवों की आंकलित सामर्थ्य, P और उनमें उत्पन्न आंकलित आन्तरिक बल F, के अनुपात को सुरक्षा गुणांक कहते हैं। अतः

$$\text{सुरक्षा गुणांक}, m = (P/F) \quad (2.2)$$

न्यूनतम प्रायः होने वाले सामर्थ्य, P का परिमाण (मात्रा, Magnitude) कई प्रकार की अनिश्चिताओं [जो कि मैकेनिजम फेल्योर (यंत्रकला फेल्योर Mechanism Failure) में पदार्थ के गुणवत्ता और कार्यकुशलता में रहती है] से प्रभावित होती है। इसी प्रकार उच्चतम प्रायः होने वाले आन्तरिक बल F, भी संरचनाओं के व्यवहार और भार की अनिश्चिताओं से प्रभावित होते हैं। इन अनिश्चिताओं के कारण प्रायः होने वाले मान भी कम ज्यादा हो जाते हैं। न्यूनतम प्रायः होने वाले सामर्थ्य

$$P_{min} = (P - \Delta P) \quad \text{(i)}$$

उच्चतम प्रायः होने वाले आन्तरिक बल

$$F_{max} = (F + \Delta F) \quad \text{(ii)}$$

ΔP वास्तविक आंकल्लित सामर्थ्य में जहाँ पर अधिकतम विचलन (Deviation) है और ΔF वास्तविक आंकल्लित आन्तरिक बल में अधिकतम विचलन है।

संरचनाओं पर अधिकतम गंभीर परिस्थितियों के कारण फेल्योर रोकने के लिए न्यूनतम प्रायः होने वाला सामर्थ्य अधिकतम प्रायः होने वाले आन्तरिक बल से कम से कम थोड़ा अधिक अन्यता बराबर हो सकता है। इस प्रकार

$$(P - \Delta F) > (F + \Delta F) \tag{iii}$$

अथवा
$$P\left[1 - \frac{\Delta P}{P}\right] > \left(1 + \frac{\Delta F}{F}\right) \tag{iv}$$

अतः सुरक्षा के गुणांक का न्यूनतम मान

$$m_{min} = \left(\frac{P}{F}\right) = \left[\frac{1 + (\Delta F/F)}{1 - (\Delta P/P)}\right] \tag{2.3}$$

ΔP और ΔF का अधिकतम मान 25 प्रतिशत (P और F के आंकल्लित मान) मानते हैं, तब सुरक्षा गुणांक का न्यूनतम मान निम्न होता है।

$$m_{min} = \left(\frac{P}{F}\right) = \left[\frac{1 + 0.25}{1 - 0.25}\right] = 1.67 \tag{2.4}$$

2.16 संरचनाओं के अभिकल्पन की पृथक पृथक विधि (Different Methods of Design)

इस्पातीय संरचनाएं अधिकतम विरोधी भार के संयोजन से (अचल भार, आरोपित भार, वायु भार, भूकम्पन्न बल जो भी छत और फर्श के उपयुक्त हो) उत्पन्न कुल भार को संभाल (Sustain) सकते हैं और उनमें उत्पन्न प्रतिबल का मान भी अनुज्ञेय प्रतिबल (Permissible stress) से अधिक नहीं हो सकता है। इसके लिए संरचनाओं के अभिकल्पन (Design) में निम्नलिखित विधियों का उपयोग कर सकते हैं।

(i) प्रत्यास्थी डिजाइन विधि (Elastic design)

(ii) अर्द्ध-दृढ़ डिजाइन (Semi-rigid Design)

(iii) पूर्ण-दृढ़ डिजाइन (Fully rigid Design)

(iv) प्लास्टिक डिजाइन (Plastic design)

(v) सीमा अवस्था डिजाइन (Limit state design)

दूसरा, तीसरा, चौथा और पाँचवा अभिकल्पन (Design) विधि को उच्च शिक्षा से सम्बन्धित समझ सकते हैं। अतः इनका विवरण सम्मिलित करना ठीक नहीं होगा।

प्रत्यास्थी डिजाइन विधि (Elastic Design) प्रत्यास्थी सिद्धान्त (Elastic Theory) पर आधारित है। इस विधि में ऐसा माना जाता है कि संरचनाओं के अवयवों के सिरों के जोड़ पर विरोधी अवरोधी (Restraint) घूर्ण (Moment) उत्पन्न नहीं होते हैं। अतः अवयवों के सिरों के जोड़े पिन जोड़ माने जाते हैं। प्रत्याक्षी विधि द्वारा किये गये अभिकल्पन (Design) सरल होते हैं। इस कारण इसी विधि को साधारण डिजाइन (Simple Design) विधि भी कहते हैं। साधारण डिजाइन विधि में निम्न धारणा (Assumptions) मानी जाती है।

(i) धरन (Beams) शुद्धालम्ब (Simply Supported) मानी जाती है।

(ii) धरन, कैंचियों के सिरो के जोड़ वास्तविक लचीली (Virutally Flexible) होती है। जिनकी डिजाइन अवयवों के सिरों पर प्रतिक्रिया बल (Reactions) के लिए किया जाता है। ऐसा माना जाता है कि प्रतिक्रिया बल उचित विलक्षण दूरी (Appropriate Eccentricity) पर लगाये गये हैं।

(iii) संपीडांग अवयव (Compression Members) पर भी यह बल उचित विलक्षण दूरी पर लगाये जाते हैं।

(iv) तनन अवयव पर तनन बल अक्षीय बल (अनुदैर्ध्य बल Longitudinal Force) को अवयव के निकल अनुप्रस्थ क्षेत्रफल पर लगा हुआ माना जाता है।

(v) अवयवों के अक्ष के लम्बवत समखण्ड (Plane Sections) धरन के पश्चात् भी समखण्ड रहते हैं।

जो कि संरचनाओं और इनके अवयवों को विपरीत प्भावित नहीं करते हैं। अवयवों के सिरों के जोड़ को पिन-जोड़ मान लिया जाता है। यह एक लौकिक (Conventional) विधि है। यह विधि सीधी रेखा विधि है। (जिसमें संरचनाओं पर लगने वाला भार, W और उनकी विकृति Deformation का संबंध एक रेखा होती है।) यह विधि बहुत लम्बे और पुराने समय से स्वीकृत विधि है। यह विधि बहुत स्थापित (Established) है।

2.17 इस्पात के यांत्रिक गुणवत्ता से सम्बन्धित परिभाषाएँ (Definitions Related to Mechanical Properties of Steel)

निम्नलिखित परिभाषाएं (Definitions) इस्पात के यांत्रिक गुणवत्ता से सम्बन्धित है और इस विषय के अध्ययन हेतु बहुत उपयोगी और महत्त्वपूर्ण हैं।

1. **प्रत्यास्थता का मापांक** (Modulus of Elasticity)

अनुदैर्ध्य प्रतिबल और अनुदैर्ध्य विकृति के अनुपात को प्रत्यास्थता का मापांक कहते हैं। यह विकृति प्रत्यास्थता सीमा क्षेत्र के अन्दर सीमित रहना चाहिए। इसे E अक्षर चिन्हित करते हैं।

2. **प्रत्यास्थता का अपरूपण मापांक** (Shear Modulur of Elasticity)

अपरूपण प्रतिबल और अपरूपण विकृति के अनुपात को प्रत्यास्थता का अपरूपण मापांक कहते हैं। यह विकृति प्रत्यास्थता सीमा क्षेत्र के अन्दर सीमित रहना चाहिये। इसे G अक्षर से चिन्हित करते हैं।

$$G = \left[\frac{E}{2(1+\mu)}\right], \quad E = 2G(1+\mu)$$

3. **प्रत्यास्थता का आयतन मापांक** (Bulk Modulus of Elascitiy)

स्थिर द्रव्य द्रवीय प्रतिबल (Hydrostatic Stress) और आयतन विकृति के अनुपात को प्रत्यास्थता का आयतन मापांक कहते हैं। इसे K अक्षर से चिन्हित करते हैं।

$$K = \left[\frac{E}{3(1-\mu)}\right] \tag{2.6}$$

उपरोक्त दोनों सम्बन्ध इस प्रकार लिख सकते हैं।

$$E = 2G(1+\mu) = 3K(1-\mu) \tag{2.7}$$

जहाँ पर μ को पोइजन'स अनुपात कहते हैं।

4. **प्रत्यास्थता का स्पर्श रेखीय मापांक** (Tangent Modulus of Elastiity)

प्रतिबल और विकृति सम्बन्धित धुमाव रेखा के बिन्दु पर स्पर्श रेखा के ढलान (Slope) को प्रत्यास्थता का स्पर्श रेखीय मापांक कहते हैं। परन्तु यह बिन्दु धुमाव रेखा पर समानुपाती सीमा से ऊपर होना चाहिये। इसके Et चिन्ह से चिन्हित किया जाता है।

5. **पोइजनस अनुपात** (Poisson's Ratio)

अनुप्रस्थ विकृति और अनुदैर्ध्य विकृति के अनुपात को पोईजनस अनुपात कहते हैं। जबकि अवयव पर अक्षीय बल कार्यरत होता है। इसको ग्रीक अक्षर μ (म्यु) से चिन्हित किया जाता है। प्रत्यास्थता सीमा क्षेत्र के सीमा के अन्दर पोइजन'स अनुपात का इस्पातीय पदार्थ के लिए 0.25 to 0.33 होता है।

6. **पराभव बिन्दु** (Yield Point)

प्रतिबल विकृति सम्बन्धित चित्र में पराभव बिन्दु पराभव प्रतिबल होता है। इस चित्र में पराभव बिन्दु के पश्चात् विकृति के मान में अधिक वृद्धि होती है। जबकि पराभव प्रतिबल का मान स्थिर रहता है यदि प्रतिबल-विकृति सम्बन्धित चित्र को आकार बढ़ाकर देखा जाय तो मृदु इस्पात के लिए यह भाग समस्तरीय रेखा होता है। कुछ इस्पात ऊपरीय और नीचे का दो पराभव बिन्दु बताते हैं। नीचे का पराभव बिन्दु ऊपर के पराभव बिन्दु के ठीक उर्ध्वाधर नीचे होता है।

7. **पराभव सामर्थ्य** (Yield Strength)

कुछ इस्पात के प्रतिबल-विकृति चित्र में समस्तरीय भाग (Flat-Portion) नहीं बताते। प्रतिबल-विकृति चित्र में विकृति और प्रतिबल में लगातार वृद्धि होती रहती है जबकि तनन सामर्थ्य भी पहुँच जाती है। ऐसे इस्पात के लिए 0.2 प्रतिशत ओफसेट विकृति पर आरम्भिक प्रत्यस्था रेखा के समान्तर एक सरल रेखा बनाई जाती है। यह सरल रेखा प्रतिबल विकृति चित्र पर विच्छेदन (Interest) करती है, वह पराभव बिन्दु होता है।

8. **तनन सामर्थ्य** (Tensile Strength)

इस्पात की छड़ (Test Specimen) का तनन सामर्थ्य उस पर लगे अधिकतम अक्षीय भार को उसके आरम्भिक अनुप्रस्थ क्षेत्रफल से विभाजित करने से प्राप्त है।

9. **श्रान्ति (थकावट) सामर्थ्य** (Fatigue Strength)

किसी पदार्थ (इस्पात) की छड़ पुनरावृत्ति करता भार द्वारा प्रतिबल पर टूट जाती है, उसे छड़ का श्रानित सामर्थ्य कहते हैं।

10. **संघट्टन (टक्कर) सामर्थ्य** (Impact Strength)

किसी पदार्थ (इस्पात) द्वारा भार की उच्च दर पर (टक्कर) पर शक्ति (Energy) ग्रहण (Absorb) की योग्यता के माप को संघट्टन सामर्थ्य कहते हैं।

11. विकृति-दृढ़ीभूत मापांक (Strain-Hardening Modulus)

इस्पात की छड़ की अक्षीय भार के लिए जाँच की जाती है, तब विकृति प्रतिबल चित्र (Strain-stress diagram) भी बनाया जाता है। पराभव प्रतिबल पहुंचने के बाद निश्चित प्रतिबल पर विकृति में वृद्धि एक सीमा तक होती है। इसके पश्चात् छोटी से छोटी विकृति के वृद्धि के लिए भार में भी वृद्धि होना आवश्यक होता है। इस बिन्दु को विकृति दृढ़ीभूत मापांक कहते हैं। इसे Ese से चिन्हित करते हैं। विकृति प्रतिबल चित्र पर घुमाव (Curve) पर ढाल अधिकतम होता है। इसको निम्न तरीके से लिख सकते हैं।

$E_{st} = (\Delta E/\Delta W)$ जहाँ पर $\Delta\varepsilon$ विकृति में छोटी से छोटी वृद्धि और ΔW भार में छोटी छोटी वृद्धि होती है।

12. इस्पात की तन्यता (Ductility of Steel)

इस्पात की तन्यता एक मात्र अतुलनीय अनुपम (Unique) गुणवत्ता होती है। इस्पात की इस गुणवत्ता की नैतिकत्ता से इस्पात के अवयव में विकृति अवयवों के फेल्योर तक होती रहती है।

इस्पात की तन्यता को दीर्घीकरण प्रतिशत (Percentage of Elongation) द्वारा व्यक्त किया जाता है। मृदु इस्पात के लिए दीर्घीकरण प्रतिशत 25-33 प्रतिशत होना आवश्यक है।

इस्पात की तन्यता को इसके छड़ में अनुप्रस्थ क्षेत्रफल में प्रतिशत कमी द्वारा भी मापा जाता है। मृदु इस्पात के लिये अनुप्रस्थ क्षेत्रफल में प्रतिशत कमी 55-65 प्रतिशत उचित होती है।

13. स्थायित्व (टिकाऊपन) [Durability)

इस्पात में स्थायित्व (टिकाऊपन) गुणवत्ता के लिए विशेष ध्यान रखना चाहिए। संक्षारण (Corrosion) के कारण इस्पातीय अवयवों क्षति होती रहती है। अवयवों पर जंग लगता रहता है। अवयवों को संक्षारण से बचाकर रखना चाहिये। अवयवों पर संक्षारण के खतरे (Risk) को न्यूनतम रखने के लिये इनको आर्द्रता और आक्सीजन दोनों से बचाकर रखना चाहिये। इस्पात के अवयवों पर लेडआक्साइड से रंग करना चाहिये।

इस्पातीय अवयवों की संक्षारण से बचाकर यह देखना चाहिये कि इसकी मोटाई में तो कमी नहीं होती। इस्पात के उत्पादन के समय इसमें ताम्बा, निकल और क्रोमियम मिलाने से इस्पात की जंग लगने से रोकने के प्रति क्षमता बढ़ जाती है। इस प्रकार इस्पात के टिकाऊपन के गुण में वृद्धि हो जाती है। इस्पात ज्यादा स्थायित्व रहता है।

14. कठोरता (Hardness) पदार्थ का सतह पर दन्तुरता (Indentation) और खरोंच (Scratch) को रोकने की प्रतिरोधक (Resistance) क्षमता को कठोरता कहते हैं इस्पातीय अवयवों में प्रत्यास्थ (Elastic) और सुघट्य (Plastic) विरुपण हो सकते हैं।

इस्पात पदार्थों की कठोरता बढ़ाने के लिये हीट-ट्रीटमेन्ट करते हैं। पदार्थ की जाँच प्रयोगशाला में (Material Testing Laboratory) में (i) ब्रिनेल कठोरता जाँच (Brinell Hardness Test) द्वारा (ii) विकरस कठोरता जांच द्वारा (Vickers Hardness Test) और रोकवेल कठोरता जाँच (Rockwell Hardness Test) द्वारा जाँच करके पदार्थों की कठोरता ज्ञात की जाती है।

15. भंगुरता (Brittleness) इस्पात को सामर्थ्य में कार्बन की मात्रा में वृद्धि करने से बढ़ती है। परन्तु इस्पात की तन्यता (Ductility) में कमी हो जाती है। उच्च कार्बन इस्पात तुलना में ज्यादा भंगुरता (Brittleness) रखते हैं।

ज्यादा भंगुरता वाले पदार्थ की दृढ़ता कम होती है, क्योंकि इनमें प्लास्टिक विकृति टूटने से पहले कम होती है। ऐसे पदार्थों का संरचना के लिए उपयोग खतरनाक होता है। ऐसी संरचनाओं में अचानक फेल्योर हो जाता है और ध्यान में आने जैसी विकृति भी नहीं होती। भंगुरता के कारण फेल्योर अत्यन्त दुर्गति से होता है। जो कि बहुत तेज गति से और जल्दी से हो जाता है।

भंगुरता के कारण पूर्ण फेल्योर होता है। एक बारीक दरार तुलनात्मक कम प्रतिबल वाले क्षेत्र में विशेषकर तेज गति से प्रचलित (Propagate) होती है। संरचनाओं को ऐसे संयोजन (Combination) परिस्थितियों में नहीं रखना चाहिये जो कि भंगुरता फेल्योर को बढ़ावा देता है। कम तापमान, वेल्ड से उत्पन्न प्रतिबल और संरचनाओं पर तेज गति से भार रखने से बनती है।

16. विकृति ऊर्जा (Resilience) (वापिस उछलने का गुण) प्रत्यास्थ शक्ति को अवशोषण (सोख लेना) (Absorb) करने के पदार्थ की योग्यता को विकृति ऊर्जा (Resilience) कहते हैं प्रत्यास्थ शक्ति को पदार्थ के इकाई आयतन ऊर्जा का गुणांक (Modulus of Resilience) कहते हैं। प्रतिबल-विकृति चित्र के नीचे (पराभव बिन्दु तक) क्षेत्रफल क्षेत्रफल के बराबर इसका मान होता है। पदार्थ तनन भार से भारित हो।

17. दृढ़ता (Toughness)- पदार्थ के विकृति के अवधि में शक्ति ग्रहण करने के गुण को दृढ़ता कहते हैं। इसका पूर्ण शक्ति से (यांत्रिक शक्ति प्रत्यास्थ + अप्रत्यास्थ दृढ़ता फ्रेक्चर (टूटने) से पहले ग्रहण की हुई शक्ति होती है। पदार्थ के इकाई आयतन पर किये गये कार्य (शून्य अक्षीय बल से इस्पातीय छड़ के टूटने तक अक्षीय बल तक) को दृढ़ता कहते हैं। पूरे तनन प्रतिबल विकृति चित्र के नीचे इस्पातीय छड़ के टूटने तक चित्र के नीचे के क्षेत्रफल के मान के बराबर होती है।

इस क्षेत्रफल को दृढ़ता का मापांक (Modulus of Toughnss) भी कहा जाता है। जैसे कि इस्पातीय छड़ का तनन इस्पेसिमेन (Specimen) के पूरा लम्बाई में विकृति नहीं होती है, इस कारण उपरोक्त क्षेत्रफल केवल सन्निकट मान को ही प्रतिनिधित्व करता है।

वास्तविक संरचनाओं में केवल एक तनन अक्षीय बल के अस्तित्व में होने की संभावना बहुत कम रहती है। अत्यन्त व्यावहारिक प्रदर्शक (Index) का आधार अत्यन्त जटिल प्रतिबल स्थिति से आधारित रखते हैं। जाँच इस्पेसिमेन पर जो वी-नोच (V-shaped) दाँतेदार कटाव बनाया जाता है, ठीक उसके नीचे जड़मूल पर आधारित दृढ़ता ज्ञात की जाती है। इसको नोच-दृढ़ता (Notch-Toughness) कहा जाता है। नोच-दृढ़ता शब्द का उपयोग पदार्थ के प्रतिरोध (Resistance) (दरार के आरम्भ में उत्पन्न होने से स्टेण्डर्ड नोच के आधार तक विस्तारित होने तक)

नोच-दृढ़ता साधारणतया चारपी वी-नोच जाँच (Charpy V-notch Test) द्वारा ज्ञात की जाती है। आईजोड जाँच (Izod-Test) नोच दृढ़ता ज्ञात करने की द्वितीय जाँच विधि है। दोनों जाँच प्रतिक्रियाओं मे वी-नोच को तनन प्रतिबल की तरफ रखा जाता है।

2.18 संरचनाओं की स्थिरता/दृढ़ता (Stability of Structures)

संरचनाओं की स्थिरता के लिये संरचनाएँ उलटनो के विरुद्ध और सरकने के विरुद्ध (Overturning and Sliding) के विरुद्ध स्थिर होनी चाहिए।

1. उलटना (Overturning) उलटने के विरुद्ध संरचनाओं की स्थिरता के लिए पूर्व स्थिति में लाने के लिये आघूर्ण (Restoring Moment) का मान उलटने की कोशिश करने वाले अधिकतम आघूर्ण (Overturning) के मान से अधिक होना चाहिए।

पूर्व स्थिति में लाने वाले आघूर्ण, M_R का मान अधिकतम उलटने की कोशिश करने वाले आघूर्ण लाक्षणिक (Characteristic) अचल भार द्वारा, $M_{o,CDL}$ के 1.2 गुणा जोड़ अधिकतम उलटने की कोशिश करने वाले आघूर्ण लाक्षणिक आरोपित भार (Imposed Load) के $M_{o,CIL}$ से कम नहीं होना चाहिए। IS : 800-1984 के अनुसार

$$M_R < (1.2\,M_{o.CDL} + 1.4\,M_{o.CIL})$$

यदि केवल अचल भार ही पूर्व स्थिति में लाने वाले आघूर्ण उत्पन्न करता है, तब केवल 0.9 गुणा लाक्षणिक भार पर ही विचार किया जाता है और लाक्षणिक आरोपित भार द्वारा उत्पन्न पूर्व स्थिति में लाने की कोशिश करने वाले आघूर्ण की उपेक्षा कर दी जाती है।

निर्माण अवधि में और सेवा के अवधि प्रलम्ब अवयवों के लिए लंगर (Anchorage) या प्रतिभार (Counter Weight) का

मान इतना होना आवश्यक है कि स्थैतिक सन्तुलन (Static Equilibrium) को संभाल सके, भले ही उलटने वाला आघूर्ण दो गुणा हो जाये।

2. सरकना (Sliding) अधिकतम विपरीत प्रयुक्त (Applied) भार के संयोजन होने पर भी संरचनाएँ में प्रयाप्त (सरकने/खिसकने के विरुद्ध सुरक्षा गुणांक होना चाहिए।

सरकने/खिसकने के विरुद्ध संरचनाओं में अधिकतम प्रयुक्त भार के संयोजन के 1.4 गुणा से सुरक्षा गुणांक कम नहीं होना चाहिए। यदि केवल अचल भार (Dead Load) ही संरचनाओं पर कार्यरत है, तब केवल 0.9 गुणा लाक्षणिक बल (Characteristic Forces) पर ही विचार रखना चाहिए।

सुनिश्चितता प्राप्त करने के लिए निर्माण अवधि के समय अचल भार में संभव (Probable) परिवर्तन का भी ध्यान रखना चाहिए। ऐसे परिवर्तन संरचनाओं के मरम्मत के समय और किसी अस्थायी उपाय करते समय भी हो सकते हैं। वायु भार और भूकम्पन भार को आरोपित भार की तरह व्यवहार करना चाहिए।

सभी क्षैतिज्य बलों को नींव पर प्रभावशाली ढंग से स्थानान्तरण करना चाहिए। संरचनाओं को उचित तरीके ब्रेसिंग (Bracing) करना चाहिए। संरचनाओं के अवयवों के सिरों पर जोड़ आघूर्ण वहन करने योग्य होने चाहिये। ऐसे भवन के फ्रेमवर्क की डिजाइन करने के लिए उपलब्ध (Provisions) होने चाहिए।

2.19 संरचनाओं के लिए दुर्नम्यता (Stiffness of Structures)

पूर्ण संरचना अथवा इसके अवयवों के दुर्नम्यता (Stiffness) की आवश्यकताओं की पूर्ति करने के लिए विस्थापन (Deflections) की सीमा निर्दिष्ट (Specify) की जाती है।

उसके आकार पर और निपुणता पर संरचना या उसके किसी भाग विस्थापन से विपरीत प्रभाव नहीं पड़ता हो।

रिवेटित जोड़
(Riveted Connections Joints)

3.1 प्रस्तावना (Introduction)

संरचनात्मक अवयवों को जोड़ने के लिये निम्नलिखित विभिन्न प्रकार के जोड़ का प्रयोग किया जाता है

1. बोल्ट जोड़, 2. पिन जोड़, 3. वेल्ड (झलाई) जोड़ और 4. रिवेटित जोड़

रिवेटित जोड़ एक प्रकार का स्थायी जोड़ है। रिवेटित जोड़ में संरचनाओं के अवयवों को रिवेट द्वारा जोड़ा जाता है। जोड़े जाने वाले अवयवों में छेद किये जाते हैं। छेदों में रिवेट डाल दी जाती है। रिवेट को पीट कर उन पर शीर्ष (Head) बना दिया जाता है। इस प्रकार अवयवों को स्थायी रूप से जोड़ दिया जाता है।

3.2 रिवेट (Rivet)

रिवेट एक गोल इस्पातीय पिन होते हैं। रिवेट चित्र 3.1 में दिखाई गई है। रिवेट के एक सिरे पर शीर्ष (Head) होता है। रिवेट के प्रधान अंश को शेंक (डंडी, Shank) कहते हैं। रिवेट मृदु इस्पात की छड़ से बनाई जाती है। रिवेट विभिन्न कार्य के लिये अलग-अलग लम्बाई में बनायी जाती है। रिवेट का परिमाण (Size) शेंक के व्यास से व्यक्त किया जाता है।

रिवेट को अवयवों को जोड़ने के लिये छेद में डालने से पहले ज्यादा गर्म किया जाता है। गर्म करने से इस्पात लाल हो जाता है। रिवेट को अवयवों के छेद में रख कर एक तरफ से ताकत से दबा दिया जाता है। रिवेट को दूसरी तरफ से पीट कर, रिवेट का दूसरा शीर्ष बना दिया जाता है। इस प्रकार स्थायी रिवेटित जोड़ बनाये जाते हैं। रिवेट जो गर्म करके प्रयोग में लायी जाती हैं, वो तीन प्रकार की होती हैं

1. शक्ति द्वारा ढकलने वाली और उद्योगशाला में काम में आने वाली रिवेट (Power Driven Shop Rivets)
2. शक्ति द्वारा ढकेलने वाली और क्षेत्र में काम में आने वाली रिवेट (Power Driven Rivets)
3. हाथ द्वारा ढ़केलने वाली रिवेट (Head Driven Rivet)

तीनों प्रकार की रिवेट में दक्षता (Efficiency) क्रमशः कम होती रहती है।

गर्म करके प्रयोग में लायी जाने वाली रिवेट संरचनात्मक कार्य के लिये 16 mm, 18 mm, 20 mm और 22 mm व्यास में बनाई जाती है।

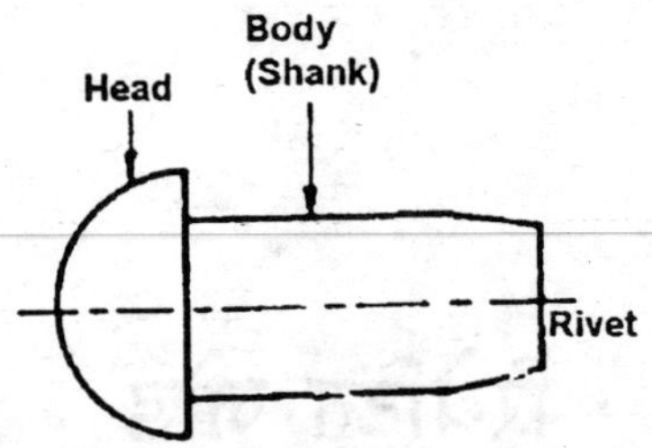

चित्र 3.1 रिवेट

कुछ रिवेट वायुमंडलीय ताप पर ही प्रयोग में लायी जाती हैं। इस प्रकार की रिवेट के प्रयोग के लिए ज्यादा दबाव की आवश्यकता होती है। इस प्रकार की रिवेट 12 mm से 22mm व्यास तक बनायी जाती है। इस प्रकार की रिवेट सीमित कार्य के लिये ही काम में लायी जाती है।

3.3 **रिवेट के प्रकार** (Types of Rivets)

रिवेट के शीर्ष विभिन्न आकार के होते हैं। शीर्ष के आकार के अनुसार रिवेट का नामकरण किया जाता है। विभिन्न शीर्ष के आकार की रिवेट अलग-अलग कार्य में काम में लायी जाती है। रिवेट निम्नलिखित पाँच प्रकार की होती है जो चित्र 3.2 में दिखाई गयी हैं

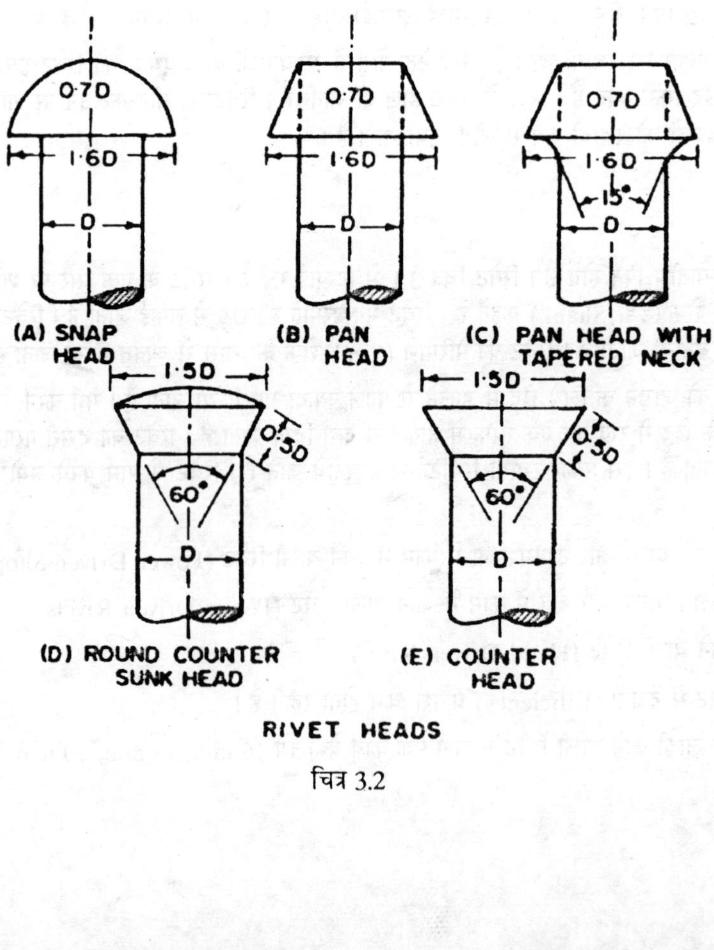

चित्र 3.2

1. गोल शीर्ष रिवेट (Snap Head Rivet)
2. पेन शीर्ष रिवेट (Pan Head Rivet)
3. पेन शीर्ष के साथ ढलाई गर्दन वाली रिवेट (Pan Head with Tappered Neck)
4. गोल प्रति तोलक शंकु शीर्ष रिवेट (Round Counter Sunk Head)
5. प्रति तोलक रिवेट (Counter Rivet) ।

गोल शीर्ष रिवेट (Snap Head Rivet) संरचनात्मक अवयवों को जोड़ने में काम आती है।

3.4 रिवेट के छेद (Rivet Holes)

रिवेट के छेद का व्यास रिवेट के व्यास से ज्यादा रखते हैं। जब तक रिवेट का व्यास 25 mm तक होता है, तब तक छेद रिवेट व्यास से 1.5mm अधिक बड़ा बनाया जाता है। जब रिवेट का व्यास 25 mm से ज्यादा होता है, तब रिवेट छेद रिवेट व्यास से 2mm अधिक बड़ा बनाया जाता है।

3.5 शब्दों की परिभाषा (Definitions of Terms)

रिवेटित जोड़ और रिवेटित जोड़ की डिजाइन में निम्नलिखित शब्दों का प्रयोग किया जाता है –

1. रिवेट का अंकलित व्यास (Nominal Diameter of Rivet) - ठंडी रिवेट का उसके ढ़केलने के पूर्व के व्यास को रिवेट का अंकलित व्यास कहते हैं।
2. रिवेट का सकल व्यास (Gross Diameter of Rivet) - रिवेट के उसके ढ़केलने के पश्चात् नापे हुए व्यास को रिवेट का सकल व्यास कहते हैं। रिवेट छेद का व्यास रिवेट के सकल व्यास के बराबर रखा जाता है।
3. रिवेट रेखा (Rivet Line) - रिवेट एक काल्पनिक रेखा में रखे जाते हैं। इसे काल्पनिक रेखा को रिवेट रेखा कहते हैं।
4. रिवेट का अन्तराल (Pitch of Rivets) - किन्हीं दो क्रमागत रिवेट के बीच की संरचनात्मक अवयवों के बल के समानान्तर मापी हुई दूरी को रिवेट का अन्तराल कहते हैं। ये दो क्रमागत रिवेट एक ही रिवेट रेखा पर होते हैं।
5. रिवेट की गेज दूरी (Gauge Distance of Rivet) -रिवेट की गेज दूरी को रिवेट की मापक दूरी या अन्तर्माप दूरी भी कहते हैं। किन्हीं दो क्रमागत रिवेट जो किन्दी दो संलग्न रिवेट रेखाओं पर स्थित होती है, उनके बीच की मापी हुई दूरी को रिवेट की गेज दूरी कहते हैं। रिवेट की गेज दूरी संरचनात्मक अवयवों के बल के लम्ब की दिशा में मापी जाती है।
6. रिवेट का सकल क्षेत्रफल (Gross Area of Rivet)- रिवेट का सकल क्षेत्रफल उसका अनुप्रस्थ क्षेत्रफल (Cross Sectional Area) होता है। रिवेट का सकल क्षेत्रफल उसके सकल व्यास से ज्ञात किया जाता है।
7. सान्तर अन्तराल (Staggered Pitch) - रिवेट के सान्तर अन्तराल को एकान्तरण अन्तराल (Alternate Pitch) भी कहते हैं। सान्तर अन्तराल एक रिवेट रेखा पर स्थित रिवेट के केन्द्र से दूसरी क्रमागत रिवेट के केन्द्र तक, जो कि दूसरी क्रमागत रिवेट रेखा पर स्थित होती है, की बीच की दूरी होती है।

3.6 अनुज्ञेय प्रतिबल (Permissible Stresses)

भारतीय मानक IS : 800-1984 के अनुसार रिवेट के लिए अनुज्ञेय प्रतिबलों के मान सारणी 3.1 में दिये हुए हैं।

सारणी (Table) 3.1. रिवेट में अनुज्ञेय प्रतिबल

वर्णन	अनुज्ञेय प्रतिबल
तनन बल (Tension) σ_{tf}	
रिवेट के सकल क्षेत्रफल पर अक्षीय प्रतिबल	
(i) Power Driven Shop Rivets	100 N/mm^2 (MPa)
(ii) Hand Driven Rivets	80 N/mm^2 (MPa)
अपरूपण बल (Shear) τ_{vf}	
रिवेट के सकल क्षेत्रफल पर अपरूपण प्रतिबल	
(i) Power Driven Rivets	100 N/mm^2 (MPa)
(ii) Hand Driven Rivets	80 N/mm^2 (MPa)
धारण बल (Bearing) σ_{pf}	
रिवेट के सकल व्यास पर धारण प्रतिबल	
(i) Power Driven Rivets	300 N/mm^2 (MPa)
(ii) Hand Driven Rivets.	250 N/mm^2 (MPa)

नोट IS : 800-1984 के अनुसार क्षेत्र (Field) में रिवेट के अनुज्ञेय प्रतिबल 10 प्रतिशत कम कर दिये जाते हैं। आंकलित धारण प्रतिबल का मान (i) पराभव प्रतिबल के मान से (ii) 1.2 गुणा Power Driven Rivets के प्रतिबल से अधिक नहीं होना चाहिए। जब रिवेट पर दोनों अपरूपण (Shear) और अक्षीय तनन बल कार्यरत हो तब इनका समानुपात इस प्रकार किया जाता है कि अपरूपण और अक्षीय प्रतिबल का मान उनके अनुज्ञेय प्रतिबल से अधिक नहीं होना चाहिए। निम्न उक्ति (Expression) की संतुष्टि रहनी चाहिए।

$$\left(\frac{T_{vf.cal}}{T_{vf}} + \frac{\sigma_{cf.cal}}{\sigma_{tf}}\right) > 1.4$$

3.7 **रिवेट जोड़ के प्रकार** (Types of Riveted Joints)

रिवेट जोड़ निम्नलिखित दो प्रकार के होते हैं

1. चढ़ाव जोड़ (Lap Joint), 2. बट जोड़ (Butt Joint)

1. चढ़ाव जोड़ (Lap Joint) - चढ़ाव जोड़ में एक प्लेट पर दूसरी प्लेट चढ़ी हुई होती है और दोनों प्लेटों को रिवेट द्वारा जोड़ दिया जाता है। चढ़ाव जोड़ चित्र 3.3 (a) में दिखाया गया है। चढ़ाव जोड़ में दोनों प्लेटों पर बल उत्केन्द्रीय होते हैं। उत्केन्द्रीय बल प्लेटों को विकृत करने की प्रवृति रखते हैं। चढ़ाव जोड़ की विकृति चित्र 3.3 (b) में दिखायी गयी है।

चढ़ाव जोड़ का वर्गीकरण उपयोग में ली गई रिवेट की संख्या पर और प्लेट और रिवेट की व्यवस्था पर किया जाता है। विभिन्न प्रकार के चढ़ाव जोड़ निम्नलिखित होते हैं।

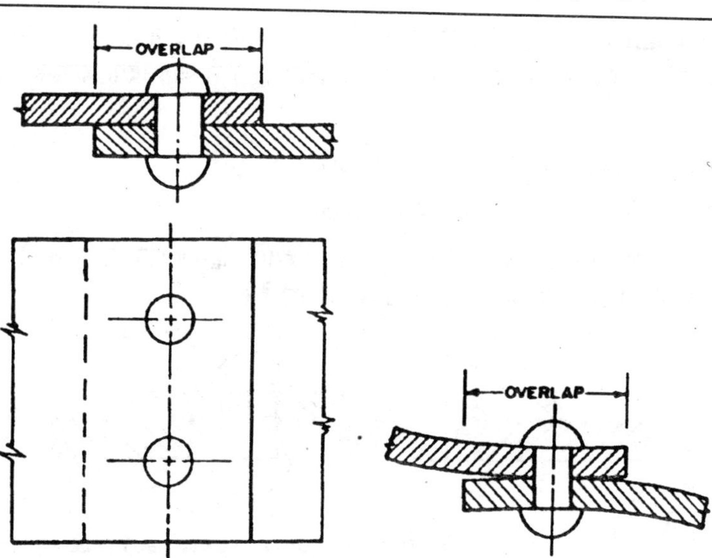

(A) LAP JOINT (SINGLE RIVETED) (B) DEFORMATION OF LAP JOINT

चित्र 3.3

1. इकहरा रिवेटित चढ़ा जोड़ (Single Riveted Lap Joint)
2. दोहरा रिवेटित चढ़ाव जोड़ (Double Riveted Lap Joint)

दोहरा रिवेटित चढ़ाव जोड़ भी निम्नलिखित दो प्रकार के होते हैं

(i) श्रृंखलित रिवेटित चढ़ाव जोड़ (Chain Riveted Lap Joint)

(ii) विषम रिवेटित चढ़ाव जोड़ (Zig-zag Riveted Lap Joint)

इकहरा रिवेटित चढ़ाव जोड़ चित्र 3.3 (a) में दिखाया गया है।

दोहरा रिवेटित श्रृंखलित चढ़ाव जोड़ और विषम रिवेटित चढ़ाव जोड़ चित्र 3.4 (a) और 3.4 (b) में दिखाये गये हैं।

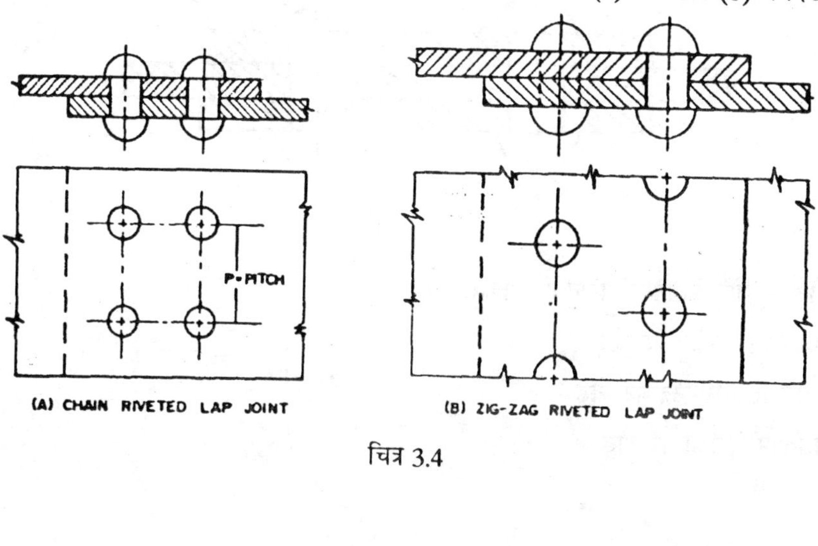

(A) CHAIN RIVETED LAP JOINT (B) ZIG-ZAG RIVETED LAP JOINT

चित्र 3.4

2. बट जोड़ (Butt Joint) - बट जोड़ को टक्कर जोड़ भी कहते हैं। बट जोड़ में दो प्लेटों के सिरे एक दूसरे से मिला कर रखते हैं और उन दोनों प्लेटों को एक या दो आवरण प्लेटों (Cover Plates) से जोड़ दिया जाता है। बट जोड़ निम्नलिखित दो प्रकार के होते हैं

1. एक आवरण प्लेट बट जोड़ (Single Cover But Joint)
2. दो आवरण प्लेट बट जोड़ (Double Cover Butt Joint)

एक आवरण प्लेट बट जोड़ चित्र 3.5 (a) में दिखाया गया है। इसमें आवरण प्लेट मुख्य जुड़ने वाली प्लेटों के एक तरफ लगाई जाती है। चित्र 3.5 (b) में इस जोड़ की विकृत स्थित दिखाई गई है।

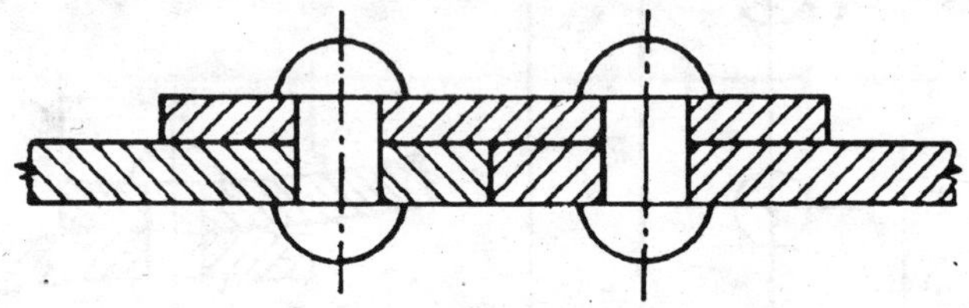

(A) SINGLE COVER PLATE BUTT-JOINT

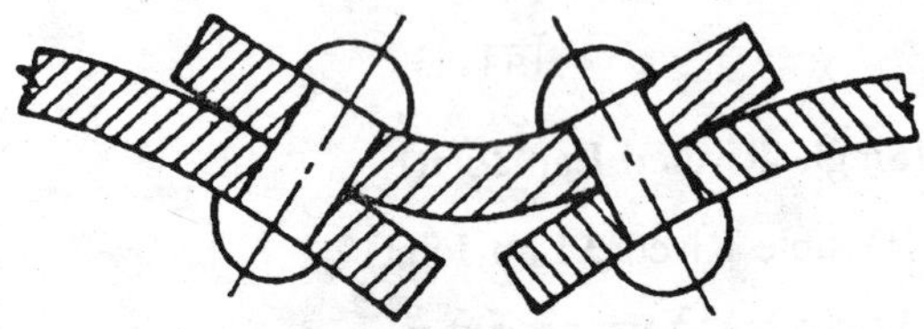

(B) DEFORMATION OF JOINT

चित्र 3.5

दो आवरण प्लेट बट जोड़ चित्र 3.6 में दिखाया गया है। इसमें आवरण प्लेटें मुख्य जुड़ने वाली प्लेटों के दोनों तरफ लगाई जाती है। इस जोड़ में प्लेटों की विकृत होनें की कोई प्रवृत्ति नहीं होती है।

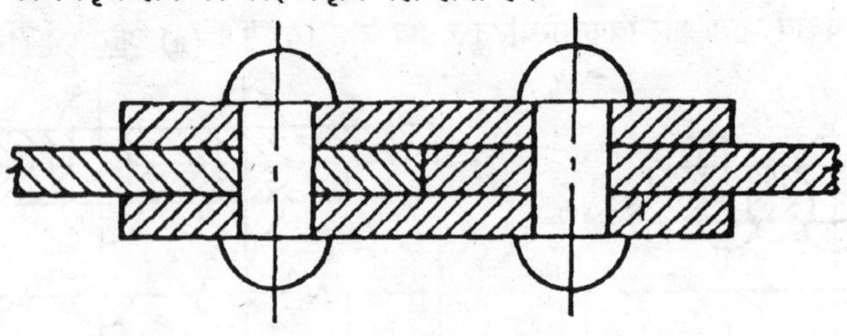

चित्र 3.6

दो आवरण प्लेट बट जोड़ भी निम्नलिखित तीन प्रकार के होते हैं

1. दो आवरण इकहरा रिवेटित बट जोड़
2. दो आवरण श्रृंखलित रिवेटित बट जोड़
3. दो आवरण विषम रिवेटित बट जोड़

3.8 रिवेटित जोड़ में बल प्रेषण (Transmission of Load in Riveted Joints)

रिवेटित जोड़ में बल प्रेषण दो प्रकार से होते हैं। बल प्रेषण के आधार पर रिवेटित जोड़ का निम्नलिखित दो प्रकार में वर्गीकरण किया जा सकता हैं

1. अपरूपण बल रिवेटित जोड़ (Riveted Joints in Shear)
2. तनन बल रिवेटित जोड़ (Riveted Joints in Tension)

1. अपरूपण बल रिवेटित जोड़ - अपरूपण बल रिवेटित जोड़ चित्र 3.7 (a) और (b) में दिखाये गये हैं। इस जोड़ में अक्षीय भार का प्रेषण प्लेट और रिवेट शेंक (Shank) के बीच धारण (Bearing) द्वारा होता है। जब रिवेट में एक ही अनुप्रस्थ खंड पर अपरूपण होता है, तब रिवेट में एकतल अपरूपण (Single Shear) होता है, जैसा कि चित्र 3.7 (a) में दिखाया गया है। परन्तु जब रिवेट में दो अनुप्रस्थ खंड अपरूपण होता है, तब रिवेट में द्वितल अपरूपण (Double Shear) होता है, जैसा कि चित्र 3.7 (b) में दिखाया गया है। जब भार का प्रेषण दो से ज्यादा अनुप्रस्थ खण्डों द्वारा होता है, तब रिवेट में बहुतल अपरूपण (Multiple Shear) होता है।

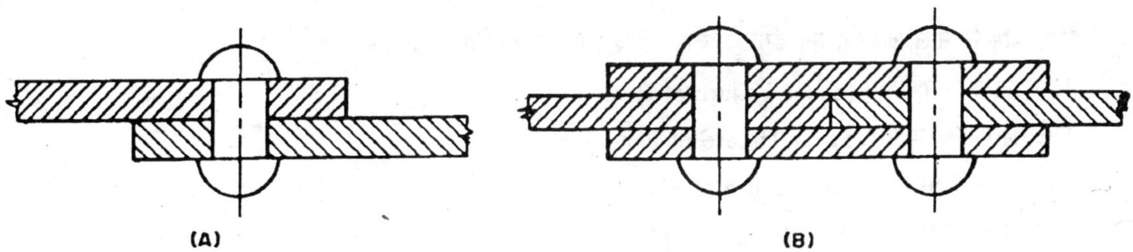

चित्र 3.7

2. तनन बल रिवेटित जोड़ - तनन बल रिवेटित जोड़ चित्र 3.8 में दिखाया गया है। इस जोड़ में भार का प्रेषण प्लेट और रिवेट के शीर्ष के बीच धारण द्वारा होता है। रिवेट में तनन प्रतिबल होता है।

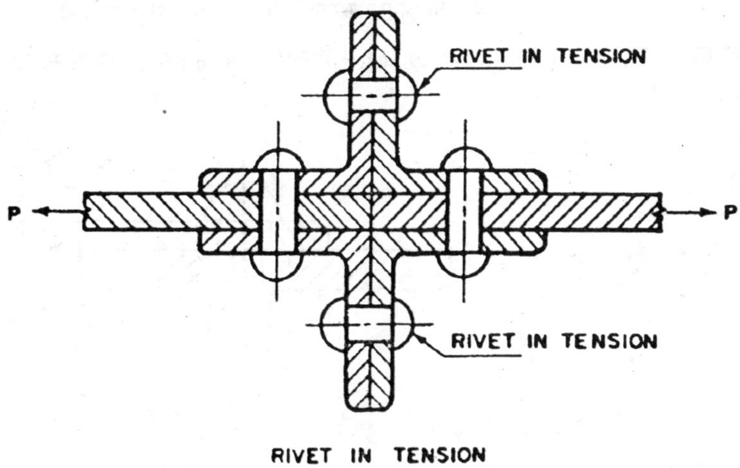

चित्र 3.8

3.9 रिवेटित जोड़ का बल के स्वरूप और स्थिति के आधार पर वर्गीकरण

रिवेटित जोड़ के बल के स्वरूप और स्थिति के आधार पर निम्नलिखित चार प्रकार में वर्गीकरण किया जाता है।

1. अक्षीय बल रिवेटित जोड़ (Axially Loaded Riveted Joints)
2. उत्केन्द्रीय बल रिवेटित जोड़ (Eccentrically Loaded Riveted Joints)
3. आघूर्ण रिवेटित जोड़ (Moment Riveted Joints)
4. अपरूपण आघूर्ण रिवेटित जोड़ (Shear Moment Riveted Joints)

अक्षीय बल रिवेटित जोड़ में बाह्य भार की क्रिया रेखा रिवेट जोड़ के केन्द्र से गुजरती हैं। उत्केन्द्रीय बल रिवेटित जोड़ में बाह्य भार की क्रिया रेखा रिवेट जोड़ के केन्द्र से दूरी गुजरती है। आघूर्ण रिवेटित जोड़ में रिवेटित जोड़ आघूर्ण को प्रेषित करता है। अपरूपण आघूर्ण रिवेटित जोड़ अपरूपण और आघूर्ण दोनों को प्रेषित करता है।

3.10 रिवेटित जोड़ के भंग होने के विभिन्न ढंग (Various Modes of Failure of Riveted Joints)

रिवेटित जोड़ निम्नलिखित विभिन्न ढंगों में किसी भी ढंग में भंग या विफल हो सकता है

1. रिवेट का अपरूपण भंग (Shear Failure of Rivets)
2. प्लेट का अपरूपण भंग (Shear Failure of Plates)
3. प्लेट का तनन भंग (Tearing Failure of Plates)
4. प्लेट का धारण भंग (Bearing Failure of Plates)
5. प्लेट का किनारों पर विखण्ड भंग (Splitting Failure of Plates at the Edges)
6. रिवेट का धारण भंग (Bearing Failure of Rivets)

1. रिवेट का अपरूपण भंग (Shear fAilure of Rivets) - रिवेट से जुड़ी हुई प्लेटों में बाह्य तनन भार के कारण रिवेट का अपरूपण भंग होने की संभावना रहती है। रिवेट शेंक के अनुप्रस्थ-खण्ड पर अपरूपण से भंग होती है।

चढ़ाव जोड़ में रिवेट का एकतल अपरूपण भंग चित्र 3.9 (a) में दिखाया गया है। बट जोड़ में रिवेट का द्वितल अपरूपण भंग चित्र 3.9 (b) दिखाया गया है।

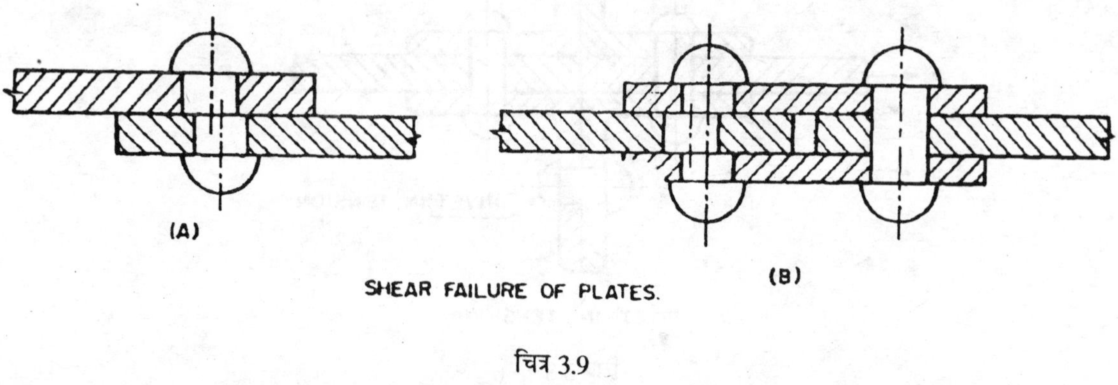

SHEAR FAILURE OF PLATES.

चित्र 3.9

2. प्लेट का अपरूपण भंग (Shear Failure of Plates) - प्लेट का अपरूपण भंग दो रेखाओं के साथ-साथ होता है, जैसा कि चित्र 3.10 में दिखाया गया है। जब प्लेट के किनारों के पास रिवेट के लिए उपयुक्त दूरी नहीं रखी जाती है, तब प्लेट का अपरूपण भंग होने की संभावना रहती है।

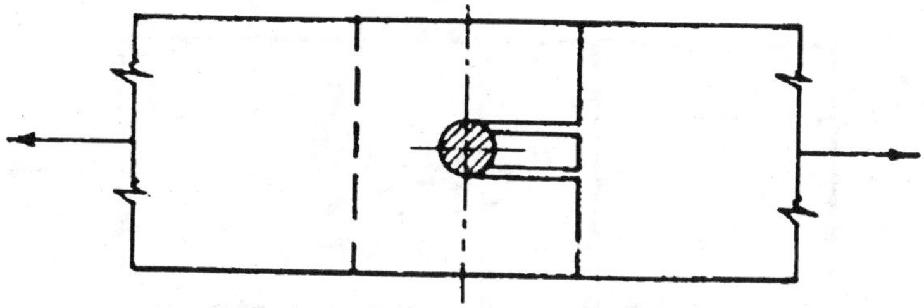

SHEAR FAILURE OF PLATES

चित्र 3.10

3. प्लेट का तनन भंग (Tearing Failure of Plates) - प्लेट का तनन भंग चित्र 3.11 में दिखाया गया है। रिवेट से जुड़ी हुई प्लेटें जब बाह्य तनन भार को प्रेषित करती हैं, तब प्लेटों के फटने की संभावना रहती है। प्लेट का तनन भंग या फटना उसके निवल अनुप्रस्थ क्षेत्रफल पर होता है।

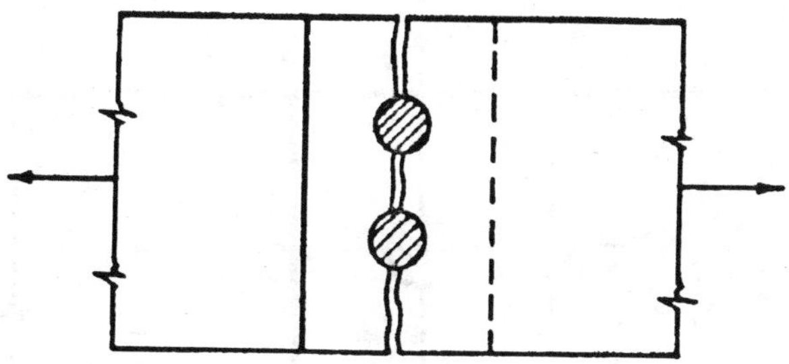

TEARING FAILURE OF PLATES

चित्र 3.11

4. प्लेट का धारण भंग (Bearing Failure of Plates) - प्लेट का धारण भंग चित्र 3.12 में दिखाया गया है। जब रिवेटित जोड़ में रिवेट और प्लेट के किनारे के बीच की दूरी उपयुक्त नहीं होती है, तब प्लेट का धारण भंग होने की संभावना रहती है। प्लेट रिवेट के साथ धारण कर पिस (Crush) जाती है।

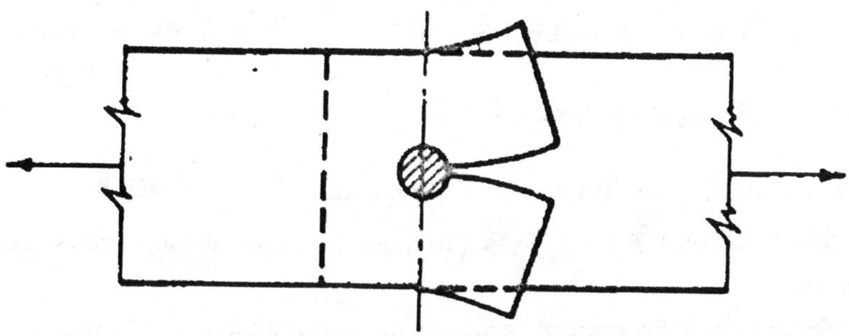

SPLITTING FAILURE OF PLATES

चित्र 3.12

5. प्लेट का किनारों पर विखण्ड भंग (Splitting Failue of Plates) -प्लेट का किनारों पर विखण्ड भंग चित्र 3.13 में दिखाया गया है। जब रिवेटित जोड़ में प्लेट के किनारे और रिवेट की बीच की दूरी उपयुक्त नहीं होती है, तो प्लेट की किनारों से फटने की संभावना रहती है।

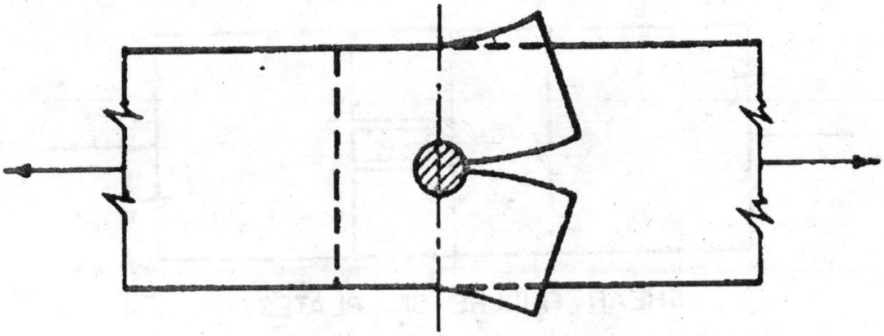

SPLITTING FAILURE OF PLATES

चित्र 3.13

6. रिवेट का धारण भंग (Bearing Failure of Rivets) - रिवेट का धारण भंग चित्र 3.14 में दिखाया गया है। इसमें रिवेट प्लेटों के बीच में पिस जाती है।

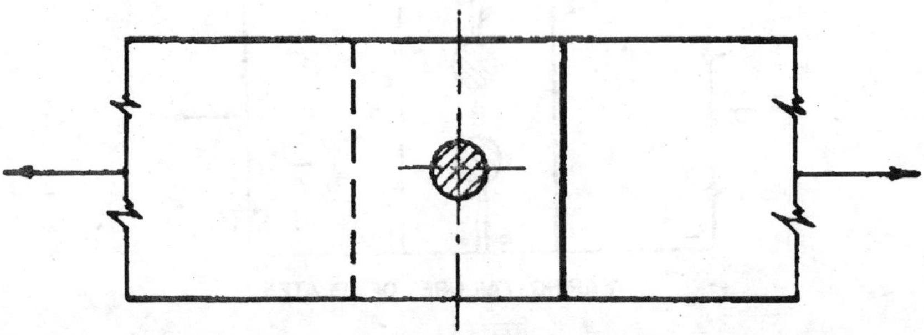

BEARING FAILURE OF RIVETS

चित्र 3.14

प्लेटों का धारण, और किनारों पर विखण्ड भंग को प्लेटों के किनारों और रिवेट के बीच में उपयुक्त दूरी रखने से रोक सकते हैं। रिवेटित जोड़ का अन्य ढंग से भंग होने को रोकने के लिए उनको उपयुक्त तरीके से डीजाइन किया जाता है।

3.11 रिवेटित जोड़ का सामर्थ्य (Strength of Riveted Joints)

रिवेटित जोड़ का सामर्थ्य निम्नलिखित सामर्थ्य की संगणना (Compute) करके ज्ञात की जाती है

1. रिवेटित जोड़ का रिवेट के अपरूपण के विरुद्ध सामर्थ्य (Strength of a riveted joint against shearing of the rivets) . . .Ps
2. रिवेटित जोड़ का रिवेट के धारण के विरुद्ध सामर्थ्य (Strength of a riveted joint against bearing of the rivets) . . .Pb

3. प्लेट का फटने के विरुद्ध सामर्थ्य (Strength of plate in tearing) . . . Pt

रिवेटित जोड़ का सामर्थ्य Ps, Pb और Pt बलों के न्यूनतम मान के बराबर होता है।

1. रिवेटित जोड़ का रिवेट के अपरूपण के विरुद्ध सामर्थ्य Ps - रिवेटित जोड़ का रिवेट के अपरूपण के विरुद्ध सामर्थ्य निम्नलिखित तरीके से ज्ञात किया जाता है

Ps = रिवेट की रिवेटित जोड़ में एक तरफ की संख्या x एक रिवेट का अपरूपण सामर्थ्य (i)

एक रिवेट का अपरूपण सामर्थ्य जब रिवेट में एक तल अपरूपण होता है

$$= \left(\frac{\pi}{4} \times d^2 \tau_{vf}\right) \text{ जहाँ पर,} \tag{ii}$$

d = रिवेट का सकल व्यास

$\left(\frac{\pi}{4} d^2\right)$ = रिवेट का एकतल अपरूपण में प्रतिरोध क्षेत्रफल

τ_{vf} = अधिकतम अनुज्ञेय अपरूपण प्रतिबल

N = रिवेट की रिवेटित जोड़ में एक तरफ की संख्या

रिवेटित जोड़ का रिवेट के अपरूपण के विरुद्ध सामर्थ्य

$$P_s = N \times \left(\frac{\pi}{4} d^2 \tau_{vf}\right) \tag{3.1}$$

एक रिवेट का अपरूपण सामर्थ्य जब रिवेट में द्वितल अपरूपण होता है।

$$= \left(2 \times \frac{\pi}{4} d^2 \times \tau_{vf}\right) \tag{iii}$$

रिवेटित जोड़ का रिवेट के अपरूपण के विरुद्ध सामर्थ्य

$$P_s = N \text{ tmes } \left(2 \times \frac{\pi}{4} d^2 \times \tau_{vf}\right) \tag{3.2}$$

जब रिवेटित जोड़ का रिवेट के अपरूपण के विरुद्ध सामर्थ्य प्लेट की प्रति अन्तराल की चौड़ाई के आधार पर ज्ञात किया जाता है तब रिवेट की संख्या n प्रति अन्तराल ली जाती है। अतः

एकतल अपरूपण में, $$P_{s1} = n \times \left(\frac{\pi}{4} d^2 \times \tau_{vf}\right) \tag{3.3}$$

द्वितल अपरूपण में, $$P_{s1} = n \times \left(2 \frac{\pi}{4} d^2 \times \tau_{vf}\right) \tag{3.4}$$

रिवेटित जोड़ में रिवेट की एक तरफ की संख्या और रिवेट की दूसरी तरफ की संख्या बराबर होती है।

2. रिवेटित जोड़ का रिवेट के धारण के विरुद्ध सामर्थ्य P_b - रिवेटित जोड़ का रिवेट के धारण के विरुद्ध सामर्थ्य निम्नलिखित तरीके से ज्ञात किया जाता हैं

P_b = रिवेट की रिवेटित जोड़ में एक तरफ की संख्या x एक रिवेट की धारण सामर्थ्य (iv)

चढ़ाव जोड़ में एक रिवेट का धारण सामर्थ्य

$$= \left(d \times t \times \sigma_{pb}\right) \tag{v}$$

जहाँ पर,

σ_{pb} = अधिकतम अनुज्ञेय धारण प्रतिबल

t = कम मोटाई की प्लेट की मोटाई

d = रिवेट का सकल व्यास

d x t = प्रक्षिप्त क्षेत्रफल (Projected Area)

बट जोड़ में दोनों आवरण प्लेटों की कुल मोटाई या मुख्य प्लेट की मोटाई जो भी कम हो, ली जाती है। धारण दबाव (Bearing pressure) जो रिवेट पर लगता है, वह त्रैज्य दिशा में होता है, जैसे कि चित्र 3.15 में दिखाया गया है। एक रिवेट का धारण सामर्थ्य ज्ञात करते समय प्रक्षिप्य क्षेत्रफल लिया जाता है।

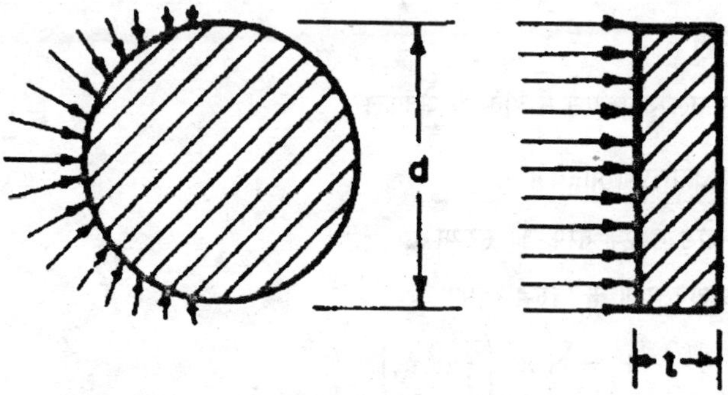

BEARING PRESSURE ON RIVET

चित्र 3.15

रिवेटित जोड़ का रिवेट के धारण के विरुद्ध सामर्थ्य

$$P_b = N \times (d \times t \times \sigma_{pb}) \quad (3.5)$$

रिवेटित जोड़ का रिवेट के धारण के विरुद्ध प्रति अन्तराल प्लेट की चौड़ाई पर सामर्थ्य

$$P_{b1} = n \times (d \times t \times \sigma_{pb}) \quad (3.6)$$

3. प्लेट का फटने के विरुद्ध सामर्थ्य P_t = प्लेट का फटने के विरुद्ध सामर्थ्य प्लेट के प्रतिरोधी खण्ड (Resisting section) पर निर्भर करता है। प्लेट का फटने के विरुद्ध सामर्थ्य निम्नलिखित तरीके से ज्ञात किया जाता है।

P_t = प्रतिरोधी खण्ड का क्षेत्रफल x σ_{tf} (3.7)

जहाँ पर,

σ_{tf} = प्लेट में अधिकतम अनुज्ञेय प्रतिबल

जब प्लेट का फटने के विरुद्ध सामर्थ्य प्रति अन्तराल के चौड़ाई के आधार पर ज्ञात करते हैं, तब

$$P_t = (g - d) \times t \times p_t \quad (3.8)$$

जहाँ पर,

g = प्लेट की रिवेट के अन्तराल के बराबर की चौड़ाई पर सामर्थ्य P_{s1}, P_{b1}, और P_{t1} में न्यूनतम मान के बराबर होता है।

3.12 रिवेटित जोड़ की दक्षता (Efficiency of Riveted Joint)

रिवेटित जोड़ के सामर्थ्य और ठोस प्लेट के सामर्थ्य P के अनुपात को रिवेटित जोड़ की दक्षता कहते हैं।

$$\therefore \text{ Efficiency}\,\eta = \left(\frac{P_{s1}\,P_{s1}\,P_t \text{ whichever is minimum}}{P}\right) \times 100 \qquad (3.9)$$

रिवेटित जोड़ की दक्षता को रिवेटित जोड़ का प्रतिशत सामर्थ्य भी कहते हैं।

3.13 रिवेट का मान (Rivet Value)

एक रिवेट का अपरूपण सामर्थ्य और धारण सामर्थ्य दोनों ही ज्ञात किये जाते हैं। जो रिवेट का सामर्थ्य दोनों में कम मान का होता है, उसे रिवेट का मान कहते हैं।

3.14 रिवेटित जोड़ की डिजाइन में अनुमान (Assumptions for the Design of Riveted Joint)

रिवेटित जोड़ कि डिजाइन करने की रीति को निम्नलिखित अनुमान मान कर सरल बनाई गई है। रीति को सरल बनाने में सुरक्षा का भी ध्यान रखा जाता है।

1. बाह्य भार को सभी रिवेटों में एक समान वितरित मान लिया जाता है।
2. रिवेट में अपरूपण प्रतिबल को रिवेट के सकल क्षेत्रफल पर एक समान वितरित मान लिया जाता है।
3. प्लेट और रिवेट के बीच धारण प्रतिबल को एक समान वितरित मान लिया जाता है।
4. रिवेट में बंकन प्रतिबल की उपेक्षा (Neglect) कर दी जाती है।
5. रिवेट छेद को रिवेट द्वारा पूर्णतया भरा हुआ मान लिया जाता है।
6. प्लेट में प्रतिबल को एक समान वितरित मान लिया जाता है।
7. प्लेटों के बीच में घर्षण (Friction) की उपेक्षा कर दी जाती है।

3.15 रिवेटित जोड़ में रिवेट की व्यवस्था (Arrangement of Rivets in Riveted Joints)

रिवेटित जोड़ में रिवेटों को निम्नलिखित दो प्रकार से क्रम में रखा जाता है

1. श्रृंखलित रिवेटिंग (Chain Riveting)
2. डायमण्ड रिवेटिंग (Diamond Riveting)

1. श्रृंखलित रिवेटिंग (Chain Riveting) - श्रृंखलित रिवेटिंग में रिवेट का क्रम चित्र 3.16 में दिखाया गया है।

चित्र 3.16 में रिवेट जोड़ के दोनों तरफ 1-1, 2-2 और 3-3 काट दिखाये गये हैं। काट 1-1 क्रान्तिक काट (Critical section) होता है। काट 1-1 के पश्चात् अन्य काट पर रिवेटित जोड़ के सामर्थ्य में रिवेटों का सामर्थ्य (जो रिवेटों उस काट के पहले स्थित होती हैं) जुड़ जाता है। काट 1-1 पर प्लेट का फटने के विरुद्ध सामर्थ्य निम्नलिखित तरीके से ज्ञात किया जाता है

$$P_t = \left((b - 3d)\,.\,t\,.\,\sigma_t\right) \text{ जहाँ पर,} \qquad (i)$$

$$P_t = \left((b - 3d) \cdot t \cdot \sigma_t\right) \text{ जहाँ पर,} \qquad \text{(i)}$$

b = प्लेट की चौड़ाई, d = रिवेट का सकल व्यास, और t = प्लेट की मोटाई

जब रिवेटित जोड़ पर सुरक्षित भार मालूम होता है, तब प्लेट की चौड़ाई ज्ञात की जा सकती है।

$$b = \left[\left(\frac{P_t}{\sigma_t \times t}\right) + 3d\right] \qquad \text{(ii)}$$

समीकरण (i) और (ii) चित्र 3.16 के लिए लिखी गई हैं।

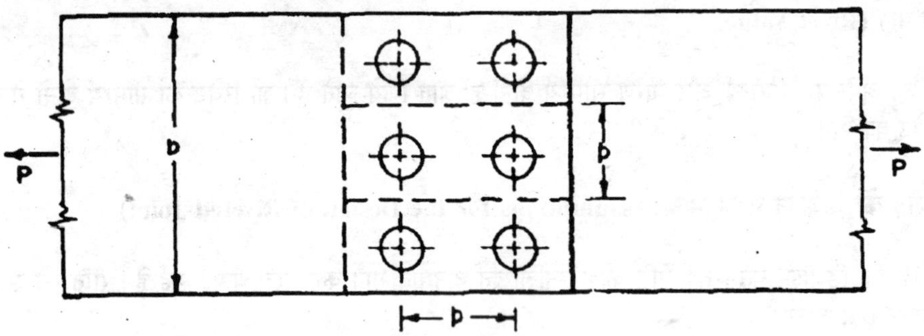

(A) LAP JOINT

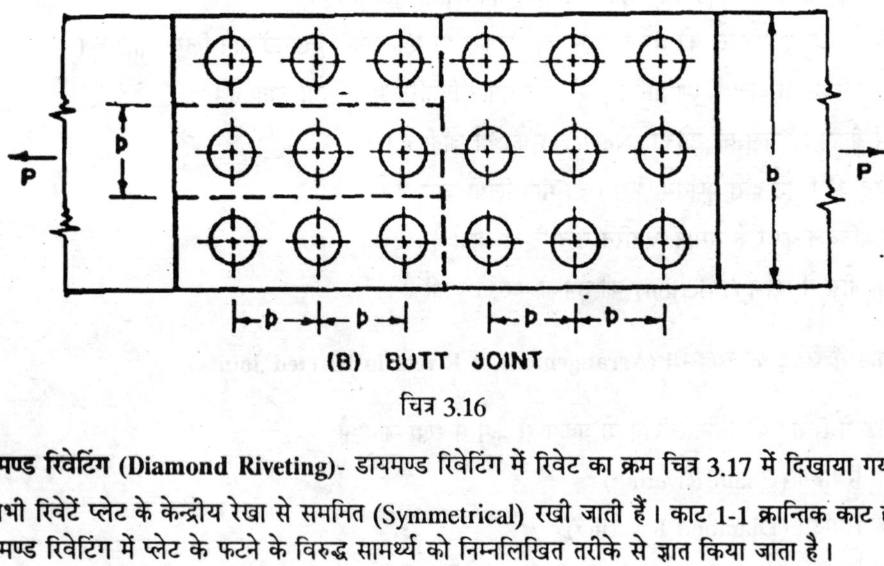

(B) BUTT JOINT

चित्र 3.16

2. डायमण्ड रिवेटिंग (Diamond Riveting)- डायमण्ड रिवेटिंग में रिवेट का क्रम चित्र 3.17 में दिखाया गया है।

इसमें सभी रिवेटें प्लेट के केन्द्रीय रेखा से सममित (Symmetrical) रखी जाती हैं। काट 1-1 क्रान्तिक काट होता है। काट 1-1 पर डायमण्ड रिवेटिंग में प्लेट के फटने के विरुद्ध सामर्थ्य को निम्नलिखित तरीके से ज्ञात किया जाता है।

$$P_t = \left[(b - d) \cdot t \cdot \sigma_t\right] \qquad \text{(iii)}$$

जब रिवेटित जोड़ पर सुरक्षित भार मालूम होता है, तब प्लेट की चौड़ाई ज्ञात की जा सकती है।

$$b = \left[\left(\frac{P_t}{P_t \times t}\right) + d\right], \text{ जहाँ पर} \qquad \text{(iv)}$$

b = प्लेट की चौड़ाई, d = रिवेट का सकल व्यास और t = प्लेट की मोटाई

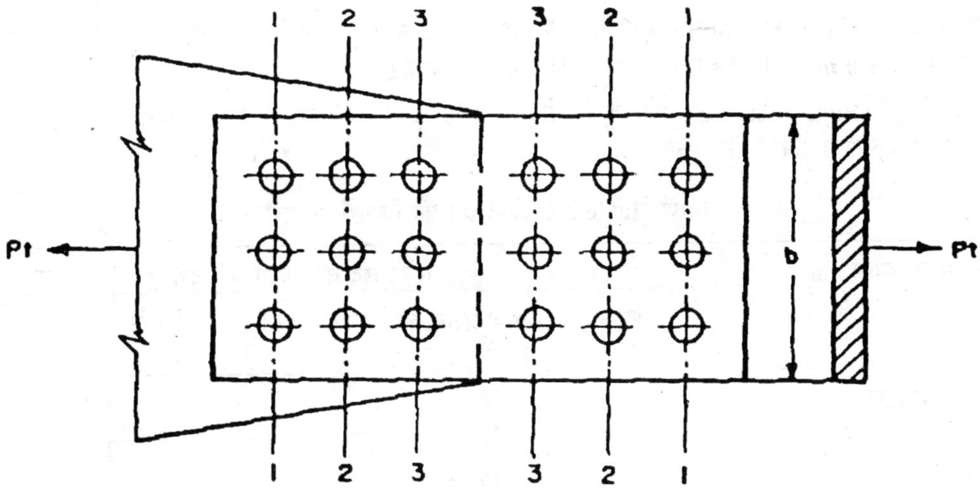

CHAIN RIVETING.

चित्र 3.17

चित्र 3.17 में प्लेट का सामर्थ्य अन्य काट पर निम्नलिखित तरीके से ज्ञात किया जाता है। काट 2-2 पर

$P_t = (b - 2d).\ t\ \sigma_t\ +$ एक रिवेट का सामर्थ्य काट 1-1 पर (v)

$P_t = (b - 3d).\ t.\ \sigma_t\ +$ तीन रिवेटों का सामर्थ्य (vi)

सामान्यतया प्लेट काट 1-1 पर भंग होती है।

डायमण्ड रिवेटिंग की दक्षता श्रृंखलित रिवेटिंग के दक्षता से अधिक होती है। इस कारण डायमण्ड रिवेटिंग को अधिमान्य (Preference) दिया जाता है।

3.16 **रिवेटित जोड़ की डिजाइन के लिए उल्लेख** (Specifications for Design of Riveted Joint)

रिवेटित जोड़ की डिजाइन के लिए निम्नलिखित उल्लेखों का ध्यान रखा जाता है और आवश्यक उल्लेखों को काम में लाया जाता है।

1. अवयव जो एक जोड़ पर मिलते हैं - अवयव जो एक जोड़ पर मिलते हैं, उनकी उत्कर्षीय अक्ष एक बिन्दु पर कटनी चाहिए।
2. रिवेट समूह का गुरुत्व केन्द्र (Centre of Gravity) - जहाँ तक संभव हो, बाह्य भार की क्रिया रेखा (Line of Action) पर होना चाहिए।
3. न्यूनतम अन्तराल (Minimum Pitch) - दो क्रमगत रिवटों के केन्द्रों के बीच दूरी रिवेट के सकल वअयास से 2.5 गुणा से कम नहीं होना चाहिए।
4. अधिकतम अन्तराल (Maximum Pitch) - संपीडांग (Compression Members) में अधिकतम अन्तराल प्लेट की मोटाई से 12 गुणा से या 200 mm जो भी कम हो, उससे ज्यादा नहीं होना चाहिए।

तनन अवयवों (Tension Members) में अधिकतम अन्तराल प्लेट की मोटाई से 16 गुणा से या 200mm जो भी कम हो, उससे ज्यादा नहीं होना चाहिए।

यदि रिवेट रेखा प्रतिबल की दिशा में नहीं हो तो अधिकतम अन्तराल प्लेट की मोटाई (बाहर की तरफ की कम मोटाई की प्लेट) से 32 गुणा से या 300 mm जो भी कम हो, उससे ज्यादा नहीं होना चाहिए।

5. किनारे से दूरी (Edge Distance)- प्लेट के किनारे और रिवेट के बीच की कम से कम दूरी करीब-करीब रिवेट के सकल व्यास के 1.5 गुणा होना चाहिए।

सारणी Table 3.2. रिवेट छेद की किनारों की दूरी

रिवेट का सकल व्यास mm	रिवेट छेद की किनारों की दूरी	
	अपरूपणित अथवा फ्लेम कट किनारे की दूरी mm	बेल्लित मशीन फ्रेम कट अथवा प्लेनड किनारे की दूरी mm
13.5 अथवा कम	19	17
15.5	25	22
17.5	29	25
19.5	32	29
21.5	32	29
23.5	38	32
25.5	44	38
29.0	51	44
32.0	57	51
35.0	57	51

6. पैकिंग के आर-पार रिवेट (Rivets Through Packings) - जब रिवेट में अपरूपण प्रतिबल होता है और 6 mm की मोटाई से ज्यादा मोटाई के पैकिंग के आर-पार लगती हैं, तब रिवेट की संख्या संगणित (Computed) रिवेट की संख्या से पैकिंग की प्रति 2 mm की मोटाई पर 2.5 प्रतिशत के हिसाब से बढ़ा देते हैं।

7. लम्बी पकड़ की रिवेट (Long Grip Rivets)- जब रिवेट में संगणित भार होता है और रिवेट की पकड़ की लम्बाई रिवेट छेद के व्यास से 6 गुणा से ज्यादा हो जाती है, तब रिवेट में अपरूपण और धारण के अतिरिक्त बंकन भी होता है। रिवेट की संगणित संख्या से रिवेट की संख्या प्रति 1.6 mm पकड़ की लम्बाई पर 1 प्रतिशत बढ़ा दी जाती है। रिवेट की पकड़ की लम्बाई रिवेट छेद के व्यास से 8 गुणा से ज्यादा नहीं होनी चाहिए।

8. रिवेट रेखा की दूरी (Rivet Line Distance) - जब दो या दो से ज्यादा भाग रिवेटों से जोड़े जाते हैं, तब रिवेट रेखा की दूरी प्लेट के नजदीक की किनार से (37 mm + 4 t) से ज्यादा नहीं रखते। इसमें बाहर की तरफ की कम मोटाई की मोटाई t mm है।

9. संबद्ध रिवेट (Tacking Rivets) - संबद्ध रिवेट को टांका लगाने वाली रिवेट (Stitching Rivet) भी कहते हैं। संपीडन (Compression) या तनन (Tension) अवयवों को जोड़ने वाली दो क्रमगत रिवेटों के केन्द्रों के बीच की दूरी अधिकतम अन्तराल से ज्यादा हो जाती है, तब टेकिंग रिवेट लगाई जाती है। टेकिंग रिवेट पर कोई भी संगणित प्रतिबल नहीं लिया जाता है।

टेकिंग रिवेट का अन्तराल एक ही रेखा पर बाहर की तरफ की प्लेट की मोटाई से 32 गुणा या 300 mm जो भी कम हो, उससे ज्यादा नहीं रखा जाता। जब भी प्लेटें खुले वातावरण में होती हैं, तब एक रेखा पर अन्तराल बाहर की तरफ की प्लेट की

मोटाई का 16 गुणा या 200 mm जो भी कम हो, उसके बराबर रखा जाता है। इन दोनों में, रिवेट रेखाओं के बीच की दूरी इन अन्तराल से ज्यादा नहीं चाहिए।

संपीडन अवयवों की डिजाइन और निर्माण में ऊपर के दोनों उल्लेख लागू होते हैं। जो संपीडांग दो अवयवों को पीठ के साथ पीठ रख कर बनाये जाते हैं, इनमें एक ही रेखा की टेकिंग रिवेट का अन्तराल 600 mm से ज्यादा नहीं रखते हैं।

तनन अवयवों में जो दो अवयवों को जोड़ कर बनाये जाते हैं, उनमें एक ही रेखा की टेकिंग रिवेट का अन्तराल 1 metre (एक मीटर) से ज्यादा नहीं रखते हैं।

3.17 रिवेटित जोड़ की डिजाइन की क्रिया विधि (Procedure for Design of Riveted Joint)

अक्षीय भार रिवेटित चढ़ाव जोड़ और बट जोड़ में, जुड़ने वाली प्लेटों की मोटाई मालूम होती है। रिवेटित जोड़ की डिजाइन प्लेट के पूरे सामर्थ्य के लिए की जाती है। रिवेटित जोड़ के डिजाइन के लिए बाह्य अक्षीय संपीडन या तनन बल जिसको प्रेषित करना होता है, वह भी मालूम होता है। रिवेटित जोड़ की डिजाइन सामान्यतया निम्नलिखित तरतीव से की जाती है -

1. रिवेट का आकलित व्यास -रिवेट का आकलित व्यास अनविन सूत्र (Unwin's Formula) से ज्ञात किया जाता है।

$$d = 6.04\ (t)^{1/2} \quad \text{जहाँ पर,} \qquad (3.10)$$

I = प्लेट की cm में मोटाई, d = रिवेट का आकलित व्यास (Nominal Diameter)

संगणित रिवेट का व्यास बाजार में मिलने वाली रिवेट के व्यास के सन्निकट रखा जाता है। बाजार में 12, 14, 16, 18, 20, 22, 24, 27, 30, 33, 36, 39 42 और 48 mm आकलित व्यास की रिवेट उपलब्ध रहती हैं। इस्पातीय संरचनात्मक कार्य में 16, 18, 20 और 22 mm आकलित व्यास की रिवेट काम में ली जाती है। इसलिये, काम में आने वाली रिवेट का आकलित व्यास मान लिया जाता है।

2. रिवेट का अन्तराल - रिवेट का अपरूपण और धारण सामर्थ्य संगणित कर लिया जाता है। प्लेट और रिवेट के लिए अनुज्ञेय प्रतिबलों के मान भारतीय मानक के अनुसार लिये जाते हैं। रिवेटिव चढ़ाव या बट जोड़ की डिजाइन के लिए प्लेट का फटने के विरुद्ध सामर्थ्य ज्ञात किया जाता है

$$P_t + (g - d) \times t \times \sigma_{tf} \text{ जहाँ पर,} \qquad (i)$$

g = रिवेट की गेजदूरी प्रयोग में लिए जाने वाला अन्तराल, t = प्लेट का मोटाई, pi = प्लेट में अनुज्ञेय तनन बल

प्लेट का फटने के विरुद्ध सामर्थ्य रिवेट के मान R (P_s या P_h जो भी कम हो) से ज्यादा नहीं होना चाहिए

$$(p - d)\ t\sigma_{tf} < R \qquad (ii)$$

इस सम्बन्ध से रिवेट का अन्तराल ज्ञात कर लिया जाता है।

3. रिवेट की संख्या - रिवेट की संख्या प्रेषित बल और रिवेट मान से ज्ञात की जाती है।

$$\text{रिवेट की जोड़ में आवश्यक संख्या, } N = \left(\frac{\text{प्रे त बल}}{\text{रिवेट का मान}}\right) \qquad (iii)$$

N रिवेट रिवेटित जोड़ में एक तरफ लगाई जाती है। रिवेटित जोड़ के दूसरी तरफ भी इतनी ही रिवेट N लगाई जाती है। इस प्रकार रिवेट की संख्या दोनों तरफ बराबर रखी जाती है।

उदाहरण 3.1. एकहरा रिवेटिव चढ़ाव जोड़ में प्लेटों की मोटाई 10 mm हैं और रिवेट का व्यास 20mm है। रिवेट का अन्तराल 55mm है। रिवेटिव जोड़ का सामर्थ्य और दक्षता ज्ञात करो। IS : 800-1984 के अनुसार

रिवेट में अपरूपण अनुज्ञेय प्रतिबल = 80 N/mm^2 (MPa)

रिवेट में धारण अनुज्ञेय प्रतिबल = 250 N/mm^2 (MPa)

प्लेट्स में अक्षीय तनन अनुज्ञेय प्रतिबल = 0.6 f_y, f_y = 260 N/mm^2

Step 1. हल माना कि शक्ति द्वारा ढकेलने वाली और क्षेत्र में काम में आने वाली रिवेट का प्रयोग में लिया गया है।

रिवेट का आकलित व्यास = 20 mm

रिवेट का सकल व्यास = (20 + 1.5) = 21.5 mm

Step 2 : रिवेट का सामर्थ्य $= P_s = \left(\frac{\pi}{4} \times \frac{(2.15)^2 \times 80}{1000}\right) = 29.029$ kN

रिवेट का धारण सामर्थ्य,

$$P_b = \left(\frac{2.15 \times 1.0 \times 250}{1000}\right) = 53.750 \text{ kN} \quad \text{(ii)}$$

प्लेट का प्रति अन्तराल पर सामर्थ्य

$$P_t = (9 - d) \, . \, t \, . \, \sigma_t = \left(5.5 - 2.15) \times \frac{1.0 \times 0.6 \times 260}{1000}\right) = 52.260 \text{ kN} \quad \text{(iii)}$$

Step 3 : रिवेटित जोड़ का सामर्थ्य P_s, P_b या Pt जो भी न्यूनतम हो, उसके बराबर होता है।

अतः रिवेटित जोड़ का सामर्थ्य = 29.029 kN

$$\text{रिवेटित जोड़ की दक्षता } \eta = \left(\frac{\text{रिवेटित जोड़ के सामर्थ्य}}{\text{प्लेट का सामर्थ्य}}\right) \times 100$$

$$\eta = \left(\frac{29.029 \times 1000}{55 \times 10 \times 0.6 \times 260}\right) \times 100 = \mathbf{33.8\%}$$

उदाहरण 3.2. एक दो आवरण प्लेट बट जोड़ में जोड़ के एक तरफ दो रिवेट रेखाएँ हैं। जुड़ने वाली प्लेटों की मोटाई 12 mm हैं। रिवेट का व्यास, रिवेट का अन्तराल और रिवेटित जोड़ की दक्षता ज्ञात करों।

पोवर ड्रिवन रिवेटस के लिये अपरूपण प्रतिबल = 100 N/mm^2 (MPa)

पोवर ड्रिवन रिवेटस के लिए धारण प्रतिबल = 300 N/mm^2 (MPa)

प्लेटस के लिए अक्षीय तनन प्रतिबल = 0.6 fy, fy = 260 N/mm^2.

हल : Step 1 : अनविन सूत्र से रिवेट का आकलित व्यास

$$d = 6.04 \sqrt{t} = 6.04 \sqrt{12} = 20.923 \text{ mm} \quad \text{(i)}$$

अतः 22 mm आकलित व्यास की रिवेट को काम में लिया जाता है।

रिवेट का सकल व्यास = (22 + 1.5) = 23.5 mm (ii)

Step 2 : रिवेट का मान - रिवेट का द्वितल अपरूपण सामर्थ्य

$$\left(2 \times \frac{\pi}{4} \times \frac{(23.5)^2 \times 100}{1000}\right) = 86.70 \text{ kN} \quad \text{(iii)}$$

$$\left(2 \times \frac{\pi}{4} \times \frac{(23.5)^2 \times 100}{1000}\right) = 86.70 \text{ kN} \quad \text{(iii)}$$

रिवेट का धारण सामर्थ्य $\left(23.5 \times \dfrac{12 \times 300}{1000}\right) = 84.6 \text{ kN}$

अतः रिवेट मान, R = 84.6 kN, प्लेट का प्रति गेज g तनन सामर्थ्य ।

Step 3 : माना कि रिवेट का गेज g है

प्लेट का प्रति गेज g तनन सामर्थ्य

$$P_t = (g - d) \times d \times \times \sigma_t$$

$$= \left(\frac{(9 - 23.5) \times 12 \times 0.6 \times 260}{1000}\right) = 1.872\,(g - 23.5) \text{ kN}$$

रिवेटित जोड़ में एक तरफ दो रिवेट रेखाएँ हैं। अतः

2 रिवेट का अपरूपण सामर्थ्य P_s = (2 x 86.70) = 173.4 kN

2 रिवेट का धारण सामर्थ्य P_b = (2 x 84.6) = 169.2 kN

रिवेट का g प्लेट के तनन सामर्थ्य और रिवेट का सामर्थ्य जो भी कम हो, को बराबर करके ज्ञात किया जाता है।

$$1.872\,(g - 23.5) = 169.2$$

$$(g - 23.5) = \left(\frac{169.2}{1.872}\right) = 90.385$$

$$g = (90.35 + 23.5) = 113.85 \text{ mm}$$

अत रिवेट का गेज = 100 mm रखा जाता है।

Step 4 : रिवेटित जोड़ की दक्षता η

$$\eta = \left(\frac{(g - d)}{g} \times 100\right) = \left(\frac{(100 - 23.5) \times 100}{100}\right) = \mathbf{76.5\%}$$

उदाहरण 3.3. 16 mm की प्लेटों को जोड़ने के लिये दो आवरण प्लेट बट जोड़ को प्रयोग में लाया जाता है। रिवेटित जोड़ की डिजाइन करें ओर उसकी दक्षता भी ज्ञात करें। भारतीय मानक IS : 800-62 के अनुसार अनुज्ञेय प्रतिबलों का मान अपनायें।

डिजाइन Step 1. - अनविन सूत्र द्वारा रिवेट का आकलित व्यास

$$d = 6.04\,(16)^{1/2} = 24.16 \text{ mm} \quad \text{(i)}$$

अनविन सूत्र रिवेट का आकलित व्यास ज्यादा देता है। अतः 22 mm आकलित व्यास की रिवेट अपनाई जाती है।

Step 2- रिवेट का मान - दो आवरण प्लेट बट जोड़ में रिवेट में द्वितल अपरूपण होता है। IS : 800-1984 के अनुसार

पोवर ड्रिवन रिवेट के लिए अपरूपण अनुज्ञेय प्रतिबल = 100 N/mm^2

पोवर ड्रिवन रिवेट के लिए धारण अनुज्ञेय प्रतिबल = 300 N/mm^2

प्लेट की अक्षीय तनन अनुज्ञेय प्रतिबल = (0.6 x 260) N/mm^2

रिवेट का द्वितल अपरूपण सामर्थ्य

$$P_s = \left(2 \times \frac{\pi}{4} \times \frac{(23.5)^2 \times 100}{1000}\right) = 86.7 \text{ kN} \quad \text{(ii)}$$

रिवेट का धारण सामर्थ्य

$$P_b = \left(\frac{23.5 \times 16 \times 300}{1000}\right) = 112.8 \text{ kN} \quad \text{(iii)}$$

Step 3 : माना कि रिवेट का गेज g है।

$$P_t = (p - d) \times 1 \times \sigma_t \quad \text{(iv)}$$

$$\left[\frac{(9 - 23.5) \times 16 \times 0.6 \times 260}{1000}\right] = 2.496 \text{ (g} - 23.5\text{) kN}$$

अतः 55mm रिवेट गेज अपनाया जाता है।

प्रत्येक आवरण प्लेट की मोटाई

$$t = 10 \text{ mm} \left(t = \frac{5}{8} \times 16\right) \text{ अपनाई जाती है।}$$

Step 4 : रिवेट जोड़ की दक्षता $\eta = \left(\frac{g - d}{g} \times 100\right) = 57.273\%$

उदाहरण 3.4. दो इस्पातीय चपटी पत्तियों 200 ISF 12 को जोड़ने के लिए दो आवरण प्लेट बट जोड़ का प्रयोग किया जाता है। प्रत्येक आवरण प्लेट की मोटाई 8 mm है। पत्तियों को 9 रिवेट द्वारा श्रृंखलित रिवेट 6 cm अन्तराल से जोड़ी जाती है। दो आवरण बट जोड़ का सामर्थ्य ज्ञात करो और उसकी दक्षता भी बताओं। भारतीय मानक IS : 800-1984 के अनुसार अनुज्ञेय प्रतिबलों का मान अपनायें।

हल : रिवेटित जोड़ को चित्र 3.18 में दिखाया गया है।

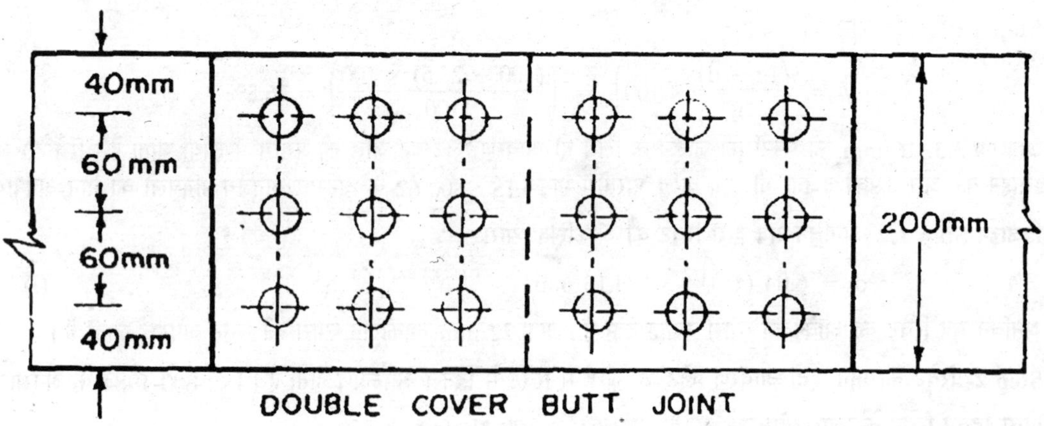

चित्र 3.18

Step 1 : चपटी पत्ती की चौड़ाई = 200 mm

चपटी पत्ती की मोटाई = 12 mm

पोवर ड्रिवन रिवेट का उपयोग करना है।

Step 2 : रिवेट का सामर्थ्य

एक रिवेट का द्वितल अपरूपण सामर्थ्य

$$P_s = 2 \times \frac{\pi}{4} \times \left(\frac{(235)^2 \times 100}{1000}\right) = 86.70 \text{ kN}$$

Step 3 : रिवेट जोड़ का सामर्थ्य

रिवेटित जोड़ का अपरूपण सामर्थ्य

$$P_{s1} = (9 \text{ x } 86.70) = 780.30 \text{ kN} \qquad \text{(ii)}$$

एक रिवेट का धारण सामर्थ्य

$$P_b = \left(\frac{12 \times 23.5 \times 300}{1000}\right) = 84.6 \text{ kN} \qquad \text{(iii)}$$

रिवेटित जोड़ का धारण सामर्थ्य

$$P_b = 9 \times 84.6 = 761.4 \text{ kN} \qquad \text{(iv)}$$

प्लेट का फटने के विरुद्ध सामर्थ्य

$$P_t = (b - 3d) \times 1 \times \sigma_t$$

$$= \left(200 - 3 \times 235) \times \frac{12 \times 0.6 \times 260}{1000}\right) = 242.42 \text{ kN}$$

रिवेट जोड़ का सामर्थ्य, जो भी सामर्थ्य कम हो, उसके बराबर होता है। अतः रिवेटित जोड़ का सामर्थ्य $P_t = 242.42$ kN

Step 4 : रिवेटित जोड़ की दक्षता η = (Equ.)

$$= \left(\frac{242.42 \times 100}{200 \times 12 \times 0.6 \times 260/1000}\right) = \mathbf{64.7489\%}$$

उदाहरण 3.5. एक संरचनात्मक अवयव में अक्षीय तनन भार 500 कर का है। इस अवयव को एक 22 mm मोटाई की प्लेट से दो आवरण प्लेट बट जोड़ से जोड़ना है। रिवेट का व्यास 22 mm है। अवयव एक मोटी चपटी पत्ती का बना है। अवयव की चौड़ाई 25 cm है। अवयव की मोटाई ज्ञात करें और जोड़ की डीजाइन करें। जोड़ की दक्षता भी ज्ञात करें। भारतीय मानक IS : 800-1984 के अनुसार अनुज्ञेय प्रतिबलों का मान अपनायें।

डीजाइन

Step 1 : रिवेट का व्यास

रिवेट का आकलित व्यास = 22 mm

रिवेट का सकल व्यास = 23.5mm

Step 2 : रिवेट का मान

अनुज्ञेय प्रतिबलों का मान IS : 800-1984 के अनुसार धारण किये गये हैं।

रिवेट का द्वितल अपरूपण सामर्थ्य

$$P_s = 2 \times \left(\frac{\pi}{4} \times (235)^2 \times \frac{100}{1000}\right) = 86.70 \text{ kN} \quad \text{(i)}$$

रिवेट का धारण सामर्थ्य $$P_b = \left(\frac{235 \times 22 \times 300}{1000}\right) = 155.1 \text{ kN}$$

रिवेट का मान $$R = 86.70 \text{ kN} \quad \text{(iii)}$$

रिवेट की आवश्यक संख्या $$\eta = \left(\frac{500}{86.70}\right) = 5.75 \text{ (say .6)} \quad \text{(iv)}$$

अतः 6 रिवेट जोड़ में एक तरफ लगाई जाती हैं और 6 रिवेट दूसरी तरफ लगायी जाती हैं। 6 रिवेट को डायमण्ड रिवेटिंग में चित्र 3.19 के अनुसार दिखायी गयी है।

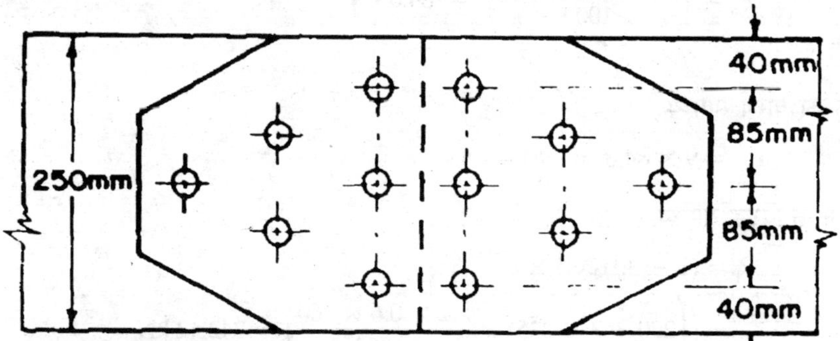

DIAMOND RIVETED DOUBLE COVER BUTT JOINT

चित्र 3.19

Step 4: प्लेट की मोटाई

प्लेट के सबसे ज्यादा कमजोर खण्ड पर सामर्थ्य

$$(b - d) \times t \times \sigma_t = 500 \times 1000$$

$$\left((250 - 2.35) \times t \times 0.6 \times 260\right) = 500 \times 1000 \quad t = 14.151 \text{ mm} \quad \text{(v)}$$

अतः प्लेट की मोटाई 16 mm अपनायी जाती है। रिवेट की किनारे से दूरी 40 mm रखी जाती है। रिवेट केन्द्र से केन्द्र तक की दूरी 8.5 mm प्रतिशत रखी जाती है।

रिवेटित जोड़ की दक्षता $$\eta = \left(\frac{b - d}{b} \times 100\right) = \left(\frac{250 - 2.35}{25} \times 100\right) = \mathbf{90.6\%}$$

रिवेटित जोड़ की डीजाइन चित्र 3.19 में दिखायी गयी है।

3.18 **उत्केन्द्रीय रिवेटित जोड़** (Eccentric Riveted Joints)

जब रिवेटित जोड़ में रिवेट समूह के गुरुत्व केन्द्र से बाह्य भार की रेखा नहीं गुजरती है, तब बाह्य भार को उत्केन्द्रीय भार कहते हैं, और रिवेटिव जोड़ को उत्केन्द्रीय रिवेटित जोड़ कहते हैं। उत्केन्द्रीय रिवेटित जोड़ दो प्रकार के होते हैं।

एक प्रकार के उत्केन्द्री रिवेटित जोड़ में बाह्य भार की क्रिया रेखा रिवेट समूह के समतल में होती है और रिवेट समूह का गुरुत्व केन्द्र घूर्णन केन्द्र (Centre of Rotation) होता है।

दूसरे प्रकार के उत्केन्द्रीय रिवेटित जोड़ में बाह्य भार की क्रिया रेखा रिवेट समूह के समतल में नहीं होती है और घूर्णन रेखा (Line of Rotation) रिवेट समूह के गुरुत्व केन्द्र से नहीं गुजरती है।

एक प्रकार का उत्केन्द्रीय रिवेटित जोड़ चित्र 3.20 में दिखाया गया है। इसमें बाह्य भार P रिवेट समूह के गुरुत्व केन्द्र से गुजरने वाली मध्य रेखा से e की दूरी पर है। इस मध्य रेखा की दिशा में और इस केन्द्र बिन्दु G पर दो बराबर और विपरीत दिशा में बल P लगाये जाते हैं। बाह्य भार और दोनों बल निम्नलिखित के समतुल्य होता है।

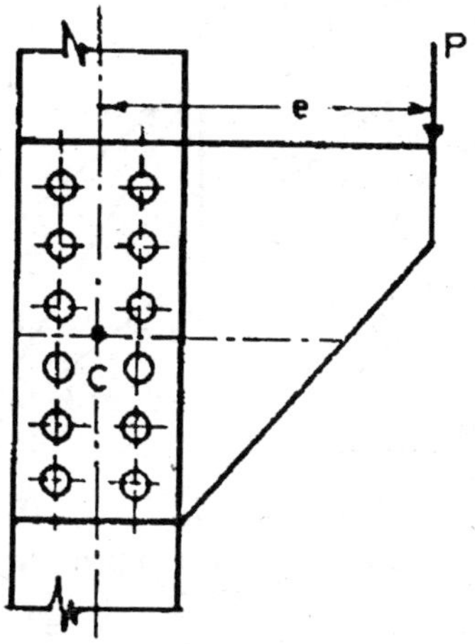

चित्र 3.20

(i) रिवेट समूह के गुरुत्व केन्द्र पर एक अक्षीय बल P, और

(ii) एक बल युग्म (Couple) $M = P \cdot e$

माना कि रिवेटित जोड़ में n रिवेट हैं। रिरेट में सीधा अपरूपण और घूर्ण (Moment) होता है।

किसी भी एक रिवेट में अपरूपण बल,

$$F_1 = (P/n) \qquad \text{(i)}$$

किसी भी एक रिवेट में बल युग्म का प्रतिरोध करने वाला बल F_2 सदिशा त्रिज्या (Radius Vector) के समानुपाती होता है। इस बल कि दिशा सदिशा त्रिज्या के अभिलम्ब होती है। अतः

$$F_2 \propto r, \quad \therefore \; F_2 = K.r \quad K = \frac{F_2}{r}$$

रिवेट का प्रतिरोधी-आघूर्ण $F_2 . r = K.r.r = K r^2$

कुल प्रतिरोधी-आघूर्ण $\sum F_2 . r$ होता है, जो बाह्य आघूर्ण $P.e$ के बराबर होता है। अतः

$$\sum F_2 . r = \sum K.r^2 \text{ or } \sum F_2 .r = K\sum r^2$$

$$\text{और } P.e = \left(\frac{F_2}{r} . \sum r^2\right) \quad \therefore \; F_2 = \left(\frac{P.e.r}{\sum r^2}\right)$$

जिस रिवेट के केन्द्र की दूरी रिवेट समूह के गुरुत्व केन्द्र से दूरी (r_n) सबसे अधिक होती है, उसी रिवेट में यह प्रतिरोधी बल F_2 सबसे अधिक होती है।

$$\text{अतः } F_2 = \left(\frac{P.e.r_n}{\sum r^{\cdot}}\right)$$

रिवेट में अपरूपण बल F_1 बाह्य भार P के विपरीत दिशा में होता है। रिवेट पर F_1 और F_2 बलों के बीच के कोण का मान θ है, जैसा कि चित्र 3.21 में दिखाया गया है।

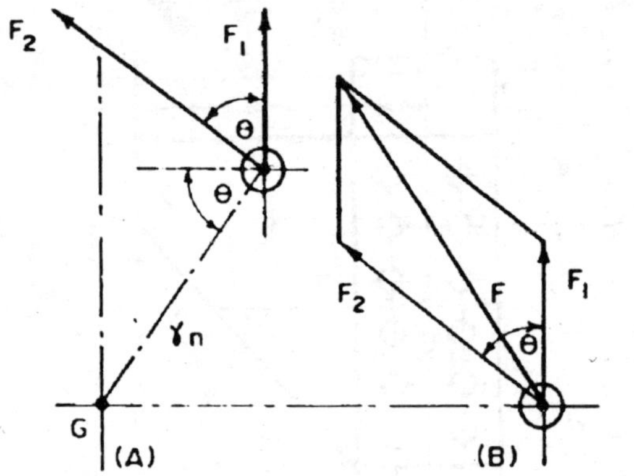

चित्र 3.21

किसी भी रिवेट में परिणामी बल (Resultant Force) सदिश योग (Vector Sum) द्वारा ज्ञात किया जाता है। अतः

$$F = \left(F_1^2 + F_2^2 + 2F_1 F_2 . \cos\theta\right)^{1/2} \qquad \text{(xi)}$$

किसी भी रिवेट में परिणामी बल F, रिवेट के मान R, से अधिक नहीं होना चाहिये। जब रिवेट एक कम चौड़ी पट्टी पर व्यवस्थित होती है, तब त्रिज्या दूरी की बजाय गुरूत्व केन्द्र से रिवेट केन्द्र के बीच की सीधी दूरी ले ली जाती है।

रिवेट में परिणामी बल को, निम्न तरीके से भी लिख सकते हैं

$$F = \left(\left(\frac{P}{n}\right)^2 + \left(\frac{P.e.r_n}{\sum r^{\cdot}}\right)^2 + 2.\frac{P}{n}.\frac{P.e.r}{\sum r^{\cdot}} \times \cos\theta\right)^{\frac{1}{2}} \qquad \text{(xii)}$$

और
$$F = \left(\left(\frac{P}{n}\right)^2 + \left(\frac{P.e.y_n}{\sum y^{\cdot}}\right)^2 + 2.\frac{P}{n}.\frac{P.e.y_n}{\sum yn^2} \times \cos\theta\right)^{\frac{1}{2}} \qquad \text{(3.11)}$$

इस रिवेटित जोड़ की डीजाइन

इस रिवेटित जोड़ की डीजाइन करने के लिये रिवेट का मान ज्ञात कर लिया जाता है। फिर यदि सभी रिवेट एक रेखा में हों तो उनका अन्तराल P मान लिया जाता है। तब बाह्य आघूर्ण (External Moment) के प्रतिरोध के लिए, रिवेट की आवश्यक संख्या, n ज्ञात की जाती है।

$$n = \left(\frac{6M}{R \times p}\right)^{\frac{1}{2}} \qquad (3.12)$$

परन्तु बाह्य आघूर्ण के साथ रिवेट को सीधा अपरुपण का भी प्रतिरोध करना होता है। अतः रिवेट की संगणित संख्या से ज्यादा रिवेट अपनायी जाती है। इसमें रिवेट और प्लेट के किनारे से दूरी अन्तराल से आधी (P/2) रखी जाती है। इसके पश्चात्, फिर से रिवेट में परिणामी बल ज्ञात किया जाता है, जो रिवेट मान से कम होना चाहिये।

यदि रिवेट एक रेखा की बजाय दो रेखा में होती है, तो रिवेट का मान इस प्रकार लिया जाता है, जैसे रिवेट एक रेखा में हों। अतः रिवेट मान R की बजाय 2R लिया जाता है।

दूसरे प्रकार का उत्केन्द्रीय रिवेटित जोड़ चित्र 3.22 में दिखाया गया है। इस प्रकार के रिवेटित जोड़ में रिवेट में सीधे अपरूपण के साथ-साथ तनन बल भी होता है। इस प्रकार के रिवेटित जोड़ में जोड़ की गहराई h, जोड़ के सबसे नीचे के सिरे से और सबसे ऊपर की रिवेट के केन्द्र के बीच में मापी जाती है, जैसा कि चित्र 3.22 में दिखाया गया है।

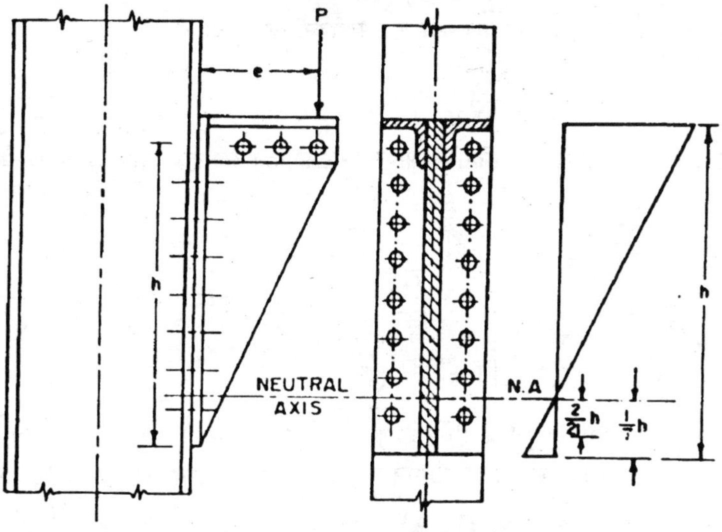

A BRACKET CONNECTION

चित्र 3.22

इस प्रकार के रिवेटित जोड़ में घूर्णन रेखै (Line of Rotation) की स्थिति रिवेटित जोड़ की दृढ़ता पर निर्भर करती है। घूर्णन रेखा की स्थिति और उदासीन अक्ष (Neutral Axis) की स्थिति एक ही जगह होती है। उदासीन अक्ष की दूरी सबसे नीचे के सिरे से रिवेटित जोड़ की कुल गहराई h के (1/7) की दूरी पर मानी जाती है। इस उदासीन अक्ष के ऊपर की रिवेट में अपरूपण के साथ तनन बल होता है और रिवेटित जोड़ के नीचे के भाग में संपीडन (Compression) होता है। रिवेट के प्रतिबल को आरेख चित्र 3.22(C) में दिखाया गया है।

किसी भी रिवेट में तनन बल, रिवेट के केन्द्र और उदासीन अक्ष के बीच की दूरी के समानुपाती होता है। अतः

$$F_t \propto y, F_t = k.y \; k = \frac{F_t}{y}$$

इस बल द्वारा प्रतिरोधी आघूर्ण,

$$F_t \cdot y = k.y.y = k\,y^2$$

कुल प्रतिरोधी-आघूर्ण, $M' = \sum k\,y^2 = \frac{F_t}{y} \cdot \sum y^2 \;\; F_t = \frac{M' \cdot y}{\sum y^2}$

यदि $y_1, y_2, y_3 \ldots$ आदि रिवेट के केन्द्रों की उदासीन अक्ष से दूरी होती है, तो रिवेट में तनन बल,

$$F_{t1} = \frac{M' \cdot y_1}{\sum y^{\cdot}} \; F_{t2} = \frac{M' \cdot y_2}{\sum y^{\cdot}} \; F_t = \frac{M' \cdot y_n}{\sum y^{\cdot}}$$

इस प्रकार सभी रिवेट में कुल तनन बल, $F_{t1} = \sum \left(\frac{M' \cdot y_n}{\sum y_n^2}\right)$

और $F_{t1} = \left(\frac{M' \cdot y_n}{\sum y_n^2}\right)$

साम्यावस्था या सन्तुलन के लिए कुल तनन बल और कुल संपीडन बल बराबर होते हैं।

अतः कुल संपीडन बल, $C = \left(\frac{M' \cdot \sum y}{\sum y^2}\right)$

बाह्य आघूर्ण रिवेट के तनन बल द्वारा कुल प्रतिरोधी आघूर्ण और संपीडन बल द्वारा प्रतिरोधी आघूर्ण के योग के बराबर होता है। अतः

$$M = M' + C.\,\frac{2h}{21},\;\; M = M' + \frac{M' \sum y}{\sum y^2} \times \frac{2h}{21}$$

और $M' = \left[\frac{M}{1 + \frac{2h}{21} \cdot \frac{\sum y}{\sum y^{\cdot}}}\right]$

समीकरण (3.13) से कुल प्रतिरोधी आघूर्ण जो रिवेट के तनन बल द्वारा उत्पन्न होता है, ज्ञात कर लिया जाता है। इससे रिवेट में सबसे अधिक तनन बल ज्ञात कर लिया जाता है और रिवेट में तनन प्रतिबल भी ज्ञात किया जाता है।

$$\sigma_{tf.cal} = (F_t/A)$$

जहाँ पर A = रिवेट का सकल खण्डीय क्षेत्रफल

किसी भी रिवेट में सीधा अपरूपण बल

$$F = \left(\frac{P}{n}\right),\; \tau_{vf} = (F/A)$$

इस प्रकार के रिवेटित जोड़ की डीजाइन ऐसे ढंग से की जाती है कि,

$$\left[\left(\frac{\tau_{vf.cal}}{\tau_{vf}}\right) + \left(\frac{\tau_{tf.cal}}{\tau_f}\right)\right] < 1$$

जहाँ पर $\tau_{vf.cal}$ = रिवेट में वास्तविक प्रतिबल

$\tau_{tf.cal}$ = रिवेट में वास्तविक तनन प्रतिबल

τ_{vf} = रिवेट में अनुज्ञेय अपरूपण प्रतिबल

τ_t = रिवेट में अनुज्ञेय तनन प्रतिबल

इस दूसरे प्रकार के उत्केन्द्रीय रिवेटित जोड़ की डीजाइन निम्नलिखित तरीके से की जाती है

रिवेटित जोड़ में जिस रिवेट का प्रयोग किया जाता है, उसका आकलित व्यास मान लिया जाता है। रिवेट में अनुज्ञेय तनन प्रतिबल का मान भारतीय मानक IS : 800-1984 के अनुसार लिया जाता है।

रिवेट का अन्तराल P, रिवेट के आकलित व्यास से करीब 2.5 गुणा लिया जाता है। रिवेट दो रिवेट रेखाओं में लगाई जाती है।

रिवेट की आवश्यक संख्या, जैसे कि रिवेट को एक ही रेखा में लगानी हो, के अनुसार समीकरण (3.12) से ज्ञात की जाती है। रिवेट का मान 2R लिया जाता है। रिवेट का मान R ज्ञात कर लिया जाता है।

इस प्रकार रिवेटित जोड़ में लगाई गई रिवेट और उसकी डीजाइन में $(f_s/p_s)^2 + (f_t/p_t)^2$ का जोड़ ज्ञात किया जाता है। यह जोड़ एक के बराबर या एक से कम होना चाहिये।

उदाहरण 3.6. चित्र 3.23 में दिखाये गये रिवेटित जोड़ की डीजाइन करना है। उत्केन्द्रीय भार की मध्य रेखा से दूरी 30 cm है। अनुज्ञेय प्रतिबलों का मान भारतीय मानक IS : 800-62 के अनुसार अपनाएँ।

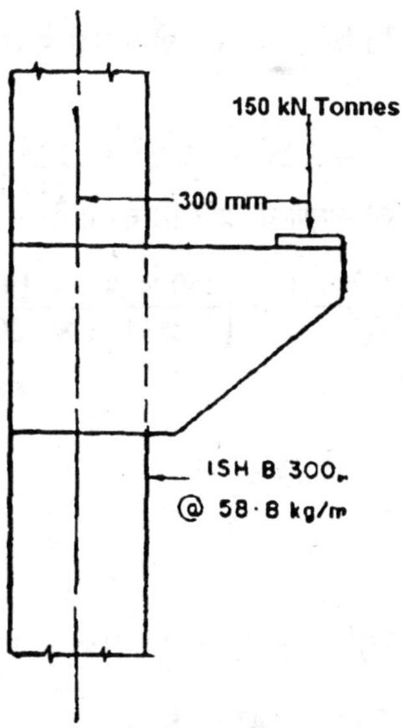

चित्र 3.23

डीजाइन - 22 mm आकलित व्यास की रिवेट का प्रयोग किया जाता है। रिवेट का सकल व्यास 23.5 mm है।

Step 1 : रिवेट का मान

रिवेट का एक तल अपरूपण सामर्थ्य

$$= \left(\frac{\pi}{4} \times \frac{(23.5)^2 \times 100}{1000}\right) = 43.35 \text{ kN}$$

गसट प्लेट की मोटाई 14 mm मानी जाती है।

ISHB 300, @ 0.585 kN/m की धरन की फ्लेन्ज की मोटाई

$$= 10.6 \text{ mm} \qquad \text{(ii)}$$

रिवेट का धारण सामर्थ्य

$$\left(\frac{23.5 \times 106 \times 300}{1000}\right) = 74.73 \text{ kN}$$

अतः रिवेट का मान, R = 43.35 kN (iv)

रिवेट को दो रिवेट रेखाओं में 5.5 cm के अन्तराल पर लगाया जाय, तो रिवेट की आवश्यक संख्या

$$n = \left(\frac{6M}{p \times 2R}\right)^{\frac{1}{2}} = \left(\frac{6 \times 150 \times 300}{55 \times 2 \times 43.44}\right)^{\frac{1}{2}} = 7.517$$

अतः 8 रिवेट एक रिवेट रेखा में लगाई जाती है।

ISHB 300, @ 0.585 kN/m के फ्लेन्ज में लगी दो रिवेट रेखाओं की बीच की दूरी ISI की हेंडबुक के अनुसार 140 mm है।

रिवेट समूह का गुरुत्व केन्द्र ठीक बीच में है। रिवेट एक कम चौड़ी पट्टी में लगी हुई है। अतः रिवेट केन्द्र और गुरुत्व केन्द्र के बीच की खड़ी दूरी ली जाती है।

$$\sum y^2 = 4\,(275^2 + 8.25^2 + 13.75^2 + 19.25^2) = 2539.12 \text{ x } 100 \text{ mm}^2$$

सबसे अधिक दूरी पर स्थित रिवेट में बल, जो अघूर्ण का प्रतिरोध करता है

$$F_2 = \left(\frac{P \times e \times y_n}{\sum y^{\cdot}}\right) = \left(\frac{150 \times 300 \times 19.25}{2539.12 \times 100}\right) = 34.2 \text{ kN}$$

रिवेट में अपरुपण प्रतिबल

$$F_1 = \frac{150}{16} = 9.38 \text{ kN}$$

रिवेट में परिणामी प्रतिबल

$$F = \left((938)^2 + (342)^2 + 2 \times 938 \times 342 \times \frac{7}{20.62}\right)^{1/2} = 38.5 \text{ kN}$$

$$38.5 \text{ kN} < 43.35 \text{ K}$$

अतः डीजाइन संतोषजनक है।

उदाहरण 3.7. एक T-खण्ड 200 mm x 200mm की फ्लेन्ज को एक I-खण्ड की फ्लेन्ज के साथ जोड़ कर एक उत्केन्द्रीय रिवेटित जोड़ (ब्रेक्ट) बनाया गया है। इस ब्रेक्ट पर 280 kN का भार I-खण्ड के फ्लेन्ज से 200mm की दूरी पर लगा हुआ है, जैसा कि चित्र 3.24 में दिखाया गया है। ब्रेक्ट की उपयुक्त गहराई ज्ञात करें और डीजाइन भी करें।

डीजाइन - 22mm आकलित व्यास की रिवेट काम में ली जाती है। रिवेट का सकल व्यास 23.5 mm है। रिवेट में अपरूपण के साथ-साथ तनन बल भी हैं। अतः रिवेट का मान तनन बल के बराबर है।

Step 1 : रिवेट का मान

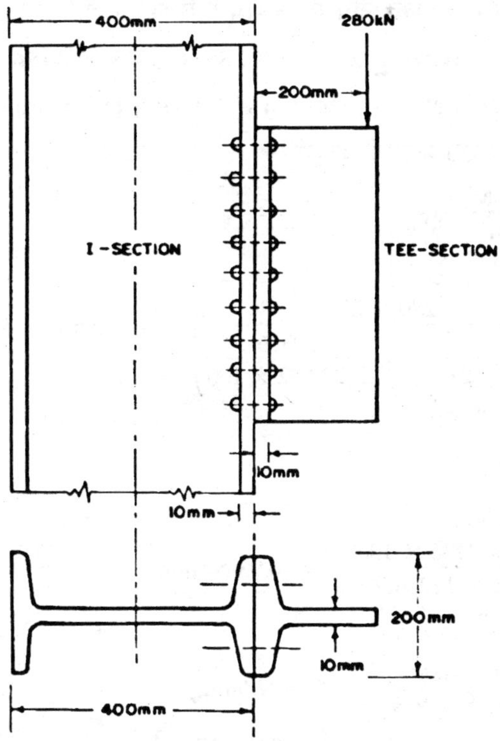

चित्र 3.24

$$R = \left(\frac{\pi}{4} \times \frac{23.5^2 \times 100}{1000}\right) = 43.35 \text{ kN}$$

रिवेट को दो खड़ी रिवेट रेखाओं में लगाया जाता है और रिवेट का अन्तराल 65 mm अपनाया गया है।

Step 2. रिवेट की संख्या

$$n = \left(\frac{6M}{p \times 2R}\right)^{1/2} = \left(\frac{6 \times 280 \times 200}{65 \times 2 \times 43.35}\right) = 7.72$$

अतः प्रत्येक रिवेट रेखा में 9 रिवेट लगाई जाती हैं। रिवेट के केन्द्र की प्लेट के किनारे से दूरी अन्तराल से आधी 32.5mm रखी जाती है।

रिवेटित जोड़ की डीजाइन की निम्न तरीके से जाँच कर ली जाती है।

Step 3 : ब्रेक्ट की गहराई

$$h = (3.25 + 8 \text{ x } 6.5) = 552.5 \text{ mm} \qquad \text{(iii)}$$

घूर्णन रेखा (Line of Rotation) की नीचे के सिरे से दूरी

$$\left(\frac{h}{7}\right) = \left(\frac{5525}{7}\right) = 789 \text{ mm} \qquad \text{(iv)}$$

घूर्णन रेखा पहली और दूसरी क्षैतिज पंक्ति (नीचे से) के बीच में स्थित हैं। अतः दोनों रिवेट रेखाओं के लिए

$$\sum y = [2\,(1.86 + 8.36 + 14.86 + 21.36 + 27.86 + 3436 + 40.86 + 47.36)] \times 10 = 3937.6\text{mm}$$

$$\sum y^2 = 2\,(1.86^2 + 8.36^2 + 14.86^2 + 21.36^2 + 27.86^2 + 34.36^2 + 40.86^2 + 47.36^2) \times 100 = 13234.92 \times 100\ \text{mm}^2$$

तनन बल में जो रिवेट हैं, उनके द्वारा प्रतिरोधी आघूर्ण

$$M' = \left(\frac{M}{1 + \frac{2h}{21} \times \frac{\sum y}{\sum y^2}}\right)$$

$$= \left(\frac{280 \times 200}{1 + \frac{2 \times 55.25}{21} \times \frac{39376}{13234.92 \times 100}}\right) = 48500\ \text{mm} - \text{kN}$$

सबसे ऊपर की रिवेट में तनन प्रतिबल

$$F = \left(\frac{M' \times y_n}{A \times \sum y_n^{\,2}}\right)$$

$$= \left(\frac{48500 \times 4736 \times 1000}{433.52 \times 13234.92}\right) = 40.93\ \text{N/mm}^2$$

रिवेट में वास्तविक अपरूपण प्रतिबल

$$\tau_{vf.cal} = \left(\frac{280 \times 1000}{433.52 \times 2 \times 9}\right) = 35.88\ \text{N/mm}^2$$

$$\left[\frac{(\tau_{tf.cal})}{\tau_{tf}} + \left(\frac{\tau_{tf.cal}}{\tau_{tf}}\right)\right] = \left[\frac{40.03}{100} + \frac{35.88}{100}\right] = 0.7591 < 1.4$$

जो कि एक से कम हैं। अतः रिवेटित जोड़ की डीजाइन संतोषजनक है।

उदाहरण 3.8 एक ब्रेक्ट चित्र 3.25 में दिखाया गया है। I-खण्ड ISMB 150, @ 14.9 kg/m के साथ जोड़ी गयी प्लेट की मोटाई 8 mm है। प्लेट पर एक 20 kN का भार लगा हुआ है, क्षैतिज के साथ 60 का कोण बनाता है और मध्य रेखा से 160 mm की दूरी पर है। ब्रेक्ट जोड़ की डीजाइन कीजिए।

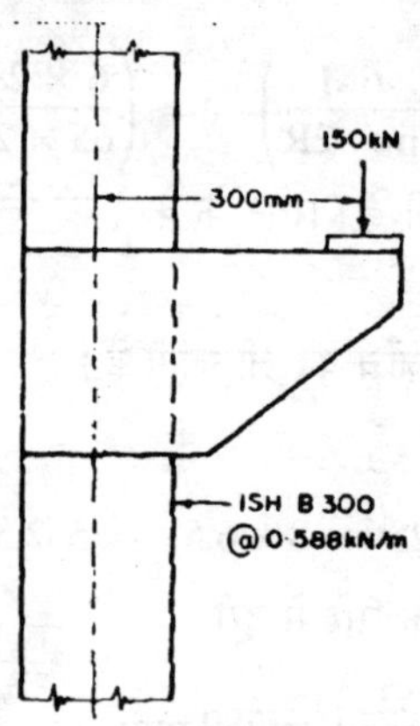

चित्र 3.25

डीजाइन- उत्केन्द्रीय भार P की क्रिया रेखा आगे बढ़ाने पर मध्य रेखा को C बिन्दु पर काटती है। त्रिभुज ABC में

$$ABC = 60^\circ \;,\; BAC = 90^\circ \text{ or } ACB = 30^\circ, AB = 160 \text{ mm}$$

अतः $AC = AB \tan 60 = 160\sqrt{3} = 2768 \text{ mm}$ (ii)

Step 1 : रिवेट समूह के गुरुत्व केन्द्र से उत्केन्द्रीय भार की क्रिया रेखा की दूरी (उत्केन्द्रीय दूरी) e = OD

त्रिभुज ODC में ODC 90° का है।

$$OC = AC - AO = (2768 - 40) = 2368 \text{ mm}$$

$$OD = OC \sin 30^\circ = 2368 \times \frac{1}{2} = 1184 \text{ mm}$$

$$\therefore e = 1184 \text{ mm}$$

रिवेट में सीधे अपरूपण के साथ-साथ ऐंठन आघूर्ण (Twisting Moment) भी है। ब्रेक्ट में रिवेट की संख्या, N = 4

Step 2 : प्रत्येक रिवेट में अपरूपण बल, $\left(F_1 = \left(\frac{P}{4}\right) = \left(\frac{20}{4}\right)\right) = 5\text{kN}$

Step 3 : ऐंठन आघूर्ण के कारण बल

कोने पर लगी रिवेट सभी रिवेट समूह के गुरुत्व केन्द्र से बराबर की दूरी पर है। एक रिवेट की त्रिज्या दूरी

$$r = 27.5\sqrt{2} = 38.89 \text{ mm}$$

$$\sum r^{\cdot} = 4 \times 2.828^2 = 32 \text{ cm}^2$$

$$\sum r^{\cdot} = (4 \times 38.89^2) = 6050 \text{ mm}^2$$

ऐंठन आघूर्ण के कारण कोने की प्रत्येक रिवेट में बल बराबर है।

$$\left(\frac{20 \times 118.4 \times 38.89}{6050}\right) = 1522 \text{ kN}$$

F_1 बल की दिशा बाह्य भार P की दिशा से बिल्कुल विपरीत होती है। F_2 बल की दिशा सदिश-त्रिज्या के अभिलम्ब होती है। F_1 और F_2 बलों का सदिश योग (Vector Sum) सबसे अधिक होता है, जब उनके बीच का कोण सबसे कम होता है। प्रत्येक कोने की रिवेट पर F_1 और F_2 बलों की दिशाएँ चित्र 3.26 में दिखायी गयी हैं।

Step 4 : चित्र 3.26 से मालूम होता है कि सबसे नीचे की दाहिने कोने की रिवेट में सबसे अधिक परिणामी बल है। F_1 और F_2 के बीच के कोण θ_1 का मान सबसे कम है।

$$\theta_1 = 15^\circ \;,\; \cos\theta_1 = 0.9659$$

अतः F_1 और F_2 का परिणामी बल

$$F = \left(F_1{}^2 + F_2{}^2 + 2F_1 F_2 \cos\theta_1\right)$$

$$F = \left(5^2 + 15.22^2 + 2 \times 5 \times 15.22 \times 0.9659\right)^{1/2} = 20.09 \text{ kN}$$

Step 5 : रिवेट का मान

16 mm आकलित व्यास की रिवेट का एकतल अपरूपण सामर्थ्य

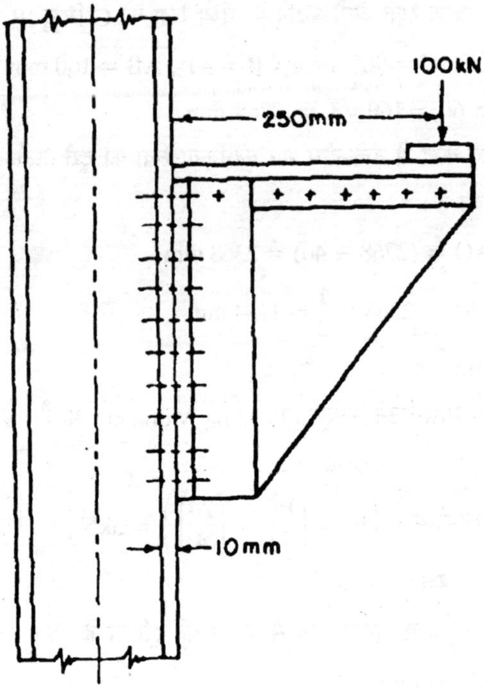

चित्र 3.26

$$= \left(\frac{\pi}{4} \times \frac{17.5^2 \times 100}{1000}\right) = 24.05 \text{ kN}$$

प्लेट की मोटाई 8mm है। I-खण्ड ISMB 200, @ 254m के फ्लेंज की मोटाई 10.8 mm है।

अतः रिवेट का धारण सामर्थ्य

$$= 17.5 \times 10.8 \times 300 = 52.5 \text{ kN} \quad \text{(xiv)}$$

रिवेट का मान

$$R = 24.05 \text{ kN} > 20.09 \text{ kN}$$

अतः डिजाइन सुरक्षित है।

16 mm व्यास की रिवेट लगायी जाती है।

प्रश्नावली (Problems)

3.1. 12 mm मोटाई की दो प्लेटें एकहरा रिवेटित चढ़ाव जोड़ से जोड़ी जाती हैं। जोड़ में 22 mm आकलित व्यास की रिवेट 70 mm अन्तराल पर लगाई जाती है। जोड़ का सामर्थ्य और दक्षता ज्ञात करो।

3.2. 10 mm मोटाई की दो प्लेटों को दो आवरण प्लेट बट जोड़ से जोड़ी जाती है। रिवेट दो रिवेट रेखाओं में लगाई जाती है। अनविन सूत्र से रिवेट का व्यास ज्ञात करो। रिवेट का मान, रिवेट का अन्तराल और जोड़ की दक्षता ज्ञात करो।

3.3. 14 mm मोटाई की दो प्लेटों को दो आवरण प्लेट बट जोड़ से जोड़ी जाती हैं। रिवेटित जोड़ की डीजाइन करो और जोड़ की दक्षता भी ज्ञात करो।

3.4. चित्र 3.27 में दिखाये गये ब्रेक्ट जोड़ की डीजाइन करो। ब्रेक्ट में 200 kN का उत्केन्द्रीय भार मध्य रेखा से 350 mm की दूरी पर लगा हुआ है।

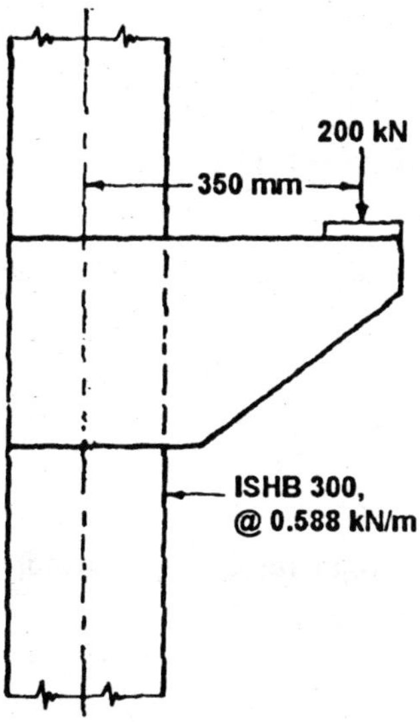

Fig. 3.27

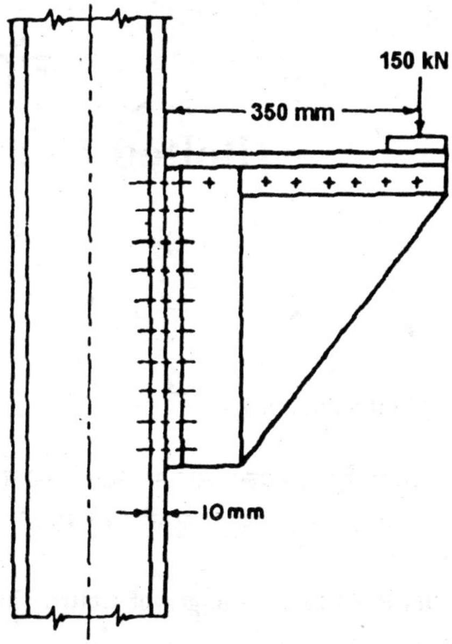

Fig. 3.28

3.5. चित्र 3.28 में दिखाये गये ब्रेक्ट जोड़ की डीजाइन करो। ब्रेक्ट में 150 kN का उत्केन्द्रीय भार I-खण्ड की फ्लेंज से 250 mm की दूरी पर है।

4

बोल्ट जोड़
(Bolted Connections (Joints))

4.1 प्रस्तावना (Introduction)

बोल्ट जोड़ में बोल्ट (काबला) और नट (ढिबरी) को प्रयोग में लिया जाता है। साधारणतया बोल्ट जोड़ अस्थायी जोड़ के लिए काम में लाये जाते हैं। कभी-कभी बोल्ट जोड़ को स्थायी जोड़ के लिए भी काम में लाया जाता है।

4.2 बोल्ट जोड़ के लाभ (Advantages of Bolted Connections)

बोल्ट जोड़ के निम्नलिखित लाभ हैं

1. बोल्ट जोड़ में बोल्ट और नट कसते समय खामोशी रहती है।
2. बोल्ट जोड़ में आग लगने का डर नहीं रहता।
3. बोल्ट जोड़ में बोल्ट और नट को जल्दी से कस सकते हैं।
4. बोल्ट जोड़ में बोल्ट और नट को कसने में बहुत आसानी रहती है।

4.3 बोल्ट जोड़ के अलाभ (Disadvantages of Bolted Connections)

बोल्ट जोड़ के निम्नलिखित अलाभ हैं

1. बोल्ट जोड़ ढीले हो जाते हैं, जिससे जोड़ का सामर्थ्य कम हो जाता है।
2. बोल्ट जोड़ का अक्षीय तनन भार में सामर्थ्य कम होता है, क्योंकि उसका निवल अनुप्रस्थ क्षेत्रफल (Net area of cross-section) कम होता है।
3. साधारणतया बोल्ट छेद बोल्ट के आकलित व्यास से 1.6mm ज्यादा होता है। इस कारण बोल्ट जोड़ में कुछ जगह रह जाती है।
4. अपरिसज्जित (Unfinished) बोल्ट का व्यास एक समान नहीं होता और उनका सामर्थ्य भी कम होता है।

4.4 बोल्ट (Bolt)

बोल्ट इस्पातीय छड़ से बनाये जाते हैं। बोल्ट के एक सिरे पर शीर्ष (Head) होता है। बोल्ट के प्रधान अंश को शेंक (Shank) या डंडी कहते हैं। शेंक के सिरे पर चूड़ी या पेच (Thread) होते हैं। चूड़ीदार शेंक पर नट (ढिबरी) को कसते हैं। चित्र 4.1 में एक बोल्ट दिखाया गया है।

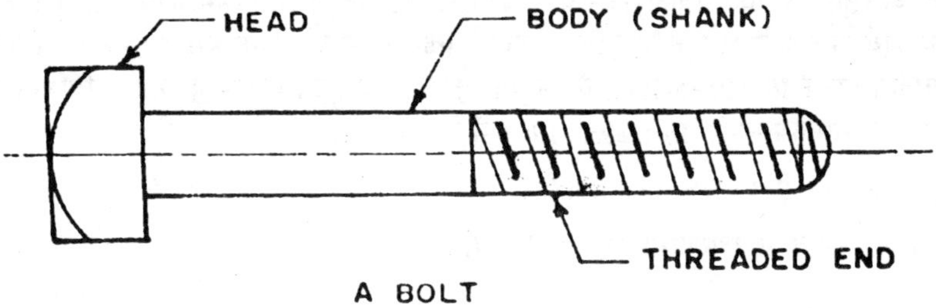

चित्र 4.1

बोल्ट विभिन्न लम्बाई में अलग-अलग काम के लिए बनाये जाते हैं। बोल्ट का परिमाण (Size) शेंक के व्यास द्वारा व्यक्त किया जाता है। बोल्ट निम्नलिखित तीन प्रकार के होते हैं।

1. अपरिसज्जित बोल्ट (Unfinished Bolt)
2. खरादी बोल्ट (Turned Bolt)
3. उच्च सामर्थ्य बोल्ट (High Strength Bolt)

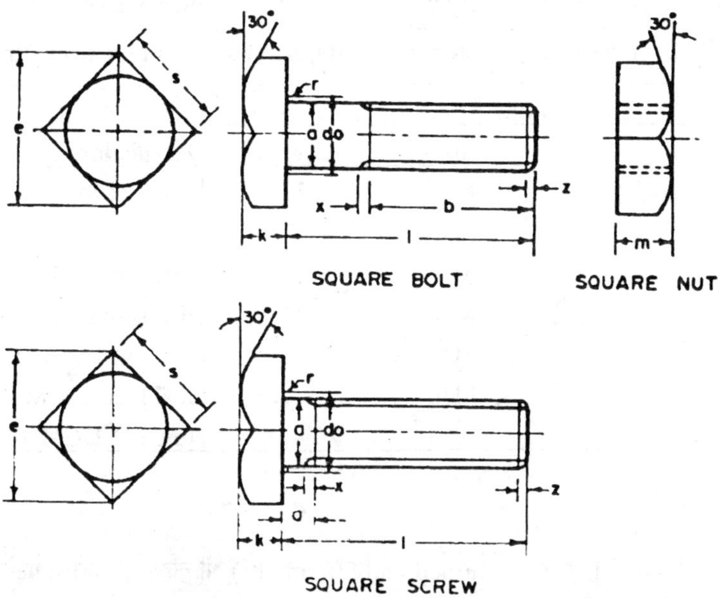

चित्र 4.2

4.5 अपरिसज्जित बोल्ट (Unfinished Bolt)

अपरिसज्जित बोल्ट को साधारण बोल्ट, खुरदरा (Rough) बोल्ट और काले बोल्ट भी कहते हैं। अपरिसज्जित बोल्ट के शीर्ष वर्गाकार होते हैं। बोल्ट के शीर्ष गढ़ाई से बनते हैं। बोल्ट के शेंक का व्यास भी एक समान नहीं होता। इन बोल्ट की डीजाइन भी रिवेट और खरादी बोल्ट की तुलना में कम अनुज्ञेय प्रतिबल (अपरूपण और बंकन) के मान से की जाती है। इन बोल्ट का उपयोग उन संरचनात्मक जोड़ों के लिए नहीं किया जाता, जिन पर धक्का लगता रहता है या जिनमें कम्पन्न होती रहती है। इन बोल्ट का प्रयोग साधारण क्षेत्रीय कार्य और हल्के भार के लिए किया जाता है। इन बोल्ट का प्रयोग वर्गाकार नट के साथ किया जाता है। इन बोल्ट की डीजाइन भारतीय मानक IS : 2585-1968 के अनुसार की जाती है। इन बोल्ट और नट के विभिन्न परिमाप चित्र 4.2 में दिखाये गये हैं। ये परिमाप भारतीय मानक IS : 2585-1968 में दिये हुए हैं।

इन बोल्ट का व्यास 6 mm से 39 mm तक होता है।

बोल्टस, इस्क्रिवज और नट के नामकरण सारणी 4.1 में दिये गये हैं।

सारणी 4.1. Designation System for Black Square Bolts, Srews and Nuts

Description			
Fasterness	Thread size	Length mm	Designation
Square bolts with square nut	M10	30	Square bolt M 10 x 30 N
Square bolt only	M10	30	Square bolt M 10 x 30
Square screw	M10	30	Square screw M 10 x 30
Square nut	M10	–	Square nut M 10
Square bolt with hexagonal nut	M10	30	Square bolt M 10 x 30 NH

सारणी 4.2. Designation system for Bolts, Screws, Nuts and Lock Nuts

Description			
Fasteners	Size	Length	Designation
Bolts with nuts and a lock nut	M16	70	Hex botl M 16 x 70 NL
Bolts with a nut	M16	70	Hex bolt M 16 x 70 N
Bolt only	M16	70	Hex. bolt M 16 x 70
Screw	M16	70	Hex. screw M 16 x 70
Nuts	M16	–	Hex. nut M 16
Lock nut	M16	–	Hex. lock nut M 16
Double chamfered nut	M16	–	Hex. nut DCM 16

4.6 खरादी बोल्ट (Turned Bolts)

खरादी बोल्ट को खरादी और लगु हुए बोल्ट (Turned and fitted bolts) भी कहते । ये बोल्ट षट्कोणीय (Hexagonal) छड़ों से बनाये जाते हैं। इन बोल्ट का नामकरण भारतीय मानक IS : 1363-1967 के अनुसार किया जाता है। इन बोल्ट के विभिन्न परिमाप चित्र 4.3 में दिखाये गये हैं। इन बोल्ट के विभिन्न परिमाप IS : 1363-1967 में दिये हुए हैं।

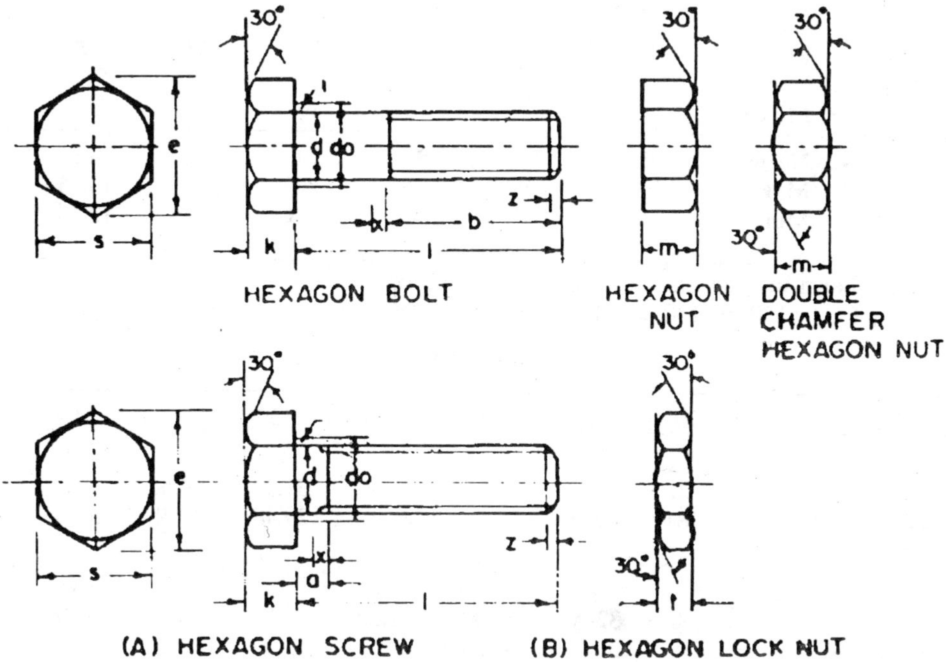

चित्र 4.3

इन बोल्ट का व्यास 6 mm से 24mm तक होता है।

इन बोल्टस, इस्क्रिवज और नट के नामकरण सारणी 4.2 में दिये गये हैं।

सारणी 4.3. Dimensions for Black Square Bolts Screws and Nuts (as per IS: 2585-1968) (Diameter range M-6 to M-18)

Size			M6	M8	M10	M12	M14	M16	M18
		Norm.	6	8	10	13	14	16	18
d		Max.	6.48	8.90	10.00	12.10	15.10	17.10	19.10
		Min.	5.70	7.64	9.64	11.57	13.57	15.57	17.57
	< 19-h14	Norm.	10	13	17	9	22	24	27
s		Max.	10.00	13.00	17.00	19.00	22.00	24.00	27.00
	> 19-h15	Min.	9.64	12.67	16.57	18.48	21.16	23.16	26.16
e		Min.	12.53	16.34	21.50	24.02	27.51	30.11	34.01
		Norm.	4	5.5	7	8	9	10	12
k	js 16	Max.	4.38	5.88	7.45	8.45	9.45	10.45	12.55
		Min.	3.62	5.12	6.55	7.55	8.55	9.55	11.44
da		Max.	7.2	10.2	12.2	15.2	17.2	19.2	21.2
r		Min.	0.25	0.4	0.4	0.6	0.6	0.6	0.6

a		Max.	4.0	4.5	5.0	6.0	7.5	7.5	9.0
b	b_1	Min.	18	22	26	30	34	38	42
	b_2	Min.	—	28	32	36	40	41	48
	b_3	Min.	—	—	—	49	51	57	61
mfs 16		Norm.	5	5	8	10	11	13	15
		Max.	5.38	6.95	7.55	10.45	11.55	13.55	15.55
		Min.	4.62	6.05	8.45	9.55	10.45	12.45	14.45

Note : 1. Sizes shown in brackets avoid second preference.
Note 2. Use b_1 for $l<130$, b_2 $130<K200$ and b_3 for >200

सारणी 4.4.

Site			M20	(M22)	M24	(M27)	M30	(M33)	M36	M39
d		Nom.	20	22	24	27	30	33	36	39
		Max.	21.50	23.30	25.30	28.30	31.30	34.60	37.60	40.60
		Min.	19.481	21.48	23.48	26.48	29.48	32.38	35.38	38.38
s	<19-114	Nom.	30	32	36	41	46	50	55	60
		Max.	30.00	32.00	36.00	41.00	46.00	50.00	55.00	60.00
	>19-h11	Min.	29.16	31.00	35.00	40.00	45.00	49.00	53.80	58.80
e		Min.	37.91	40.30	45.50	52.00	58.50	63.70	69.94	76.44
k	js16	Nom.	13	14	15	17	19	21	23	25
		Max.	13.55	14.55	15.55	17.55	19.65	21.65	23.65	25.65
		Min.	12.45	13.45	14.45	16.45	18.35	20.35	22.35	24.35
da		Max.	24.4	26.4	28.4	13.4	35.4	38.4	42.4	45.4
r		Min.	0.8	0.8	0.8	1.0	1.0	1.0	1.0	1.0
a		Max.	9.0	9.0	11	—	—	—	—	—
b	b_1	Nom.	46	50	54	60	66	72	78	84
	b_2	Max.	52	56	60	66	72	78	84	90
	b_3	Min.	65	69	73	79	85	91	97	100
m	js	Nom.	16	18	19	22	24	26	29	31
		Max.	16.55	18.55	19.55	22.65	24.65	26.65	29.65	31.80
		Min.	15.45	17.45	18.35	21.35	23.35	25.35	28.35	30.20

Note : 1. Sizes shown in brackets are of second preference.
Note 2. Use b_1 for $l<130$, b_2 for $130<200$ and b_3 for $l<200$.

सारणी 4.5.

Site			M6	(M7)	M8	(M10)	M12	(M14)	M16	(M18)
d		Nom.	6	7	8	10	12	14	16	18
		Max.	6.48	7.58	8.90	10.90	13.10	15.10	17.10	19.10
		Min.	5.70	6.44	7.64	9.64	11.57	13.57	15.57	17.57
	< 19-h14	Nom.	10	11	13	17	19	22	24	27
s		Max.	10.00	11.00	13.00	17.00	19.00	22.00	24.00	27.00
	> 19-h15	Min.	9.64	10.57	12.57	16.57	18.48	21.6	23.16	26.16
e		Min.	10.89	11.94	14.20	18.72	20.88	23.91	26.17	29.56
		Nom.	4.0	5.0	5.5	7.0	8.0	9.0	10	12
k	js16	Max.	4.38	5.38	5.88	7.45	8.45	9.45	10.45	12.55
		Min.	3.62	4.62	5.12	6.55	7.55	8.55	9.55	11.45
da		Max.	7.2	8.2	10.2	12.20	15.2	17.2	19.2	21.2
a		Max.	4.0	4.5	4.5	5.0	6.0	7.5	7.5	9.0
	b_1	Min.	18	20	22	26	30	34	38	42
b	b_2	Min.	—	—	28	32	36	40	44	48
	b_3	Min.	—	—	—	—	49	53	57	61
		Nom.	5.0	5.5	6.5	8.0	10	11	13	15
m	js16	Max.	5.38	5.88	6.95	8.45	10.45	11.55	13.55	15.55
		Min.	4.62	5.12	6.05	7.55	9.55	10.45	12.45	14.45
		Nom.	3	3	4	5	7	8	8	9
f	js16	Max.	3.30	3.30	4.38	5.38	7.45	8.55	8.55	9.45
		Min.	2.70	2.70	3.62	4.62	6.45	7.45	7.45	8.55
r		Min.	0.25	0.25	0.4	0.4	0.6	0.6	0.6	0.6

Note : 1. Sizes shown in brackets are of second preference.
Note 2. Use b_1, for $l < 130$, b_2 for $130 < 200$ and b_3 for $l < 200$.

सारणी 4.6

Site			M20	(M22)	M24	(M27)	M30	(M33)	M36	M39
d		Nom.	20	22	24	27	30	33	36	39
		Max.	21.30	22.30	25.30	28.30	31.30	34.00	37.60	40.00
		Min.	19.48	21.48	23.48	26.48	29.48	32.38	35.38	38.38
	< 19-114	Nom.	30	32	36	41	46	50	55	60
s		Max.	30.00	32.00	36.00	41.00	46.00	50.00	55.00	60.00
	> 19-h15	Min.	29.16	31.00	35.00	40.00	45.00	49.00	53.80	58.80
e		Min.	32.95	35.03	39.55	45.20	50.85	55.37	60.79	66/44
		Nom.	13	14	15	17	19	21	23	25
k	js16	Max.	13.55	14.55	15.5	17.55	19.65	21.65	23.65	25.65
		Min.	12.45	13.45	14.45	16.45	18.35	20.35	22.35	24.35
da		Max.	24.4	26.4	28.4	32.4	35.4	18.4	42.4	45.4
a		Max.	9.0	9.0	11	—	—	—	—	—

	b_1	Nom.	46	50	54	60	66	72	78	84
	b_2	Max.	52	56	60	66	72	78	84	90
	b_3	Min.	65	69	73	79	85	91	97	103
		Nom.	16	18	19	22	24	26	29	31
m	js 16	Max.	16.55	18.55	19.65	22.65	24.65	26.65	29.65	31.80
		Min.	15.45	17.45	18.35	21.35	23.35	25.35	28.35	30.20
		Nom.	9	10	12	12	12	14	14	15
f	js 16	Max.	9.45	10.45	10.45	12.55	12.55	14.55	14.55	16.55
		Min.	8.55	9.55	11.45	11.45	13.45	13.45	13.45	15.45
r		Min.	0.8	0.8	0.8	1.0	1.0	1.0	1.0	1.0

सारणी 4.7. Dimensions for High Strength (TENSILE) Frictions grips Bolts (as per IS: 3757-1960)

d		M12	M16	M20	M22	M24	M27	M30	M33	M36	M39
d1	Min.	20	25	30	34	39	44	48	53	58	63
b	1	30	38	46	50	54	60	66	72	78	84
	2	–	44	52	56	60	66	72	78	84	90
c	Nom.	0.4	0.6	0.8	0.8	0.8	0.8	1.0	1.0	1.0	1.0
e	Max.	25.4	31.2	36.9	41.6	47.3	53.1	57.7	63.5	69.3	75.0
	Nom.	8	10	13	14	15	17	19	21	23	25
k j6	Max.	8.45	10.45	13.55	14.55	15.15	17.55	19.65	21.65	23.65	25.65
	Min.	7.55	9.55	12.45	13.45	14.45	16.45	18.35	20.35	22.35	24.35
r	Max.	1.6	1.6	2	2	2	2.5	2.5	2.8	2.8	2.8
	Min.	1.2	1.2	1.5	1.5	1.5	2.0	2.0	2.2	2.2	2.2
	Nom.	22	27	32	36	41	46	50	55	60	65
s h15	Max.	22.00	27.00	32.00	36.00	41.00	46.00	50.00	55.00	60.00	65.00
	Min.	21.16	26.16	31.00	35.00	40.00	45.00	49.00	53.80	53.80	63.80

(1) For length upto 90 mm (2) For length over 90 mm upto 20 mm
Note. The dimensions d1 shall not exceed the actual width across the flat.

4.7 उच्च सामर्थ्य बोल्ट (High Strength Bolts)

उच्च सामर्थ्य बोल्ट को उच्च सामर्थ्य घर्षण पकड़ बोल्ट (High Strength Friction Grip Bolts) भी कहते हैं। संक्षेप में इन बोल्टों को H.S.F.G. बोल्ट भी कहते हैं। इन बोल्टों का प्रयोग क्षेत्रीय कार्य में बहुत लौकिक हो गया है। इन बोल्टों का प्रयोग उच्च तनन सामर्थ्य इस्पातीय नट और वाशर के साथ किया जाता है। इन बोल्टों को पहले ज्ञात शेंक के तनन सामर्थ्य तक कसते हैं। इससे संरचनात्मक अवयव बोल्ट के शीर्ष और नट के बीच में पकड़ में आ जाते हैं। एक संरचनात्मक अवयव से दूसरे अवयव में बल का प्रेषण घर्षण (Friction) द्वारा होता है। इन बोल्टों में अपरूपण और धारण प्रतिबल नहीं होते।

इन बोल्टों में रिवेट की तुलना में बहुत लाभ होते हैं। रिवेट में सामान्यतया अपरूपण और धारण प्रतिबल होते हैं। परन्तु इन बोल्टों में सिर्फ तनन प्रतिबल ही होता है। यह बोल्ट चित्र 4.4 में दिखाया गया है।

बोल्ट के विभिन्न परिमाप भारतीय मानक IS : 3757-1966 के अनुसार हैं। IS 3757-1966 में ये सभी परिमाप दिये हुए

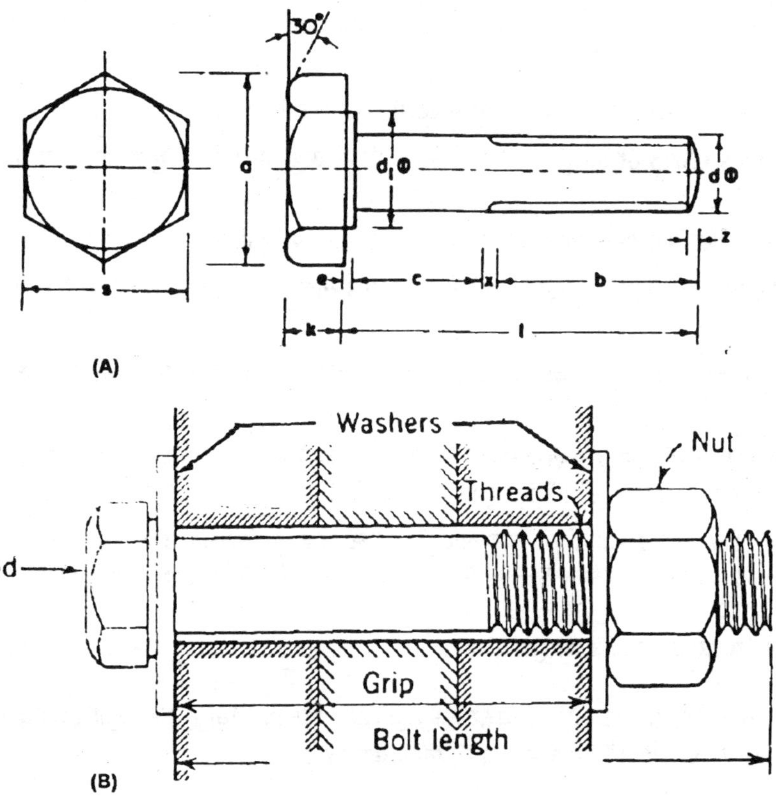

चित्र 4.4

हैं। इन बोल्टों की लम्बाई 30 mm से 80 mm तक 5mm के अन्तर से होती है। इन बोल्टों की लम्बाई 80 mm से 200mm तक 10mm के अन्तर से होती है। इन बोल्टों का नामकरण भी उदाहरण के लिए (M 16 X 100 IS : 3757 : 10 K) की तरह किया जाता है जिसमें बोल्ट का व्यास M 16 (16 mm), है, बोल्ट की लम्बाई 100 mm है और बोल्ट का इस्पात के यांत्रिक गुण 10 K के अनुसार है।

4.8 बोल्ट और बोल्ट जोड़ में प्रयोग आने वाले शब्दों की परिभाषाएँ
(Definitions of Terms Used in Bolts and Bolted Connections)

1. बोल्ट का आकलित व्यास (Nominal diameter of bolt) - बोल्ट के शेंक के उस भाग का व्यास, जिस पर चूड़ी नहीं होती, उसको बोल्ट का आकलित व्यास कहते हैं।

2. बोल्ट का सकल व्यास (Gross diameter of bolt) - बोल्ट का सकल व्यास और आकलित व्यास एक ही होते हैं।

3. बोल्ट का सकल क्षेत्रफल (Gross area of bolt) - बोल्ट का सकल क्षेत्रफल और आकलित क्षेत्रफल भी एक ही होते हैं। यह बोल्ट का अनुप्रस्थ खण्ड का क्षेत्रफल होता है, जो बोल्ट के सकल (या आकलित) व्यास से ज्ञात किया जाता है।

4. बोल्ट का निवल अनुप्रस्थ क्षेत्रफल (Net area of bolt) - बोल्ट के शेंक पर चूड़ी होती है। चूड़ी के जड़ तक के क्षेत्रफल को बोल्ट का निवल अनुप्रस्थ क्षेत्रफल कहते हैं। बोल्ट की चूड़ी के जड़ तक के व्यास से यह क्षेत्रफल ज्ञात किया जाता है।

5. बोल्ट छेद का व्यास (Diameter of bolt hole) - बोल्ट छेद का व्यास बोल्ट के सकल व्यास से 1.6 mm अधिक होता है।

निम्नलिखित शब्दों की परिभाषाएँ उच्च सामर्थ्य बोल्ट से सम्बन्धित हैं।

6. बोल्ट की पकड़ (Grip of bolt) - बोल्ट की पकड़ संरचनात्मक अवयवों की कुल मोटाई (वाशर को छोड़कर) के बराबर होती है।

7. परत (Ply) - परत एक संरचनात्मक अवयव की मोटाई के बराबर होती है।

8. बोल्ट की लम्बाई (Length of bolt) - बोल्ट की लम्बाई बोल्ट के शीर्ष के नीचे की तरफ से और शेंक के आखरी भाग तक मापी जाती है।

9. प्रभावी अन्त पृष्ठ (Effective interface) - दो भार प्रेषित परतों के बीच की सम्पर्क की सतह को प्रभावी अन्त पृष्ठ कहते हैं।

10. फिसलन गुणन खण्ड (Slip factor) - फिसलन उत्पन्न करने के लिए आवश्यक प्रति प्रभावी अन्तपृष्ठ भार और शेंक में कुल उत्पन्न तनन बल के अनुपात को फिसल गुणन खण्ड कहते हैं।

11. सुरक्षांक (Factor of safety) - वह भार जो बोल्ट जोड़ में फिसलन उत्पन्न करते हैं, उसको अनुज्ञेय कार्य भार (Permissible working load) से विभाजित करने से जो संख्या ज्ञात होती है, उसे सुरक्षांक कहते हैं।

4.9 **बोल्ट, नट और वाशर का सज्जीकरण** (Bolt, Nut and Washer Assembly)

चित्र 4.5 में एक बोल्ट, एक नट और दो वाशर का सज्जीकरण दिखाया गया है। इस पूर्ण सज्जीकरण से बोल्ट जोड़ बनता है। वाशर प्रेषित भार को बड़े क्षेत्रफल पर एक समान वितरण करता है।

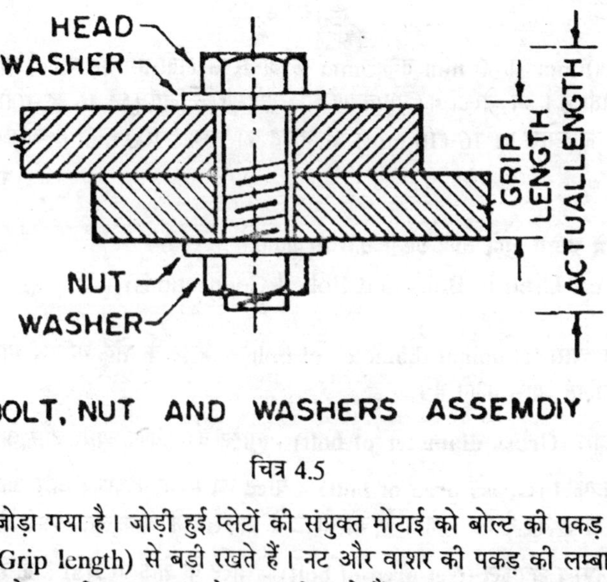

BOLT, NUT AND WASHERS ASSEMDIY

चित्र 4.5

दो प्लेटों को बोल्ट द्वारा जोड़ा गया है। जोड़ी हुई प्लेटों की संयुक्त मोटाई को बोल्ट की पकड़ की लम्बाई कहते हैं। बोल्ट की लम्बाई पकड़ की लम्बाई (Grip length) से बड़ी रखते हैं। नट और वाशर की पकड़ की लम्बाई से ज्यादा लम्बाई होती है, उसमें रखते हैं। बोल्ट का कुछ छोटा चूड़ीदार भाग नट से बाहर भी रखते हैं।

4.10 **बोल्ट में प्रतिबल** (Stresses in Bolt)

अपरिसज्जित बोल्ट का चढ़ाव बोल्ट जोड़ में उपयोग चित्र 4.6 (A) में दिखाया गया है और बट बोल्ट जोड़ में उपयोग चित्र 4.6 (B) में दिखाया गया है। बोल्ट छेद का व्यास बोल्ट के व्यास से 1.6mm ज्यादा रखते हैं। पहले प्लेट थोड़ी सी फिसलती है। फिर प्लेट बोल्ट के सम्पर्क में आ जाती है।

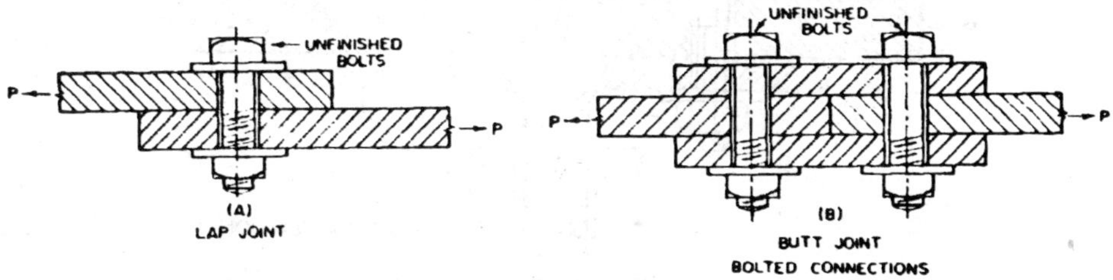

चित्र 4.6

चढ़ाव जोड़ में बोल्ट में एकतल अपरूपण होता है और बट जोड़ में बोल्ट में द्वितल अपरूपण होता है। बोल्ट में अपरूपण के अलावा धारण भी होता है।

खरादी बोल्ट का जब उपयोग होता है, तब खरादी बोल्ट के व्यास में और बोल्ट छेद के व्यास में अन्तर नहीं होता। खरादी बोल्ट चढ़ाव जोड़ में चित्र 4.7 में दिखाया गया है। इसमें भार सीधा प्रेषित होता है। बोल्ट में अपरूपण भार धारण दोनों ही होते हैं।

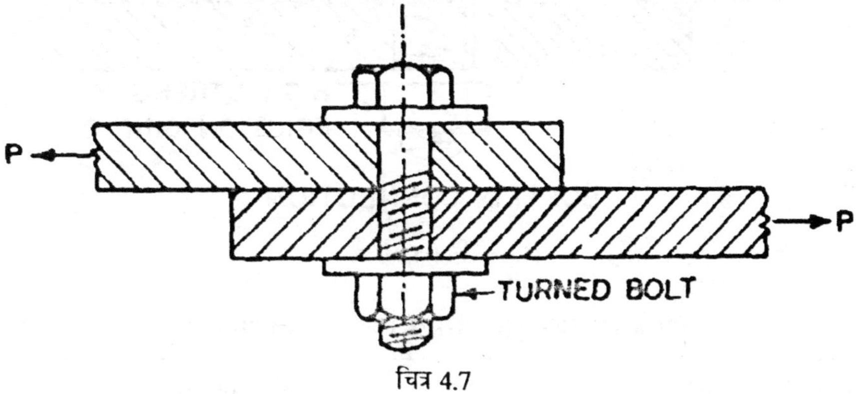

चित्र 4.7

चित्र 4.8 में एक बोल्ट जोड़ दिखाया गया है। इस जोड़ में A, A बोल्ट में अनुदैर्ध्य अक्ष (Longitudinal axis) की दिशा में खिंचाव भार लगा हुआ है। और बोल्ट में तनन बल उत्पन्न होता है। बोल्ट की चूड़ी के जड़ पर अनुप्रस्थ खण्ड इस तनन बल का प्रतिरोध करते हैं।

चित्र 4.9 में H.S.F.G. बोल्ट का उपयोग दिखाया गया है। इन बोल्टों को बोल्ट के शीर्ष पर घूर्ण बल (Torque) लगाकर कसते हैं। बोल्ट को शेंक के तनन बल के बराबर कसते हैं। बोल्ट के शेंक में तनन बल प्रमाण भार, F (Proof load) के बराबर होता है। इससे प्लेट पकड़ में आ जाती है। इसके परिणामस्वरूप प्लेट के बीच में घर्षण बल (uF, Friction) उत्पन्न हो जाता है। भार का प्रेषण घर्षण द्वारा होता है। इन बोल्टों में अपरूपण और धारण नहीं होता है। HSFG बोल्ट के लिए शेंक में तनन बल प्रमाण सामर्थ्य सारणी 4.8 में दिये गये हैं।

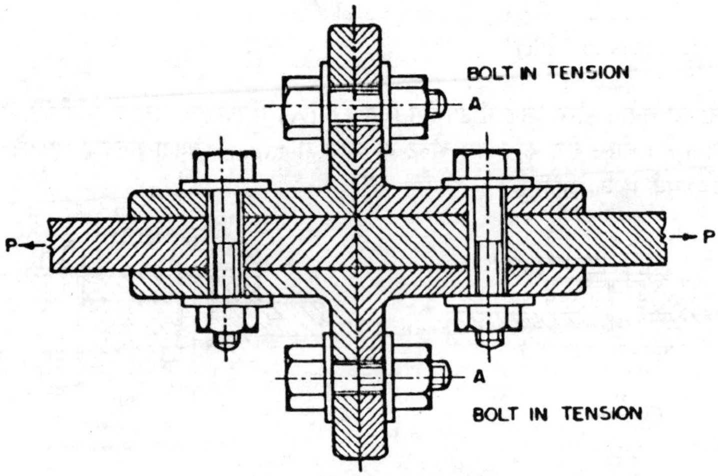

चित्र 4.8

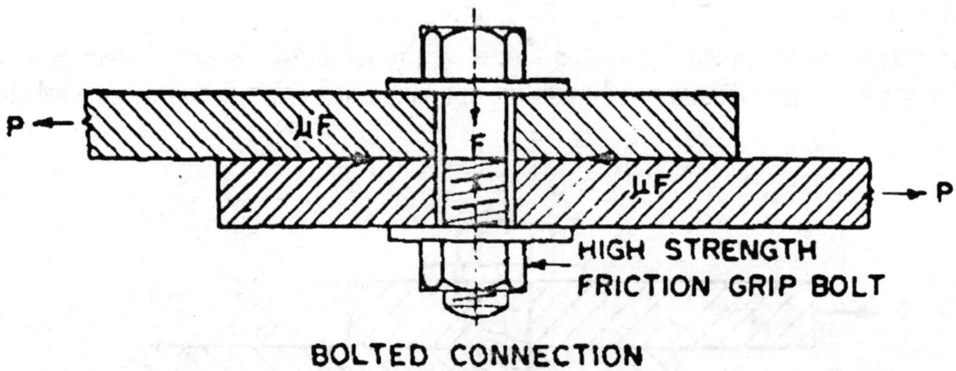

चित्र 4.9

सारणी 4.8. बोल्ट (HSFG) के लिए तनन बल प्रमाण बल

Diameter of bolts (mm)	Proof load (kN)	
	10 K bolts	8 G bolts
12	59.60	50.58
14	80.50	75.00
16	107.90	91.20
18	134.40	115.20
20	171.50	147.00
22	212.10	181.80
24	237.10	211.80
27	321.30	274.50

30	392.70	336.60
33	485.80	416.40
36	571.90	490.20
39	682.20	585.60

4.11 बोल्ट में अनुज्ञेय प्रतिबल (Permissible Stresses in Bolts)

बोल्ट में अनुज्ञेय प्रतिबल भारतीय मानक IS : 800-1984 से अपनाये गये हैं और इनका मान सारणी 4.9 में दिया गया है।

सारणी 4.9. बोल्ट में अनुज्ञेय प्रतिबल

Description		Permissible stress N/mm^2 (MPa)
In close tolerance and turned bolts		
(i) Axial tension	σ_{tf}	120
(ii) Shear	τ_{vf}	100
(iii) Bearing	σ_{pf}	300
In bolts in clearance holes		
(i) Axial tension	σ_{tf}	120
(ii) Shear	τ_{vf}	80
(iii) Bearing	σ_{pf}	250

उदाहरण 4.1. दो प्लेटों की बोल्ट द्वारा चित्र 4.10 के अनुसार जोड़ा गया है। प्लेट की चौड़ाई 200mm है। बोल्ट जोड़ द्वारा प्लेट के तनन सामर्थ्य के बराबर भार को प्रेषित करना है। अतः बोल्ट जोड़ की डीजाइन करो।

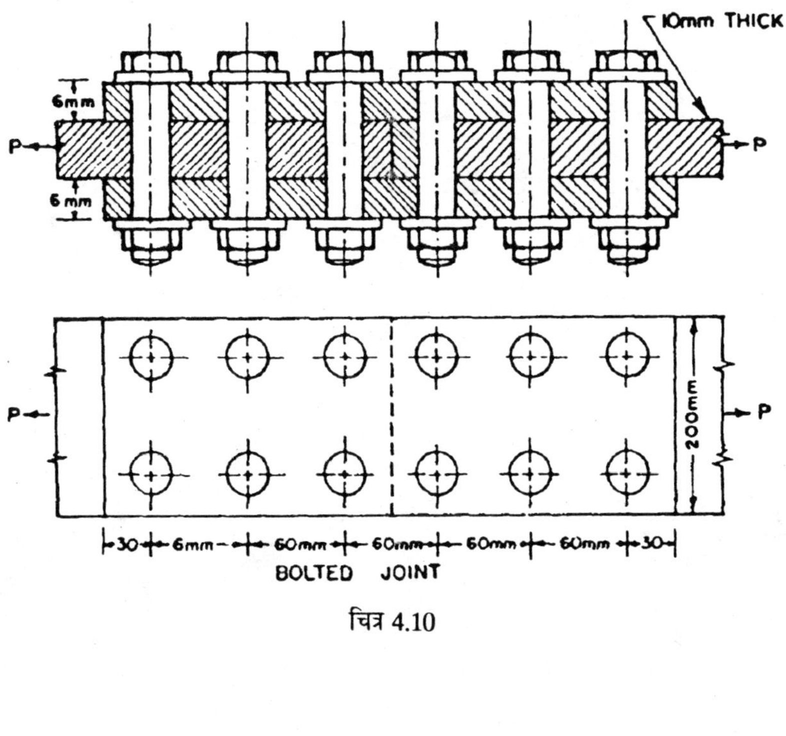

चित्र 4.10

डीजाइन

20 mm व्यास के खरादी बोल्ट का उपयोग किया जाता है। बोल्ट का द्वितल अपरूपण सामर्थ्य

$$P_s = \left(2 \times \frac{\pi}{4} \times \frac{(20)^2 \times 120}{1000}\right) = 75.36 \text{ kN} \quad \text{(i)}$$

खरादी बोल्ट के उपयोग में बोल्ट का व्यास और बोल्ट छेद का व्यास बराबर होता है। बोल्ट का धारण में सामर्थ्य,

$$P_b = \left(2 \times \frac{10 \times 300}{1000}\right) = 65 \text{ kN} \quad \text{(ii)}$$

बोल्ट मान = 65 kN (iii)

प्लेट का अक्षीय तनन सामर्थ्य

$$\left(\frac{0.6 \times 260 \times (200 - 2 \times 20) \times 10}{1000}\right) = 249.6 \text{ kN} \quad \text{(iv)}$$

बोल्ट की आवश्यक संख्या = (249.6/65) = 3.84 (v)

अतः 20mm व्यास के खरादी 6 बोल्ट, बोल्ट जोड़ के एक तरफ और इतने ही बोल्ट दूसरी तरफ लगाये जाते हैं।

प्रश्नावली

4.1. दो प्लेटों को बट जोड़ में बोल्ट द्वारा जोड़ना है। प्लेट की चौड़ाई 120 mm है। बोल्ट जोड़ द्वारा प्लेट के तनन सामर्थ्य के बराबर खिंचाव भार को प्रेषित करना है। प्लेट की मोटाई 10mm है। अतः बोल्ट जोड़ की डीजाइन करो।

5

वेल्ड जोड़
(Welded Joints)

5.1 प्रस्तावना (Introduction)

वेल्ड जोड़ को झलाई जोड़ भी कहते हैं। वेल्ड जोड़ में दो संरचनात्मक अवयवों को द्रव्य संगलन (Fusion) या दबाव (Pressure) द्वारा जोड़ते हैं। वेल्ड जोड़ में दो संरचनात्मक अवयवों के बीच में एक धातु की कड़ी (Link) बना दी जाती है। एक वेल्ड जोड़ चित्र 5.1 में दिखाया गया है। इस चित्र में वेल्ड के विभिन्न क्षेत्र दिखाये गये हैं।

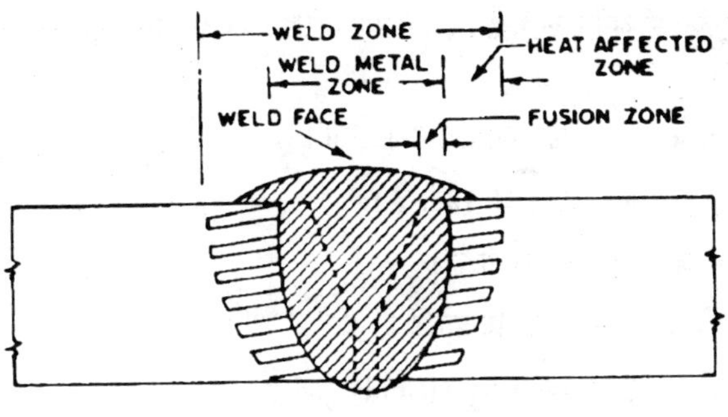

VARIOUS ZONES OF A TYPICAL WELD

चित्र 5.1

संगलन क्षेत्र में संरचनात्मक अवयवों को ऊष्मा द्वारा संगलित कर दिया जाता है। वेल्ड धातु क्षेत्र में संरचनात्मक अवयवों के कुछ भाग को और भराव धातु को ऊष्मा (गर्मी) द्वारा वेल्ड बनाने के लिये पिघला दिया जाता है। संरचनात्मक अवयवों का और भराव धातु का वह भाग जो वेल्ड बनाने के लिये पिघलाया जाता है, उसे वेल्ड धातु (Weld metal) कहते हैं। वेल्ड बनाने में जो धातु बाहर से मिलाया जाता है, उसे भराव धातु (Filler metal) कहते हैं। ऊष्मा द्वारा प्रभावित क्षेत्र में संरचनात्मक अवयवों के धातु गुण भी प्रभावित होते हैं।

जिस वेल्ड क्रिया में दबाव का उपयोग नहीं होता और वेल्ड जोड़ संगलन द्वारा बनाया जाता है, उसे संगहित वेल्डिंग (Fusion welding) कहते हैं। जिस वेल्ड क्रिया में लगातार दबाव रख कर वेल्ड जोड़ बनाया जाता है, उसे दबाव वेल्ड (Pressure welding) कहते हैं। वेल्ड निम्नलिखित कई क्रियाओं द्वारा किया जाता है।

1. **संगलित वेल्डिंग** (Fusion welding)

(i) आर्क वेल्डिंग (Arc welding)

(a) धातु आर्क वेल्डिंग (Metal arc welding)   (b) कार्बन आर्क वेल्डिंग (Carbon arc welding)

2. **गैस वेल्डिंग** (Gas welding)

(a) ओक्सी-एसीटीलीन वेल्डिंग (Oxy-acetylene welding)

(b) ओक्सी-हाइड्रोकार्बन वेल्डिंग (Oxy-hydrocarbon welding)

3. **दबाव वेल्डिंग** (Pressure welding)

(i) प्रतिरोध वेल्डिंग (Resistance welding)   (ii) दबाव वेल्डिंग (Pressure welding)

साधारणतया धातु आर्क वेल्डिंग की क्रिया को ही संरचनात्मक अवयवों को जोड़ने में काम में लाया जाता है।

वेल्ड में फ्लक्स (Flux) का उपयोग किया जाता है। फ्लक्स एक संगलनीय (Fusible) पदार्थ होता है। फ्लक्स के उपयोग से सतहों पर वेल्डिंग के समय अवांधनीय तत्त्वों को हटाया जाता है।

5.2 वेल्डिंग के लाभ (Advantages of Welding)

वेल्डिंग में रिवेटित जोड़ की तुलना में अनेक लाभ हैं। इस कारण वेल्डिंग का उपयोग बहुत बढ़ गया है। वेल्डिंग के निम्नलिखित लाभ हैं

1. वेल्डिंग करते समय वेल्डिंग के कारण कोई आवाज नहीं होती।
2. वेल्डिंग में परिचालक (Operator) को सुरक्षा रहती है।
3. वेल्डिंग रिवेट की तुलना में जल्दी कर ली जाती है।
4. वेल्ड जोड़ रिवेटित जोड़ की तुलना में अच्छे दिखते हैं।
5. वेल्ड जोड़ रिवेटित जोड़ की तुलना में ज्यादा दृढ़ (Rigid) रहते हैं।
6. वेल्डिंग को रिवेटित जोड़ की तुलना में ज्यादा अपनाया जाता है।
7. वेल्ड जोड़ की रिवेटित जोड़ की तुलना में दक्षता भी ज्यादा होती है।
8. वेल्डिंग रिवेट लगाने की तुलना में आर्थिक दृष्टि से ठीक रहते हैं।

5.3 वेल्डिंग के अलाभ (Disadvantages of welding)

वेल्डिंग के अनेक लाभ होते हुए भी इसमें कुछ अलाभ भी होते हैं। वेल्डिंग में निम्नलिखित अलाभ होते हैं

1. वेल्डिंग की क्रिया में संरचनात्मक अवयवों का विकृत होने की संभावना रहती है।
2. वेल्ड जोड़ रिवेटित जोड़ की तुलना में जल्दी भंग हो सकते हैं, यदि संरचनात्मक अवयवों पर फटीग (Fatigue) प्रतिबल हो।
3. वेल्डिंग में रिवेटित जोड़ की तुलना में भंगुरता (Brittleness) की वजह से भंग होने की ज्यादा संभावना रहती है।

4. वेल्ड जोड़ का निरीक्षण रिवेटित जोड़ की तुलना में ज्यादा कठिन है और खर्चीला भी है।

5. वेल्डिंग करने के लिए रिवेटित जोड़ की तुलना में एक ज्यादा कुशल परिचालक की आवश्यकता रहती है।

6. वेल्ड जोड़ आवश्यकता से ज्यादा दृढ़ होते हैं।

5.4 **वेल्ड जोड़ के प्रकार** (Types of Welded Joint)

वेल्ड जोड़ निम्न प्रकार के होते हैं

1. बट वेल्ड (Butt weld)
2. फिलेट वेल्ड (Fillet weld)
3. स्लोट वेल्ड (Slot weld),
4. प्लग वेल्ड (Plug weld)

5.5 **बट वेल्ड** (Butt weld)

बट वेल्ड को खांचा (Groove) वेल्ड भी कहते हैं। बट वेल्ड में दो प्लेटें या संरचनात्मक अवयव या तो आपस में एक दूसरे के सिरे मिलाकर रखते हैं या T बनाते हैं। साधारणतया बट वेल्ड में वेल्ड की दोनों तरफ सतह उत्तल (Convex) होती हैं। प्लेट की सतह से ऊंचे उठे हुए वेल्ड के भाग को प्रबलन (Reinforcement) कहते हैं। प्रबलन की ऊँचाई 1 mm से 3mm तक होती है। विभिन्न प्रकार के बट वेल्ड नीचे दिये गये हैं। इन बट वेल्ड का नामकरण खाँचे (Groove) के अनुसार किये जाते हैं।

1. वर्गाकार बट वेल्ड (Square butt weld) - वर्गाकार बट वेल्ड चित्र 5.2 (a) और (b) में दिखाये गये हैं। ये वेल्ड 8mm से कम मोटाई की प्लेटों को जोड़ने में काम में आते हैं।

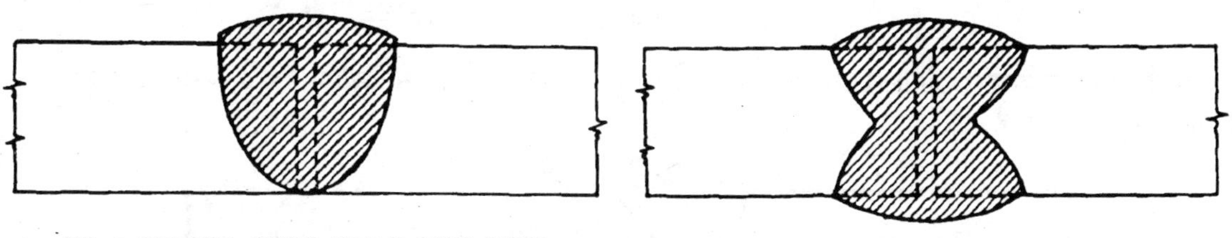

(A) A SQUARE BUTT WELD (ONE SIDE)   (B) A SQUARE BUTT WELD (BOTH SIDES)

चित्र 5.2

2. एकहरा-V बट वेल्ड (Single-V butt weld) - एकहरा-V बट वेल्ड चित्र 5.3 में दिखाया गया है, जिसमें खाँचे का आकार एकहरा-V की तरह होता है।

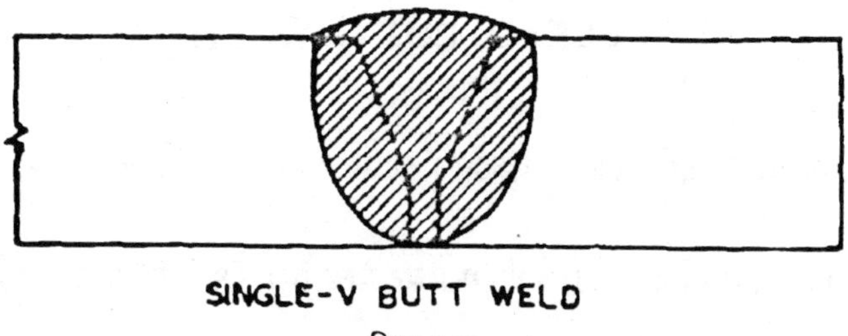

SINGLE-V BUTT WELD

चित्र 5.3

3. दोहरा-V बट वेल्ड (Double V butt weld) - दोहरा-V बट वेल्ड चित्र 5.4 में दिखाया गया है, जिसमें खाँचे का आकार दोहरा-V की तरह होता है।

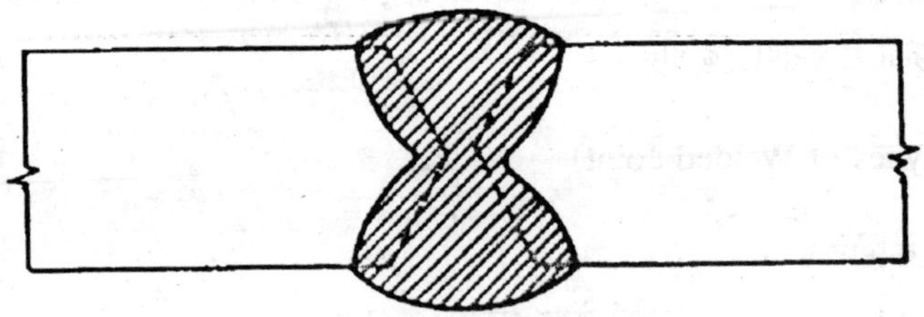

DOUBLE-V BUTT WELD

चित्र 5.4

4. एकहरा-U बट वेल्ड (Single-U butt weld) - एकहरा-U बट वेल्ड चित्र 5.5 में दिखाया गया है, जिसमें खाँचे का आकार एकहरा-U की तरह होता है।

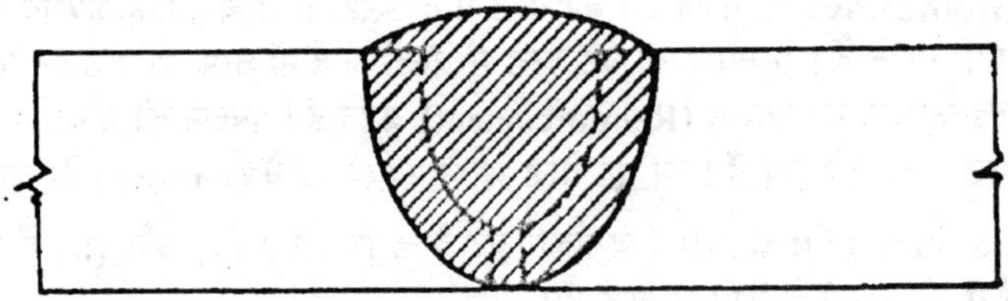

SINGLE-U BUTT WELD

चित्र 5.5

5. दोहरा-U बट वेल्ड (Double-U butt weld) - दोहरा-U बट वेल्ड चित्र 5.6 में दिखाया गया है, जिसमें खाँचे का आकार दोहरा-U की तरह होता है।

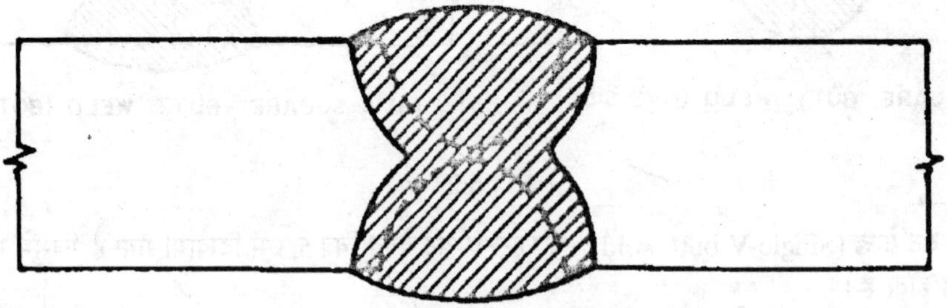

DOUBLE-U BUTT WELD

चित्र 5.6

6. एकहरा-J बट वेल्ड (Single-J butt weld) - एकहरा-J बट वेल्ड चित्र 5.7 में दिखाया गया है, जिसमें खाँचे का आकार एकहरा-J की तरह होता है।

7. दोहरा-J बट वेल्ड (Double-J butt weld) - दोहरा-J बट वेल्ड चित्र 5.8 में दिखाया गया है, जिसमें खाँचे का आकार दोहरा-J की तरह होता है।

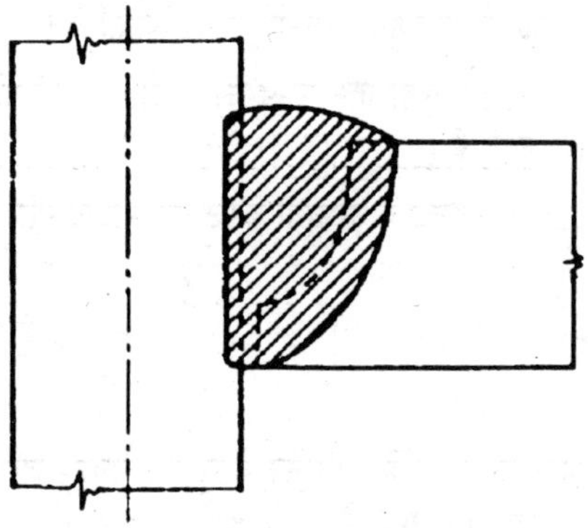

Fig. 5.7. Single J butt weld

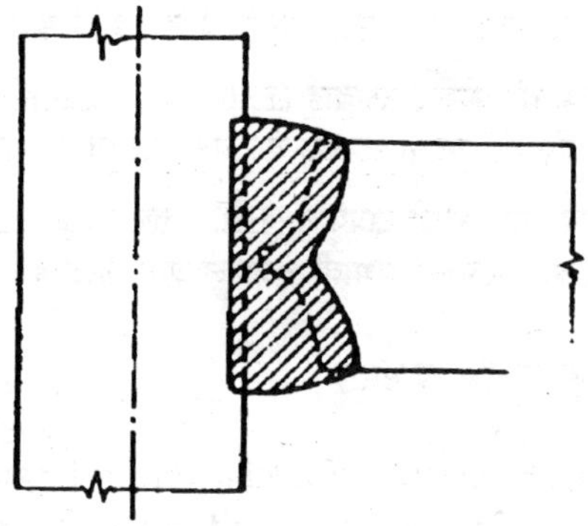

Fig. 5.8. Double J butt weld

8. एकहरा बेवल बट वेल्ड (Single bevel butt weld) - एकहरा बेवल बट वेल्ड चित्र 5.9 में दिखाया गया है, जिसमें खाँचे में एक तरफ ढाल होती है।

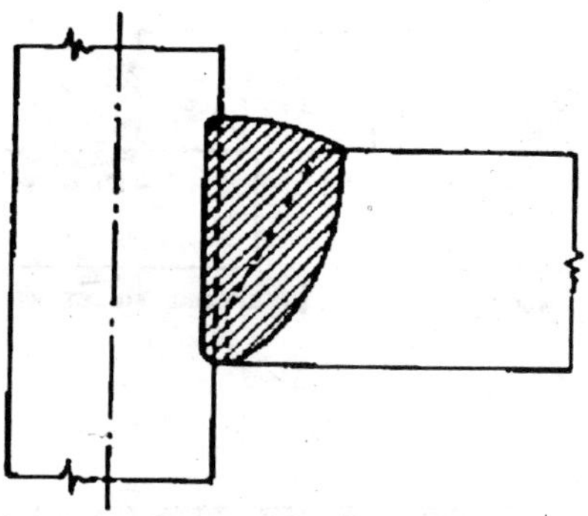

SINGLE-BEVEL BUTT WELD

Fig. 5.9

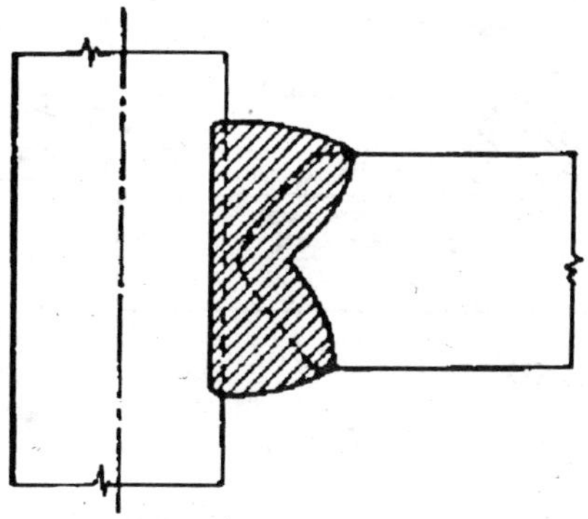

DOUBLE-BEVEL BUTT WELD

Fig. 5.10

9. दोहरा बेवल बट वेल्ड (Double bevel butt weld) - दोहरा बेवल बट वेल्ड चित्र 5.10 में दिखाया गया है जिसमें खाँचे में दोनों तरफ ढाल होती है।

बट वेल्ड की डीजाइन के लिए उल्लेख (Specifications for Design of Butt Weld)

1. बट वेल्ड का परिमाप (Size of butt weld) - बट वेल्ड का परिमाप प्रभावी कण्ठ की मोटाई (Effective throat thickness) द्वारा व्यक्त करते हैं।

T- बट जोड़, L-बट जोड़, दोहरा-V, दोहरा-U, दोहरा-J और दोहरा बेवल बट जोड़ में प्रभावी कण्ठ की मोटाई प्लेट की मोटाई के बराबर रखते हैं।

एकहरा-V, एकहरा-U, एकहरा-J और एकहरा बेवल बट जोड़ में प्रभावी कण्ठ की मोटाई प्लेट की मोटाई से (7/8) गुणा लेते हैं। परन्तु वेल्ड में प्रतिबल ज्ञात करते समय प्रभावी कण्ठ की मोटाई को प्लेट की मोटाई से (5/8) गुणा ही प्रयोग में लेते हैं।

दोहरे बट वेल्ड में वेल्ड का प्रवेश (Penetration) पूर्णतया होता है और एक हरे बट वेल्ड में वेल्ड का प्रवेश पूर्णतया प्रभावी नहीं होता।

जब कभी दो प्लेटों की मोटाई अलग-अलग होती है, तब कम मोटाई ही संगणना में काम में ली जाती है।

2. बट वेल्ड की प्रभावी लम्बाई (Effective length of butt weld) - जहाँ तक वेल्ड का उल्लेखित परिमाप का अस्तित्व (Existence) होता है, उतनी लम्बाई को बट वेल्ड की प्रभावी लम्बाई कहते हैं।

3. बट वेल्ड का प्रभावी क्षेत्रफल (Effective area of butt weld) - वेल्ड के प्रभावी कण्ठ की मोटाई और प्रभावी लम्बाई को गुणा करके बट वेल्ड का प्रभावी क्षेत्रफल ज्ञात करते हैं।

5.6 **फिलेट वेल्ड** (Fillet Weld)

फिलेट वेल्ड साधारणतया करीब-करीब समकोण त्रिभुजाकार आकार का होता है। फिलेट वेल्ड का चढ़ाव जोड़ में, T-जोड़ में या कोने में उपयोग होता है। फिलेट वेल्ड चित्र 5.11 (a) और (b) में दिखाया गया है

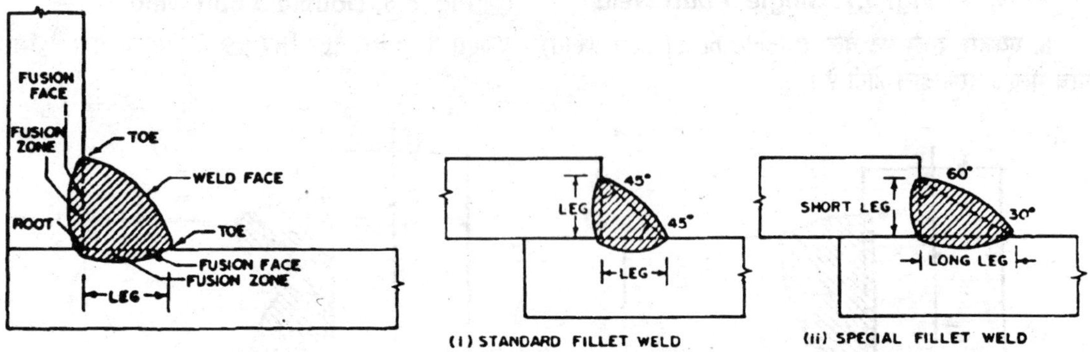

(a) (b) (c)

चित्र 5.11

जब फिलेट वेल्ड का अनुप्रस्थ खण्ड 45 का समद्विबाहु (Isosceles) त्रिभुज होता है, तब इसको मानक (Standard) फिलेट वेल्ड कहते हैं। मानक फिलेट वेल्ड का सामान्यतया उपयोग होता है। जब फिलेट वेल्ड का अनुप्रस्थ खण्ड 30° और 60° का त्रिभुज होता है, तब इसको विशेष (Special) फिलेट वेल्ड कहते हैं। मानक फिलेट वेल्ड चित्र 5.11 (b) (i) में दिखाया गया है। विशेष फिलेट वेल्ड चित्र 5.11 (b) (ii) में दिखाया गया है।

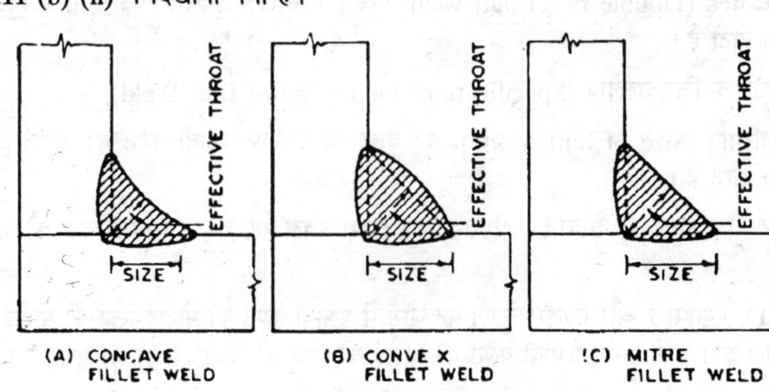

FILLET WELDS

चित्र 5.12

फिलेट वेल्ड के बाहरी फलक सतह के अनुसार उत्तल (Convex) फिलेट वेल्ड, अवतल (Concave) फिलेट वेल्ड और कलमी (Mitred) फिलेट वेल्ड तरह के फिलेट वेल्ड होते हैं, जिनको क्रमशः 5.12 में दिखाया गया है।

जब वेल्ड का जड़ से नीचे 2.4 mm से कम प्रवेश होता है, तब उसे सामान्य (Normal) फिलेट वेल्ड कहते हैं और जब यह प्रवेश 2.4mm से ज्यादा होता है, तब उसे गहरा प्रवेश का फिलेट वेल्ड कहते हैं।

फिलेट वेल्ड निम्नलिखित और चित्र 5.13 में जैसे दिखाये गये हैं, वैसे तीन प्रकार के होते हैं

1. किनारे का फिलेट वेल्ड (Side Fillet weld)
2. सिरे का फिलेट वेल्ड (End fillet weld)
3. विकर्ण फिलेट वेल्ड (Diagonal fillet weld)

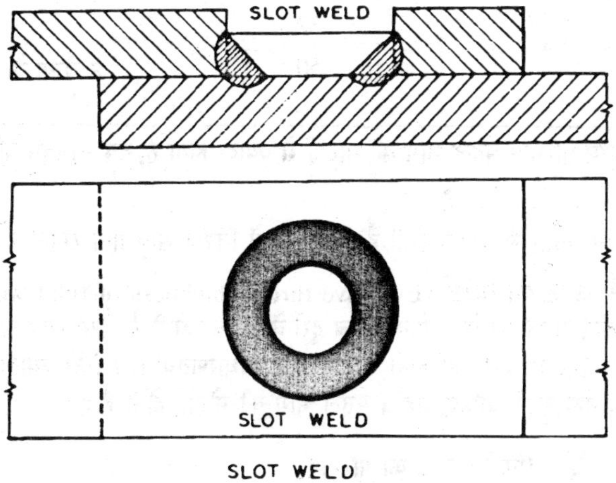

चित्र 5.13

1. किनारे का फिलेट वेल्ड - किनारे के फिलेट वेल्ड में अनुदैर्ध्य (Longitudinal) अपरूपण प्रतिबल होता है। इस फिलेट वेल्ड की अक्ष (Axis) प्रयुक्त भार (Applied load) की दिशा के समान्तर होती है। किनारे के फिलेट वेल्ड को अनुदैर्ध्य फिलेट वेल्ड (Longitudinal fillet weld) भी कहते हैं। किनारों के फिलेट वेल्ड को पार्श्व फिलेट वेल्ड भी कहते हैं।

2. सिरे का फिलेट वेल्ड - सिरे के फिलेट वेल्ड में अनुप्रस्थ (Transverse) अपरूपण प्रतिबल होता है। इस फिलेट वेल्ड की अक्ष की दिशा प्रयुक्त भार की दिशा के लम्ब रूप (Perpendicular) होती है। सिरे के फिलेट वेल्ड को अनुप्रस्थ फिलेट वेल्ड (Transverse fillet weld) भी कहते हैं। सिरे के फिलेट वेल्ड को अन्त फिलेट वेल्ड भी कहते हैं।

3. विकर्ण फिलेट वेल्ड (Diagonal fillet weld) - विकर्ण फिलेट वेल्ड की अक्ष प्रयुक्त भार की दिशा के साथ झुकी हुई होती है।

फिलेट वेल्ड की डीजाइन के लिए उल्लेख (Specifications for Design of Fillet Weld)

1. फिलेट वेल्ड का परिमाप (Size of fillet weld) - फिलेट वेल्ड में समकोण बनाने वाली भुजाओं को पाद (Legs) कहते हैं। फिलेट वेल्ड का परिमाप का उल्लेख न्यूनतम पाद लम्बाई (Minimum leg length) द्वारा व्यक्त करते हैं। अवतल फिलेट वेल्ड में परिमाप का उल्लेख प्रभाव कण्ठ की मोटाई से 1.414 गुणा दूरी द्वारा किया जाता है। गहरे प्रवेश के फिलेट वेल्ड का परिमाप का उल्लेख न्यूनतम पाद की लम्बाई +24 mm की दूरी से किया जाता है।

फिलेट वेल्ड की पाद लम्बाई (Length of leg) फिलेट वेल्ड के अगले भाग से जड़ तक मापी जाती है और चित्र 5.11 (a) में दिखाई भी गयी है। फिलेट वेल्ड की न्यूनतम पाद की लम्बाई सारणी 5.1 भारतीय मानक IS 816-1969 के अनुसार अपनायी जाती है।

सारणी 5.1. फिलेट वेल्ड की न्यूनतम पाद लम्बाई

मोटे भाग की मोटाई		न्यूनतम परिमाप (mm)
मोटाई से ज्यादा (mm)	मोटाई तक (mm)	
–	10	3
10	20	5
20	32	6
32	50	8 वेल्ड के पहले दौर में 10 फिलेट वेल्ड के परिमाप में

जब फिलेट वेल्ड का न्यूनतम परिमाप पतले भाग की मोटाई से ज्यादा होता है, तब न्यूनतम परिमाप पहले भाग की मोटाई के बराबर रखा जाता है।

जब मोटे भाग की मोटाई 50 mm से ज्यादा होती है, तब वेल्ड में विशेष सावधानी रखनी होती है।

2. फिलेट वेल्ड की प्रभावी कण्ठ की मोटाई (Effective throat thickness of fillet weld) - फिलेट वेल्ड की प्रभावी कण्ठ मोटाई या कण्ठ की दूरी कोने से त्रिभुज के कर्ण की लम्ब दूरी के बराबर होती है, जैसा चित्र 5.12 में दिखाया गया है। फिलेट वेल्ड की प्रभावी कण्ठ मोटाई 3mm से कम नहीं होनी चाहिए और साधारणतया 0.7 t से ज्यादा नहीं होनी चाहिए, और विशेष परिस्थितियों में 1.0 t से ज्यादा नहीं होनी चाहिए, जहाँ t पतले भाग की मोटाई होती है।

$$\text{प्रभावी कण्ठ मोटाई} = \frac{1}{\sqrt{2}} \times \text{फिलेट वेल्ड का परिमाप} \quad \text{(i)}$$

$$= 0.7 \times \text{फिलेट वेल्ड का परिमाप} \quad \text{(ii)}$$

$$\text{प्रभावी कण्ठ मोटाई} = K \times \text{फिलेट वेल्ड का परिमाप} \quad \text{(iii)}$$

जहाँ K का मान संगलित सतहों के बीच के कोण के मान पर निर्भर करता है। K का मान सारणी 5.2, भारतीय मानक IS : 816-1969 के अनुसार अपनाया जाता है।

सारणी 5.2. K का विभिन्न कोण के अनुसार मान

संगलित सतहों के बीच के कोण	K का मान
60°-90°	0.70
91°-100°	0.65
101°-106°	0.60
107°-113°	0.55
114°-120°	0.50

जब संगलित सतहों के बीच का कोण 60 से कम होता है, या 120 से ज्यादा होता है, तब फिलेट वेल्ड का प्रयोग नहीं किया जाता है।

3. फिलेट वेल्ड की प्रभावी लम्बाई (Effective length of fillet weld) - जहाँ तक फिलेट वेल्ड का उल्लेखित परिमाप का अस्तित्व होता है, उतनी लम्बाई को फिलेट वेल्ड की प्रभावी लम्बाई कहते हैं। फिलेट वेल्ड की प्रभावी लम्बाई वास्तविक लम्बाई से वेल्ड के परिमाप से 2 गुणा कम के बराबर रखते हैं, क्योंकि वेल्ड के सिरों पर उल्लेखित परिमाप और कण्ठ की मोटाई नहीं होती है।

फिलेट वेल्ड की प्रभावी लम्बाई फिलेट वेल्ड के परिमाप से 4 गुणा से कम नहीं होनी चाहिए।

4. फिलेट वेल्ड का प्रभावी क्षेत्रफल (Effective area of fillet weld) - फिलेट वेल्ड का प्रभावी क्षेत्रफल वेल्ड की प्रभावी लम्बाई और प्रभावी कण्ठ मोटाई को गुणा करके ज्ञात किया जाता है।

5.7 **स्लोट वेल्ड** (Slot Weld)

स्लोट वेल्ड का प्रयोग दो स्पर्शी भागों को फिलेट वेल्ड द्वारा जोड़ने के लिए किया जाता है। स्लोट वेल्ड का प्रयोग करके जोड़ को मजबूत बनाया जाता है। जहाँ पर वेल्ड करने के लिये पर्याप्त जगह नहीं होती है, जब जोड़े जाने वाले किसी एक अवयव में गोल छेद बनाया जाता है और उसके परिधि के साथ फिलेट वेल्ड कर दिया जाता है। स्लोट वेल्ड चित्र 5.13 में दिखाया गया है।

स्लोट वेल्ड की डीजाइन के लिये उल्लेख (Specifications for Design of Slot Weld) - जिस अवयव में छेद (Slot or hole) बनाया जाता है, उसकी मोटाई से सम्बन्धित छेद का माप रखा जाता है।

1. छेद की चौड़ाई या व्यास अवयव की मोटाई से 3 गुणा या 25mm से कम नहीं होना चाहिये, जो भी ज्यादा हो।
2. छेद के सिरे गोलाकार होने चाहिए और गोलाई की त्रिज्या मोटाई से 1 -1/2 गुणा या 12 mm जो भी ज्यादा हो उससे कम नहीं होनी चाहिए।
3. अवयव और छेद के किनारों की बीच की दूरी या छेद से छेद की किनारों की बीच की दूरी मोटाई से 2 गुणा या 25 mm से कम नहीं होनी चाहिए।

5.8 **प्लग वेल्ड** (Plug Weld)

दो स्पर्शी भागों को वेल्ड द्वारा जोड़ने के लिए जब पर्याप्त जगह नहीं होती है, तब प्लग वेल्ड का प्रयोग किया जाता है। एक स्पर्शी अवयव में गोलाकार या आयताकार छेद बना लिया जाता है और छेद को पूर्णतया वेल्ड द्वारा भर दिया जाता है। प्लग वेल्ड चित्र 5.14 में दिखाया गया है।

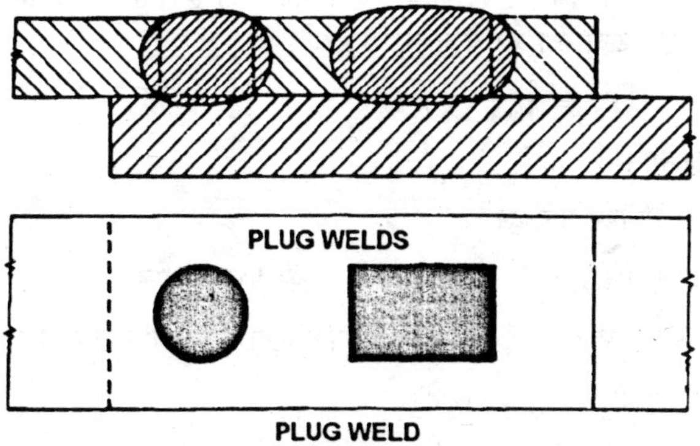

चित्र 5.14

प्लग वेल्ड की डीजाइन के लिए उल्लेख (Specifications for Design of Plug Weld) - प्लग वेल्ड का प्रभावी क्षेत्रफल छेद के आकलित क्षेत्रफल के बराबर लिया जाता है। प्लग वेल्ड को प्रतिबल के लिए डीजाइन नहीं करते हैं।

5.9 वेल्ड में अनुज्ञेय प्रतिबल (Permissible Stresses in Welds)

वेल्ड में अनुज्ञेय प्रतिबल का मान सारणी 5.3, भारतीय मानक IS : 816-1969 के अनुसार अपनाया जाता है। वेल्ड जोड़ में अवयव भारतीय मानक IS : 226-1962 मृदु इस्पात के होने चाहिए और इलेक्ट्रोड मानक IS : 814-1963 के अनुसार होने चाहियें।

सारणी 5.3. वेल्ड में अनुज्ञेय प्रतिबल

क्रम संख्या	प्रतिबल का प्रकार	अधिकतम अनुज्ञेय मान
1	बट वेल्ड के कण्ठ के खण्ड पर तनन बल	142.0 N/mm^2
2	बट वेल्ड के कण्ठ के खण्ड पर संपीडांग बल	142.0 N/mm^2
3	बंकन प्रतिबल	
	(a) तनन	157.5 N/mm^2
	(b) संपीडन	157.5 N/mm^2
4	बट वेल्ड और फिलेट वेल्ड के कण्ठ के खण्ड पर अपरूपण प्रतिबल	110.0 N/mm^2
5	स्लोट और प्लग वेल्ड	110.0 N/mm^2

यदि वेल्ड कार्यशाला (Workshop) के बाहर क्षेत्र (Field) में किया जाता है, तब अधिकतम अनुज्ञेय प्रतिबल का मान सारणी 5.3 में दिये गये मान से 0.80 गुणा लिया जाता है।

जब वेल्ड पर हवा या भूकम्पन्न का प्रभाव लिया जाता है, तब ये मान 1.25 गुणा लिये जाते हैं।

5.10 वेल्ड का सामर्थ्य (Strength of Welds)

विभिन्न प्रकार के वेल्ड का सामर्थ्य निम्नलिखित तरीके से ज्ञात किया जाता है।

1. बट वेल्ड - जिस वेल्ड में वेल्ड का प्रवेश पूर्णतया होता है, उसमें वेल्ड का सामर्थ्य मूल द्रव्य (Parent metal) के सामर्थ्य के बराबर रखा जाता है। इसमें सामर्थ्य की संगणना की आवश्यकता नहीं रहती है। यदि वेल्ड का प्रवेश पूर्णतया नहीं होता है तो उसके अनुसार प्रभावी कण्ठ मोटाई ली जाती है। बट वेल्ड का सामर्थ्य

$$P_1 = p_{w1} \times t \times L \quad \text{(i)}$$

जहाँ पर, P_1 = बट बेल्ट का सामर्थ्य

p_{w1} = बट वेल्ड में तनन या संपीडन प्रतिबल

t = बट वेल्ड की प्रभावी कण्ठ मोटाई, L = बट वेल्ड की प्रभावी लम्बाई

2. फिलेट वेल्ड - हर प्रकार के फिलेट वेल्ड में अपरूपण प्रतिबल होता है। अतः फिलेट वेल्ड का सामर्थ्य

$$P_2 = p_{w2} \times t \times L \quad \text{(ii)}$$

जहाँ पर, P_2 = फिलेट वेल्ड का सामर्थ्य

p_{w2} = फिलेट वेल्ड में अपरूपण प्रतिबल

t = फिलेट वेल्ड की प्रभावी कण्ठ मोटाई L = फिलेट वेल्ड की प्रभावी लम्बाई

उदाहरण 5.1 दो 16 mm मोटाई की प्लेट निम्नलिखित वेल्ड द्वारा जोड़ी गई हैं

(i) दोहरा U बट वेल्ड (ii) एकहरा U बट वेल्ड

प्रत्येक वेल्ड जोड़ का तनन बल में सामर्थ्य ज्ञात करो। वेल्ड की प्रभावी लम्बाई 150 mm है। वेल्ड में अनुज्ञेय तनन प्रतिबल का मान 142 N/mm^2 है।

हल: (i) दोहरा-U बट वेल्ड में वेल्ड का पूर्णतया प्रवेश होता है।

वेल्ड की प्रभावी कण्ठ मोटाई = 16mm, वेल्ड की प्रभावी लम्बाई = 150 mm

दोहरा - U बट वेल्ड का सामर्थ्य $= \frac{1420 \times 150 \times 16}{1000} = 340.8$ kN

(ii) एकहरा-U बट वेल्ड में वेल्ड का पूर्णतया प्रवेश नहीं होता है।

वेल्ड की प्रभावी कण्ठ मोटाई $= \left(\frac{5}{8} \times 16\right) = 10$mm

वेल्ड की प्रभावी कण्ठ लम्बाई = 150 mm

एकहरा-U बट वेल्ड का सामर्थ्य $= \left(\frac{142 \times 150 \times 10}{1000}\right) = 213.0$ kN.

उदाहरण 5.2 चित्र 5.15 में एक तनन अवयव दिखाया गया है, उसे एक गसट प्लेट से फिलेट वेल्ड द्वारा जोड़ा गया है। फिलेट वेल्ड का परिमाप 6mm है। वेल्ड का सामर्थ्य ज्ञात करो।

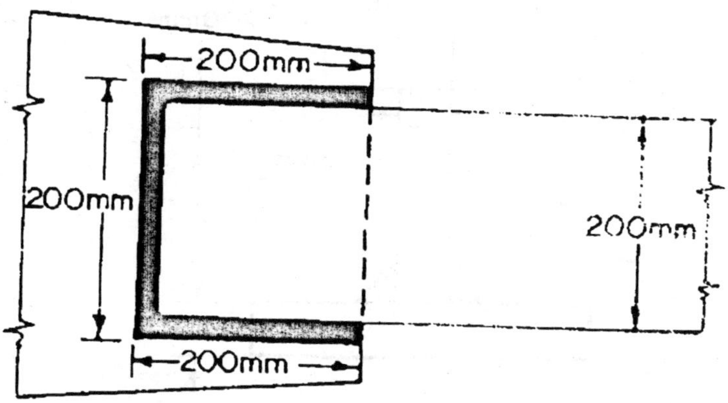

चित्र 5.15

हल : वेल्ड का परिमाप = 6 mm

वेल्ड की प्रभावी कण्ठ मोटाई = (0.7 x 6) = 4.2 mm

फिलेट वेल्ड की प्रभावी लम्बाई = (200 + 200 + 200) = 600 mm

फिलेट वेल्ड का सामर्थ्य $= \left(\dfrac{110 \times 600 \times 0.42}{1000}\right) = 277.2 \text{ kN}$

उदाहरण 5.3. उदाहरण 5.2 में यदि प्रेषित तनन बल का मान 30 tonnes हो तो एक प्लेट का दूसरी प्लेट पर आवश्यक चढ़ाव ज्ञात करो।

हल : वेल्ड का परिमाप = 6mm वेल्ड की प्रभावी कण्ठ मोटाई = 4.2 mm

सिरे में फिलेट वेल्ड द्वारा प्रेषित तनन बल $= \left(\dfrac{110 \times 200 \times 42}{1000}\right) = 9.4 \text{ kN}$

यदि एक प्लेट का दूसरी प्लेट पर आवश्यक चढ़ाव l है, तो किनारों के फिलेट वेल्ड द्वारा प्रेषित तनन बल

$$= \left(\frac{2 \times 110 \times l \times 4.2}{1000}\right) = 0.924\,l \text{ kN} \qquad (924 + 0.924\,l) = 300,\ l = 2247 \text{ mm}$$

आवश्यक प्लेटों का चढ़ाव = 224.7 mm

उदाहरण 5.4. एक I-खण्ड को 200 mm x 12 mm वेब प्लेट (Web plate) और दो फ्लैंज प्लेट (Flange plate) 100 mm x 12 mm को वेल्ड करके तैयार किया गया है। I-खण्ड को चित्र 5.16 में दिखाया भी गया है। वेल्ड का परिमाप 6mm है। यदि वेब प्लेट में औसतन अनुज्ञेय अपरूपण प्रतिबल का मान 0.4 fy हो, तो किसी भी खण्ड पर अधिकतम अपरूपण बल का मान ज्ञात करो। वेल्ड में अधिकतम अपरूपण प्रतिबल का मान 110 N/mm^2 है।

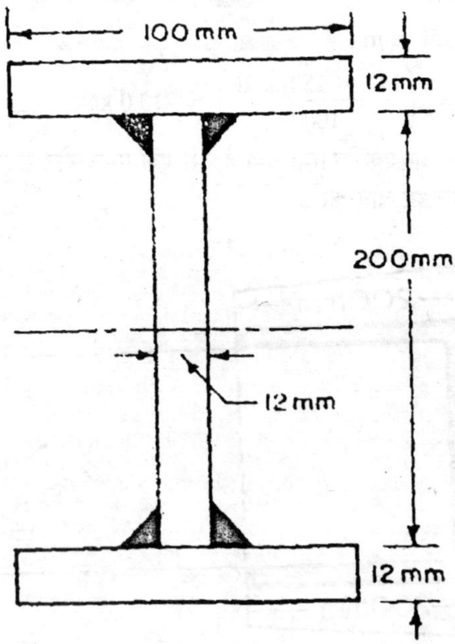

चित्र 5.16

हल I-खण्ड के लिए

$$I_{xx} = \frac{1}{12}[10 \times 22.4^3 - 8.8 \times 20^3 \times 10^4] = 3508 \times 10^4 \text{ mm}^4$$

वेल्ड पर अपरूपण प्रतिबल τ_s का मान $$\tau_s = \frac{F \cdot A\bar{y}}{I_{ss} \cdot (2t)}$$

जहाँ 2 t = दो वेल्ड की प्रभावी कण्ठ की मोटाई = 2 x 0.7 x 6 mm

A. $\bar{y}$ = फ्लैंज क्षेत्रफल का x – x पर आघूर्ण = 10 x 1.2 x (10 + 0.6) cm^2

τ_s = 110 N/mm^2

यदि F = अपरूपण बल

$$\text{अतः } \tau_s = \left(\frac{F \times 100 \times 12\,(100 + 6)}{3508 \times 2 \times 0.7 \times 6}\right) = 238 \text{ kN}$$

वेब प्लेट पर औसतन अपरूपण प्रतिबल = (0.4 x 250) = 100 N/mm^2

$$F_1 = \left(\frac{0.4 \times 250 \times 200 \times 12}{1000}\right) = 250 \text{ kN}$$

I-खण्ड पर अधिकतम अपरूपण बल का मान 250 kN है।

5.11 अक्षीय भार के लिए वेल्ड जोड़ की डीजाइन (Design of Welded Joint Subjected to Axial Load)

पूर्णतया प्रवेश बट वेल्ड में डीजाइन संगणना की आवश्यकता नहीं रहती है। अपूर्ण प्रवेश बट वेल्ड में प्रभावी कण्ठ की मोटाई की संगणना की जाती है और आवश्यक लम्बाई तक वेल्ड की जाती है।

फिलेट वेल्ड में सारणी 5.1 के अनुसार वेल्ड का न्यूनतम परिमाप तय कर लिया जाता है। भारतीय मानक IS : 816-1969 के अनुसार जब वर्गाकार किनारों या सिरों पर फिलेट वेल्ड किया जाता है, तब वेल्ड का अधिकतम परिमाप प्लेट की मोटाई से कम से कम 1.5 mm, जैसा चित्र 5.17 में दिखाया गया है, कम रखा जाता है। इससे वेल्ड की घिसाई नहीं होती। बेलित इस्पातीय खण्ड में किनारे गोलाकार होते हैं। अतः वेल्ड का अधिकतम परिमाप प्लेट की मोटाई का (3/4) गुणा रखा जाता है। जब फिलेट वेल्ड चढ़ाव जोड़ में लगाया जाता है, तब अवयवों का चढ़ाव प्लेट की मोटाई से कम-से-कम 5 गुणा होना चाहिए।

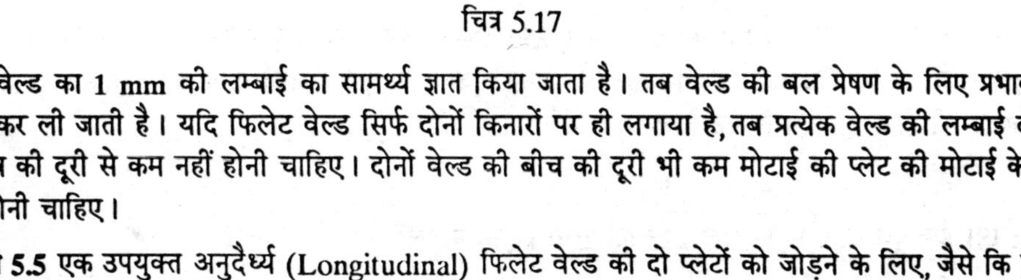

चित्र 5.17

फिलेट वेल्ड का 1 mm की लम्बाई का सामर्थ्य ज्ञात किया जाता है। तब वेल्ड की बल प्रेषण के लिए प्रभावी आवश्यक लम्बाई ज्ञात कर ली जाती है। यदि फिलेट वेल्ड सिर्फ दोनों किनारों पर ही लगाया है, तब प्रत्येक वेल्ड की लम्बाई दोनों वेल्ड के बीच की लम्ब की दूरी से कम नहीं होनी चाहिए। दोनों वेल्ड की बीच की दूरी भी कम मोटाई की प्लेट की मोटाई के 16 गुणा से ज्यादा नहीं होनी चाहिए।

उदाहरण 5.5 एक उपयुक्त अनुदैर्ध्य (Longitudinal) फिलेट वेल्ड की दो प्लेटों को जोड़ने के लिए, जैसे कि चित्र 5.18 में दिखाया गया है, डीजाइन करो। वेल्ड द्वारा प्लेट का पूर्ण तनन सामर्थ्य प्रेषित करना है। वेल्ड में अनुज्ञेय प्रतिबल का मान 1100 N/mm^2 है और प्लेट में अनुज्ञेय तनन प्रतिबल का मान 0.6f_y है। प्रत्येक प्लेट 10 mm मोटाई की है।

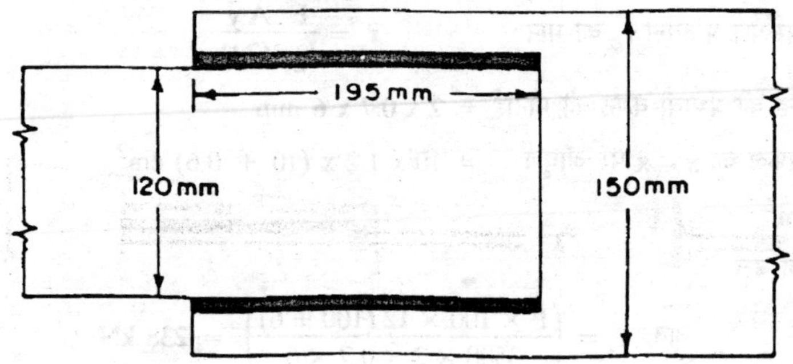

चित्र 5.18

डीजाइन Step 1 :

19mm की मोटाई तक वेल्ड का न्यूनतम परिमाप = 5 mm

वेल्ड का अधिकतम परिमाप = (10 – 1.5) = 8.5 mm

अतः 6 mm फिलेट वेल्ड का प्रयोग किया जाता है।

Step 2 : वेल्ड की 1mm लम्बाई द्वारा प्रेषित तनन बल

$$= \left(\frac{110 \times 1 \times 0.7 \times .6}{1000}\right) = 0.462 \text{ kN}$$

प्लेट की मोटाई = 10 mm

Step 3 : प्लेट का तनन सामर्थ्य = 0.6 x 250 x 120 x 10 = 18000 kN

Step 4 : वेल्ड की आवश्यक प्रभावी लम्बाई

$$= \left(\frac{18000}{0.462}\right) = 389.6 = \text{(say 390 mm)}$$

अतः 195 mm लम्बाई का अनुदैर्ध्य फिलेट वेल्ड हर एक किनारे पर जैसा चित्र 5.18 में दिखाया गया है, लगाया जाता है।

195 mm वेल्ड की लम्बाई दोनों वेल्ड के बीच की लम्ब दूरी 120 mm से ज्यादा है।

दोनों वेल्ड की बीच की दूरी 120 mm प्लेट की मोटाई 10 mm से 16 गुणा से (10 x 16 = 160 mm) से कम है।

अतः वेल्ड की डीजाइन ठीक है।

उदाहरण 5.6. एक तनन अवयव दो ISMC 225, @ 0.259 kN/m चैनल खण्ड से बनाना है। चैनल खण्डों के गसेट प्लेट के दोनों तरफ लगाना है। गसेट प्लेट की मोटाई 12 mm है। तनन अवयव का पूर्ण सामर्थ्य के बराबर बल प्रेषण करना है। चढ़ाव 400mm से ज्यादा नहीं होना चाहिए। फिलेट वेल्ड जोड़ की डीजाइन करे।

डीजाइन

Step 1 : ISI हैण्डबुक नं. 1 से, ISMC 225 @ 25.9 kg/m के लिये

वेब की मोटाई = 6.4 mm

फ्लेंज की मोटाई = 12.4 mm

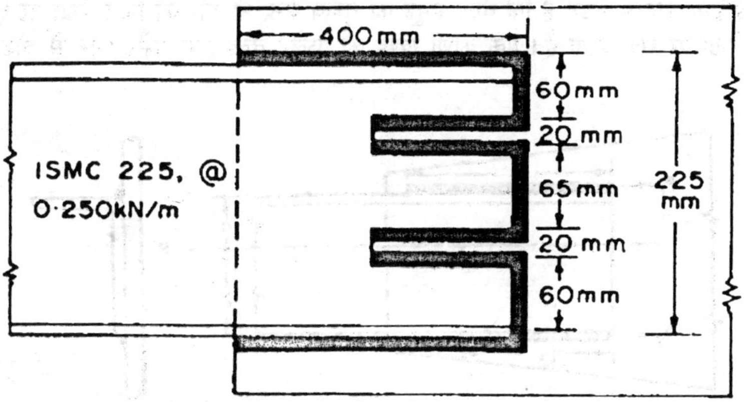

चित्र 5.19

अनुप्रस्थ क्षेत्रफल = 3301 mm^2

Step 2 : प्रत्येक चैनल खण्ड का तनन सामर्थ्य, $\left(\frac{0.6 \times 250 \times 3301}{1000}\right) = 495.15$ kN

4 mm वेल्ड का प्रयोग किया जाता है।

Step 3 : 1 mm लम्बाई का वेल्ड का सामर्थ्य $= \left(\frac{110 \times 0.7 \times 0.4}{1000}\right) = 0.308$ kN

Step 4 : एक चैनल खण्ड को जोड़ने के लिये फिलेट वेल्ड की कुल आवश्यक लम्बाई = $\left(\frac{4951}{0.308}\right) = 1607$ mm

चढ़ाव 400 mm से ज्यादा नहीं होना चाहिये।

Step 5 : स्लोट की चौड़ाई वेब प्लेट की मोटाई से 3 गुणा से कम नहीं होनी चाहिए। अतः दो स्लोट, प्रत्येक 20 mm चौड़ाई के बनाये जाते हैं।

स्लोट किनारे का चैनल खण्ड के किनारे की दूरी या दो स्लोट के किनारों के बीच की दूरी वेब प्लेट की मोटाई से 2 गुणा से कम नहीं होनी चाहिए।

अतः ये परिमाप चित्र 5.19 में जैसे दिखाये गये हैं, उसी के अनुसार अपनाये जाते हैं।

माना कि स्लोट की लम्बाई x है। अतः वेल्ड की कुल लम्बाई

$$(800 + 225 + 4x - 2 \times 2) = 1607 \text{ mm}$$

x = 155.65 mm अतः फिलेट वेल्ड चित्र 5.19 के अनुसार किया जाता है।

5.12 अक्षीय भार के लिए असममित खण्डों की फिलेट वेल्ड की जोड़ की डीजाइन (Design of Fillet Welded Joint for Unsymmetrical Sections Subjected to Axial Load)

कोणी-खण्ड और T-खण्ड असममित खण्ड होते हैं। असममित खण्डों में बाह्य भार इस तरह से लगाया जाता है कि भार की क्रिया रेखा और खण्ड की उदासीन अक्ष एक हो जाय। इस तरह से भार की क्रिया रेखा खण्ड के केन्द्रक से गुजरती है और उत्केन्द्रीयता के प्रभाव से बचा जाता है और बंकन आघूर्ण भी उत्पन्न नहीं होते। जब असममित खण्ड वेल्ड द्वारा जोड़े जाते हैं, तब

फिलेट वेल्ड की लम्बाई इसी तरह से रखते हैं कि वेल्ड समूह का गुरुत्व केन्द्र भी भार की क्रिया रेखा पर रहे। अतः गुरुत्व केन्द्र भी खण्ड की उदासीन रेखा पर रखा जाता है। एक कोणी खण्ड को फिलेट वेल्ड द्वारा गसैट प्लेट से जोड़ा हुआ चित्र 5.20 में दिखाया गया है।

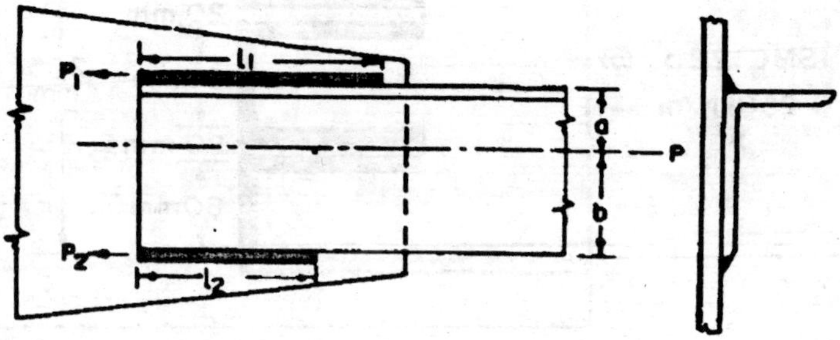

चित्र 5.20

कोणी-खण्ड में अक्षीय बल P है जो कि गसेट प्लेट को प्रेषित होता है। कोणी खण्ड के दोनों किनारों पर अक्षीय बल के समान्तर फिलेट वेल्ड की लम्बाई क्रमशः l_1 और l_2 है। ये वेल्ड क्रमशः P_1 और P_2 बलों का प्रतिरोध करते हैं।

P_2 बल की क्रिया रेखा पर आघूर्ण लेने पर $$P_1 \times (a + b) = P.b \quad \text{(i)}$$

$$P_1 = \left(\frac{P.b}{(a+b)}\right) \quad (5.1)$$

इसी तरह P1 बल की क्रिया रेखा पर आघूर्ण लेने पर, $$P_2 \times (a + b) = P.a \quad \text{(ii)}$$

$$P_2 = \left(\frac{P.a}{(a+b)}\right) \quad (5.2)$$

माना कि वेल्ड में अधिकतम अनुज्ञेय प्रतिबल τ_{vm} है, और वेल्ड का परिमाप s है। तब वेल्ड का 1 mm की लम्बाई का सामर्थ्य

$$= \tau_{vm} \times 0.7\,s \quad \text{(iii)}$$

अतः $$l_1 = \left(\frac{P_1}{\tau_{vm} \times 0.7\,s}\right) = \left(\frac{P.b}{\tau_{vm} \times 0.7\,s\,(a+b)}\right) \quad (5.3)$$

$$l_2 = \left(\frac{P_2}{\tau_{vm} \times 0.7\,s}\right) = \left(\frac{P.a}{\tau_{vm} \times 0.7\,s\,(a+b)}\right) \quad (5.4)$$

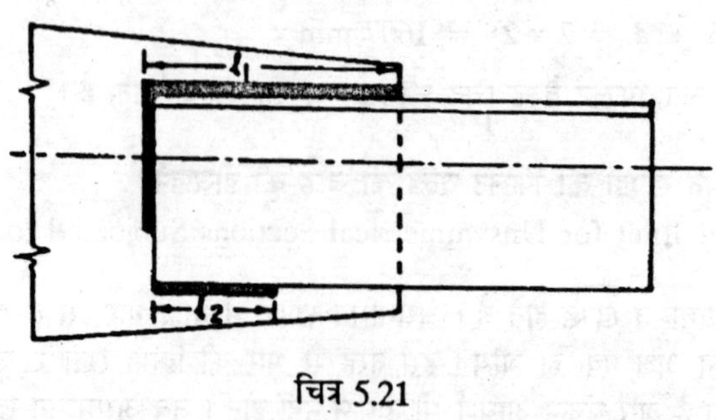

चित्र 5.21

जब कोणी खण्ड के किनारों पर वेल्ड की लम्बाई को व्यवस्थित करना संभव नहीं रहता, तब कोणी-खण्ड के सिरे पर भी फिलेट वेल्ड की जाती है, जैसा कि चित्र 5.21 में दिखाया गया है।

उदाहरण 5.7 एक तनन अवयव दो कोणी-खण्ड ISA 90 mm x 60 mm x 10 mm से बना हुआ है। तनन अवयव में 250 kN का अक्षीय बल है। कोणी-खण्ड गसेट प्लेट के दोनों तरफ लगाये गये हैं। गसेट प्लेट की मोटाई 10 mm है। वेल्ड जोड़ की डीजाइन करो।

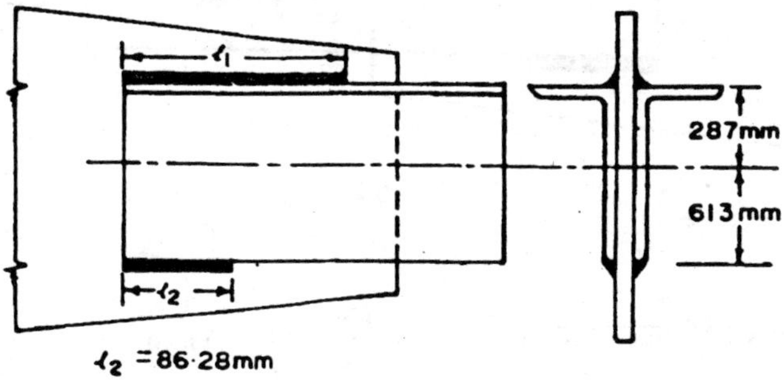

चित्र 5.22

डीजाइन - Step 1 :

बेल्लित खण्डों में सिरे की मोटाई का (3/4) गुणा से वेल्ड का परिमाप ज्यादा नहीं रखते। अतः वेल्ड का अधिकतम परिमाप

$$= \left(\frac{3}{4} \times 10\right) = 7.5 \text{ mm} \qquad \text{(i)}$$

Step 2 : अतः फिलेट वेल्ड 6 mm का अपनाया जाता है। प्रत्येक कोणी-खण्ड में तनन बल

$$P = \left(\frac{1}{2} \times 250\right) = 125 \text{ kN}$$

समीकरण 5.3 से, वेल्ड की लम्बाई

$$l_2 = \left(\frac{P.b}{(a+b) \times 0.7 \times 0.6 \times 110}\right) \text{mm} = \left(\frac{125 \times 613 \times 1000}{90 \times 0.42 \times 1.100}\right) = 184.28 \text{ mm}$$

समीकरण 5.4 से, वेल्ड की लम्बाई

$$l_1 = \left(\frac{125 \times 287 \times 1000}{9.0 \times 0.42 \times 1.100}\right) = 86.279 \text{ mm}$$

a और b का मान ISI हैंडबुक न. 1 से अपनाये गये हैं।

l_1 और l_2 वेल्ड की प्रभावी लम्बाइयाँ हैं, जो चित्र 5.22 में दिखायी गयी हैं। वेल्ड की वास्तविक लम्बाई के लिए वेल्ड की परिमाप की 2 गुणा लम्बाई प्रभावी लम्बाई में जोड़ दी जाती है।

उदाहरण 5.8 एक कोणी-खण्ड से बना तनन अवयव ISA 110 mm x 110 mm x 8 mm में 210 kN का अक्षीय बल है। यह तनन अवयव एक 8 mm की मोटाई की गसेट प्लेट से वेल्ड द्वारा जोड़ा जाता है। कोणी-खण्ड के सिरे पर भी वेल्ड लगाना है। वेल्ड जोड़ की डीजाइन करो।

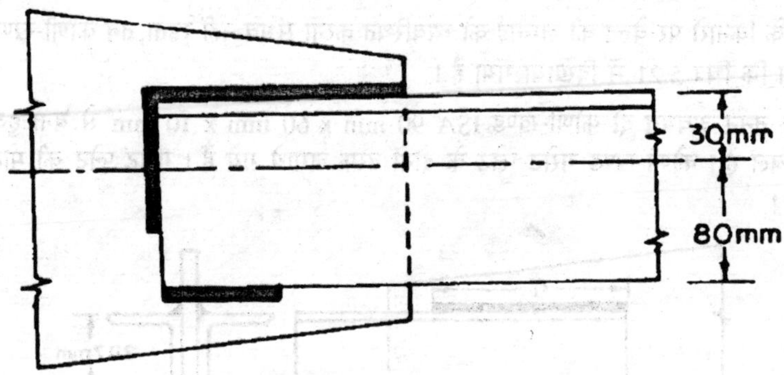

चित्र 5.23

डीजाइन - Step 1:

बेल्लित खण्ड में वेल्ड का अधिकतम परिमाप $= \left(\frac{3}{4} \times 8\right) = 6$ mm (i)

गसेट प्लेट पर वेल्ड का अधिकतम परिमाप $= (8 - 1.5) = 6.5$ mm (ii)

अतः 6 mm परिमाप की फिलेट वेल्ड लगाया जाता है। उदासीन अक्ष की ऊपर से दूरी = 30 mm (iii)

अतः कोणी-खण्ड के सिरे पर 6 mm प्रभावी लम्बाई का फिलेट वेल्ड लगाया जाता है।

Step 2 : यह वेल्ड उदासीन अक्ष के सममित है। सिरे के फिलेट वेल्ड का सामर्थ्य

$$\left(\frac{110 \times 0.7 \times 0.6 \times 60}{1000}\right) = 27.22 \text{ kN} \quad \text{(iv)}$$

Step 3 : किनारों के फिलेट वेल्ड को प्रेषित करने के लिए तनन बल

$$= (210 - 27.72) = 18228 \text{ kN} \quad \text{(v)}$$

समीकरण 5.3 से

$$l_1 = \left(\frac{18288 \times 80 \times 1000}{110 \times 0.7 \times 0.6 \times 100}\right) = 286.94 \text{ mm} \quad \text{(vi)}$$

समीकरण 5.4 से

$$l_2 = \left(\frac{18288 \times 30 \times 1000}{110 \times 0.7 \times 0.6 \times 100}\right) = 107.5 \text{ mm} \quad \text{(vii)}$$

वेल्ड की प्रभावी लम्बाई चित्र 5.23 में दिखायी गयी है।

5.13 उत्केन्द्रीय भार के लिये वेल्ड जोड़ की डीजाइन (Design of Welded Joints Subjected to Eccentric Load)

जब वेल्ड समूह का गुरुत्व केन्द्र प्रयुक्त भार (Applied load) की क्रिया रेखा पर नहीं होता, तब वेल्ड जोड़ पर उत्केन्द्रीय भार होता है। ऐसे वेल्ड जोड़ दो प्रकार के होते हैं।

1. इस प्रकार के वेल्ड जोड़ में वेल्ड समूह का गुरुत्व केन्द्र प्रयुक्त भार के समतल में होता है।
2. इस प्रकार के वेल्ड जोड़ में वेल्ड समूह का गुरुत्व केन्द्र प्रयुक्त भार के समतल में नहीं होता है।

प्रकार 1 - चित्र 5.24 में एक वेल्ड ब्रेक्ट जोड़ दिखाया गया है। ब्रेक्ट जोड़ में प्रयुक्त भार P है। भार की गुरुत्व केन्द्र से उत्केन्द्रीय दूरी e है।

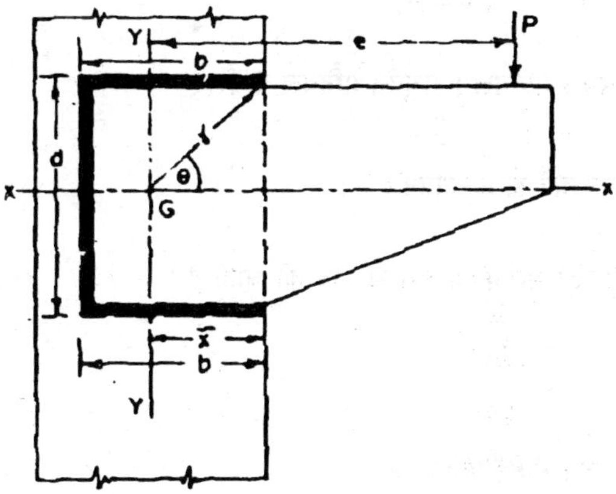

Fig. 5.24

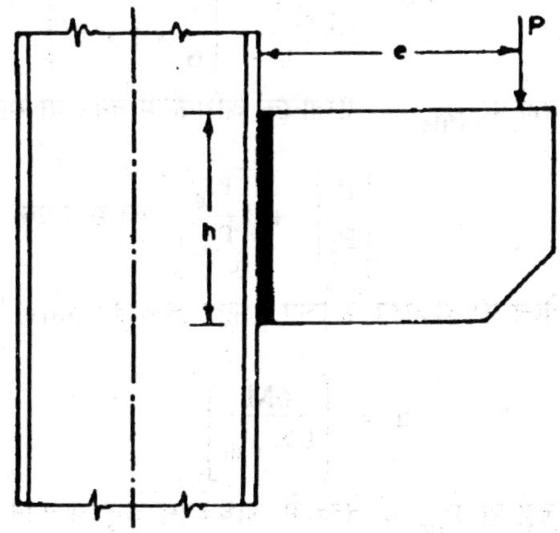

Fig. 5.25

उत्केन्द्रीय भार निम्नलिखित के समतुल्य है

(i) वेल्ड के गुरुत्व केन्द्र पर एक अक्षीय बल P

(ii) एक बल युग्म $M = P.e$

माना कि वेल्ड की प्रभावी कण्ठ मोटाई t है। अतः वेल्ड में सीधा अपरूपण प्रतिबल

$$P_s = \left(\frac{P}{(2b + d) \times t}\right) \qquad \text{(i)}$$

बल युग्म M द्वारा वेल्ड में अधिकतम प्रतिबल सबसे ज्यादा दूरी के वेल्ड पर होता है और यह प्रतिबल सदिश-त्रिज्या के अभिलम्ब होता है।

$$P_b = \left(\frac{P.e.r}{I_{ss}}\right) \text{ जहाँ पर } \quad (I_{ss} = I_{xx} + Ivv) \qquad \text{(iii)}$$

इस प्रकार वेल्ड में परिणामी प्रतिबल

$$p = \left[(P_s)^2 + (P_b)^2 + 2P_{yy}\, P_b \cos\theta\right] \qquad (5.5)$$

परिणामी प्रतिबल का मान वेल्ड में अधिकतम अनुज्ञेय प्रतिबल के मान से ज्यादा नहीं होना चाहिए।

प्रकार 2. इस प्रकार के वेल्ड जोड़ में बट वेल्ड या फिलेट वेल्ड लगाये जाते हैं। चित्र 5.25 में ब्रेक्ट जोड़ में बट वेल्ड लगाया जाता है।

प्रयुक्त भार P की उत्केन्द्रीय दूरी e है। वेल्ड में सीधा अपरूपण प्रतिबल और बंकन प्रतिबल है। माना कि वेल्ड की प्रभावी कण्ठ मोटाई t है। अतः वेल्ड में सीधा अपरूपण प्रतिबल

$$P_s = \left(\frac{P}{h \times 1}\right) \qquad \text{(iv)}$$

जहाँ पर h = वेल्ड की प्रभावी गहराई

वेल्ड में अधिकतम बंकन प्रतिबल उदासीन अक्ष से अधिकतम दूरी पर होता है। अतः

$$P_t/e = \left(\frac{M}{Z}\right) = \left(\frac{M}{\frac{1}{6} \times t \times h^2}\right) = \left(\frac{6M}{t \times h^2}\right) = \left(\frac{6P \times e}{t \times h^2}\right)$$

जहाँ पर, p_{tle} = वास्तविक अधिकतम तनन या संपीडन बंकन प्रतिबल। संयुक्त प्रतिबल के लिए

$$\left[\frac{P_s}{P_s}\right]^2 + \left[\frac{P/_e}{P/_o}\right]^2$$ का मान एक से ज्यादा नहीं होना चाहिए।

वेल्ड की डीजाइन के लिए प्रभावी लम्बाई (गहराई) निम्नलिखित समीकरण 5.6 से ज्ञात की जाती है।

$$h = \left[\frac{6M}{t \times P_{tfe}}\right]^{1/2} \qquad (5.6)$$

जहाँ पर, P_{tle} = वेल्ड में अधिकतम अनुज्ञेय तनन या संपीडन बंकन प्रतिबल।

वेल्ड की प्रभावी कण्ठ की मोटाई अवयव की मोटाई के कारण मालूम होती है। इस प्रकार बट वेल्ड की ब्रेक्ट जोड़ में डीजाइन की जाती है।

चित्र 5.26 में ब्रेक्ट जोड़ में फिलेट वेल्ड लगाया गया है। फिलेट वेल्ड प्लेट के दोनों तरफ लगाया गया है।

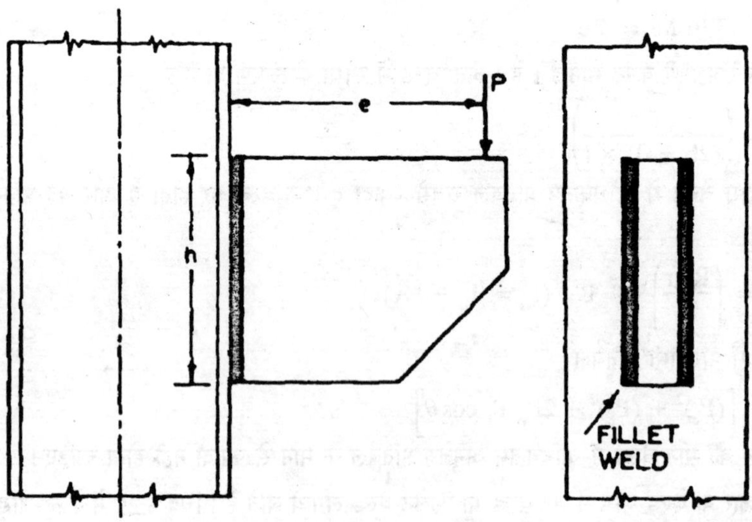

चित्र 5.26

फिलेट वेल्ड में सीधा अपरूपण प्रतिबल और बंकन प्रतिबल होता है। माना कि वेल्ड की प्रभावी कण्ठ की मोटाई t है। अतः फिलेट वेल्ड में सीधा अपरूपण प्रतिबल

$$P_s = \left(\frac{P}{2t \times h}\right) \qquad (vii)$$

वेल्ड में बंकन प्रतिबल

$$P_b = \left(\frac{M}{Z}\right) = \left(\frac{6P \times e}{2 \times t \times h^2}\right) \quad \text{(viii)}$$

फिलेट वेल्ड में परिणामी प्रतिबल

$$P = \left[(P_s)^2 + (P_b)^2\right]^{1/2} \quad (5.7)$$

परिणामी प्रतिबल का मान वेल्ड में अधिकतम अनुज्ञेय प्रतिबल से ज्यादा नहीं होना चाहिए।

वेल्ड की डीजाइन में प्लेट की मोटाई से प्रभावी कण्ठ की मोटाई ज्ञात होती है। दोनों तरफ लगाये गये फिलेट वेल्ड की प्रभावी गहराई

$$h = \left[\frac{6M}{2 \times t \times P_s}\right]^{1/2} \quad (5.8)$$

जहाँ पर, P_s = वेल्ड में अधिकतम अनुज्ञेय अपरूपण प्रतिबल

उदाहरण 5.9 निम्नलिखित उपयुक्त वेल्ड की ब्रेक्ट जोड़ चित्र 5.27 के लिए डीजाइन करो।

(i) बट वेल्ड, (ii) फिलेट वेल्ड

बट वेल्ड में अनुज्ञेय बंकन प्रतिबल का मान 157.5 N/mm^2 है।

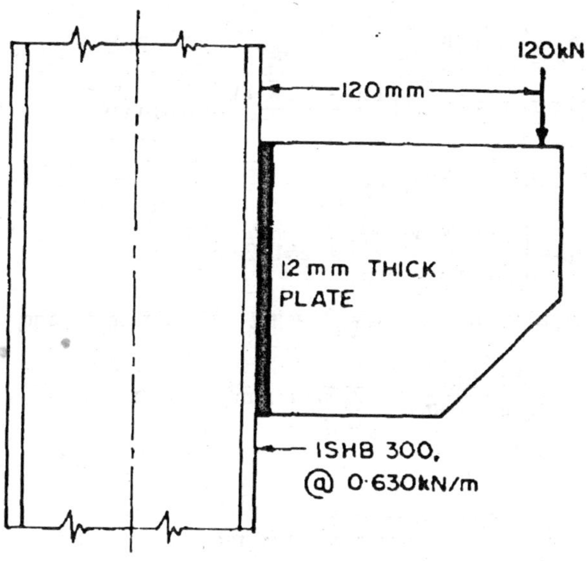

चित्र 5.27

डीजाइन - Step 1. (i) बट वेल्ड - एक दोहरा-V बट वेल्ड ब्रेक्ट जोड़ में लगाया जाता है।

वेल्ड की प्रभावी कण्ठ की मोटाई = 12 mm (i)

वेल्ड की प्रभावी गहराई, समीकरण 5.6 से

$$h = \left[\frac{6M}{t \times P_{tle}}\right] = \left[\frac{6 \times 12 \times 1000 \times 12}{12 \times 1575}\right]^2 = 213.81 \text{ mm}$$

Step 2 : अतः वेल्ड की गहराई 230 mm रखी जाती है। वेल्ड में सीधा अपरूपण प्रतिबल

$$p_s = \left(\frac{120 \times 1000}{230 \times 12}\right) = 43.478 \text{ N/mm}^2$$

वेल्ड में अधिकतम बंकन प्रतिबल

$$p_b = \left(\frac{6 \times 120 \times 120 \times 1000}{12 \times 230^2}\right) = 136.11 \text{ N/mm}^2$$

बट वेल्ड में संयुक्त प्रतिबल के लिए

$$\left[\frac{P_s}{P_s}\right]^2 + \left[\frac{P_{tle}}{P_{tle}}\right] = \left[\frac{43.5}{110}\right]^2 + \left[\frac{13.61}{15.75}\right]^2 < 1$$

अतः वेल्ड की डीजाइन उपयुक्त है। वेल्ड की प्रभावी गहराई 230 mm रखी जाती है।

Step 3 : (ii) फिलेट वेल्ड - प्लेट के दोनों तरफ 8 mm का फिलेट वेल्ड लगाया जाता है। अतः वेल्ड की प्रभावी कण्ठ की मोटाई

$$= 0.7 \times 8 = 5.6 \text{ mm} \qquad \text{(vi)}$$

$$1 \text{ mm फिलेट वेल्ड का सामर्थ्य} = \left(\frac{110 \times 56 \times 1}{1000}\right) = 0.616 \text{ kN}$$

Step 4 - वेल्ड की प्रभावी गहराई

$$= h = \left[\frac{6 \times 120 \times 120}{2 \times 0.616}\right] = 264.82 \text{ mm}$$

Step 5 - अतः वेल्ड की प्रभावी गहराई 300 mm रखी जाती है। वेल्ड में सीधा अपरूपण प्रतिबल

$$\tau_v = \left(\frac{120 \times 1000}{2 \times 300 \times 56}\right) = 35.71 \text{ N/mm}^2$$

वेल्ड में बंकन प्रतिबल

$$p_b = \left(\frac{6 \times 120 \times 1000}{2 \times 56 \times 300}\right) = 85.71 \text{ N/mm}^2$$

Step 6- फिलेट वेल्ड में परिणामी प्रतिबल

अतः फिलेट वेल्ड की डीजाइन उपयुक्त है।

$$= [35.71^2 + 85.71^2]^{1/2} = 92.85 < 110 \text{ N/mm}^2$$

उदाहरण 5.10. एक ब्रेक्ट प्लेट को वेल्ड द्वारा एक I-खण्ड स्तम्भ की फ्लैंज से जोड़ा गया है, जैसा कि चित्र 5.28 में दिखाया गया है। फिलेट वेल्ड का परिमाप ज्ञात करो।

हल Step 1 : माना कि वेल्ड की प्रभावी कण्ठ की मोटाई t है और केन्द्रक की दूरी एक तरफ से x है। वेल्ड की ज्योमिति गुण

$$\bar{x} = \left(\frac{2 \times 180 \times t \times 90 + 250\,t \times 0}{2 \times 180 \times t \times 250 \times t}\right) = 53.1 \text{ mm} \qquad \text{(i)}$$

$$I_{ss} = \left[2 \times 18 \times t \times 12.5^2 + \frac{1}{12} \times t \times 25^3\right] \times 10^4 = 6942\,t\,10^4 \text{ mm}^4$$

$$I_{w} = \left[\frac{1}{12} \times 2 \times t \times 18^3 + 2 \times 18 \times t \times (9 - 5.31)^2 + 2.5 \times t \times 5.31^2\right] \times 10^4$$

$$= 1884.5 \text{ t x } 10^4 \text{ mm}^4$$

$$I_{ss} = (6942 + 1884.5)\,t \times 10^4 = 8826.5\,t \times 10^4 \text{ mm}^4$$

केन्द्रक से वेल्ड की अधिकतम त्रिज्या दूरी

$$r = \left[(125)^2\ (1269)^2\right\}^{1/2} = 178.8 \text{ mm}, \quad \cos\theta = \left(\frac{1269}{1788}\right) = 0.71$$

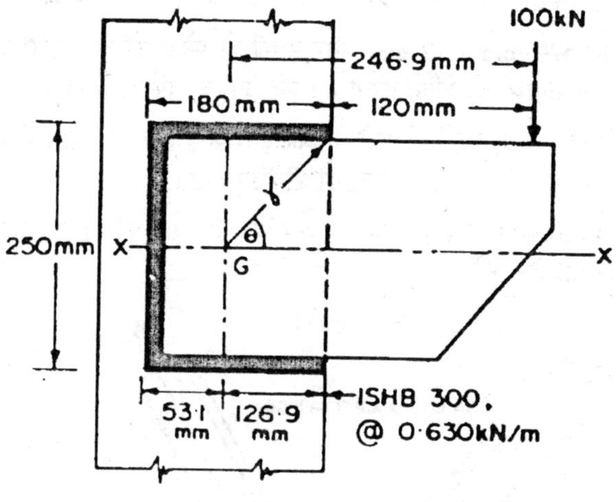

चित्र 5.28

Step 2 : वेल्ड में सीधा अपरूपण प्रतिबल

$$P_s = \left(\frac{100 \times 1000}{(2 \times 180 \times 250)\,t}\right) = \left(\frac{163.9}{t}\right) \text{ N/mm}^2$$

$$P_b = \left(\frac{100 \times 1000 \times 2469 \times 1788}{8826.t \times 10^4}\right) = \left(\frac{500.15}{t}\right) \text{ N/mm}^2$$

वेल्ड में परिणामी प्रतिबल

$$p = \left[\left(\frac{163.93}{t}\right)^2 + \left(\frac{500.15}{t}\right)^2 + 2 \times \left(\frac{169.93}{t}\right)\left(\frac{500.15}{t}\right) \times 0.73\right]^{1/2}$$

$$\left(\frac{627.25}{t}\right) \text{ N/mm}^2$$

$$t = \left(\frac{627.25}{1000}\right) = 5.7 \text{ mm}$$

वेल्ड का परिमाप

$$= \left(\frac{057}{0.7}\right) = 8.146 \text{ mm}$$

अतः वेल्ड का परिमाप 9 mm अपनाया जाता है।

प्रश्नावली

5.1 दो 14mm की मोटाई की प्लेटों को निम्नलिखित वेल्ड द्वारा जोड़ा गया है। वेल्ड की प्रभावी लम्बाई 200 mm है।
(i) एकहरा-V बट वेल्ड (ii) दोहरा-V बट वेल्ड। प्रत्येक वेल्ड जोड़ की तनन में सामर्थ्य ज्ञात करो।

5.2 100 mm x 10 mm और 120 mm x 12 mm परिमाप की दो प्लेटों को वेल्ड द्वारा जोड़ना है। वेल्ड जोड़ को कम मोटाई की प्लेट के पूर्ण तनन सामर्थ्य को प्रेषित करना है। एक उपयुक्त फिलेट वेल्ड की डीजाइन करो।

5.3 100 mm x 10 mm परिमाप की दो प्लेटों को सिरे के फिलेट वेल्ड द्वारा चढ़ाव जोड़ में जोड़ा गया है। वेल्ड जोड़ प्लेट का पूर्ण तनन सामर्थ्य प्रेषित करता है। उपयुक्त वेल्ड की डीजाइन करो।

5.4 एक छत कैंची का जोड़ चित्र 5.29 में दिखाया गया है। अवयवों को गसेट प्लेट द्वारा जोड़ा गया है। अवयवों को जोड़ने के लिए उपयुक्त वेल्ड की डीजाइन करो।

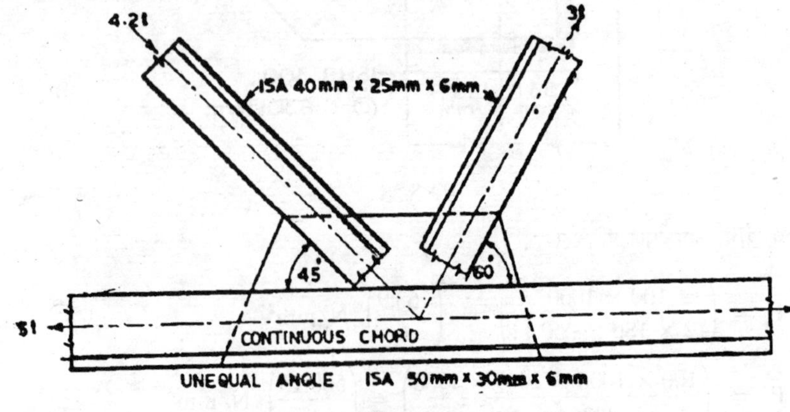

चित्र 5.29

5.5 एक कोणी खण्ड ISA 100 mm x 75 mm x 10 mm को एक I-खण्ड के स्तम्भ ISHB 350 @ 67.4 kg/m की फ्लैंज से जोड़ा गया है जिसे कि चित्र 5.30 में दिखाया गया है। ब्रेक्ट पर स्तम्भ से 40 mm की दूरी पर 80 kN का एक भार है। ब्रेक्ट वेल्ड जोड़ की डीजाइन करो।

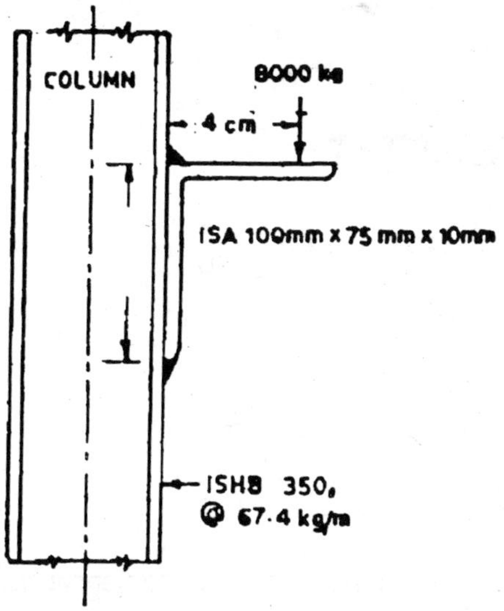

Fig. 5.30

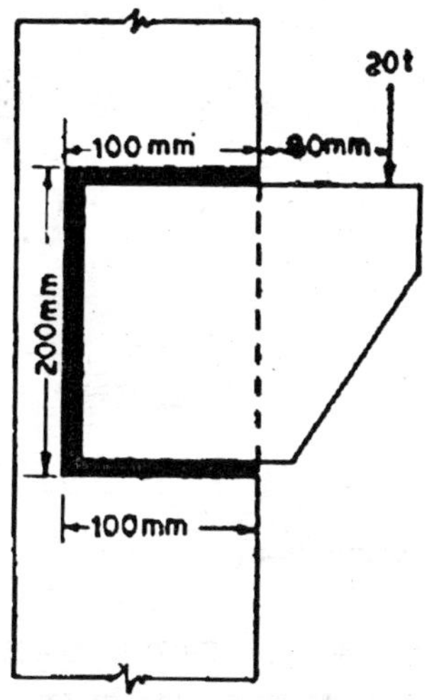

Fig. 5.31

5.6 एक I-खण्ड ISHB 350 @ 0.674 kN/m के दोनों फ्लैंज, के साथ दो प्लेटों को जोड़ा गया है, जैसे कि चित्र 5.31 में दिखाया गया है। प्लेटों की मोटाई 10 mm हैं। प्लेटों पर एक 20 t का भार I-खण्ड से 80 mm की दूरी पर है। वेल्ड की डीजाइन करो।

6

तनन अवयवो
(Tension Members)

6.1 प्रस्तावना (Introduction)

एक संरचनात्मक अवयव जिसमें सीधा तनन बल (Direct tensile force) होता है, उसे तनन अवयव कहते हैं। छत कैंची में तनन अवयवों को साधारणतया तान अंग (Tie) भी कहते हैं। जब बाह्य भार की क्रिया रेखा अवयव की केन्द्रक अक्ष साथ संपतन (Coincide) होती है, तब अवयव को अक्षीय भारित (Axially loaded) अवयव कहते हैं। जब एक तनन अवयव में अक्षीय तनन भार होता है, तब अवयव के प्रत्येक अनुप्रस्थ खण्ड पर तनन प्रतिबल एक समान वितरित होता है। अवयव का पूर्ण निवल क्षेत्रफल (Net area) प्रभावी ढंग से अधिकतम अनुज्ञेय प्रतिबल पर उपयोग में आता है। अतः एक अक्षीय भारित तनन अवयव आर्थिक दृष्टि से भी ठीक रहते हैं और इनको बहुत कार्य क्षम (Efficient) समझा जाता है।

कई बार प्रयुक्त भार की क्रिया रेखा अवयव के केन्द्रक से कुछ उत्केन्द्रीय दूरी से गुजरती है, ऐसे अवयवों को उत्केन्द्रीय भारित (Eccentrically loaded) अवयव कहते हैं। उत्केन्द्रीय भारित अवयव में अक्षीय प्रतिबल और बंकन प्रतिबल होते हैं।

6.2 तनन अवयवों के प्रकार (Types of Tension Members)

चित्र 6.1 में विभिन्न प्रकार के अवयव दिखाये गये हैं। इन विभिन्न प्रकार के अवयवों को मुख्यतया निम्नलिखित चार समूहों पर रख सकते हैं।

(i) तार व केबल (Wires and cables) (ii) दण्ड व छड़ (Rods and bars)

(iii) संरचनात्मक खण्ड और प्लेट (Structural sections and plates) (iv) संघटित खण्ड (Built-up sections)

(i) तार व केबल (Wires and cables) - तार व केबल का उपयोग मुख्यतया हविस (Hoist) और डैरिक (Derrick) में वजन उठाने के लिए किया जाता है। तार व केबल झूला-पुल (Suspension bridges) में भी काम में लाये जाते हैं।

(ii) दण्ड व छड़ (Rods and bars) - चित्र 6.1 (B) और (C) में गोल और आयताकार छड़ दिखाये गये हैं। जब तनन अवयवों की लम्बाई कम होती है तब इनका उपयोग किया जाता है। चपटा खण्ड चित्र 6.1 (A) में दिखाया गया है। इनका उपयोग हल्की कैंचियों में किया जाता है।

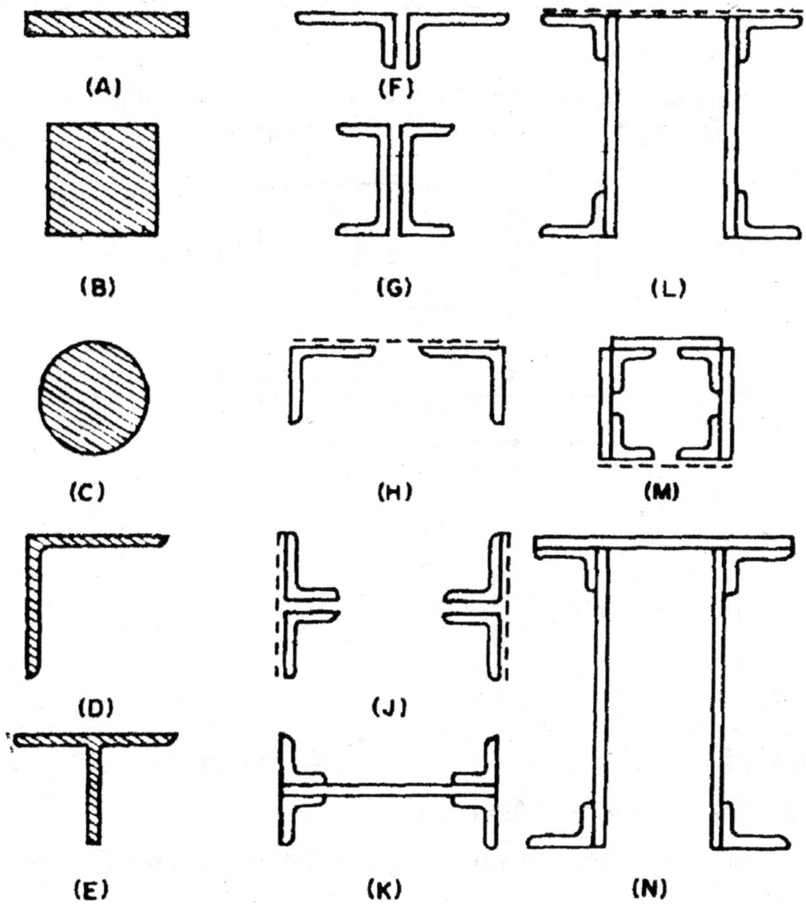

VARIOUS FORMS OF TENSION MEMBERS

चित्र 6.1

(iii) संरचनात्मक खण्ड और प्लेट (Structural sections and plates) - कोणी खण्ड और T-खण्ड चित्र 6.1 (D) और (E) में दिखाये गये हैं। इनका उपयोग एकहरी समतल कैंचियों में किया जाता है।

(iv) संघटित खण्ड (Built-up sections) - चित्र 6.1 (F) से (N) तक संघटित खण्ड दिखाये गये हैं। इनका उपयोग पुल कैंचियों में किया जाता है।

6.3 निवल अनुप्रस्थ क्षेत्रफल (Net Cross-Sectional Area)

जब किसी एक तनन अवयव को दूसरे अवयव से रिवेट द्वारा जोड़ते हैं, तब तनन अवयव में रिवेट छेद बनाते हैं। तनन अवयव का कुल क्षेत्रफल कम हो जाता है। तनन अवयव के क्षेत्रफल में से रिवेट छेद के प्रक्षिप्त (Projected) क्षेत्रफल को घटाने से तनन अवयव का निवल अनुप्रस्थ क्षेत्रफल ज्ञात किया जाता है। प्रत्येक रिवेट छेद का प्रक्षिप्त क्षेत्रफल एक आयत होता है। रिवेट क्षेत्र का प्रक्षिप्त क्षेत्रफल छेद के सकल व्यास और प्लेट की मोटाई को गुणा करके ज्ञात करते हैं।

श्रृंखलित रिवेटित जोड़ में निवल अनुप्रस्थ क्षेत्रफल ज्ञात करने के लिए प्लेट के सकल अनुप्रस्थ क्षेत्रफल में से सभी रिवेट छेदों का प्रक्षिप्त क्षेत्रफल घटा दिया जाता है।

विषम रिवेटित जोड़ (Zig-Zag riveted joints) में तनन अवयवों को जोड़ने के लिए रिवेट चित्र 6.2 के अनुसार लगायी जाती है। प्लेट का निवल अनुप्रस्थ क्षेत्रफल निम्नलिखित समीकरण से ज्ञात किया जाता है।

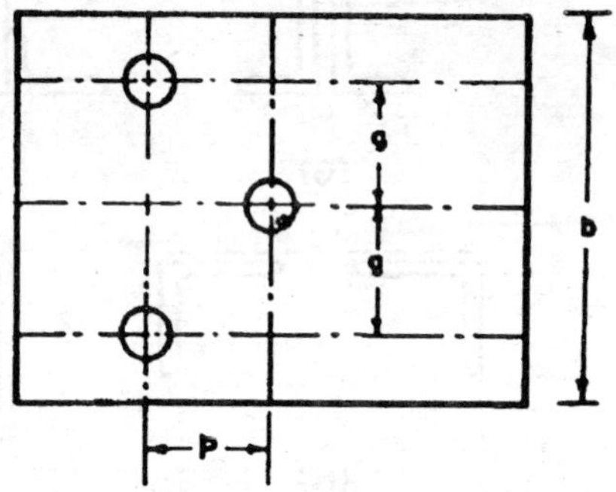

चित्र 6.2

$$A_{net} = \left[b - \left(nd - n' \times \frac{p^2}{4g}\right)\right] \times t \quad (6.1)$$

$$A_{net} = \left[b - nd + n' \times \frac{p^2}{4g}\right] \times t \quad (6.2)$$

b = प्लेट की चौड़ाई, t = प्लेट की मोटाई

n = विषम खण्ड रेखा पर रिवेट की संख्या (चित्र 6.2, n = 3)

n' = गेज दूरियों की संख्या (n' = 2, चित्र 6.2) d = रिवेट का सकल व्यास, g = गेज दूरी

p = विषम पिच (Staggered pitch)

समीकरण 6.1 को स्टेनमेन (Steinman) सूत्र कहते हैं।

6.4 कोणी और T-खण्डों का तनन में निवल कार्यकर अनुप्रस्थ क्षेत्रफल (Net Effective Sectional Areas of Angle and Tee-Section in Tension)

चित्र 6.3 में एक कोणी खण्ड को एक गसेट प्लेट के एक तरफ रिवेट द्वारा जोड़ा गया है। इस तरह जोड़े गये कोणी खण्ड का निवल कार्यकर अनुप्रस्थ क्षेत्रफल (Net effective sectional area) निम्नलिखित समीकरण से ज्ञात किया जाता है।

$$An = (A_1 + k.A_2) \quad (6.3)$$

जहाँ पर A_1 = जोड़ी गई टाँग (Connected leg) का निवल अनुप्रस्थ क्षेत्रफल

A_2 = बाकी टाँग (Outstanding leg) का क्षेत्रफल

$$k = \left(\frac{3A_1}{3A_1 + A_2}\right) \quad (6.4)$$

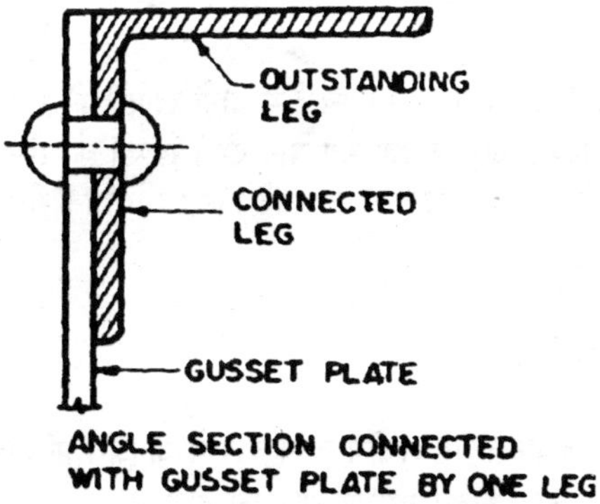

Fig. 6.3

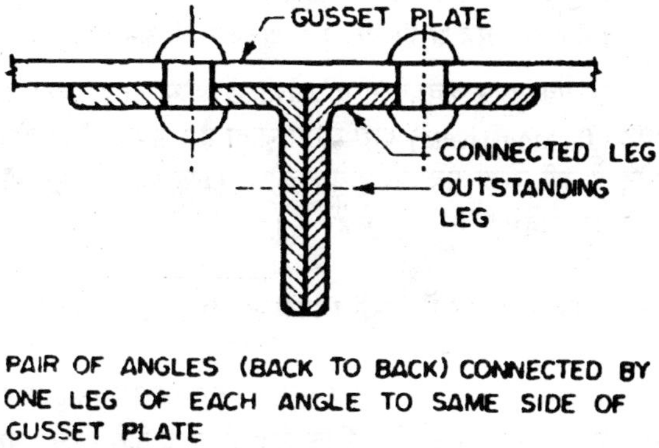

Fig. 6.4

चित्र 6.4 में दो कोणी या एक T-खण्ड गसेट प्लेट के एक तरफ ही जोड़े गये हैं। इस तरह जोड़े गये दो कोणी खण्ड या एक T-खण्ड का निवल कार्यकारी अनुप्रस्थ क्षेत्रफल निम्नलिखित समीकरण से ज्ञात या जाता है।

$An = (A_1 + A_2 . K)$ जहाँ पर A_1 = जोड़ी गई कोणी खण्डों की टाँगों का (या T खण्ड की जोड़ी गई फ्लैंज का) निवल अनुप्रस्थ क्षेत्रफल

A_2 = बाकी टाँगों (या वेब) का क्षेत्रफल

$$k_1 = \left(\frac{5A_1}{5A_1 + A_2}\right) \tag{6.6}$$

चित्र 6.5 में दो कोणी-खण्ड (या दो T-खण्ड) एक गसेट प्लेट के दोनों तरफ जोड़े गये हैं और अवयव में अक्षीय तनन बल है। इस तरह जोड़े गये दोनों कोणी-खण्ड का संयुक्त निवल क्षेत्रफल ज्ञात करने के लिए सकल क्षेत्रफल से सभी रिवेट छेद का प्रक्षिप्त क्षेत्रफल घटाया जाता है।

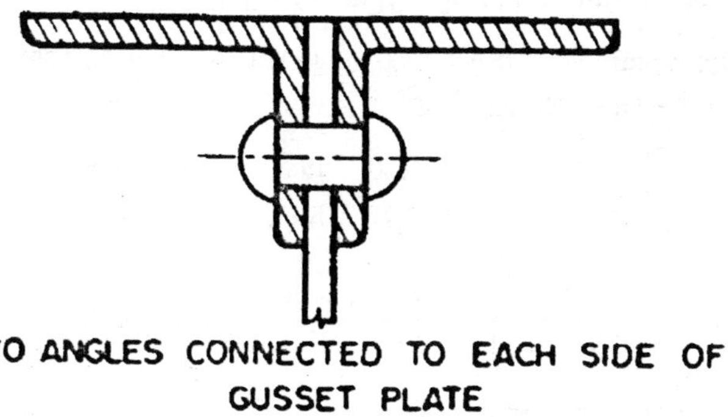

चित्र 6.5

भारतीय मानक IS : 800-1984 के अनुसार कोणी खण्ड का टाँग का क्षेत्रफल ज्ञात करने के लिए (बाहरी कोने से उसकी लम्बाई - आधी मोटाई) को उसकी मोटाई से गुणा करना चाहिए। T-खण्ड में भी टाँग का क्षेत्रफल उसकी मोटाई और (बाहरी कोने से उसकी गहराई-मोटाई) को गुणा करके ज्ञात करना चाहिए।

परन्तु डीजाइन करते समय बाकी टाँग का अनुप्रस्थ क्षेत्रफल मोटाई और (बाहरी कोने से लम्बाई - मोटाई) से गुणा करके ज्ञात की गई है। इस तरह से निकाले गये क्षेत्रफल में अन्तर भी कम रहता है।

जब एक तनन अवयव में दो कोणी खण्ड या दो T-खण्ड का उपयोग होता है, तब खण्ड की लम्बाई में दोनों खण्डों को संबद्ध रिवेट (Tacking rivets) द्वारा जोड़ा जाता है। संबद्ध रिवेट दोनों खण्डों को एकत्रित करके रखती है। यदि दोनों खण्डों को संबद्ध रिवेट से नहीं जोड़ा गया तो प्रत्येक कोणी खण्ड का डीजाइन भी एक कोणी खण्ड की डीजाइन की तरह ही किया जायेगा। संबद्ध रिवेट को आबंधन रिवेट भी कहते हैं।

6.5 अक्षीय तनन बल में अनुज्ञेय प्रतिबल (Permissible Stresses in Axial Tension)

भारतीय मानक IS : 800-1984 के अनुसार संरचनात्मक खण्डों के निवल क्षेत्रफल पर अक्षीय तनन बल में अनुज्ञेय प्रतिबल का मान $\sigma_{at} = 0.6\ f_y$ से अधिक नहीं होना चाहिये। जहाँ पर, f_y = इस्पात का न्यूनतम परायण प्रतिबल होता है। N/mm^2 (MPa)

6.6 अवयवों का अक्षीय तनन में सामर्थ्य (Strength of a Member in Axial Tension)

अवयवों का तनन सामर्थ्य उनके निवल अनुप्रस्थ क्षेत्रफल और अनुज्ञेय प्रतिबल के मान पर निर्भर करता है। किसी भी अवयव का अक्षीय तनन में सामर्थ्य निम्न तरीके से ज्ञात किया जाता है।

$$P_t = \left(A_n \times \sigma_{at}\right) \tag{6.7}$$

जहाँ पर, A_n = निवल अनुप्रस्थ क्षेत्रफल, σ_{at} = अक्षीय अनुज्ञेय तनन प्रतिबल

उदाहरण 6.1 एक छत कैंची में, एक तनन अवयव कोणी-खण्ड ISA 60 mm x 60 mm x 8mm का बना हुआ है। इस कोणी-खण्ड की एक टांग संगम प्लेट (Gusset plate) से 18mm व्यास की रिवेट से जुड़ा हुआ है। रिवेट एकहरी पंक्ति में लगी हुई है। इस कोणी-खण्ड का निवल कार्यकर अनुप्रस्थ क्षेत्रफल और तनन सामर्थ्य ज्ञात करो।

हल Step 1 : रिवेट छेद का व्यास = (18 + 1.5) = 19.5 mm (i)

ISA 60 mm x 60 mm x 8mm (i.e., ISA 60, 60, @ 0.070 kN/m) कोणी खण्ड तनन अवयव में उपभोग में लिया गया है। रिवेट एक सरल रेखा में श्रृंखलित रिवेटित की गयी है।

जोड़ी हुई टाँग का निवल क्षेत्रफल $A_1 = (60 - 19.5 - 0.5 \times 8) \times 8 = 292\ mm^2$

बाकी टाँग का क्षेत्रफल $A_2 = (60 - 0.5 \times 8) \times 8 = 448\ mm^2$

$$k = \left(\frac{3A_1}{3A_1 + A_2}\right) = \left(\frac{3 \times 292}{3 \times 292 + 448}\right) = 0.6616$$

कोणी खण्ड का निवल कार्यकर अनुप्रस्थ खण्ड का क्षेत्रफल

$$A_n = (A_1 + kA_2)$$

$$A_n = (292 + 0.6616 \times 448) = 588.41\ mm^2$$

Step 2 - कोणी खण्ड का तनन सामर्थ्य

यह माना जाता है कि कोणिक खण्ड के इस्पात का परायण kN प्रतिबल $f_y = 260\ N/mm^2$ है। अतः

$$P = \left(\frac{588.41 \times 0.6 \times 260}{1000}\right) = \mathbf{91.792\ kN}$$

उदाहरण 6.2 एक छत कैंची में, एक तनन अवयव दो कोणी खण्ड ISA 150 mm x 75 mm x 10 mm से बना हुआ है। कोणी खण्ड की छोटी टाँगे आपस में जुड़ी हुई है और दोनों कोणी खण्ड संगम प्लेट के एक तरफ 18mm व्यास की रिवेट से जुड़े हुए हैं। प्रत्येक कोणी खण्ड का क्षेत्रफल में एक रिवेट का ही प्रक्षिप्त क्षेत्रफल कम होता है। तनन अवयव का सामर्थ्य ज्ञात करो। दोनों कोणी खण्ड में आबन्धन रिवेट (Tacking rivet) उपयुक्त दूरी पर लगी हुई है।

हल - रिवेट छेद का व्यास = (18 + 1.5) = 19.5 mm (i)

कोणी खण्ड की लम्बी टाँगे संगम प्लेट के साथ जुड़ी हुई है। छोटी टाँगे आपस में जुड़ी हुई है।

Step 1 : कोणी खण्ड का निवल क्षेत्रफल तनन अवयव के दो कोणी खण्ड 2 ISA 150 mm x 75 mm x 10 mm (2ISA 15075, @ 0.169 kN/m) का उपयोग किया है।

कोणी-खण्ड की संगम प्लेट से जुड़ी हुई टांगों का निवल क्षेत्रफल,

$$A_1 = 2 \times (150 - 19.5 - 0.5 \times 10) \times 10 = 2510\ mm^2$$

बाकी टाँगों का क्षेत्रफल

$$A_2 = 2 \times (75 - 0.5 \times 10) \times 10 = 1400\ mm^2$$

$$k = \left(\frac{5A_1}{5A_1 + A_2}\right) = \left(\frac{5 \times 2510}{5 \times 2510 + 1400}\right) = 70.8996$$

कोणी खण्डों का निवल कार्यकर क्षेत्रफल

$$A_n = (A_1 + k.A_2) = (2510 + 0.8996 \times 1400) = 3769.493\ mm^2$$

Step 2 : तनन अवयव का सामर्थ्य

कोणी खण्ड के इस्पात का पराभव प्रतिबल $f_y = 260\ N/mm^2$ माना गया है अतः

$$\sigma_{at} = (0.6 \times 260) = 156\ N/mm^2$$

$$P_t = \left(\frac{3769.493 \times 156}{1000}\right) = \mathbf{588.042\ kN}$$

उदाहरण 6.3 यदि उदाहरण 6.2 में कोणी खण्ड संगम प्लेट के दोनों तरफ लगे हुए हों तो तनन अवयव का सामर्थ्य ज्ञात करो।

हल Step 1 - कोणी खण्ड का ISI हेन्डबुक न. 1 से,

अनुप्रस्थ क्षेत्रफल = (2 x 2156) = 4312 mm^2 (i)

रिवेट छेद का प्रक्षिप्त क्षेत्रफल

$$= (2 \times 195 \times 10) = 390\ mm^2 \quad \text{(ii)}$$

कोणी खण्ड का निवल क्षेत्रफल

$$= (4312 - 390) = 3922\ mm^2 \quad \text{(iii)}$$

Step 2 - तनन अवयव का सामर्थ्य

$$P_t = \left(\frac{3922 \times 150}{1000}\right) = \mathbf{611.832\ kN}$$

उदाहरण 6.4 एक कोणी-खण्ड ISA 150 mm x 75 mm की लम्बी टाँग को विषम रिवेटित जोड़ में 20 mm व्यास की रिवेट से जोड़ा गया है, जैसा कि चित्र 6.6 में दिखाया गया है। गेज की दूरी 55 mm की है। विषम पिच 40 mm है। 250 kN के तनन भार को प्रेषित करने के लिये कोणी खण्ड की उपयुक्त मोटाई ज्ञात करो।

हल - विषम रिवेट छेद की रेखा 1 - 2 - 3 - 4 में, निवल कार्यकारी चौड़ाई

$$b_1 = b - \left(nd - n'\frac{p^2}{4g}\right)\ \text{mm}$$

$$b = 150 - \left(2 \times 215 - 1 \times \frac{40^2}{4 \times 55}\right) = 11427\ \text{mm}$$

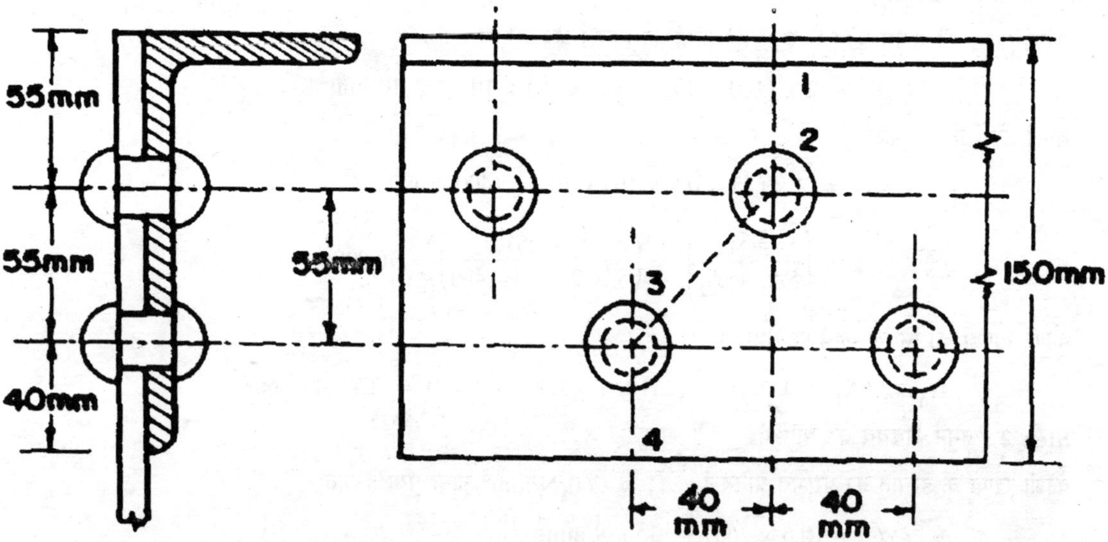

चित्र 6.6

Step 1 - माना कि कोणी खण्ड की मोटाई t mm है। जुड़ी हुई कोणी खण्ड की टाँग का निवल क्षेत्रफल

$$A_1 = (114.273 - 0.5t) \times t\ \text{mm}^2$$

बाकी टाँग का क्षेत्रफल

$$A_2 = (75 \times 0.5t) \times t\ \text{mm}^2$$

यहाँ पर कोणी खण्ड की मोटाई को t = 1 mm माना जाता है।

अतः $$A_1 = 114.273\ \text{mm}^2,\ A_2 - 75\ t\ \text{mm}^2 \qquad \text{(iii)}$$

$$k = \left(\frac{3A_1}{3A_1 + A_2}\right) = \left(\frac{3 \times 114.273\,t}{3 \times 114.273\,t + 75t}\right) = 0.82$$

Step 2 - निवल कार्यकारी क्षेत्रफल

$$A_n = (A_1 + K.A_2) = (114.273 + 0.82 \times 75t) = 175.8\ t$$

Step 3 - कोणी खण्ड द्वारा प्रेषित तनन भार $= 175.8t \times 156$ N

अतः $175.8\ t \times 156 = 250 \times 1000$, $t = 9.12$ mm

Step 4 : कोणी खण्ड की उपयुक्त मोटाई t = **10 mm**

6.7 **अक्षीय भारित तनन अवयव की डीजाइन** (Design of Axially Loaded Tension Members)

अक्षीय भारित तनन अवयव की डीजाइन उसके निवल अनुप्रस्थ क्षेत्रफल के आधार पर की जाती है। तनन अवयवों को सिरे पर रिवेट द्वारा इस तरह जोड़ा जाता है कि रिवेट छेद द्वारा कटौति न्यूनतम हो। जहाँ तक सम्भव हो, सभी रिवेट को एक पंक्ति में व्यवस्थित करना चाहिए। तनन अवयव की डीजाइन की क्रिया विधि निम्नलिखित है। भारतीय मानक IS : 800-1962 द्वारा उल्लेख भी इसमें सम्मिलित हैं।

क्रिया विधि

1. प्रेषित अक्षीय तनन भार Pt और अनुज्ञेय प्रतिबल pt का मान ज्ञात होता है। अतः तनन अवयव का आवश्यक निवल क्षेत्रफल ज्ञात किया जाता है।

$$\text{निवल क्षेत्रफल} = A_n = \left(\frac{P_t}{\sigma_t}\right) = \left(\frac{\text{अक्षीय तनन बल}}{\text{तनन अनुज्ञेय प्रतिबल}}\right)$$

2. रिवेट छेद द्वारा होने वाली क्षेत्रफल में कटौति को मान लिया जाता है और इसको निवल क्षेत्रफल में जोड़कर तनन अवयव के लिए सकल क्षेत्रफल ज्ञात कर लिया जाता है।

   रिवेट द्वारा होने वाली कटौति को निम्न प्रकार से माना जाता है

   (i) यदि अवयव दो कोणी खण्ड से बना हुआ हो तो एक रिवेट छेद माना जाता है।

   (ii) यदि अवयव दो कोणी खण्ड से बना हुआ हो तो प्रत्येक कोणी-खण्ड के लिए एक रिवेट छेद माना जाता है।

   (iii) यदि अवयव दो नाली खण्ड से बना हुआ हो तो हर वेब के लिए दो रिवेट छेद या प्रत्येक फ्लैंज के लिए एक रिवेट छेद जो भी ज्यादा हो।

3. ISI हेन्ड बुक नं. 1 से खण्ड का क्षेत्रफल इतना लिया जाता है कि जो कि आवश्यक सकल क्षेत्रफल से कुछ ज्यादा होता है।
4. तनन अवयव के सिरे की जोड़ की डीजाइन की जाती है। इससे वास्तविक रिवेट छेद की कटौति ज्ञात हो जाती है।
5. तनन अवयव का वास्तविक निवल क्षेत्रफल फिर से ज्ञात किया जाता है और सामर्थ्य ज्ञात किया जाता है। तनन अवयव का सामर्थ्य प्रेषित तनन भार से कुछ ज्यादा होना चाहिए।

यदि तनन अवयव में बाह्य भार के कारण प्रतिबल के उत्क्रमण (Reversal of stress) की संभावना होती है, तब अवयव का तनुता अनुपात (Slenderness ratio) 180 से ज्यादा नहीं हो सकता।

यदि छत कैंची में अवयव में हवा के भार या भू-कम्पनीय भार के कारण प्रतिबल के उत्क्रमण की संभावना होती है, तब अवयव का तनुता अनुपात 350 से ज्यादा नहीं हो सकता।

उदाहरण 6.5 एक छत कैंची के लिए एक कोणी-खण्ड का तनन अवयव के लिए 100 kN का तनन भार प्रेषित करने के लिये डीजाइन करो। अवयव में हवा के कारण प्रतिबल के उत्क्रमण होने की संभावना है। जोड़ के केन्द्र से केन्द्र की लम्बाई 3.50 है।

डीजाइन - कोणी खण्ड के इस्पात का पराभवी प्रतिबल $f_y = 260\ N/mm^2$ माना जाता है। अतः तनन अनुज्ञेय प्रतिबल $\sigma_{at} = 0.6 \times 260 = 156\ N/mm^2$

Step 1 : निवल कार्यकारी अनुप्रस्थ आवश्यक क्षेत्रफल $= \left(\dfrac{100 \times 1000}{156}\right) = 641.03\ mm^2$

एक कोणीय खण्ड अवयव के लिए सकल क्षेत्रफल 40 से 50 प्रतिशत निवल क्षेत्रफल से ज्यादा माना जाता है।

अतः सकल क्षेत्रफल $= (1.40 \times 641.03) = 897.44\ mm^2$

ISI हेन्डबुक नं. 1 से कोणी खण्ड ISA 65mm x 65 mm x 10 mm को जांच के लिए लेते हैं।

Step 2 : नवल प्रभावी क्षेत्रफल

सकल क्षेत्रफल $= 1200\ mm^2$ न्यूनतम आघूर्ण त्रिज्या $= r_{min} = 12.5\ mm$

निवल कार्यकारी क्षेत्रफल $A_n = (A_1 + k.A_2)$

18 mm व्यास की रिवेट का उपयोग करते हैं।

जुड़ने वाली टाँग का निवल क्षेत्रफल

$$A_1 = (65 - 19.5 - 0.5 \times 10) \times 10 = 450\ mm^2$$

बाकी की टांग का क्षेत्रफल $A_2 = (65 - 0.5 \times 10) \times 10 = 600\ mm^2$

$$k = \left(\frac{3A_1}{3A_1 + A_2}\right) = \left(\frac{3 \times 405}{3 \times 405 + 600}\right) = 0.669$$

निवल कार्यकारी क्षेत्रफल

$$A_n = (405 + 0.669 \times 600) = 806.65\ mm^2 > 641.03\ mm^2$$ (आवश्यक निवल क्षेत्रफल)

Step 3 - माना कि सिरे पर दो या दो से ज्यादा रिवेट एक पंक्ति में लगायी जाती है।

अवयव का तनुता अनुपात

$$\left(\frac{l}{r_{min}}\right) = \left(\frac{0.85 \times 3.50 \times 1000}{125}\right) = 238 < 350$$

अतः अवयव का डीजाइन संतोषजनक है। तनन अवयव के लिए ISA 65 mm x 65 mm x 10 mm कोणी खण्ड को अपनाया जाता है। (ISA 6565@ 0.094 kN/m)

उदाहरण 6.6 दो कोणी खण्ड के एक तनन अवयव की डीजाइन करो। दोनों कोणी खण्ड संगम प्लेट के एक ही तरफ लगाने है। तनन अवयव में 250 kN का बल है।

डीजाइन - अवयव द्वारा प्रेषित तनन बल = 250 kN

Step 1 - आवश्यक निवल क्षेत्रफल

कोणीय खण्ड के लिए इस्पात का पराभवी प्रतिबल, $fy = 260\ N/mm^2$

तनन अनुज्ञेय प्रतिबल = (0.6 x 260) = 156 N/mm^2

$$= \left(\frac{250 \times 1000}{156}\right) = 1602.56 \text{ mm}^2$$

सकल क्षेत्रफल निवल क्षेत्रफल से 40 प्रतिशत ज्यादा माना जाता है। अतः

सकल क्षेत्रफल = (1.40 x 1602.56) = 2243.59 mm^2

ISI हैण्डबुक नं. 1 से दो कोणी खण्ड ISA 90 mm x 60 mm x 10 mm जाँच के लिए लिये जाते हैं।

Step 2- सकल क्षेत्रफल = 2802 mm^2

20 mm व्यास की रिवेट का उपयोग किया जाता है। रिवेट छेद का व्यास = 21.5 mm

जुड़ने वाली कोणी-खण्ड के टाँग का निवल क्षेत्रफल

A_1 = 2 x (60 – 21.5 – 0.5 x 10) x 10 = 690 mm^2

बाकी की टाँग का क्षेत्रफल

A_2 = 2 x (90 – 0.5 x 10) x 10 = 1700 mm^2

$$k_1 = \left(\frac{5A_1}{5A_1 + A_2}\right) = \left(\frac{5 \times 699}{5 \times 699 \times 1700}\right) = 0.6727$$

निवल कार्यकारी क्षेत्रफल

$A_n = (A_1 + kA_2) = (699 + 0.6727 \times 1700) = 1842696 \text{ mm}^2$

1602.56 mm^2 (आवश्यक निवल क्षेत्रफल)

अतः अवयव की डीजाइन संतोषजनक है और अवयव के लिए दो कोणी खण्ड **ISA** 90 mm x 60 mm x 10 mm को अपनाया जाता है।

ISA 90 60 @ 0.110 kN/m

उदाहरण 6.7 यदि उदाहरण 6.6 में दोनों कोणी खण्ड संगम प्लेट के दोनों तरफ लगाये जाएँ तो अवयव की डीजाइन करो।

डीजाइन जांच के कोणीय खण्ड का चयन करना

$$\text{आवश्यक निवल क्षेत्रफल} = \left(\frac{250 \times 1000}{150}\right) = 1602.56 \text{ mm}^2$$

कोणी खण्ड संगम प्लेट के दोनों तरफ लगाये गये हैं। 20 mm व्यास की रिवेट का उपयोग किया जाता है।

रिवेट छेद का व्यास = 21.5 mm

माना कि प्रत्येक कोणी खण्ड के लिए एक रिवेट छेद होगा और कोणी-खण्ड की मोटाई 6 mm है।

कोणी खण्ड का सकल क्षेत्रफल = (1667 + 2 x 21.5 x 6) = 1925 mm^2

ISI हैंडबुक नं. 1 से, कोणी खण्ड ISA 100 mm x 75 mm x 6 mm जाँच के लिए लिये जाते हैं। (ISA 100 75 @ 0.080 kN/m)

Step 2 : कोणी खण्ड का सकल क्षेत्रफल = 2028 mm^2

निवल क्षेत्रफल = (2028 – 258) = 1770 mm^2

अतः अवयव की डीजाइन संतोषजनक है और अवयव के लिए दो ISA 100 mm x 75 mm x 6 mm कोणी खण्ड अपनाये जाते हैं। (2ISA 100 75 @ 0.080 kN/m^2)

प्रश्नावली

6.1 एक छत कैंची में एक तनन अवयव एक कोणी-खण्ड ISA 80 mm x 80 mm x 10 mm का बना हुआ है। यह कोणी खण्ड संगम प्लेट से एक टाँग से जुड़ा हुआ है। रिवेट का व्यास 20 mm है। तनन अवयव का सामर्थ्य ज्ञात करो।

6.2 एक तनन अवयव दो कोणी-खण्ड ISA 125 mm x 95 mm x 10 mm से बना हुआ है। कोणी-खण्ड की छोटी टाँगे आपस में जुड़ी हुई है। दोनों कोणी खण्ड संगम प्लेट के एक तरफ लगाने हैं। रिवेट का व्यास 20 mm है। प्रत्येक कोणी खण्ड में एक रिवेट छेद की ही कटौती होती है। आबंधन रिवेट का प्रयोग किया गया है। तनन अवयव का सामर्थ्य ज्ञात करो।

6.3 प्रश्न 6.2 में यदि दोनों कोणी खण्ड संगम प्लेट के दोनों तरफ लगे हुए हों तो तनन अवयव का सामर्थ्य ज्ञात करो।

6.4 एक कोणी खण्ड तनन अवयव में 125 kN का बल है। अवयव में प्रतिबल का उत्क्रमण (हवा के कारण) होने की संभावना है। अवयव की लम्बाई 3.80 m है। अवयव की डीजाइन करो।

6.5 एक तनन अवयव को दो कोणी-खण्डों से बनाना है, और संगम प्लेट के एक तरफ ही लगाने हैं। 200 kN का तनन बल प्रेषित करने के लिए अवयव का डीजाइन करो।

6.6 यदि प्रश्न 6.5 में दोनों कोणी खण्डों को संगम प्लेट के दोनों तरफ लगाना हो तो तनन अवयव की डीजाइन करो।

7

स्तम्भ एवं संपीडांग अवयव
(COLUMNS AND COMPRESSION MEMBERS)

7.1 **प्रस्तावना** (Introduction)

एक संरचनात्मक अवयव जिस पर अनुदैर्ध्य अक्ष के समान्तर और संपतन संपीडन बल होता है उसे **स्तम्भ** (Column) कहते हैं। स्तम्भ साधारणतया ऊर्ध्वाधर होते हैं। कुछ अवस्था में स्तम्भ का क्षैतिज के साथ झुकाव भी होता है। छत कैंची में और पुल कैंची में **संपीडन अवयव** को **संपीडांग** (Strut) कहते हैं। संपीडांग में ऊर्ध्वाधर, क्षैतिज या नत दिशा में संपीडन बल होता है। संपीडन अवयव को संपीडांग भी कहते हैं।

स्तम्भ का भंग (Failure) उसके तनुता अनुपात (Slenderness ratio) और भार पर निर्भर करता है। छोटे स्तम्भ मूलतः **संदलन** (Crushing) में भंग होते हैं। जब स्तम्भ की लम्बाई ज्यादा होती है, तब स्तम्भ ज्यादा **बंकन** (Excessive bending) में या संयुक्त बंकन और ऐंठन (Bending combined with twisting) में भंग हो सकते हैं। अतः इनका वर्गीकरण छोटे या लम्बे स्तम्भ से किया जाता है। यह वर्गीकरण स्वेच्छा द्वारा ही किया जाता है। परन्तु यह तय करने के लिए कोई यथार्थ (Exact) सीमा या तरीका नहीं है।

क्रान्तिक भार को स्तम्भ का **व्याकुंचन भार** (Buckling load) या **विकलांग भार** (Crippling load) भी कहते हैं। स्तम्भ के विक्षेप (Deflection) को **व्याकुंचन** कहते हैं। स्तम्भ के **व्याकुंचन** की दिशा उसके द्रव्य के **नमन दृढ़ता** (Flexural rigidity, EI) पर निर्भर करती है। समपित (Symmetrical) स्तम्भ में किसी भी पार्श्व दिशा में व्याकुंचन हो सकता है। परन्तु असममित स्तम्भ में उस पार्श्व दिशा में व्याकुंचन हो सकता है, जिस दिशा में उसकी **आघूर्ण त्रिज्या** (Radius of gyration) न्यूनतम होती है।

स्तम्भ में व्याकुंचन भार निम्नलिखित **इयूलर सूत्र** (Euler's Formula) से ज्ञात किया जा सकता है।

$$P_{cr} = \left(\frac{\pi^2 EI}{4 l^2}\right) \tag{7.1}$$

यदि स्तम्भ में दोनों सिरों पर हिन्ज होते हैं, तब स्तम्भ का व्याकुंचन भार निम्नलिखित सूत्र से ज्ञात किया जाता है।

$$P_{cr} = \left(\frac{\pi^2 EI}{l^2}\right) \tag{7.2}$$

साधारणतया, इयूलर सूत्र को निम्नलिखित तरीके से व्यक्त करते हैं।

$$P_{cr} = \left(\frac{\pi^2 EI}{(q\,l)^2}\right) \tag{7.3}$$

जहाँ पर q का मान स्तम्भ के सिरे की स्थिति पर निर्भर करता है। ऊपर लिखा हुआ विवरण संपीडन अवयव के लिए भी लागू होता है।

7.2 **स्तम्भ का व्याकुंचन और विकलांग भार** (Buckling and Crippling Loads of Columns)

एक अक्षीय भारित स्तम्भ चित्र 7.1 में दिखाया गया है। भार स्तम्भ खण्ड के केन्द्रक पर अनुदैर्ध्य अक्ष के समान्तर लगा हुआ है।

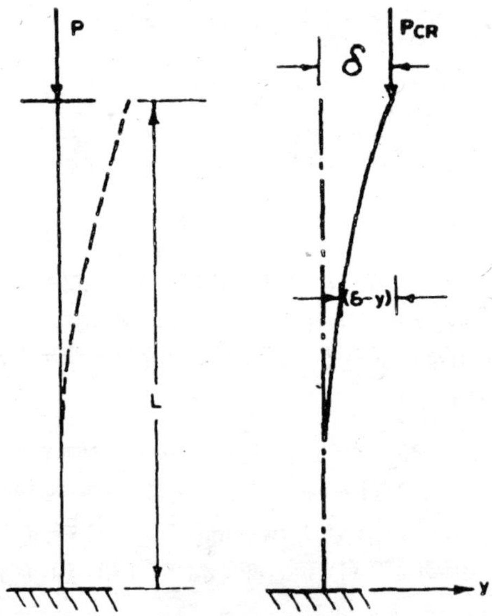

चित्र 7.1

स्तम्भ का नीचे का सिरा स्थिर है और ऊपर का सिरा मुक्त है। यह माना जाता है कि स्तम्भ बिल्कुल सीधा है और स्तम्भ का द्रव्य आदर्शीय प्रत्यास्थ (Perfectly elastic) है। जब अक्षीय भार क्रान्तिक भार (Critical load) से कम होता है, तब प्रतिबल का मान **समानुपातिकता की सीमा** (Limit of proportionality) से कम होता है और स्तम्भ सीधा रहता है। स्तम्भ स्थायी साम्यावस्था (Stable equilibrium) में होता है। इस स्थिति में यदि एक छोटा पार्श्व भार (Lateral load) स्तम्भ के मुक्त सिर पर लगाया जाता है, तब स्तम्भ झुक जाता है। जब पार्श्व भार को हटा लिया जाता है, तब स्तम्भ वापिस सीधा हो जाता है।

जब अक्षीय भार का मान धीरे-धीरे बढ़ाया जाता है, तब एक स्थिति ऐसी आती है कि स्तम्भ ऊर्ध्वाधर स्थिति में भी **अस्थायी साम्यावस्था** (Unstable equilibrium) में होता है। ऐसी स्थिति में यदि एक छोटा पार्श्व भार लगाया जाता है, तब स्तम्भ झुक जाता है और इस पार्श्व भार को हटाने पर भी स्तम्भ सीधा नहीं होता। वह अक्षीय भार जो स्तम्भ को किंचित झुकाव (Slight deflection) की स्थिति में रखने के लिये पर्याप्त होता है, उसे **क्रान्तिक भार** कहते हैं।

प्रोफेसर लीयोन हार्ड इयुलर (Professor Leonhard Euler) एक स्विस गतिज्ञ थे। आपने करीब 1759 में अधिकतम प्रसिद्ध स्तम्भ सूत्र ज्ञात किया। आपने चित्र 7.1 में दिखाये गये स्तम्भ लिए क्रान्तिक भार (Critical Load) का मान ज्ञात किया। इसे स्तम्भ का व्याकुन्चन भार (Buckling Load) भी कहते हैं।

प्रोफेसर इयुलर (Euler) ने स्तम्भ के विकृतित आकार की **अवकल समीकरण** (Differential Equation) निम्न प्रकार से लिखी।

$$\left(EI\frac{d^2 y}{dx^2}\right) = + M \quad \text{(उत्तलन घूर्ण Hogging moment)}$$

स्तम्भ की विकृतित आकार पर किसी बिन्दु पर बंकन आघूर्ण का मान

$$M = + P(\delta - y) \qquad \text{(ii)}$$

$$\text{अतः} \quad \left(EI\frac{d^2 y}{dx^2}\right) = P(\delta - y)$$

$$\left(\frac{d^2 y}{dx^2}\right) - \left(\frac{P}{EI}\right)(\delta - y) = 0 \qquad \text{माना } n = (P/EI)^{1/2}$$

तब, **अवकल समीकरण** (Differential Equation) निम्न अनुसार लिख सकते हैं।

$$\left(\frac{d^2 y}{dx^2}\right) + (n^2 y) - (n^2 \delta) = 0 \qquad \text{(iv)}$$

इस समीकरण का व्यापक हल (General solution) इस प्रकार लिख सकते हैं।

$$y = A - \sin(nx) + B(\cos)(nx) + \delta \qquad \text{(v)}$$

$$x = 0, y = 0, \left(\frac{dy}{dx}\right) = 0, \quad B = -\delta, A = 0$$

$y = \delta\ (1 - \cos(nx))$, $x = l, y = \delta$ पर उपरोक्त समीकरण सन्तुष्ट हो जाती है, यदि

$\delta . \cos(nl) = 0$, इससे ऐसा लगता है कि या तो $\delta = 0$, अथवा $Cos(nl) = 0$ अगर δ का मान शून्य होता है, तब स्तम्भ का विकृत आकार नहीं बनता है।

अगर $Cos(nl) = 0$, तब

$nl = \frac{\pi}{2}(2\pi - 1)$ जहाँ पर $n = 1,2,3...$ यदि $n = 1$, तब nl का मान न्यूनतम होता है। nl का मान $(\pi/2)$ होता है।

$$P_{cr} = \left(\frac{\pi^2 EI}{4l^2}\right) \qquad \text{(vii)}$$

समीकरण 7.1 में यह मान दिया गया है। जब स्तम्भ के दोनों सिरों पर कब्जे (Hinge) होते हैं, तब

$$P_{cr} = \left(\frac{\pi^2 EI}{l^2}\right) \qquad \text{(viii)}$$

Pcr = क्रान्तिकारी भार (Critical load) अथवा व्याकुंचन भार (Buckling load) होता है। उक्ति (viii) द्वारा व्यक्त विकृतित स्तम्भ में **आधारभूत (मौलिक** Fundamental) सूत्र कहलाता है।

जब स्तम्भ के ऊपरी और नीचे के सिरे पर अन्य प्रकार के अवरोध हो तो उपरोक्त सूत्र उक्ति (viii) से उनके क्रान्तिकारी मान के सूत्र लिख सकते हैं।

7.3 संपीडन अवयव की कार्यकारी लम्बाई (Effective Length of Compression Members)

संपीडन अवयव की कार्यकारी लम्बाई उसके सिरे की स्थिति पर निर्भर करती है। अवयव के सिरों की स्थिति निम्नलिखित दो प्रकार की होती हैं

1. स्थिति अवरोध (Position restraint), 2. दिशा अवरोध (Direction restraint)

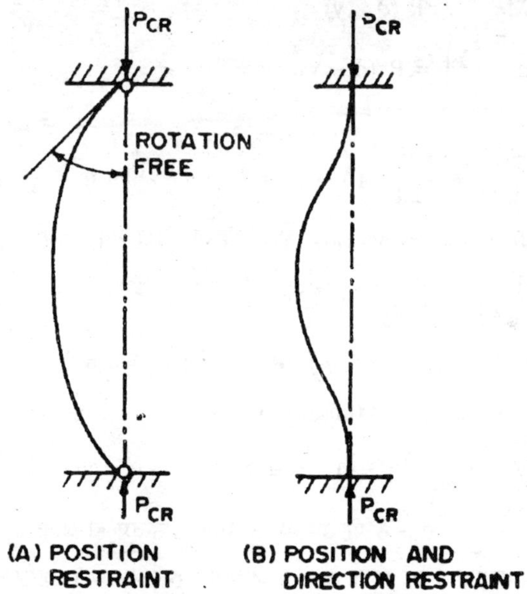

चित्र 7.2

1. स्थिति अवरोध - स्थिति अवरोध में संपीडन अवयव का सिरा स्थिति नहीं बदल सकता। परन्तु सिरे पर घूर्णन (Rotation) हो सकता है, जैसे चित्र 7.2 (A) में अवयव के सिरों पर हिन्ज हैं।

2. दिशा अवरोध - दिशा अवरोध में संपीडन अवयव का सिरा स्थिति बदल सकता है, परन्तु सिरे पर घूर्णन नहीं कर सकता।

जब अवयव के सिरे पर स्थिति और दिशा अवरोध दोनों होते हैं, तब अवयव का सिरा स्थिति भी नहीं बदल सकता और सिरे पर घूर्णन भी नहीं कर सकता जैसा चित्र 7.2 (B) में दिखाया गया है। अवयव के दोनों सिरों की स्थिति एक तरह की भी हो सकती हैं और अलग भी हो सकती है। निम्नलिखित चार प्रकार की सिरे की आदर्शीय स्थितियाँ होती हैं

1. दोनों सिरों पर हिन्ज (Both ends hinged) 2. दोनों सिरे आबद्ध (Both ends fixed)

3. एक सिरा आबद्ध और दूसरे सिरे पर हिन्ज (One end fixed and other end hinged)

4. एक सिरा आबद्ध और दूसरा सिरा मुक्त (One end fixed and other end free)

जब स्तम्भ पर क्रान्तिकारी भार होता है, ऐसे स्थिति में स्तम्भ की विक्षेप आकृतियाँ (Deflected shapes) चित्र 7.3 (A), (B), (C) और (D) में क्रमशः दिखायी गयी हैं।

स्तम्भ में एक सिरे से दूसरे सिरे तक की वास्तविक लम्बाई 'L' है। चित्र 7.3 (A) में दिखाये गये स्तम्भ की प्रकार को मानक (Standard) मानकर दूसरे अन्य प्रकार के स्तम्भ की तुल्यमान लम्बाई (Equivalent length) व्यक्त की जाती है। संपीडन

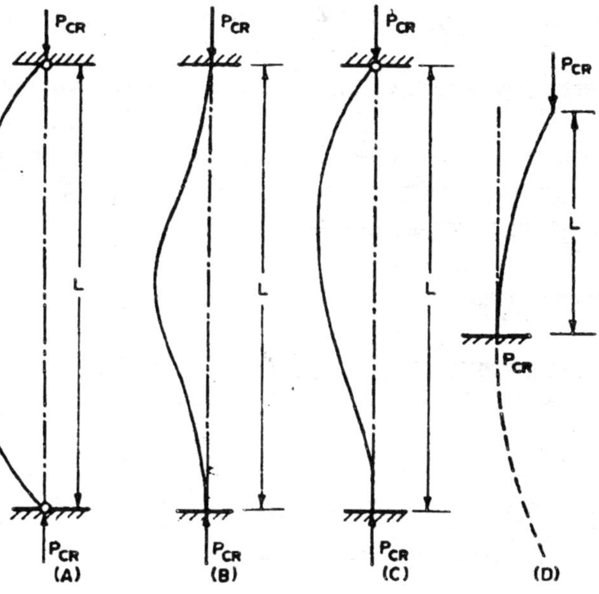

चित्र 7.3

अवयव की कार्यकर लम्बाई को तुल्यमान लम्बाई या **अआलम्ब लम्बाई** (Unsupported length) भी कहते हैं।

संपीडन अवयव की कार्यकर लम्बाई अवयव पर **शून्य घूर्ण बिन्दु** (Point of zero moment) से शून्य घूर्ण बिन्दु तक होती है।

वास्तव में ऊपर दी गई संपीडन अवयव की सिरे की आदर्शीय स्थितियाँ नहीं होती हैं। अवयव का कोई सिरा न तो पूरी तरह हिन्ज होता है, न ही पूरी तरह आबद्ध होता है। सारणी 7.1 में भारतीय मानक IS : 800-1962 द्वारा दी गई संपीडन अवयव की विभिन्न सिरे की स्थिति के लिए कार्यकारी लम्बाई दी गयी है।

सारणी 7.1. संपीडन अवयव की कार्यकर लम्बाई

क्रम सं.	प्रकार	कार्यकर लम्बाई (l)
1	दोनों सिरे पूर्ण तरह स्थिर स्थिति में हों और दिशा आबद्ध हों।	0.65 L
2	दोनों सिरे पूर्ण तरह स्थिर स्थिति में हों परन्तु एक सिरे पर ही दिशा आबद्ध हो।	0.80 L
3	दोनों सिरे पूर्ण तरह स्थिर स्थिति में हों परन्तु दिशा आबद्ध नहीं हो।	1.00 L
4	एक सिरा पूर्ण तरह स्थिर स्थिति में और दिशा आबद्ध हो और दूसरे सिरे की दिशा आबद्ध हो परन्तु स्थिति आबद्ध नहीं हो।	1.00 L
5	एक सिरे पर स्थिति और दिशा आबद्ध हो और दूसरे सिरे पर आंशिक दिशा आबद्ध हो परन्तु स्थिति आबद्ध नहीं हो।	1.50 L
6	एक सिरे पर स्थिति और दिशा आबद्ध हो और दूसरा सिरा पूर्ण तरह से मुक्त हो।	2.00 L

टिप्पणी : बेटन संपीडांग (Battened Strut) में कार्यकर लम्बाई 10 प्रतिशत बढ़ाकर ली जाती है।

7.4 संपीडन अवयव का कार्यकर अनुप्रस्थ क्षेत्रफल (Effective Cross-Sectional Area of Compression Members)

संपीडन अवयव में कार्यकर अनुप्रस्थ क्षेत्रफल उसके सकल अनुप्रस्थ क्षेत्रफल के बराबर होता है। रिवेट, बोल्ट या पिन द्वारा अवयव को जोड़ने पर छेद के लिए कटौती नहीं होती। परन्तु यदि किसी छेद में रिवेट, बोल्ट या पिन नहीं लगायी जाती और छेद को खाली छोड़ दिया जाता है तो छेद के लिए कटौती की जाती है।

7.5 संपीडन अवयव का परिभ्रमण त्रिज्या (Radius of Gyration of Compression Members)

संपीडन अवयव का **परिभ्रमण त्रिज्या** एक ज्यामितिय गुण (Geometical property) होता है, जिसे निम्न समीकरण से ज्ञात किया जाता है।

$$r = \left(I/A\right)^{1/2} \quad (7.4)$$

जहाँ पर, I = अवयव के अनुप्रस्थ खण्ड का जड़त्व आघूर्ण, A = अवयव का कार्यकर अनुप्रस्थ क्षेत्रफल

अवयव के अनुप्रस्थ खण्ड का जड़त्व आघूर्ण x अक्ष और y-अक्ष दिशाओं में ज्ञात किया जाता है। फिर दोनों दिशा में परिभ्रमण त्रिज्या भी ज्ञात की जाती है।

$$r_x = \left(I_x/A\right)^{1/2} \quad (7.5)$$

$$r_y = \left(I_y/A\right)^{1/2} \quad (7.6)$$

संपीडन अवयव का सामर्थ्य न्यूनतम परिभ्रमण त्रिज्या के मान पर निर्भर करती है।

7.6 संपीडन अवयव का तनुता अनुपात (Slenderness-ratio of Compression Members)

संपीडन अवयव की कार्यकर लम्बाई और परिभ्रमण त्रिज्या के अनुपात को **तनुता अनुपात** कहते हैं। संपीडन अवयव का **अधिकतम तनुता अनुपात** (Maximum Slenderness-ratio) उसकी कार्यकर लम्बाई और न्यूनतम परिभ्रमण त्रिज्या के अनुपात से ज्ञात किया जाता है।

किसी भी संपीडन अवयव के लिए अधिकतम तनुता अनुपात का मान सारणी 7.2 में भारतीय मानक IS : 800-1984 के अनुसार दिये गये मान से ज्यादा नहीं होना चाहिये।

सारणी 7.2. संपीडन अवयव का अधिकतम तनुता अनुपात (IS : 800-1984) के अनुसार

क्रम सं.	अवयव का प्रकार	(l/r_{min})
1	जो अवयव अचल भार (Dead load) और अध्यारोपित भार (Superimposed load) वहन करते हैं।	180
2	जो अवयव हवा या भूकम्प से उत्पन्न भार को वहन करते हैं।	250
3	साधारणतया जो अवयव छत कैंची में तनन अवयव होते हैं, परन्तु हवा या भूकम्प के कारण प्रतिबल में उत्क्रमण (Reversal of stress) होने की संभावना होती है।	350

7.7 संपीडन अवयव में अनुज्ञेय प्रतिबल (Permissible Stress in Compression Members)

संपीडन अवयव में अक्षीय अनुज्ञेय प्रतिबल का मान सिकेंट सूत्र (Secant formula) द्वारा ज्ञात किया जाता है।

$$f_a = \left(\frac{f_{vlm}}{1 + \frac{ec}{r^2} . \sec \left(\frac{1}{r} \times \frac{m \times f_a}{4 E} \right)^{1/2}} \right) \quad (7.7)$$

जहाँ पर,

f_a = संपीडन अवयव में अक्षीय अनुज्ञेय प्रतिबल, f_v = संपीडन अवयव में द्रव के लिए पराभव प्रतिबल

e = भार की उत्केन्द्रीय दूरी और c = संपीडन अवयव के रेशे की केन्द्रक अक्ष से दूरी

m = सुरक्षा स्थिरांक (Factor of safety)

भारतीय मानक भवन द्वारा सिकेंट सूत्र (Secant formula) अपनाया गया है, जिसमें

$$\frac{ec}{r^2} = 0.20 \text{ और } m = 1.68$$

होता है, इस प्रकार भारतीय मानक सूत्र निम्न प्रकार होता है

$$f_a = \left(\frac{f_{vlm}}{1 + 0.20 \sec \left(\frac{1}{4} \; \frac{m \times fa}{4E} \right)^{1/2}} \right) \quad (7.8)$$

समीकरण 7.5 से अक्षीय अनुज्ञेय प्रतिबल का मान तनुता अनुपात 0 से 160 तक ज्ञात किया जाता है, और जब तनुता अनुपात का मान 160 से ज्यादा होता है, तब अक्षीय अनुज्ञेय का मान निम्न समीकरण से किया जाता है।

$$f_a{}' = f_a \times \left(1.2 - \frac{l}{800 \, r} \right) \quad (7.9)$$

जिसमें f_a का मान समीकरण (7.8) से ही ज्ञात किया जाता है। सारणी 7.3 में भारतीय मानक IS : 800-1984 के अनुसार अक्षीय अनुज्ञेय संपीडन प्रतिबल का मान मरचेन्ट-रेनकीन सूत्र से ज्ञात किया जाता है, जो कि निम्न है-

IS : 800-1984 कोड के अनुसार अपनाया गया है।

$$\left(\frac{1}{\sigma_{ac} . F.S} \right)^n = \left(\frac{1}{f_{cc}} \right)^n + \left(\frac{1}{f_y} \right)^n \quad (i)$$

या

$$\sigma_{ac} = \left(\frac{f_{cc} . f_y}{F.S. \left[(f_{cc})^n + (f_y)^n \right]^{1/n}} \right) \quad (ii)$$

संपीडन प्रतिबल स्तम्भ के (अक्षीय बल) के सकल अनुप्रस्थ क्षेत्रफल के लिए सुरक्षा गुणांक (F.S.) का मान (10/6) अपनाकर ज्ञात किया गया है, जो कि 0.60 f_y से अधिक नहीं होना चाहिये। इसका मान अनुज्ञेय प्रतिबल से भी अधिक नहीं होना चाहिये। अनुज्ञेय प्रतिबल का आंकलन निम्न सूत्र से किया जाता है।

$$\sigma_{ac} = 0.60 \left(\frac{f_{cc} \cdot f_y}{[(f_{cc})^n + (f_y)^n]^{1/n}} \right) \qquad \text{(iii)}$$

जहाँ पर σ_{ac} = संपीडन अवयव में अक्षीय अनुज्ञेय प्रतिबल व N/mm^2 (MPa)

f_y = पराभव प्रतिबल N/mm^2 (MPa), और $(f_{cc} = \pi^2 E /(l/r)^2)$

fcc = प्रत्यास्थी क्रान्तिक संपीडन प्रतिबल, E = प्रत्यास्थी का यंग मापांक (Young's modulus of elasticity)

इस्पात के लिए $E = 2 \times 10^5$ N/mm^2

n = अपूर्णता का गुणांक (n = 1.4) अपनाया गया है संरचनात्मक इस्पात जिसका पराभव प्रतिबल 220 से 540 N/mm^2 तक हो, उनके लिए सारणी Table 7.3 पर अनुज्ञेय प्रतिबल का मान IS : 800-1984 के सुविधा के लिए यहाँ पर दिया गया है।

प्रोफेसर डी. एलेन (D. Allen) ने स्तम्भ की डीजाइन के लिए अपने तकनिकी पेपर में इस सूत्र का सुझाव है।

'Merchant-Rankine Approach to member stability', Journal of Structural Division, ASCE, Vol. 104, No. ST 12, December, 1978

अवशिष्ट प्रतिबल (Residual stress) के मान को ध्यान में रखते हुए इस गुणांक का मान n = 1, n = 1-4, या n = 2-0 माना जा सकता है। रिवेटित और वेल्डेड अवयवों के लिए n का मान 1.4 अपनाया जाता है। यदि उच्च अवशिष्ट प्रतिबल होने की संभावना हो, तब n = 1 मान अपनाया जाता है।

Merchant-Rankine मर्चेन्ट-रेनकीन सूत्र के अनुसार [संपीडन अवयव जिनका **तनुता अनुपात** (Slenderness ratio) का मान बहुत कम हो] प्रदर्शित नहीं होता है। अन्य मानक सूत्रों से यह मान अपनाया गया है। मक्योइ और जे. रोनडल (Maquoi and J. Rondal) ने मर्चेन्ट-रेनकीन सूत्र में एक शुद्धि गुणांक (A correction factor) का सुझाव दिया था। जो कि Vol. 105, No. ST 11, November, 1979 में प्रकाशित हुआ था। जो कि निम्न प्रकार है।

$$\sigma_{ac} = \left(\frac{1}{F.S.}\right) \cdot \left(\frac{f_{cc} \cdot f_y}{[(f_y)^n + (f_{cc})^n (1 - 0.15^{2n})]^{1/n}}\right)$$

इस सूत्र में 30 से भी कम तनुता अनुपात (Slenderness-ratio) के मान के लिए भी अनुज्ञेय प्रतिबल ज्ञात कर सकते हैं।

सारणी 7.3 (A). इस्पात के विभिन्न पराभव प्रतिबल के मान f_y के लिए और अक्षीय संपीडन के लिए अनुज्ञेय प्रतिबल के मान (IS: 800-1984) के अनुसार

	220	230	240	250	260	280	300	320	340
10	132	138	144	150	156	168	180	192	204
20	131	137	142	148	154	166	177	189	201
30	128	134	140	145	151	162	172	183	194
40	124	129	134	139	145	154	164	174	183
50	118	123	127	132	136	145	153	161	168
60	111	115	118	122	126	133	139	146	152
70	102	106	109	112	115	120	125	130	135
80	93	96	98	101	103	107	111	115	118
90	85	87	88	90	92	95	98	101	103
100	76	78	79	80	83	84	86	88	90

110	68	69	71	72	73	74	76	77	79
120	61	62	63	64	64	66	67	67	69
130	55	55	56	57	57	58	59	60	61
140	49	50	50	51	51	52	53	53	54
150	44	45	45	45	46	46	47	47	48
160	40	41	41	41	42	42	42	42	43
170	36	36	37	37	36	37	38	38	38
180	33	33	33	33	33	34	34	34	34
190	30	30	30	30	30	30	31	31	31
200	27	27	28	28	28	28	28	28	28
210	25	25	25	25	25	25	26	26	26
220	23	23	23	23	23	23	23	24	24
230	21	21	21	21	21	21	22	21	22
240	20	20	20	20	20	20	20	20	20
250	18	18	18	18	18	18	18	18	18

सारणी 7.3 (B). इस्पात के विभिन्न पराभव प्रतिबल (मान f_y) के लिए और अक्षीय संपीडन के लिए अनुज्ञेय प्रतिबल के मान (IS: 800-1984) के अनुसार

fy	340	360	380	400	420	450	480	510	540
10	204	215	227	239	251	269	287	305	323
20	201	212	224	235	246	263	280	297	314
30	194	204	215	225	236	251	266	280	295
40	183	192	201	210	218	231	243	255	267
50	168	176	183	190	197	207	216	225	233
60	152	158	163	168	173	180	187	193	199
70	135	139	142	147	150	155	160	164	168
80	118	121	124	127	129	133	136	139	141
90	103	105	108	109	111	114	116	118	119
100	90	92	93	94	96	97	99	100	101
110	79	80	81	82	83	84	85	86	87
120	69	70	71	71	72	73	73	74	75
130	61	61	62	62	63	63	64	64	65
140	54	54	54	55	55	56	56	56	57
150	48	48	48	49	49	49	49	50	50
160	43	43	43	43	43	43	43	43	43
170	38	38	39	39	39	39	39	39	39
180	34	35	35	35	35	35	35	35	35
190	31	31	31	31	32	32	32	32	32
200	28	28	28	28	28	28	28	28	28
210	26	26	26	26	26	26	26	26	26
220	24	24	24	24	24	24	24	24	24
230	22	22	22	22	22	22	22	22	22
240	20	20	20	20	20	20	20	20	20
250	18	19	19	19	19	19	19	19	19

टिप्पणी तनुता अनुपात के बीच के मान के लिए अनुज्ञेय प्रतिबल का मान एकघातीय अन्तर्वेशन (Linear interpolation) द्वारा किया जाता है।

7.8 संपीडन अवयव के लिए साधारण अनुप्रस्थ खण्ड (Common Cross-sections for Compression Members)

संपीडन अवयव के लिए साधारणतया चित्र 7.4 में दिखाये गये विभिन्न खण्ड का प्रयोग किया जाता है।

7.9 अक्षीय भारित संपीडन अवयव का सामर्थ्य (Strength of Axially Loaded Compression Members)

संपीडन अवयव जितना अक्षीय सुरक्षित भार वहन कर सकता है, उसे अक्षीय भारित संपीडन अवयव का सामर्थ्य कहते हैं। जिस संपीडन अवयव के खण्ड का कार्यकर अनुप्रस्थ क्षेत्रफल ज्ञात होता है, उसका सामर्थ्य निम्न तरीके से ज्ञात करते हैं

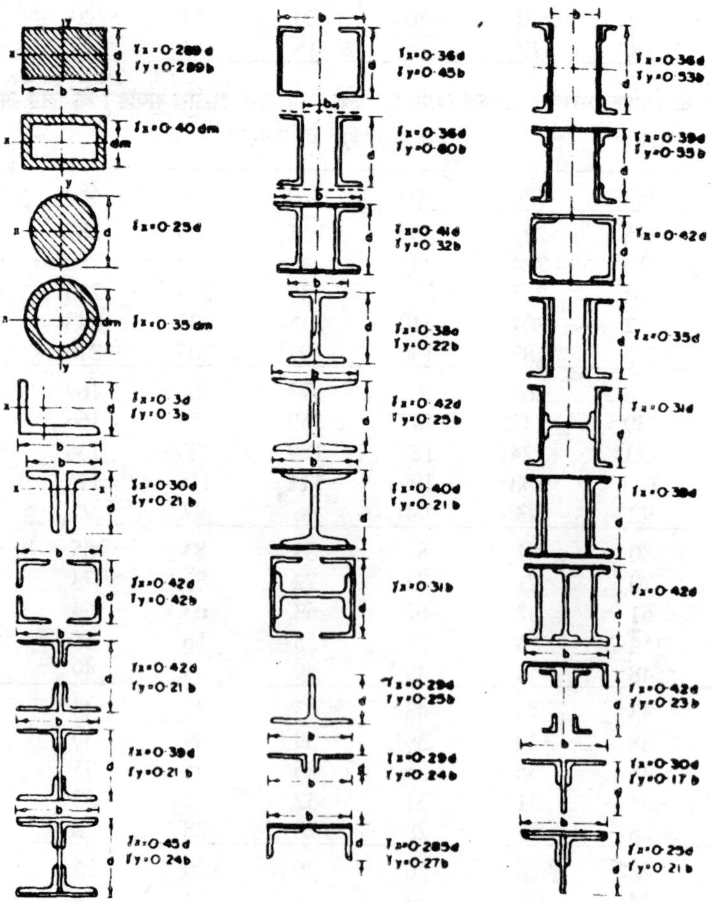

APPROXIMATE RADIUS OF GYRATION FOR
COMMON SECTIONS FOR COMPRESSION MEMBERS

चित्र 7.4

1. संपीडन अवयव की वास्तविक लम्बाई L और दोनों सिरों की स्थिति ज्ञात होती है। अतः अवयव की कार्यकर लम्बाई ज्ञात हो जाती है।
2. संपीडन अवयव का विभिन्न अक्षों पर परिभ्रमण त्रिज्या ज्ञात करने से उसकी न्यूनतम परिभ्रमण त्रिज्या ज्ञात हो जाती है।
3. अवयव की कार्यकर लम्बाई और न्यूनतम परिभ्रमण त्रिज्या से, उसका अधिकतम तनुता अनुपात ज्ञात कर लिया जाता है।
4. अवयव के अक्षीय अनुज्ञेय संपीडन प्रतिबल का मान f_a IS : 800-1962 से ज्ञात कर लिया जाता है।
5. अवयव का कार्यकर अनुप्रस्थ क्षेत्रफल ज्ञात होता है।
6. अतः अवयव के लिए सुरक्षित भार या सामर्थ्य निम्न समीकरण से ज्ञात हो जाता है।

$$P = f_a \times A \tag{7.7}$$

7.10 **कोणिक संपीडांग** (Angle Struts)

जो संपीडांग कोणिक खण्ड से बनते हैं, वे निम्न दो प्रकार के होते हैं –

1. सतत अवयव (Continuous members)
2. असतत अवयव (Discontinuous members)

1. सतत अवयव - जो संपीडांग कई जोड़ पर सतत होते हैं, उनको सतत अवयव कहते हैं।

सतत अवयव की कार्यकर लम्बाई वास्तविक लम्बाई के 0.7 से 1.0 गुणा ली जाती है। सतत अवयव के लिए भी अनुज्ञेय प्रतिबल का मान IS : 800-1962 से ही लिया जाता है।

2. असतत अवयव - जो संपीडांग कई जोड़ पर सतत नहीं होते, बल्कि उनकी लम्बाई केवल दो संलग्न जोड़ के बीच में ही होती है, उन्हें असतत अवयव कहते हैं। असतत अवयव एक कोणिक खण्ड के भी होते हैं और दो कोणिक खण्ड के भी होते हैं।

जब एक कोणिक खण्ड को किसी संगम प्लेट या अन्य संरचनात्मक अवयव से एक टाँग से जोड़ते हैं, तब अवयव द्वारा प्रेषित बल खण्ड पर उत्केन्द्रीय हो जाता है। ऐसी स्थिति में अक्षीय संपीडन प्रतिबल के साथ-साथ बंकन प्रतिबल भी होता है। कोणिक खण्ड में उत्पन्न होने वाले बंकन प्रतिबल के लिये ध्यान रखते हुए, उनकी डीजाइन अक्षीय भारित अवयव की तरह निम्न तरीके से की जाती है और उनका सामर्थ्य भी ज्ञात किया जाता है।

(i) **एक कोणिक खण्ड का संपीडांग** (A Single Angle Struts)

(A) जब एक कोणिक खण्ड एक संगम प्लेट के साथ चित्र 7.5 (A) के अनुसार एक रिवेट से जोड़ा जाता है, तब उसकी कार्यकर लम्बाई वास्तविक लम्बाई के बराबर ली जाती है। परन्तु अक्षीय अनुज्ञेय संपीडन प्रतिबल का मान 0.8 f_a ही अपनाया जाता है।

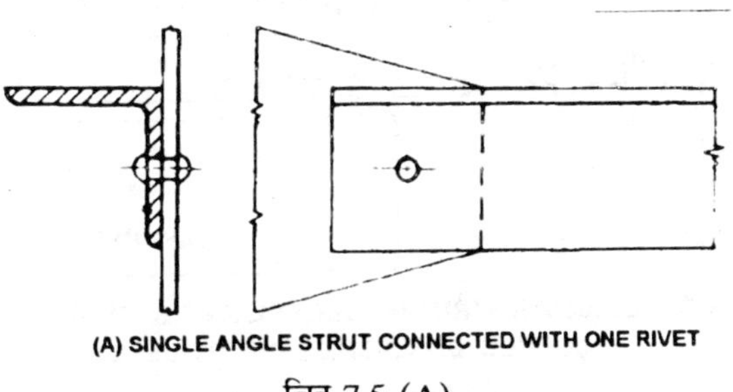

(A) SINGLE ANGLE STRUT CONNECTED WITH ONE RIVET

चित्र 7.5 (A)

(B) जब एक कोणिक खण्ड एक संगम प्लेट के साथ चित्र 7.5 (B) के अनुसार दो या दो से ज्यादा रिवेट से जोड़ा जाता है, तब अवयव की कार्यकर लम्बाई उसकी वास्तविक लम्बाई की 0.85 गुणा ली जाती है। इससे अवयव का अधिकतम तनुता ज्ञात कर अनुज्ञेय प्रतिबल ज्ञात किया जाता है।

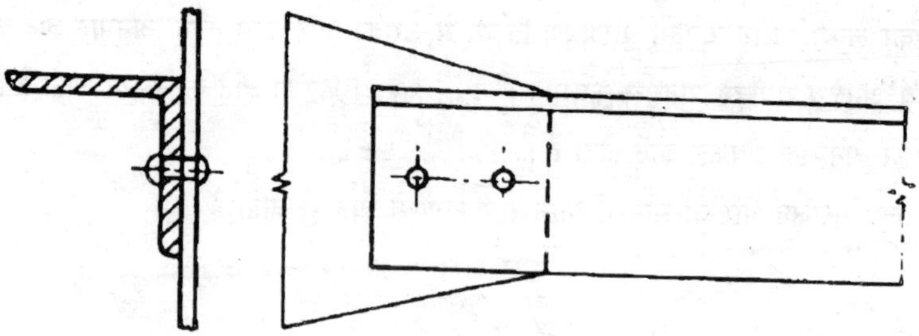

(B) SINGLE ANGLE STRUT CONNECTED TWO OR MORE RIVETS

चित्र 7.5 (B)

(ii) दो कोणिक खण्ड का संपीडांग (Double Angle Strut)

(A) जब एक संपीडांग दो कोणिक खण्ड से बना होता है और कोणिक खण्ड को एक संगम प्लेट के दोनों तरफ एक से ज्यादा रिवेट द्वारा जोड़ा जाता है, जैसे चित्र 7.6 (A) में दिखाया गया है, तब उसकी कार्यकर लम्बाई वास्तविक लम्बाई के 0.85 गुणा ली जाती है। इससे अवयव का अधिकतम तनुता अनुपात ज्ञात कर अनुज्ञेय प्रतिबल ज्ञात किया जाता है।

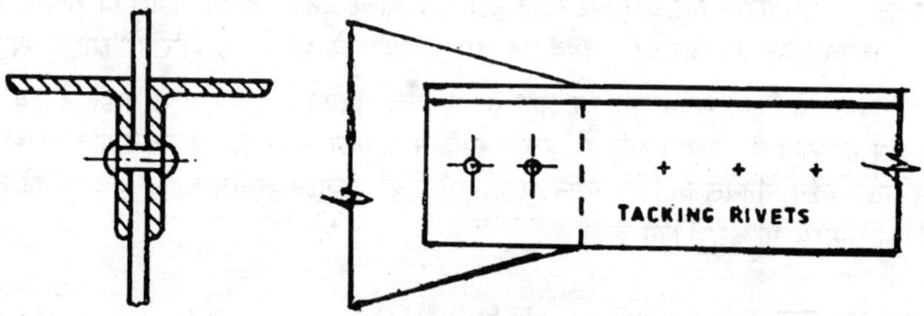

चित्र 7.6 (A)

(B) जब एक संपीडांग दो कोणिक खण्ड से बना होता है और कोणिक खण्ड को एक संगम प्लेट के केवल एक तरफ ही एक या एक से ज्यादा रिवेट से जोड़ा जाता है, जैसा कि चित्र 7.6 (B) में दिखाया गया है, तब अवयव की कार्यकर लम्बाई वास्तविक लम्बाई के बराबर ली जाती है। परन्तु अक्षीय अनुज्ञेय संपीडन प्रतिबल का मान 0.8 f_a ही अपनाया जाता है।

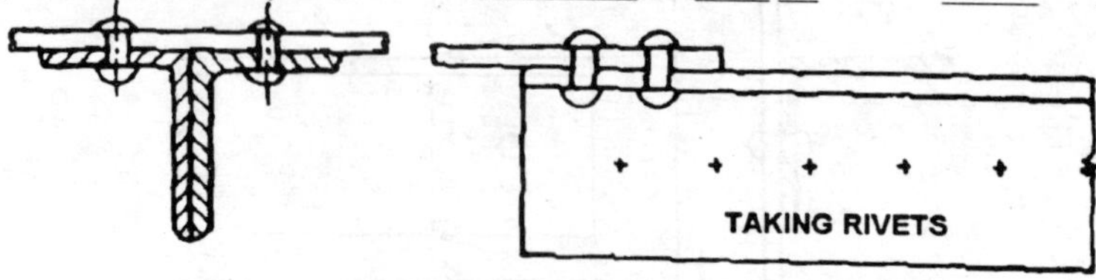

DOUBLE ANGLE STRUT (ANGLES PLACED BACK TO BACK) CONNECTED TO ONE SIDE OF GUSSET

चित्र 7.6 (B)

दो कोणिक खण्ड से बने संपीडांग में आबंधन रिवेट (Tacking rivet) अवयव की लम्बाई के साथ लगायी जाती है। आबंधन रिवेट दो खण्डों को संबद्ध कर देती है। आबंधन रिवेट में प्रतिबल नहीं लिया जाता है। एक पंक्ति में आबंधन रिवेट की दूरी 600 mm से ज्यादा नहीं होना चाहिए। आबंधन रिवेट के बीच हर खण्ड का तनुता अनुपात 40 से ज्यादा नहीं होना चाहिए और पूरे अवयव के अधिकतम तनुता अनुपात के 0.6 गुणा से भी ज्यादा नहीं होना चाहिए।

यदि दो खण्ड़ों से बने संपीडांग में और जो खण्ड पीठ से पीठ जुड़े होते हैं, उनमें आबंधन रिवेट नहीं लगायी जाती है तो उनका सामर्थ्य, एक कोणिक खण्ड जो एक रिवेट द्वारा जुड़ा होता है, उसकी तरह निकाला जाता है।

7.11 **संघटित संपीडन अवयव** (Built-up Compression Members)

संघटित अवयव दो या दो से ज्यादा बेल्लित खण्डों को जोड़ कर बनाया जाता है। संघटित संपीडन अवयव का प्रयोग निम्नलिखित एक या एक से ज्यादा कारणों के लिए किया जाता है।

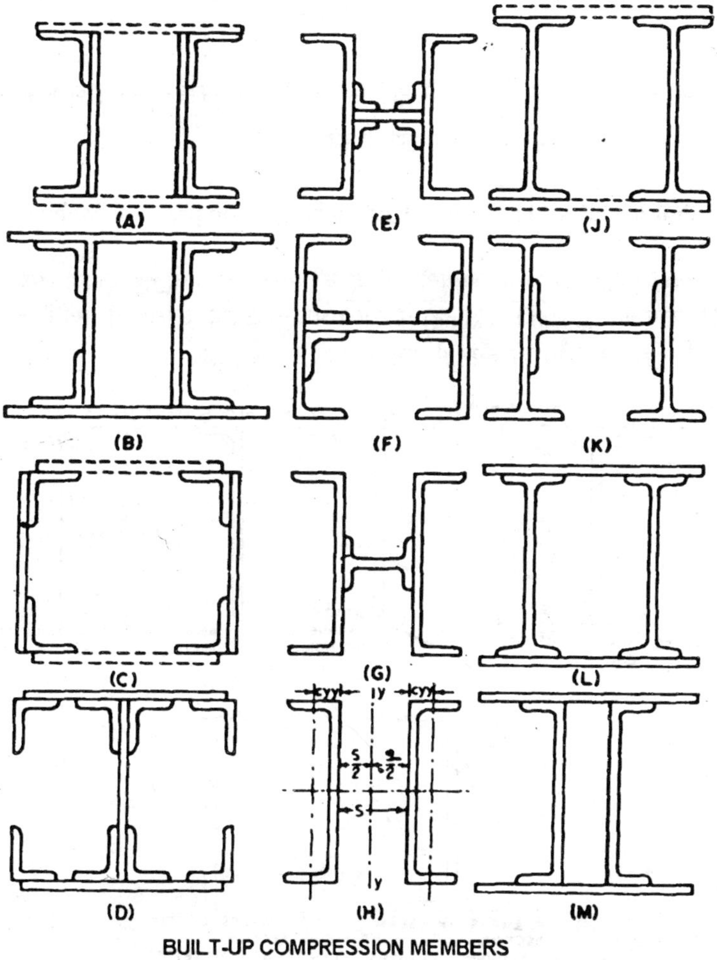

BUILT-UP COMPRESSION MEMBERS

चित्र 7.7

(i) संघटित खण्ड का अनुप्रस्थ क्षेत्रफल ज्यादा होता है और एक बेल्लित इस्पातीय खण्ड का क्षेत्रफल अपर्याप्त होता है।

(ii) संघटित खण्ड से विशेष आकृतियाँ और गहराई बनायी जा सकती है विशेष आकृतियों और गहराई से विभिन्न अवयव का जोड़ना सुविधाजनक हो जाता है।

(iii) संघटित खण्ड पर्याप्त और ज्यादा परिभ्रमण त्रिज्या का मान देता है और विभिन्न दिशाओं में परिभ्रमण त्रिज्याओं का अनुपात भी स्वेच्छा से रख सकते हैं, जबकि एक बेल्लित इस्पातीय खण्ड में ऐसा नहीं किया जा सकता।

संघटित अवयव की विभिन्न आकृतियाँ चित्र 7.7 में दिखायी गई हैं।

जब संघटित संपीडांग दो नाली खण्ड से बनाया जाता है जैसा कि चित्र 7.7 (H) में दिखाया गया है, तब पूर्ण खण्ड का जड़त्व आघूर्ण I_{vv} और I_{xx} करीब-करीब बराबर रखते हैं। दोनों नाली खण्ड के बीच की दूरी निम्न समीकरण से ज्ञात कर सकते हैं।

$$I_{YY} = 2\,I_{yy} + 2\,A\left(\frac{S}{2} + C_{yy}\right)^2 \tag{7.8}$$

और $I_{yy} = I_{xx}$

S और C_{yy} दूरियाँ चित्र में दिखायी गई हैं। A और I_{ww} एक नाली का क्षेत्रफल और जड़त्व-आघूर्ण है।

ISI हैण्डबुक नं. 1 में यह दूरी ज्ञात करने के लिए सारणी दी हुई है।

7.12 **संपीडन अवयवों में तत्त्वों की मोटाई** (Thickness of Elements in Compression Members)

भारतीय मानक IS : 800-1962 में संपीडन अवयवों में तत्त्वों की मोटाई को तत्त्वों की बकाया लम्बाई के साथ दिया है। ये मोटाइयाँ तत्त्वों के स्थानीय व्याकुंचन (Local buckling) के कारण भंग को टालने के लिए दी गयी हैं, ताकि तत्त्वों का भंग मुख्य अवयव के भंग होने से पूर्व न हो। स्थानीय व्याकुंचन में तत्त्वों में लहरें बन जाती है।

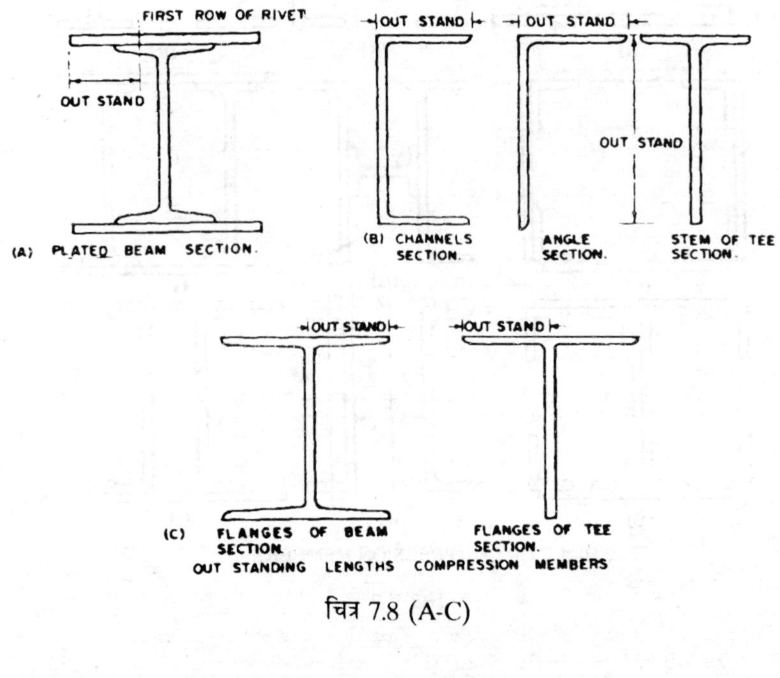

चित्र 7.8 (A-C)

संपीडन अवयव में जब प्लेट लगी होती है, जैसा कि चित्र 7.8 (A) में दिखाया गया है, तब तत्त्व की बकाया लम्बाई (Outstanding length) प्लेट के किनारे से रिवेट की पहले पंक्ति तक मापी जाती है। नाली खण्ड और कोणी-खण्ड में और T-खण्ड के वेब में बकाया लम्बाई खण्ड की साधारण चौड़ाई से मापी जाती है, जैसा कि चित्र 7.8 (B) में दिखाया गया है।

I-खण्ड और T-खण्ड के फ्लैंज के लिए यंह बकाया लम्बाई साधारण चौड़ाई की आधी रखी जाती है, जैसा चित्र 7.8 (C) में दिखाया गया है।

तत्वों की मोटाई बकाया लम्बाई की (1/16) गुणा अस्थिर किये गये अवयव (Unstiffened member) के लिए, ली जाती है और स्थिर किये गये (Stiffened) अवयव के लिये यह मोटाई बकाया लम्बाई की (1/20) गुणा ली जाती है।

उदाहरण 7.1 एक I-खण्ड ISHB 350, @ 0.674 kN/m का प्रयोग स्तम्भ की तरह किया गया है। यदि स्तम्भ की कार्यकर लम्बाई 4 m है तो स्तम्भ के लिए सुरक्षित भार क्षमता ज्ञात करो।

हल Step 1 : ISI हैन्डबुक नं. 1 से, ISHB 350, @ 0.674 kN/m खण्ड के लिए ज्यामिती गुणवत्ता

अनुप्रस्थ खण्ड का क्षेत्रफल $A = 8591 \text{ mm}^2$ (i)

परिभ्रमण त्रिज्या $r_{xx} = 1493$ mm और परिभ्रमण त्रिज्या $r_{vv} = 534$ mm (ii)

अतः न्यूनतम परिभ्रमण त्रिज्या rmin = 534 mm स्तम्भ की कार्यकर लम्बाई, l = 4 m (iii)

स्तम्भ के लिए अधिकतम तनुता अनुपात $(l/r_{min}) = \left(\frac{r \times 1000}{534}\right) = 75$ (iv)

IS : 800-1984 से, अक्षीय अनुज्ञेय संपीडन प्रतिबल, (L/r) = 75 और 109 N/mm² (MPa)

स्तम्भ की सुरक्षित भार क्षमता, इस्पात का पराभव्र प्रतिबल, fy = 260 N/mm² के लिए

$$P = \left(\sigma_{ac} \times A\right) = \left(\frac{109 \times 85.91}{1000}\right) = \mathbf{936.42 \ kN}$$

उदाहरण 7.2 एक कोणिक असतत संपीडांग ISA 150 mm x 150 mm x 12 mm (ISA 150 150, @ 0.272 kN/m) से बना है और सिरों पर एक-एक रिवेट से जुड़ा हुआ है। संपीडांग की लम्बाई 3.5 m है। संपीडांग की सुरक्षित भार वहन करने की क्षमता ज्ञात करो।

हल ISI हैण्डबुक नं. 1 से ISA 150 mm x 150 mm x 12 mm (ISA 150 150, @ 0.272 kN/m) के लिए

अनुप्रस्थ खण्ड का क्षेत्रफल $A = 3459 \text{ mm}^2$ परिभ्रमण त्रिज्या $r_{xx} = r_{vv} = 461$ mm (i)

परिभ्रमण त्रिज्या $r_{uu} = 583$ mm परिभ्रमण त्रिज्या $r_{vv} = 293$ mm (ii)

अतः न्यूनतम परिभ्रमण त्रिज्या, $r_{min} = 293$ mm (iii)

Step 2 : तनुता अनुपात

संपीडांग की कार्यकर लम्बाई, $l = 3.5$ m (iv)

संपीडांग का अधिकतम तनुता अनुपात, $\frac{l}{r_{min}} = \left(\frac{3.5 \times 1000}{293}\right) = 119.5$ (v)

Step 3 : सुरक्षित भार IS : 800-1984 से, अक्षीय अनुज्ञेय संपीडन प्रतिबल, (l/r) = 119.5, और इस्पात का पराभव प्रतिबल

$$\tau_{ac} = 64.454/\text{mm}^2 \quad \text{(viii)}$$

एक कोणिक असतत संपीडांग जो सिरों पर एक-एक रिवेट से जुड़े हों, उसके लिए अनुज्ञेय प्रतिबल

$$0.80\,\tau_{ac} = (0.80 \times 64.45) = 51.56\ N/mm^2 \qquad (ix)$$

संपीडांग की सुरक्षित भार वहन करने की क्षमता

$$P = \left(\frac{51.56 \times 3459}{1000}\right) = \mathbf{178.346\ kN}$$

उदाहरण 7.3 यदि उदाहरण 7.2 में एक कोणिक असतत संपीडांग के सिरे पर दो-दो रिवेट से जुड़े हुए हों, तो उसकी सुरक्षित भार वहन करने की क्षमता ज्ञात करो।

हल Step 1 - ISI HB No. 1 से कोणिक खण्ड की ज्योमिती गुणवत्ता

संपीडांग का न्यूनतम परिभ्रमण त्रिज्या, rmin = 293 mm^2 (i)

अनुप्रस्थ खण्ड का क्षेत्रफल A = 3459 mm^2 और संपीडांग की लम्बाई L = 3.50 m (ii)

संपीडांग की कार्यकर लम्बाई l = (0.85 L = 0.85 x 3.50 = 2.975 m) (iii)

Step 2 : संपीडांग का अधिकतम तनुता अनुपात

$$\left(\frac{l}{r_{min}}\right) = \left(\frac{2.975 \times 1000}{293}\right) = 101.5 \qquad (iv)$$

Step 3 : सुरक्षित भार

अक्षीय अनुज्ञेय संपीडन प्रतिबल, (l/r) = 101.5, और इस्पात का पराभव का

$$\sigma_{ac} = 71.65\ N/mm^2 \qquad (v)$$

संपीडांग की सुरक्षित भार वहन करने की क्षमता प्रतिबल, f_y = 260 N/mm^2

उदाहरण 7.4 एक असतत संपीडांग दो कोणिक खण्ड ISA 125 mm x 95 mm x 10 mm (2ISA 125 95, @ 0.165 kN/m) से बना हुआ है। कोणिक खण्ड की लम्बी टांगे पीठ से पीठ जुड़ी हुई हैं और 10 mm संगम प्लेट के दोनों तरफ सिरों पर दो-दो रिवेट से जुड़ा हुआ है। संपीडांग की लम्बाई 4m है। संपीडांग की सुरक्षित भार वहन करने की क्षमता ज्ञात करो। संपीडांग की लम्बाई में उपयुक्त दूरी पर आबंधन रिवेट लगी हुई हैं।

हल – संपीडांग का अनुप्रस्थ खण्ड चित्र 7.9 में दिखाया गया है।

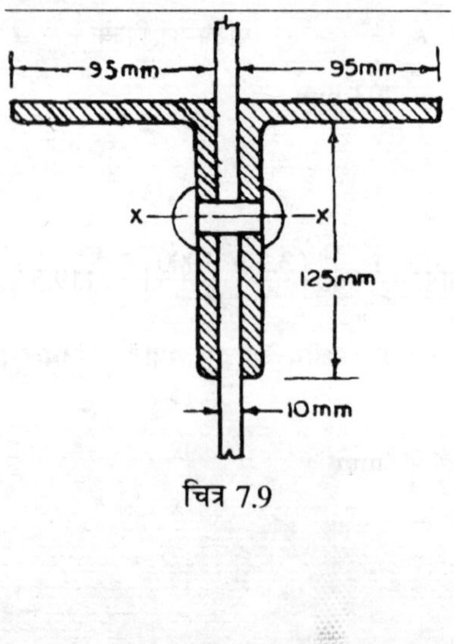

चित्र 7.9

Step 1 : कोणिक खण्ड की ज्योमिति गुणवत्ता

ISI हैण्ड बुक नं. 1 के सारणी में (दो कोणिक खण्ड पीठ से पीठ जुड़े हुए हैं) से

अनुप्रस्थ खण्ड का क्षेत्रफल A = 4204 mm^2 और संपीडांग का परिभ्रमण त्रिज्या, r_{xx} = 394 mm (i)

कोणिक खण्ड की बीच की दूरी, = 10 mm (ii)

r_{vv} = 401 mm

Step 2 : तनुता अनुपात अतः न्यूनतम परिभ्रमण त्रिज्या, r_{min} = 394 mm (iii)

संपीडांग की कार्य कर लम्बाई, l = 0.85 L = 0.85 x 4.0 x 1000 = 3.40 (vi)

संपीडांग का अधिकतम तनुता अनुपात

$$\left(\frac{1}{r_{min}}\right) = \left(\frac{3.40 \times 1000}{394}\right) = 86.4 \quad \text{(vii)}$$

Step 3 : सुरक्षित भार IS : 800-1984 से, अनुज्ञेय प्रतिबल, (l/r) = 86.4, और इस्पात का पराभव प्रतिबल f_y = 260 N/mm^2, $\tau_{ac} = 95.96\ N/mm^2$

संपीडांग का सुरक्षित भार वहन की क्षमता $P = \left(\frac{956.5 \times 42.04}{1000}\right)$ = **40.2 kN**

उदाहरण 7.5 यदि उदाहरण 7.4 में, दो कोणिक असतत संपीडांग संगम प्लेट के एक ही तरफ जुड़े हुए हो, तो संपीडांग का सुरक्षित भार वहन करने की क्षमता ज्ञात करो।

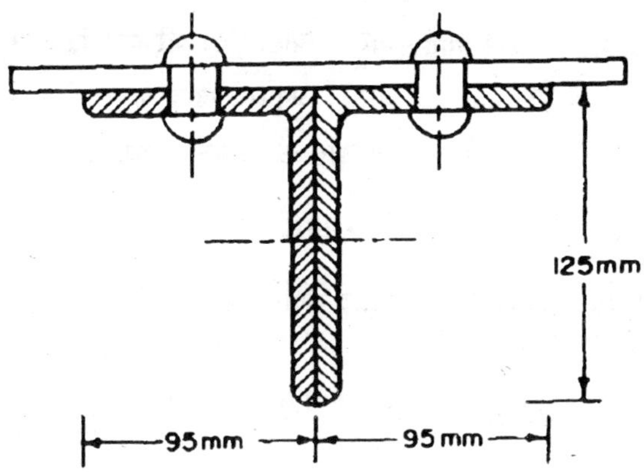

चित्र 7.10

हल Step 1 - कोणिक खण्ड के ज्योमिति गुणवत्ता

एक असतत संपीडांग दो कोणिक खण्ड से बना हुआ और संगम प्लेट के एक तरफ जुड़ा हुआ चित्र 7.10 में दिखाया गया है।

संपीडांग की कार्यकर लम्बाई l = L = 4 m (i)

ISI हैन्ड बुक नं. 1 से,

अनुप्रस्थ खण्ड का क्षेत्रफल A = 4204 mm^2 और संपीडांग का परिभ्रमण त्रिज्या r_{xx} = 394 mm (ii)

कोणिक खण्ड के पीठ से पीठ की बीच की दूरी शून्य है।

संपीडांग की परिभ्रमण त्रिज्या r_{vv} = 367 mm और न्यूनतम परिभ्रमण त्रिज्या r_{min} = 367 mm (iii)

Step 2 : अधिकतम तनुता अनुपात $\left(\frac{l}{r_{min}}\right) = \left(\frac{4 \times 1000}{367}\right) = 1091$

IS : 800-1984 से अनुज्ञेय संपीडन प्रतिबल, l/r = 109 और इस्पात का पराभव प्रतिबल, f_y = 260 N/mm²

$$\sigma_{ac} = 73.9 \text{ N/mm}^2 \quad \text{(vii)}$$

संगम प्लेट के एक तरफ जुड़े हुए कोणिक खण्ड है, अतः

$$0.80\ \sigma_{ac} = (0.80 \times 73.5) \quad \text{(viii)}$$

संपीडांग का सुरक्षित भार वहन करने की क्षमता

$$P = \left(\frac{0.80 \times 73.9 \times 4206}{1000}\right) = \mathbf{248.54\ kN}$$

उदाहरण 7.6 यदि उदाहरण 7.4 में दो कोणिक खण्ड से बना संपीडांग सतत अवयव है, और सिरों पर एक-एक रिवेट से जुड़े हो तो उसकी सुरक्षित भार वहन करने की क्षमता ज्ञात करो। आबन्धन रिवेट का प्रयोग संपीडांग लम्बाई पर उपयुक्त दूरी पर किया गया है।

हल उदाहरण 7.4 से,

Step 1 : कोणिक खण्ड के ज्योमिति गुणवत्ता

संपीडांग का परिभ्रमण त्रिज्या r_{xx} = 394 mm और संपीडांग का परिभ्रमण त्रिज्या r_{yy} = 401 mm (i)

न्यूनतम परिभ्रमण त्रिज्या r_{min} = 394 mm और अनुप्रस्थ खण्ड का क्षेत्रफल = 4204 mm² (ii)

संपीडांग की लम्बाई L = 4 m और संपीडांग की कार्यकर लम्बाई l = L = 4m (iii)

अधिकतम तनुता अनुपात, $\left(\frac{l}{r_{min}}\right) = \frac{4 \times 1000}{3.94} = 101.5$ (vii)

Step 3 : सुरक्षित भार क्षमता IS : 800-1984 से अनुज्ञेय संपीडन प्रतिबल, l/r = 101.5 और इस्पात का पराभव प्रतिबल f_y = 260 N/mm², $\sigma_{ac} = 71.65 \text{ N/mm}^2$

संपीडांग का सुरक्षित भार वहन करने की क्षमता, $P = \left(\frac{71.65 \times 4204}{1000}\right) = 301.22 \text{ kN}$

उदाहरण 7.7 एक संघटित स्तम्भ तीन I-खण्ड ISWB 450, @ 0.794 kN/m से बना हुआ है और प्रभावी ढंग से जुड़ा होकर एक स्तम्भ की तरह कार्यकर है। स्तम्भ को चित्र 7.11 में दिखाया गया है। स्तम्भ की तुल्यमान लम्बाई 4.25 m है। संघटित स्तम्भ की सुरक्षित भार वहन करने की क्षमता ज्ञात करो।

हल

Step 1 : स्तम्भ खण्ड के ज्योमिति गुणवत्ता

संघटित स्तम्भ तीन I-खण्ड ISW 450, @ 79.4 kg/m से चित्र 7.11 में दिखायी गयी आकृति का बना हुआ है। ISI हैन्ड बुक नं. 1 से संघटित स्तम्भ का क्षेत्रफल

3A = (3 x 101.15 = 303.45) mm² (i)

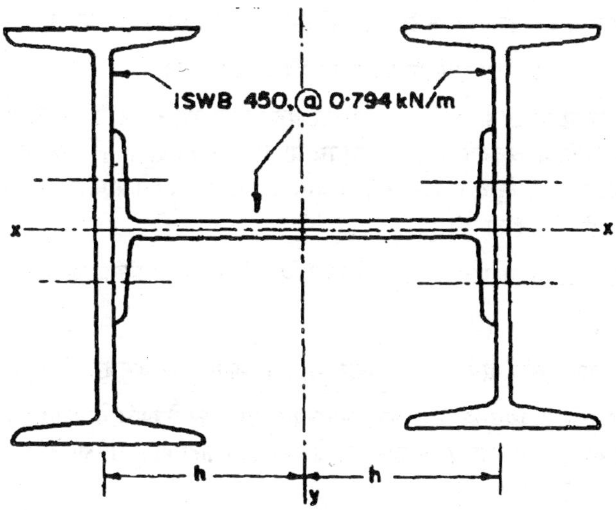

चित्र 7.11

संघटित स्तम्भ का जड़त्व आघूर्ण

$$I_{xx} = (2 \text{ x } 35057.6 + 1706.7) = 71821.9 \text{ x } 104 \text{ mm}^4 \quad \text{(ii)}$$

$$I_{vv} = \left[35057.6 + 2 \times 1706.7 + 2 \times 101.15 \times (22.5 + \frac{1}{2} \times 0.92)^2\right] \times 10^4$$
$$= 14511.79 \times 10^4 \text{ mm} \quad \text{(iii)}$$

I_{xx} का मान I_{vv} से कम है। अतः न्यूनतम परिभ्रमण त्रिज्या

$$r_{min} = \left(\frac{71821.9 \times 10^4}{30345}\right) = 154 \text{ mm} \quad \text{(iv)}$$

संघटित स्तम्भ की कार्यकर लम्बाई l = L = 4.25 m (v)

Step 2 : संघटित स्तम्भ का अधिकतम तनुता अनुपात

$$\left(\frac{l}{r_{min}}\right) = \left(\frac{4.25 \times 1000}{1540}\right) = 27.6 \quad \text{(vi)}$$

IS : 800-1962 से अनुज्ञेय संपीडन प्रतिबल, l/r = 27.6 और इस्पात के लिए पराभव प्रतिबल, f_y = 260 N/mm2

$$\sigma_{ac} = 151.72 \text{ N/mm}^2 \quad \text{(vii)}$$

Step 3 : संघटित स्तम्भ के लिए सुरक्षित भार वहन करने की क्षमता

$$P = \left(\frac{151.72 \times 30345}{1000}\right) = \mathbf{4603.94} \text{ kN}$$

7.13 **अक्षीय भारित संपीडन अवयव की डीजाइन** (Design of Axially Loaded Compression Member)

अक्षीय भारित संपीडन अवयव की डीजाइन (Design of Axially Loaded Compression Member)

अक्षीय भारित संपीडन अवयव की डीजाइन के लिए निम्नलिखित क्रिया विधि अपनायी जाती है।

1. संपीडन अवयव के लिए अक्षीय अनुज्ञेय संपीडन प्रतिबल का मान माना जाता है।

जो संपीडन अवयव I-खण्ड से बनते हों और साधारण भार वहन करते हों, उनका तनुता अनुपात करीब 70 से 90 के बीच होता है। अतः I-खण्ड से बने संपीडन अवयव के लिए अनुज्ञेय प्रतिबल 1000 kg/cm^2 माना जाता है। कोणिक खण्ड से बने संपीडन का तनुता अनुपात 120 से 130 के बीच होता है। जो संपीडन अवयव, (जैसे संघटित अवयव) ज्यादा भार वहन करते हैं, उनके तनुता अनुपात का मान करीब 40 होता है।

2. संपीडन अवयव के लिए आवश्यक कार्यकारी अनुप्रस्थ खण्ड का क्षेत्रफल ज्ञात किया जाता है।

$$A = (P/\sigma_{ac})$$

P = अवयव के लिए अक्षीय संपीडन भार और σ_{ac} = माना हुआ अनुज्ञेय संपीडन प्रतिबल

3. ISI हेन्डबुक नं. 1 से, संपीडन अवयव के लिए और आवश्यक खण्ड के क्षेत्रफल के लिए एक उचित खण्ड अपनाया जाता है। अपनाये गये खण्ड का क्षेत्रफल आवश्यक खण्ड के क्षेत्रफल से ज्यादा होना चाहिए और अपनायी गई खण्ड की न्यूनतम परिभ्रमण त्रिज्या का मान भी अधिक होना चाहिए।

4. अपनाये गये संपीडन अवयव के खण्ड की जाँच की जाती है।

खण्ड की ज्योमितीय माप (जैसे क्षेत्रफल, परिभ्रमण त्रिज्या आदि) ज्ञात होते हैं। इससे अधिकतम तनुता अनुपात और अक्षीय अनुज्ञेय संपीडन प्रतिबल ज्ञात कर लिया जाता है।

5. अपनाये गये संपीडन अवयव के लिए सुरक्षित भार वहन करने की क्षमता की संगणना की जाती है।

$$P = \left(\sigma_{ac} \times A\right)$$

जहाँ पर σ_{ac} = IS : 800-1984 से खण्ड के तनुता अनुपात के लिए अनुज्ञेय प्रतिबल

A = अपनाये गये खण्ड का अनुप्रस्थ क्षेत्रफल

जब सुरक्षित भार वहन करने की क्षमता करीब-करीब बराबर या दिये गये संपीडन भार से थोड़ा ज्यादा हो तो संपीडन अवयव की डीजाइन ठीक है। यदि सुरक्षित भार वहन करने की क्षमता दिये गये संपीडन भार से कम या बहुत ज्यादा होती है, तो दूसरा अन्य उपयुक्त खण्ड अपनाया जाता है और डीजाइन वापिस की जाती है।

उदाहरण 7.8 एक I-खण्ड से बने स्तम्भ की डीजाइन करो, जो 110 tonnes का अक्षीय संपीडन भार वहन कर सकता है। स्तम्भ की लम्बाई 4 m है। स्तम्भ के दोनों सिरे स्थिति में स्थित हैं, परन्तु दिशा आबध्य नहीं है।

डीजाइन Step 1 : विचारण (जाँच हेतु) स्तम्भ खण्ड का चयन, इस्पात का पराभव प्रतिबल $f_y = 260\ N/mm^2$ के लिए और तनुता अनुभव का मान 80 मानते हुए

स्तम्भ के लिए अक्षीय अनुज्ञेय संपीडन प्रतिबल 103 N/mm^2 माना जाता है। स्तम्भ के लिए आवश्यक कार्यकर क्षेत्रफल

$$= \left(\frac{110 \times 1000}{103}\right) = 10679.61\ mm^2 \qquad (i)$$

स्तम्भ की कार्यकर लम्बाई l = 4m (ii)

Step 2 :

ISI हेन्डबुक नं. 1 से I-खण्ड ISHB 450 @ 0.872 kN/m जाँच के लिए लिया जाता है।

I-खण्ड का क्षेत्रफल A = 111 14 mm^2 (iii)

$r_{xx} = 1878$ mm, $r_{vv} = 518$ mm, $r_{min} = 518$ mm

Step 3 : स्तम्भ की अधिकतम तनुता अनुपात

$$\left(\frac{l}{r_{min}}\right) = \left(\frac{4 \times 1000}{518}\right) = 77.2$$

Step 4 : IS : 800-1984 से अनुज्ञेय संपीडन प्रतिबल, $\sigma_{ac} = 106.36$ N/mm^2

Step 5 : I-खण्ड का सुरक्षित भार वहन करने की क्षमता, $P = \left(\frac{106.36 \times 11114}{1000}\right) =$ **1182.08** kN

अतः स्तम्भ की डीजाइन ठीक है। स्तम्भ के लिए ISHB 450, @ 0.872 kN/m अपनाया जाता है।

उदाहरण 7.9 एक कोणिक असतत संपीडांग की डीजाइन करो, जो 110 kN का भार वहन कर सकता हो। संपीडांग की लम्बाई 3.25 m है।

डीजाइन Step 1 : विचारण (जाँच के लिए) अवयव खण्ड

यह माना जाता है कि संपीडांग संगम प्लेट से एक से ज्यादा रिवेट से जुड़ा है। अतः संपीडांग की कार्यकर लम्बाई $l = 0.85L$

$$l = (0.85 \text{ x } 3.25 \text{ x } 1000) = 27625 \text{ mm} \qquad \text{(i)}$$

Step 2 : संपीडांग के लिए अनुज्ञेय प्रतिबल, इस्पात के लिए पराभव प्रतिबल $f_y = 260$ N/mm^2 और तनुता अनुपात 130 मानते हुए

संपीडांग के लिए आवश्यक क्षेत्रफल, $= \left(\frac{110 \times 1000}{57}\right) = 1929.82$ mm^2 $= 57$ N/mm^2

एक कोणिक खण्ड के संपीडांग के लिए बराबर लम्बाई की टाँगों वाला कोणी खण्ड उपयुक्त रहता है। अतः ISI हेन्डबुक नं. 1 से कोणिक खण्ड ISA 110mm x 110 mm x 10 mm जाँच के लिये लिया जाता है।

खण्ड का क्षेत्रफल $A = 2106$ mm^2 (iii)

$r_{xx} = r_{vv} = 336$ mm, $r_{uu} = r_{vv} = 214$ mm और न्यूनतम परिभ्रमण त्रिज्या $r_{min} = 214$ mm

Step 3 : अधिकतम तनुता अनुपात, $\left(\frac{l}{r_{min}}\right) = \left(\frac{27625}{2.14}\right) = 129.2$

Step 4 : IS : 800-1984 से अनुज्ञेय संपीडन प्रतिबल, $f_y = 260$ N/mm^2 (माना), $\sigma_{ac} = 57.56$ N/mm^2

Step 5 : कोणिक खण्ड की सुरक्षित भार वहन करने की क्षमता, $P = \left(\frac{57.36 \times 2106}{1000}\right) = 121.52$ kN

Step 6 : बकाया लम्बाई और मोटाई का अनुपात, $= \frac{110}{10} = 11$ है जो 14 से कम है।

अतः डीजाइन ठीक है। असतत संपीडांग के लिए ISA 110 mm x 110 mm x 10 mm अपनाया जाता है।

उदाहरण 7.10 एक असतत संपीडांग की डीजाइन करो, जो दो कोणी-खण्ड से बना हो और 150 kN का भार वहन कर सकता हो। संपीडांग की लम्बाई 4 m है।

डीजाइन

Step 1 : यह माना जाता है कि दोनों कोणी खण्ड 10 mm की मोटाई की संगम प्लेट के दोनों तरफ एक से ज्यादा रिवएट से ज़ोड़े जाते हैं।

संपीडांग की लम्बाई L = 4 m और कार्यकर लम्बाई l = (0.85 x 4) = 3.40 m (i)

संपीडांग के लिए अनुज्ञेय प्रतिबल f_y = 64 N/mm²

आवश्यक कार्यकर क्षेत्रफल, $A = \left(\frac{150 \times 1000}{64}\right) = 234375 \text{ mm}^2$

Step 2 : विचारण (जाँच के लिए) खण्ड का चयन

ISI हेन्डबुक नं. 1 से (जिस सारणी में दोनों कोणी खण्ड की पीठ से पीठ जुड़ी है), दो कोणी खण्ड ISA 100 mm x 65 mm x 8 mm जाँच के लिए जाते हैं।

अनुप्रस्थ खण्ड का क्षेत्रफल = 2514 mm² और कोणी खण्ड के पीठ की बीच की दूरी 10 mm है।

r_{xx} = 316 mm, r_{vv} = 275 mm और न्यूनतम परिभ्रमण त्रिज्या r_{min} = 275 mm (ii)

Step 3 : अधिकतम तनुता अनुपात, $\left(\frac{l}{r_{min}}\right) = \left(\frac{3.40 \times 1000}{275}\right) = 123.6$

Step 4 : IS : 800-1984 से अनुज्ञेय संपीडन प्रतिबल, f_y = 260 N/mm² (माना), $\sigma_{ac} = 61.48 \text{ mm}^2$

Step 5 : संपीडांग का सुरक्षित भार वहन करने की क्षमता

$$P = \left(\frac{61.48 \times 2514}{1000}\right) = 154.50 \text{ kN} > 150 \text{ kN}$$

अतः डीजाइन ठीक है। संपीडांग के लिए दो ISA 100 mm x 65 mm x 8 mm अपनाये जाते हैं।

उदाहरण 7.11 एक स्तम्भ की लम्बाई 5 m है और उसे 4500 kN का संपीडन भार वहन करना है। स्तम्भ के दोनों सिरे पूर्ण तरह स्थिर स्थिति में हैं और दिशा आबद्ध है। स्तम्भ के लिए I-खण्ड और 18 mm की प्लेट ही उपलब्ध हैं। स्तम्भ की डीजाइन करो।

डीजाइन

स्तम्भ की लम्बाई L = 5m और कार्यकर लम्बाई l = (0.67 x 5) = 3.35 m (i)

Step 1 : विचारण (जाँच के लिये) खण्ड का चयन

भारी संपीडन भार के लिए 145 N/mm² का अनुज्ञेय संपीडन प्रतिबल माना जाता है। f_y = 260 N/mm² माना,

आवश्यक क्षेत्रफल $\left(\frac{4500 \times 1000}{145}\right) = 31034.48 \text{ mm}^2$

Step 2 : विचारण (जाँच के लिए) स्तम्भ खण्ड का चयन

ISI हेन्डबुक नं. 1 से ISHB 450 @ 92.5 kg/m खण्ड को जाँच के लिए लिया जाता है।

r_{xx} = 1850 mm, r_{vv} = 508 mm

जो स्तम्भ ज्यादा भारी भार वहन करते हैं, उनके लिए, $r_{min} = r_{vv}$

प्लेट लगी हुई स्तम्भ के लिए न्यूनतम परिभ्रमण त्रिज्या, r_{min} = 185 mm

Step 3 : अधिकतम तनुता अनुपात, $\left(\frac{l}{r_{min}}\right) = \left(\frac{325 \times 1000}{185}\right) = 17.567$

Step 4 : IS : 800-1984 से अनुज्ञेय प्रतिबल का मान, f_y = 260 N/mm², σ_{ac} = 154.486 N/mm²

आवश्यक क्षेत्रफल = $\left(\frac{4500 \times 1000}{154.486}\right)$ 29128.74 mm²

ISHB 450, @ 154.486 का क्षेत्रफल = 11789 mm² (vii)

बाकी आवश्यक क्षेत्रफल (29128.74 – 11789) = 17339.74 mm²

यह क्षेत्रफल दो प्लेट I-खण्ड के साथ लगाकर पूरा किया जाता है।

अतः एक प्लेट के लिए आवश्यक क्षेत्रफल = $\left(\frac{1}{2} \times 17339.74\right) = 8669.87 \text{ mm}^2$

उपलब्ध प्लेट की मोटाई = 18 mm

अतः प्लेट की आवश्यक चौड़ाई = $\left(\frac{8669.87}{18}\right) = 481.66$ mm

अतः 700 mm की चौड़ाई की प्लेट लगायी जाती है। संघटित स्तम्भ चित्र 7.12 में दिखाया गया है।

Step 5. बकाया चौड़ाई और प्लेट की मोटाई का अनुपात

प्लेट जुड़ी हुई I-खण्ड की बकाया चौड़ाई $\frac{1}{2}(700 - 140) = 280$ mm प्लेट की मोटाई = 18mm

$\left(\frac{\text{बकाया चौड़ाई}}{\text{मोटाई}}\right) = \left(\frac{280}{18}\right) = 15.55 < 16$ अतः ठीक है।

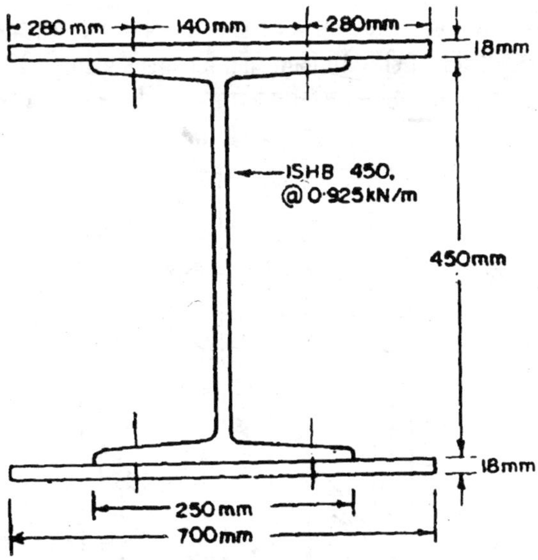

चित्र 7.12

Step 6 : भार वहन करने की क्षमता की जाँच

संघटित स्तम्भ का जड़त्व आघूर्ण $I_{yy} + (3045 + 2 \times \frac{1}{12} \times 1.8 \times 70^3) = 105945\ 10^4 \text{ mm}^4$

संघटित क्षेत्रफल = $(117.89 + 2 \times 1.8 \times 70) \times 100 = 36989 \text{ mm}^2$

$$r_w \left(\frac{105945 \times 10^4}{36989}\right)^{1/2} = 1692 \text{ mm}$$

न्यूनतम परिभ्रमण त्रिज्या $r_{min} = 1692$ mm

अधिकतम तनुता अनुपात $\frac{l}{r_{min}} = \left(\frac{3.25 \times 1000}{1692}\right) = 19.21$

IS : 800-1984 से अनुज्ञेय संपीडन प्रतिबल $\sigma_{ac} = 154.158 \text{ N/mm}^2$

सुरक्षित भार वहन करने की क्षमता $P = \left(\frac{154.158 \times 36989}{1000}\right) = $ **5702.15 kN** > 4500 kN

अतः संघटित स्तम्भ की डीजाइन ठीक है।

ISHB 450, @ 0.925 kN/m, दो प्लेट्स 700 mm x 18 mm जैसे चित्र 7.12 में दिखायी गयी है, लगायी जाती है।

7.14 अक्षीय भारित जालक स्तम्भ की डीजाइन (Design of Axially Loaded Latticed Columns)

जब संघटित स्तम्भ में बेल्लित स्पातीय खण्ड को प्लेट या अन्य खण्ड से नहीं जोड़ा जाता है, तब उपयुक्त पार्श्व पद्धति (Suitable lateral system) का प्रयोग विभिन्न भार वहन करने वाले स्तम्भ के तत्त्वों को जोड़ने के लिए किया जाता है। पार्श्व पद्धति स्तम्भ के विभिन्न तत्त्वों को उनकी सापेक्ष स्थिति (Relative position) में रखती हैं। जब स्तम्भ का बंकन होता है, तब स्तम्भ में अपरूपण बल उत्पन्न हो जाता है। पार्श्व पद्धति को अपरूपण बल को वहन करने के लिए प्रयोग में लाया जाता है।

जालक पद्धति भी एक पार्श्व पद्धति है, जो स्तम्भ में बंकन होने पर उत्पन्न अपरूपण बल को वहन करने के लिए प्रयोग में लायी जाती है। साधारणतया जालक पद्धति का ही प्रयोग किया जाता है। जालक पद्धति में बेल्लित स्पातीय पत्ती, कोणी-खण्ड और नाली खण्ड का जालक अवयव (Lattice members) की तरह प्रयोग में लेते हैं। जालक पद्धति (Lattice System) निम्नलिखित दो प्रकार की होती है।

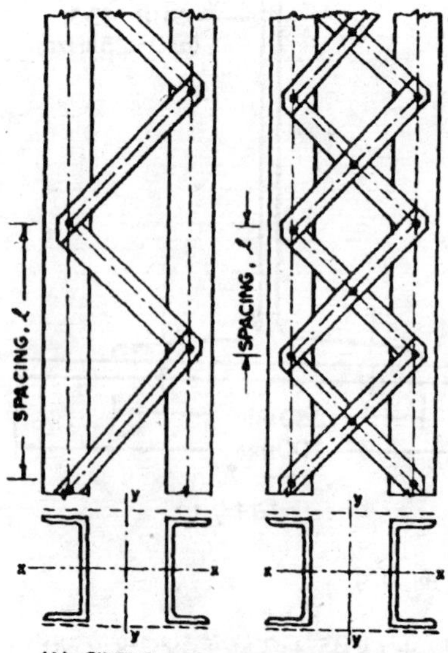

(A). SINGLE LACING (B) DOUBLE LACING
LACING OF COMPRESSION MEMBERS.

चित्र 7.13

1. एकहरा जालक पद्धति (Single Latticing), 2. दोहरा जालक पद्धति (Double latticing)

1. एकहरा जालक पद्धति (Single latticing) - एकहरा जालक पद्धति चित्र 7.13 (A) में दिखायी गयी है। इसमें जालक पत्तियाँ एक त्रिभुजाकार पद्धति बनाती हैं। स्तम्भ के मुख्य भाग के जालक तलों में जालक एक ही दिशा में रखे जाते हैं, जैसे एक दूसरे की छाया हो और दो तलों में जालक विपरीत दिशा में नहीं लगाये जाते हैं।

2. दोहरा जालक पद्धति (Double latticing) - दोहरा जालक पद्धति चित्र 7.13 (B) में दिखायी गयी है। इसमें जालक एक दूसरे को प्रतिच्छेद (Intersect) करती है और प्रतिच्छेदन पर रिवेट द्वारा जोड़ी भी जाती है।

जालक पद्धति की डीजाइन (Design of latticing) - जालक पद्धति की डीजाइन के लिए निम्नलिखित क्रिया विधि अपनायी जाती है। इस क्रिया विधि में IS : 800 -1984 में दिये गये उल्लेख (Specifications) भी सम्मिलित हैं।

1. स्तम्भ के भागों में जालक लगाने के लिए एकहरा या दोहरा जालक पद्धति का प्रयोग किया जाता है। दोहरा जालक पद्धति को साधारणतया अधिक अधिमान्यता (Preference) दी जाती है। जालक छड़ (Latticing bar) का स्तम्भ की अनुदैर्ध्य अक्ष (Longitudinal axis) के साथ झुकाव 40 से कम नहीं होना चाहिए और 70 से ज्यादा नहीं होना चाहिए।
2. जालक की दूरी (Spacing of latticing) चित्र 7.13 में दिखायी गयी है। जालक की अधिकतम दूरी निम्नलिखित शर्तों के अनुसार होनी चाहिए।

स्तम्भ के भाग का तनुता अनुपात $>$ 0.7 x संघटित स्तम्भ के परम प्रतिकूल (Most unfavourable) तनुता अनुपात

या $>$ 50, जो भी कम हो।

3. जालक छड़ स्तम्भ के अक्षीय भार के 2.5 प्रतिशत के बराबर अनुप्रस्थ अपरूपण बल (Transverse shear, S) का प्रतिरोध करता है।

इस अनुप्रस्थ अपरूपण बल को सभी समान्तर तल के पार्श्व पद्धति बराबर वहन करती है। यदि अन्य अपरूपण बल होता है, तो उसका भी उचित प्रतिरोध किया जाता है।

4. जालक छड़ में बल की संगणना निम्न प्रकार की जाती है। चित्र 7.14 (A) में एकहरा जालक पद्धति दिखायी गयी है। प्रत्येक जालक छड़ में अनुप्रस्थ अपरूपण बल (S/n) होता है, जहाँ पर n = समान्तर जालक तल की संख्या

प्रत्येक जालक छड़ में बल, $$F = \left(\frac{S}{n} \times \frac{d}{h}\right) = \left(\frac{S}{n} \times \operatorname{cosec}\theta\right)$$

जहाँ पर, θ = जालक छड़ का स्तम्भ के अनुदैर्ध्य अक्ष के साथ झुकाव h = रिवेट रेखाओं के बीच की क्षैतिज दूरी

चित्र 7.14 (B) में दोहरा जालक पद्धति दिखायी गयी है। एक तल अनुप्रस्थ अपरूपण बल (S/n) को दो जालक छड़ वहन करती है। अतः प्रत्येक जालक छड़ में बल

$$F = \left(\frac{1}{2} \times \frac{S}{n} \times \operatorname{cosec}\theta\right)$$

5. जालक छड़ के अनुप्रस्थ खण्ड के परिमाप निम्न तरीके से ज्ञात किये जाते हैं। माना कि जालक छड़ की मोटाई t है।

(i) एकहरा जालक पद्धति में, $t < \frac{1}{40} \times$ जालक छड़ के अन्दर के रिवेट की बीच की दूरी

(ii) दोहरा जालक पद्धति में, $t < \frac{1}{60} \times$ जालक छड़ में अन्दर के रिवेट की बीच की दूरी

IS : 800-1984 में जालक छड़ की चौड़ाई सारणी 7.4 के अनुसार दी हुई है।

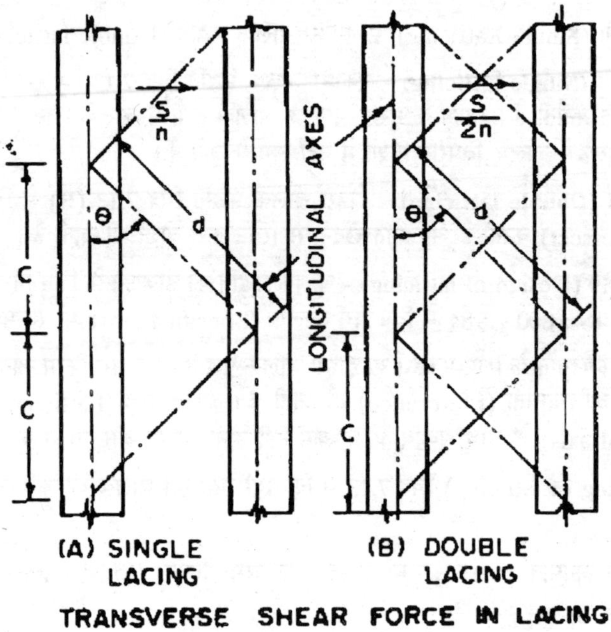

चित्र 7.14

सारणी 7.4. जालक छड़ की चौड़ाई

रिवेट का आकलित व्यास	जालक छड़ की चौड़ाई
22 mm	65mm
20 mm	60 mm
18 mm	55 mm
16 mm	50 mm

रिवेट का आकलित व्यास मान लिया जाता है। उन्हीं रिवेट का जालक छड़ को स्तम्भ के भागों के साथ जोड़ने में प्रयोग करते हैं।

6. जालक छड़ के लिए न्यूनतम परिभ्रमण त्रिज्या की संगणना की जाती है। जालक छड़ के लिए अधिकतम तनुता अनुपात 145 से अधिक नहीं होना चाहिए। रिवेटित निर्माण में, एकहरा जालक पद्धति में, जालक छड़ की कार्यकर लम्बाई जालक छड़ पर अन्दर की रिवेट के बीच मापी जाती है और दोहरी जालक पद्धति में इस लम्बाई की 0.7 गुणा कार्यकर लम्बाई ली जाती है।

7. रिवेट के मान की संगणना की जाती है, जो रिवेट पर आने वाले भार से ज्यादा होना चाहिए। रिवेट पर आने वाले प्रत्येक जालक छड़ के अनुप्रस्थ अपरूपण बल के दुगना होता है।

8. जालक छड़ की डीजाइन की जाँच की जाती है। जालक छड़ का संपीडन सामर्थ्य और तनन सामर्थ्य उसमें जितना बल हो, उससे अधिक होना चाहिए।

जालक स्तम्भ के सिरों पर तान प्लेट (Tie Plates) लगानी चाहिये।

उदाहरण 7.12 एक स्पातीय स्तम्भ की लम्बाई 12 m है। स्तम्भ पर 1000 kN का अक्षीय भार है। स्तम्भ के दोनों सिरों पर हिन्ज हैं। संघटित स्तम्भ और दोहरी जालक पद्धति की डीजाइन करो।

डीजाइन

Step 1 : संघटित स्तम्भ की डीजाइन - संघटित स्तम्भ की लम्बाई = 12 m (i)

कार्यकर लम्बाई l = L = 12 x 1000 = 1200 mm और स्तम्भ पर अक्षीय भार P = 1000 kN

इस्पात का पराभव $f_y = 260\ N/mm^2$ और तनुता अनुपात 80 माने जाते हैं। अतः

अक्षीय अनुज्ञेय संपीडन प्रतिबल का मान $\sigma_{ac} = 103\ N/mm^2$ माना जाता है।

आवश्यक अनुप्रस्थ खण्ड का क्षेत्रफल, $A = \left(\dfrac{1000 \times 1000}{103}\right) = 9708.74\ mm^2$

Step 2 : विचारण (जाँच के लिए) ज्योमिती गुणवत्ता

ISI हैंडबुक नं. 1 से (दो नाली खण्ड का प्रयोग स्तम्भ के लिये किया जाता है, सारणी से) दो नाली खण्ड ISMC 350, @ 0.421 kN/m के लिए

$A = 2 \times (5366) = 10732\ mm^2$, $I_{xx} = 20016 \times 104\ mm^4$, $r_{xx} = 1366\ mm$

Step 3 : संघटित स्तम्भ के भागों की बीच की दूरी इस प्रकार होनी चाहिए कि $I_{vv} = I_{xx}$

ISI हैंड बुक नं. 1 से यह दूरी S = 220 mm, $I_{yy} = 20246.8 \times 104\ mm^4$, $r_{yy} = 1374\ mm$

अधिकतम तनुता अनुपात, $\left(\dfrac{1}{r_{min}}\right) = \left(\dfrac{12000}{1366}\right) = 87.8$

Step 4 : सुरक्षित भार IS : 800-1984 से अनुज्ञेय संपीडन प्रतिबल, $\sigma_{ac} = 94.37\ N/mm^2$

स्तम्भ के खण्ड का सुरक्षित भार वहन करने की क्षमता, $P = \left(\dfrac{94.367 \times 107.32}{1000}\right) = 1012.75\ kN > 1000\ kN$

अतः संघटित स्तम्भ की डीजाइन ठीक है।

Step 5 : जालक पद्धति का डीजाइन

दोहरी जालक पद्धति 45 झुकाव पर चित्र 7.15 में जैसे दिखायी गयी है, अपनायी जाती है।

नाली खण्ड के पीठ से पीठ तक की दूरी 22 cm है। ISMC 350, @ 0.421 kN/m के लिए गेज दूरी g = 60 mm है। अतः

$$(S + 2g) = (220 + 2 \times 60) = 340\ mm \qquad (xiv)$$

जालक छड़ का झुकाव 45° है। अतः जालक छड़ की दूरी = संलग्न रिवेट के केन्द्र से केन्द्र तक दूरी = 340 mm

एक नाली खण्ड के लिए (ISMC 350, 0.421 kN/m) न्यूनतम परिभ्रमण त्रिज्या $r_{min} = 283\ mm$ (xvi)

Step 6 : स्तम्भ के भाग का तनुता अनुपात

$$\left(\frac{1}{r_{min}}\right) = \left(\frac{340}{283}\right) = 12.014 < 40 \text{ और } (0.6 \times 87.8)$$

संघटित स्तम्भ के लिए परम प्रतिकूल तनुता अनुपात का 0.7 गुणा = 0.6 x 87.8 = 52.68

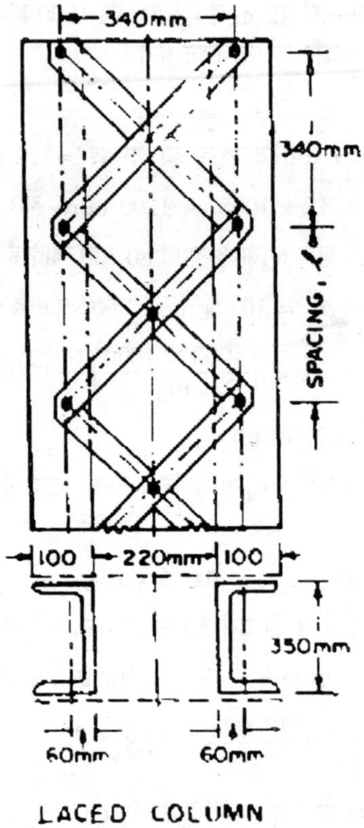

चित्र 7.15

22 mm आकलित व्यास की रिवेट का प्रयोग किया जाता है। जालक छड़ की चौड़ाई = 65 mm (xvii)

जालक छड़ की लम्बाई = $34° \sqrt{2} = 480.83$ mm

जालक छड़ की मोटाई = $\frac{1}{60} \times 34\sqrt{2} = 8.1$ mm

65 ISF 10 जालक पत्ती अपनाई जाती है। पत्ती के खण्ड का क्षेत्रफल

$$(65 \times 10) = 650 \text{ mm}^2$$

न्यूनतम परिभ्रमण त्रिज्या = $\left(\frac{\frac{1}{12} b t^3}{bt}\right)^{1/2} = \left(\frac{t}{\sqrt{12}}\right) = \left(\frac{10}{\sqrt{12}}\right) = 288$ mm

दोहरी जालक पद्धति में, जालक छड़ की कार्यकर लम्बाई = 0.7 x 340 2 mm

तनुता अनुपात = $\left(\frac{0.7 \times 34\sqrt{2}}{288}\right) = 117 < 145$ अतः ठीक है।

अनुप्रस्थ अपरूपण बल, $S_1 = \left(\frac{2.5}{100} \times 1000\right) = 25$ kN

अनुप्रस्थ अपरूपण बल, $S_1 = \left(\frac{2.5}{100} \times 1000\right) = 25\ kN$

प्रत्येक जालक छड़ में बल, $F = \left(\frac{1}{2} \times \frac{S_1}{n} \times \text{cosec}\,\theta\right) = \frac{1}{2} \times \frac{25}{2} \times \sqrt{2} = 8.84\ kN$

IS : 800-1984 से अनुज्ञेय संपीडन प्रतिबल, $f_y = 260\ N/mm^2$ (माना) $\sigma_{ac} = 57.7\ N/mm^2$

जालक छड़ का संपीडन सामर्थ्य, $F_o = \left(\frac{57.7 \times 65 \times 10}{1000}\right) = 37.51\ kN > 8.84\ kN$

जालक छड़ का तनन सामर्थ्य

$$F_t = \left(\frac{(b-d) \times t \times 0.6 \times 260}{1000}\right) = \left(\frac{(65-23.5) \times 1 \times 0.6 \times 260}{1000}\right) = 64.74\ kN > 8.84\ kN$$

रिवेट का एकतल अपरूपण सामर्थ्य, $= \left(\frac{\pi}{4} \times \frac{23.5^2 \times 100}{1000}\right) = 43.35\ kN$

नाली खण्ड की फ्लैंज की मोटाई 13.5 mm है, जो जालक छड़ की मोटाई से कम है। अतः रिवेट का धारण में सामर्थ्य

$$= \left(\frac{235 \times 13.5 \times 300}{1000}\right) = 95.175\ kN$$

रिवेट का मान, $R = 43.35\ kN$

रिवेट का भार = $(2 \times 0.884 \times \cos 45) = 1237\ kN$ < रिवेट मान

अतः डीजाइन संतोषजनक है। दो ISMC 350, @ 0.0421 kN/m और 65 ISF 10 जालक छड़ और 22 mm आकलित व्यास की रिवेट का प्रयोग किया जाता है।

स्तम्भ के सिरों पर तान प्लेट भी लगायी जाती है।

7.15 अक्षीय भारित बेटन स्तम्भ की डीजाइन (Design of Axially Loaded Battened Column)

बेटन स्तम्भ में बेटन प्लेट का प्रयोग किया जाता है। बेटन प्लेट को तान प्लेट भी कहते हैं। जालक पद्धति की तरह बेटन प्लेट का भी प्रयोग पार्श्व पद्धति की तरह किया जाता है। स्तम्भ के भागों को बेटन प्लेट द्वारा जोड़ा जाता है। यदि बेटन के तल में उत्केन्द्रीय भार होता है, तो बेटन प्लेट का प्रयोग नहीं करते हैं।

बेटन प्लेट की डीजाइन

बेटन प्लेट की डीजाइन के लिए निम्न विधि अपनायी जाती है। IS : 800-1984 में दिये गये उल्लेख (Specifications) भी सम्मिलित है। एक बेटन स्तम्भ को चित्र 7.16 में दिखाया गया है।

बेटन प्लेट एक-दूसरे के सामने लगायी जाती है और जहाँ तक संभव हो बेटन प्लेट की दूरी बराबर रखी जाती है।

1. एक बेटन स्तम्भ की कार्यकर लम्बाई सामान्य कार्यकर लम्बाई से 10 प्रतिशत ज्यादा लेते हैं।

2. संपीडन अवयव जो बेटन भाग से बनते हैं, उनके दोनों भागों के अनुप्रस्थ खण्ड वही (Same) होने चाहिए और xx = अक्ष के सममित होने चाहिए। बेटन स्तम्भ का बेटन तल की लम्ब की अक्ष की परिभ्रमण त्रिज्या बेटन तल के समान्तर अक्ष के परिभ्रमण त्रिज्या से कम नहीं होनी चाहिए। (अतः r_{yy} कम नहीं r_{xx})

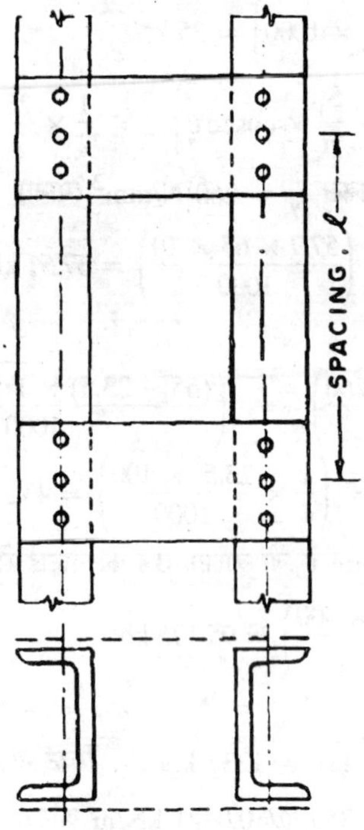

चित्र 7.16

3. बेटन की दूरी चित्र 7.16 में दिखायी गयी है और संलग्न बेटन के केन्द्र से केन्द्र तक मापी जाती है।

बेटन की दूरी स्तम्भ एक भाग की लम्बाई, l, के बराबर रखते हैं। यह लम्बाई, l, स्तम्भ के इस भाग में संलग्न रिवेटित जोड़ के बीच की दूरी के बराबर होती है। इस लम्बाई l संगणना निम्न प्रकार से की जाती है।

(i) जब संघटित स्तम्भ के लिए $\left(\frac{l}{r_{yy}}\right) > 0.8 \times$ पूरे स्तम्भ के $\left(\frac{l}{r_{xx}}\right)$

तब, स्तम्भ के इस भाग के लिए

$\left(\frac{l}{r_{min}} < 50\right)$ या < 0.7 x पूरे स्तम्भ के $\left(\frac{l}{r_{min}}\right)$ जो बी कम हो। और

(ii) जब संघटित स्तम्भ के लिए $\frac{l}{r_{min}} > 0.8 \times$ पूरे स्तम्भ के $\frac{l}{r_{min}}$

तब, स्तम्भ के इस भाग के लिए, $\frac{l}{r_{min}} < 40$ या $<$ 0.6 x पूरे स्तम्भ के लिए $\frac{l}{r_{min}}$, जो भी कम हो।

स्तम्भ के इस भाग के लिए, न्यूनतम परिभ्रमण त्रिज्या ज्ञात होती है। इस भाग के अधिकतम तनुता अनुपात को ऊपर लिखित मान में जो भी मान कम हों, उसके बराबर रखा जाता है। इससे लम्बाई, l ज्ञात हो जाती है। बेटन प्लेट की दूरी इस लम्बाई के बराबर रखते हैं। बेटन प्लेट की संख्या इस प्रकार हो, जो पूरे स्तम्भ की लम्बाई को कम से कम बराबर तीन भागों में बाँट दें।

4. बेटन प्लेट की डीजाइन निम्नलिखित के एक साथ प्रतिरोध के लिए की जाती है।

(i) अनुदैर्ध्य अपरूपण बल (Longitudinal shear) $F_1 = \left(\frac{S}{n} \times \frac{d}{a}\right)$

जहाँ पर, S = अनुप्रस्थ अपरूपण बल $= \frac{2.5}{100} \times$ स्तम्भ पर अक्षीय भार

d = अनुदैर्ध्य दिशा में केन्द्र से केन्द्र तक बेटन की दूरी, n = समान्तर बेटन तल की संख्या

a = अनुप्रस्थ दिशा में स्तम्भ के दो भागों के रिवेट के बीच की न्यूनतम दूरी

(ii) अनुप्रस्थ अपरूपण बल से उत्पन्न घूर्ण (Moment), $M = \left(\frac{S \times d}{2n}\right)$ (ii)

5. बेटन प्लेट के परिमाप की संगणना निम्न प्रकार से की जाती है।

बेटन प्लेट की कार्यकर गहराई - बेटन प्लेट की कार्यकर गहराई अनुदैर्ध्य दिशा में बेटन की अन्त की रिवेट की दूरी के बराबर मापी जाती है।

(a) अन्त के बेटन के लिए यह कार्यकर गहराई, < स्तम्भ के दो भागों के गुरुत्व केन्द्रों के बीच की दूरी

(b) मध्यस्थ बेटन के लिए, यह कार्यकर गहराई, $< \frac{3}{4} \times$ स्तम्भ के दो भागों के गुरुत्व केन्द्रों के बीच की दूरी

(c) किसी भी बेटन की यह कार्यकर गहराई, < 2 x स्तम्भ के एक भाग के फ्लैंज की चौड़ाई

बेटन की कुल गहराई प्लेट की किनारों की रिवेट केन्द्र से दूरियों को जोड़ कर ज्ञात की जाती है।

बेटन प्लेट की मोटाई

बेटन प्लेट की मोटाई $t < \frac{1}{50} \times$ सबसे भीतरी, जोड़ने वाली रिवेट के बीच की दूरी

यदि बेटन कोणी-खण्ड, नाली खण्ड या I-खण्ड से बने हों, तो यह ऊपर लिखित धारा (वाक्य) लागू नहीं होती।

6. बेटन प्लेट को जोड़ने के लिए रिवेट का प्रयोग किया जाता है और रिवेट समूह को इस अपरूपण बल F_1 और घूर्ण M का प्रतिरोध करना होता है।

उदाहरण 7.13 एक संघटित स्तम्भ की डीजाइन करो जो दो नाली खण्ड से बना हो और बेटन प्लेट से जुड़ा हुआ हो। स्तम्भ पर 800 kN का अक्षीय संपीडन भार है। स्तम्भ की कार्यकर लम्बाई 6 m है। बेटन प्लेट की भी डीजाइन करो।

डीजाइन

Step 1 : संघटित स्तम्भ की डीजाइन, कार्यकर लम्बाई = 6 m (i)

बेटन स्तम्भ की कार्यकर लम्बाई सामान्यतया अपनायी जाने वाली कार्यकर लम्बाई से 10 प्रतिशत ज्यादा होती है। अतः

बेटन स्तम्भ की कार्यकर लम्बाई, = 6.6 m

इस्पात का पराभव प्रतिबल $f_y = 260 \text{ N/mm}^2$ और तनुता अनुपात 80 माना जाता है।

अनुज्ञेय संपीडन प्रतिबल 103 N/mm^2 माना जाता है।

आवश्यक कार्यकर क्षेत्रफल $= \left(\frac{800 \times 1000}{103}\right) = 7766.99 \text{ mm}^2$

ISI हैण्ड बुक नं. 1 से दो नाली खण्ड ISMC 300, @ 0.0331 kN/m जाँच के लिए अपनाये जाते हैं।

$A = 8422\ mm^2$, और $I_{xx} = 12095.8 \times 104\ mm^4$

$r_{xx} = 119.8\ mm$, और $c_{vv} = 230\ mm$

नाली खण्ड के पीठ से पीठ की दूरी 200 mm अपनायी जाती है।

$r_{yy} = 128.7\ mm$ और $r_{yy} = 128.7 < r_{xx}$

$r_{min} = 119.8\ mm$

अधिकतम तनुता अनुपात, $\frac{l}{r_{min}} = \left(\frac{6.6 \times 100}{119.8\ mm}\right) = 55.2$

IS : 800-1984 से अनुज्ञेय प्रतिबल, इस्पात का पराभव प्रतिबल $= 260\ N/mm^2$, $f_c = 130.8\ N/mm^2$

सुरक्षित भार वहन करने की क्षमता

$$P = \left(\frac{130.8 \times 842.2}{1000}\right) = 1101.60\ kN > 800\ kN$$ अतः डीजाइन ठीक है।

Step 2 : बेटन प्लेट की डीजाइन, rmin = 23.8 mm

बेटन प्लेट की दूरी - संघटित स्तम्भ के तनुता अनुपात इस प्रकार हैं।

$$\left(\frac{l}{r_{xx}}\right) = 66.4, \left(\frac{l}{r_{yy}}\right) = \frac{6.6 \times 100}{10.57} = 62.5$$

$$\frac{l}{r_{vv}} > 0.8\ \frac{l}{r_{xx}}\ (0.8 \times 66.4 = 53.12)$$

एक नाली खण्ड का न्यूनतम परिभ्रमण त्रिज्या $r_{min} = 238\ mm$

अतः संघटित स्तम्भ के एक भाग का तनुता अनुपात

$$\left(\frac{l}{r_{min}}\right) < 40 \text{ or } < (0.6 \times 66.4 = 39.84), \quad \therefore \left(\frac{l}{238}\right) = 39.48$$

$$\therefore l\ (39.84 \times 2.38) = 948.192\ mm$$

अतः बेटन प्लेट की दूरी 900 mm रखी जाती है।

अनुप्रस्थ अपरूपण बल, $S = \left(\frac{2.5}{100} \times 800\right) = 20\ kN$

इससे उत्पन्न अनुदैर्ध्य अपरूपण बल, $F_1 = \left(\frac{S \times d}{n \times d}\right) = \left(\frac{20 \times 900}{2 \times 205}\right) = 36\ kN$

इससे उत्पन्न घूर्ण, $M = \left(\frac{S \times d}{2 \times n}\right) = \left(\frac{20 \times 900}{2 \times 2}\right) = 4500\ mm - kN$

Step 2 : बेटन प्लेट का परिमाप

अन्त की बेटन प्लेट की कार्यकर गहराई = स्तम्भ के दो भागों के गुरुत्व केन्द्रों के बीच की दूरी

$(160 + 2 \times 230) = 206\ mm$ < (2 × एक भाग के फ्लैंज की चौड़ाई)

22 mm व्यास की रिवेट का प्रयोग किया जाता है।

अन्त के बेटन प्लेट की कुल गहराई $= [206 + 2 \times (1.5 \times 2.35)] = 276$ mm (xiii)

मध्यस्थ बेटन की कार्यकर गहराई $= \left(\frac{3}{4} \times 206\right) = 1545$ mm

$<$(2 × एक भाग के फ्लैन्ड की चौड़ाई) $= 2 \times 80 = 160$ mm

अतः यह कार्यकर गहराई 160 mm रखते हैं।

बेटन की कुल गहराई $= [160 + 2 \times (1.5 \times 2.35)] = 230$ mm

बेटन की मोटाई $t < \frac{1}{50} \times$ भीतरी जोड़ने वाली रिवेट की बीच की दूरी

बेटन प्लेट की मोटाई 6 mm रखी जाती है।

यदि मध्यस्थ बेटन की गहराई घूर्ण का प्रतिरोध करने के लिए d cm आवश्यक है, तो

$$\left(\frac{1}{6} \times t \times d^2 \times \sigma_{ac}\right) = M \qquad \frac{1}{6} \times 0.6 \times d^2 \times 0.66 \times 260 = M \quad = d = 161.94 \text{ mm}$$

अतः अन्त की बेटन प्लेट का परिमाप 300 mm x 6 mm अपनाया जाता है और मध्यस्थ बेटन प्लेट का परिमाप 230 mm x 6 mm अपनाया जाता है।

मध्यस्थ बेटन प्लेट का अनुदैर्ध्य अपरूपण में सामर्थ्य

$$= \left[\frac{230 \times 6 \times 0.4 \times 260}{1000}\right] = 143.52 \text{ kN}$$ > बेटन प्लेट में अनुदैर्ध्य अपरूपण बल

रिवेटित जोड़ की डीजाइन

रिवेट का एकतल अपरूपण में सामर्थ्य $= \left(\frac{\pi}{4} \times \frac{23.5^2 \times 100}{1000}\right) = 43.35$ kN

रिवेट का धारण में सामर्थ्य, $= \left(\frac{6 \times 235 \times 300}{1000}\right) = 42.30$ kN

अतः रिवेट मान, $R = 42.30$ kN

चित्र 7.17 में दिखाये गये के अनुसार 3 रिवेट लगायी जाती है।

एक रिवेट में अपरूपण बल $= \left(\frac{36}{3}\right) = 12$ kN

घूर्ण से उत्पन्न बल $= \left(\frac{My}{\sum y^2}\right) = \frac{4500 \times 80}{2 \times 80 \times 80} = 28.125$ kN

रिवेट में परिणामी बल $= (12^2 + 28.125^2)^{1/2} = 30.578$ kN $<$ रिवेट मान अतः ठीक है।

संघटित स्तम्भ के लिए 2ISMC 250, @30.4 kg/m नाली खण्ड और चित्र 7.17 में दिखायी गयी बेटन प्लेट अपनायी जाती है।

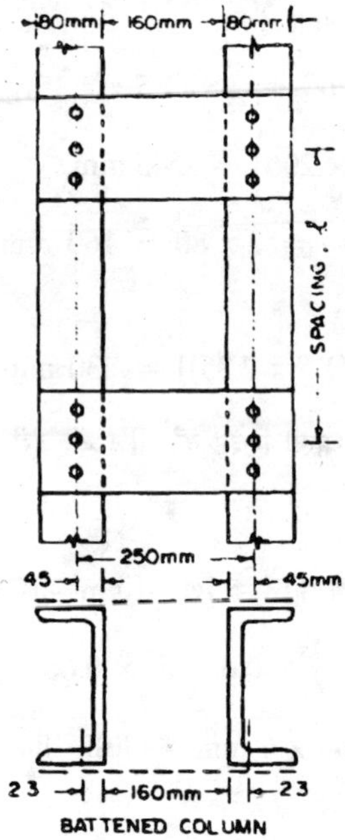

चित्र 7.17

7.16 **स्तम्भ के आधार** (Column Bases)

स्तम्भ का भार आधार प्लेट पर प्रेषित किया जाता है। आधार प्लेट स्तम्भ का भार कंक्रीट या चिनाई की नींव पर प्रेषित करती हैं। स्तम्भ का भार एक कंक्रीट या निचाई की नींव के बड़े क्षेत्रफल पर वितरित किया जाता है। कंक्रीट या चिनाई पर धारण दबाव अधिकतम अनुज्ञेय धारण दबाव से कम रहना चाहिए। अक्षीय भारित स्तम्भ के आधार पर नीचे की तरफ कंक्रीट या चिनाई पर दबाव एक समान वितरित माना जाता है, जैसा कि चित्र 7.18 में दिखाया गया है। स्तम्भ के आधार दो प्रकार के होते हैं।

1. स्लेब आधार, 2. गसेट आधार

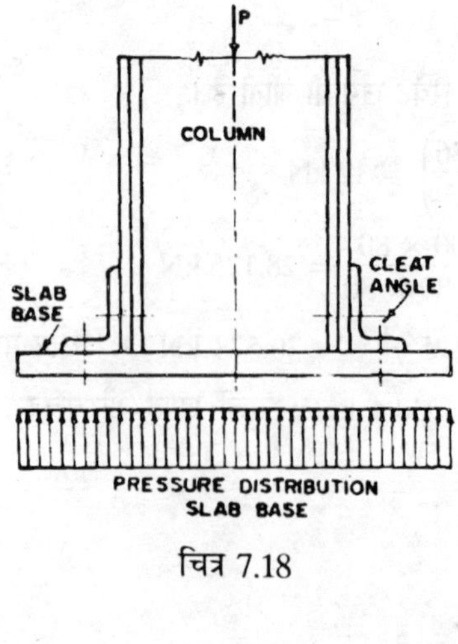

चित्र 7.18

7.17 स्लेब आधार की डीजाइन (Design of Slab Base)

स्लेब आधार चित्र 7.18 में दिखायी गयी है।

स्लेब आधार में क्लीट (Cleat) कोणी-खण्ड और आधार प्लेट होती हैं। स्तम्भ में अक्षीय संपीडन भार P है। यह भार आधार पर एक h X b क्षेत्रफल पर वितरित है। आधार के नीचे यह भार L X D क्षेत्रफल पर वितरित है, जैसा चित्र 7.19 में दिखाया गया है।

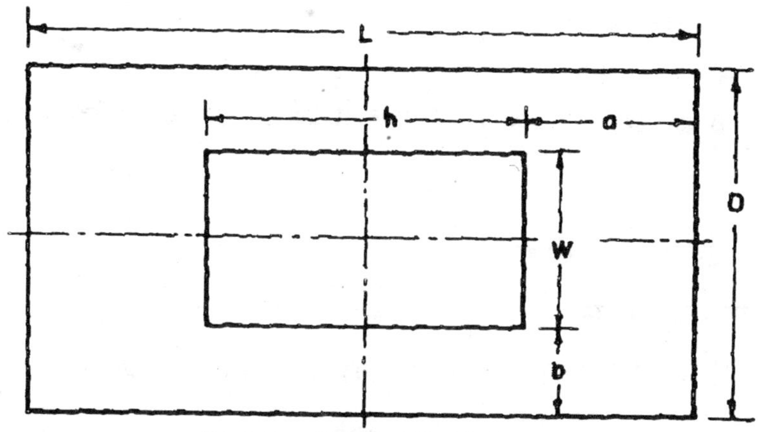

SLAB BASE (PLAN)

चित्र 7.19

आधार प्लेट की मोटाई t मानी जाती है। आधार प्लेट के नीचे की तरफ से दबाव w माना जाता है। स्तम्भ से नींव तक की बड़ी प्रक्षेप लम्बाई A है और छोटी प्रक्षेप लम्बाई B है। स्लेब में अनुज्ञेय बंकन प्रतिबल p_{bct} है। एक इकाई चौड़ाई की पट्टी ली जाती है।

xx-अक्ष पर बंकन घूर्ण, $M_{xx} = \left(\frac{wA^2}{2}\right)$ और yy-अक्ष पर बंकन घूर्ण, $M_{yy} = \left(\frac{wB^2}{2}\right)$

यदि प्वायों का अनुपात (Poisson's ratio) का मान 1/4 है तो D चौड़ाई के लिये कार्यकर बंकन घूर्ण,

$= \frac{w}{2}\left(A^2 - \frac{B^2}{4}\right)$ इसी प्रकार L लम्बाई के लिए कार्यकर बंकन घूर्ण,

$$= \frac{w}{2}\left(B^2 - \frac{A^2}{4}\right)$$

A लम्बाई B से ज्यादा है। अतः D चौड़ाई पर कार्यकर बंकन घूर्ण का मान ज्यादा है। स्लेब आधार का प्रतिरोध आघूर्ण,

$= \left(\frac{1}{6} \times 1 \times t^2 \times \sigma_{bs}\right)$ और $\therefore \frac{1}{6} \times 1 \times t^2 \times \sigma_{bs} = \frac{w}{2}\left(A^2 - \frac{B^2}{4}\right)$

$t = \left(\frac{3w}{\sigma_{bs}}\left(A^2 - \frac{B^2}{4}\right)\right)^{1/2}$ (IS 800-1984 के अनुसार)

भारतीय मानक IS : 800-1984 में भी स्लेब आधार की मोटाई निकालने के लिए समीकरण 7.12 ही दी हुई है। वृत्ताकार ठोस स्तम्भ के लिए वर्गाकार आधार की मोटाई IS : 800-1984 के अनुसार निम्नलिखित है:

$$t = \left[\frac{9}{16}\frac{W}{\sigma_{bs}}\left(\frac{D}{d-d}\right)\right]^{1/2}$$

t = आधार प्लेट की मोटाई, W = स्तम्भ का कुल अक्षीय भार

D = वर्गाकार आधार की लम्बाई, d = स्तम्भ का व्यास

σ_{bs} = अनुज्ञेय बंकन प्रतिबल 189 N/mm^2

कंक्रीट में अनुज्ञेय दबाव का मान 4 N/mm^2 माना जाता है।

उदाहरण 7.14 ISHB 250, @ 0.510 kN/m स्तम्भ खण्ड पर 600 kN का अक्षीय संपीडन भार है। स्लेब आधार की डीजाइन करो।

डीजाइन -

Step 1: स्तम्भ पर अक्षीय भार = 600 kN

स्लेब आधार का आवश्यक क्षेत्रफल = $\left(\frac{600 \times 1000}{4}\right) = (15 \times 10^4)\ mm^2$

A और B की लम्बाई करीब-करीब बराबर मानी जाती है। ISHB 250, @ 0.510 kN/m स्तम्भ का परिमाप,

= 250 mm x 250 mm

स्लेब आधार का क्षेत्रफल = (250 + 2a) (250 + 2b) अतः

$$(25 + 2a)^2 = 1500 \times 100, \quad a = 68.45\ m, \quad a = b = 70\ mm$$

स्लेब आधार का परिमाप 390 mm x 390 mm रखा जाता है। कंक्रीट का दबाव स्लेब आधार के नीचे

$$w = \left(\frac{600 \times 1000}{1521000}\right) = 3.945\ N/mm$$

स्लेब आधार प्लेट की मोटाई

$$t = \left[\frac{3 \times 395}{165}\left(70^2 - \frac{70^2}{4}\right)\right]^{1/2}$$

अतः 16 mm मोटाई की आधार प्लेट लगाई जाती है। स्तम्भ को ठीक स्थिति में रखने के लिए क्लीट कोणी खण्ड लगाये जाते हैं।

7.18 **गसेट आधार की डीजाइन** (Design of Gusseted Base)

गसेट आधार की डीजाइन के लिए निम्न क्रिया विधि अपनायी जाती है। इसमें IS : 800-1984 में दिये गये उल्लेख (Specifications) भी सम्मिलित हैं।

1. स्तम्भ में अक्षीय भार और कंक्रीट या चिनाई में धारण दबाव ज्ञात होते हैं। गसेट आधार के लिए आवश्यक क्षेत्रफल की संगणना की जाती है। इस संगणना के लिए स्तम्भ के भार में धारण दबाव का भाग देते हैं।
2. गसेट आधार में प्रयोग होने वाले गसेट 'प्लेट' और गसेट कोण खण्ड का परिमाप माना जाता है। गसेट प्लेट की मोटाई

16mm मानी जाती है। गसेट कोण-खण्ड दृढ़क (Stiffener) की तरह प्रयोग में आते हैं। गसेट कोण-खण्ड की ऊर्ध्वाधर टाँग की लम्बाई इतनी रखते हैं, ताकि इसमें कम से कम दो रिवेट एक ऊर्ध्वाधर पंक्ति में लगाई जा सकें। इसके साथ गसेट-कोण खण्ड की दूसरी टाँग की लम्बाई इतनी रखी जाती है कि इसमें कम से कम एक रिवेट लगाई जा सके। गसेट कोण खण्ड की मोटाई गसेट प्लेट की मोटाई के बराबर रखते हैं। अतः गसेट कोण में ISA 150 mm x 115 mm x 15 mm का प्रयोग किया जाता है।

3. स्तम्भ की गहराई, गसेट प्लेट की मोटाई और गसेट कोण की क्षैतिज्य टांग की लम्बाई ज्ञात होती है। अतः गसेट आधार की चौड़ाई ज्ञात हो जाती है।
4. गसेट आधार के लिए संगणित आवश्यक क्षेत्रफल में भाग देने से गसेट आधार की लम्बाई की संगणना की जाती है। इस प्रकार गसेट आधार का पूर्ण परिमाप ज्ञात हो जाता है।
5. जहाँ पर स्तम्भ का सिरा और गसेट प्लेट आधार प्लेट पर पूर्ण धारण करता है, वहाँ पर रिवेट जोड़ की 50 प्रतिशत स्तम्भ भार को प्रेषित करने के लिए डीजाइन की जाती है। अन्यथा, यह रिवेट जोड़ पूर्ण भार के लिए डीजाइन किये जाते हैं।

22 mm व्यास की रिवेट का प्रयोग किया जाता है। रिवेट मान की संगणना की जाती है और रिवेट की संख्या की संगणना की जाती है। गसेट प्लेट और गसेट कोण को जोड़ने के लिए रिवेट संख्या, गसेट प्लेट और स्तम्भ को जोड़ने के लिए आवश्यक रिवेट संख्या के बराबर रखते हैं, क्योंकि ऊर्ध्वाधर अपरूपण और क्षैतिज्य अपरूपण बराबर होते हैं।

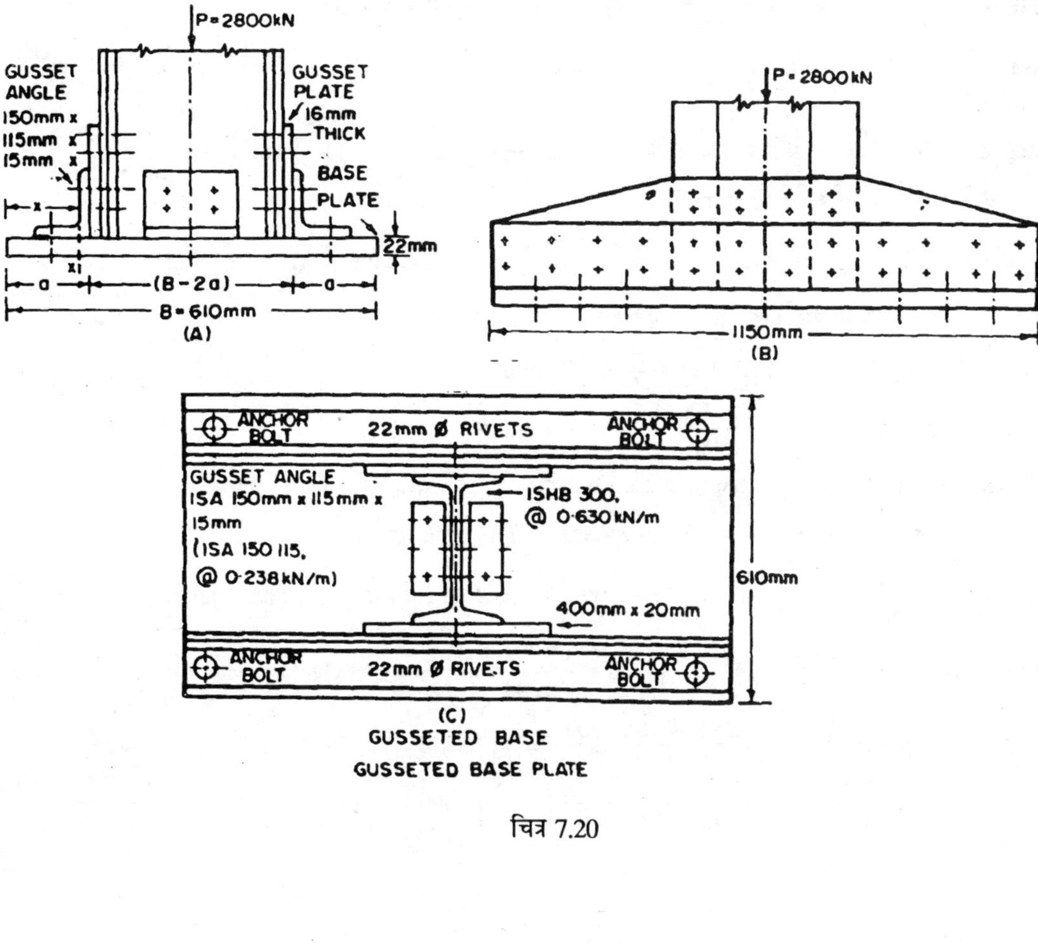

चित्र 7.20

6 आधार प्लेट की मोटाई की संगणना की जाती है। उसके लिये प्रतिरोध आघूर्ण और कंक्रीट या चिनाई में धारण दबाव के कारण उत्पन्न घूर्ण xx और yy दो क्रान्तीय खण्ड पर (जैसे कि चित्र 7.20 (A) में दिखाया गया है।) बराबर रखते हैं। सामान्यतया आधार प्लेट की मोटाई गसेट प्लेट की मोटाई से कम नहीं रखते हैं।

ऊपर की संगणना में आधार प्लेट को केवल गसेट प्लेट पर आलम्बित (Supported) माना जाता है और आधार प्लेट का बंकन भी एक तल में माना जाता है। परन्तु केन्द्रीय भाग का बंकन दो तलों में होता है, जो आपस में 90 पर होते हैं। आधार प्लेट को कुछ आलम्ब (Support) वेब द्वारा भी मिलता है। इस कारण केन्द्रीय भाग में संगणित आधार प्लेट की मोटाई को आधा कर दिया जाता है। इस प्रकार xx और yy दो क्रान्तीय खण्ड पर ज्ञात की गई आधार प्लेट की मोटाई, जो भी ज्यादा हो, अपनाई जाती है।

उदाहरण 7.15 एक ISHB 300, @ 0.630 kN/m स्तम्भ खण्ड के साथ प्रत्येक फ्लैंज में एक आवरण प्लेट 400 mm x 20 mm परिमाप की लगी हुई है। स्तम्भ पर 2800 kN का अक्षीय संपीडन भार है। इस भार में स्वयं का भार और स्तम्भ का भार सम्मिलित है। गसेट आधार प्लेट की डीजाइन करो। आधार प्लेट के लिए अनुज्ञेय बंकन प्रतिबल 185 N/mm^2 (MPa) है और कंक्रीट में अनुज्ञेय धारन दबाव 40 kg/cm^2 है।

डीजाइन

Step 1 - स्तम्भ पर अक्षीय भार = 2800 kN

गसेट आधार का आवश्यक क्षेत्रफल $= \left(\dfrac{2800 \times 1000}{4}\right) = 7000 \times 100 \text{ mm}^2$

16 mm गसेट प्लेट और गसेट कोण ISA 150 mm x 115 mm x 15 m (ISA 150115, @ 0.295 kN/m) प्रयोग किया जाता है।

Step 2 : गसेट आधार की चौड़ाई = (30 + 2 x 2 + 2 x 1.6 + 2 x 11.5) cm = 602 mm

अतः गसेट आधार की चौड़ाई 610 mm रखते हैं।

Step 3 : आधार प्लेट की लम्बाई $= \left(\dfrac{7000 \times 100}{610}\right) = 1147.54 \text{ mm}$

अतः गसेट आधार की लम्बाई 1150 mm रखते हैं।

गसेट आधार का क्षेत्रफल $= 610 \times 1150 = 701500 \text{ mm}^2$

कंक्रीट में धारण दबाव $= \left(\dfrac{2800 \times 1000}{701500}\right) = 3.99 \text{ N/mm}^2$

Step 4 : यह माना जाता है कि स्तम्भ खण्ड का और गसेट प्लेट का आधार प्लेट पर पूर्ण धारन है।

अतः रिवेटित जोड़ द्वारा अक्षीय भार का 50 प्रतिशत भार ही प्रेषित किया जाता है।

प्रेषित भार $= \left(\dfrac{50}{100} \times 2800\right) = 1400 \text{ kN}$ 22 mm व्यास की रिवेट का प्रयोग किया जाता है।

रिवेट का एकतल अपरूपण में सामर्थ्य $= \left(\dfrac{\pi}{4} \times \dfrac{(23.5)^2 \times 100}{1000}\right) = 43.35 \text{ kN}$

रिवेट का धारन में सामर्थ्य $= \left(\dfrac{23.5 \times 16 \times 300}{1000}\right) = 112.8 \text{ kN}$

अतः रिवेट का मान, R = 43.35 kN, रिवेट की संख्या $= \left(\dfrac{1400}{43.35}\right) = 32.29$

इस प्रकार दोनों फ्लैंज पर 40 रिवेट लगाई जाती है। एक फ्लैंज पर 20 रिवेट चार ऊर्ध्वाधर पंक्तियों में लगाई जाती है। गसेट कोण और गसेट प्लेट को जोड़ने वाली रिवेट की संख्या गसेट प्लेट और स्तम्भ को जोड़ने वाली रिवेट संख्या के बराबर रखते हैं।

Step 5 : माना कि आधार प्लेट की मोटाई t_1 है। इस मोटाई में कोण खण्ड की मोटाई भी सम्मिलित है। एक इकाई की पट्टी का प्रतिरोध आघूर्ण

$$MR = \left(\frac{1}{6} \times 1 \times t_1^2 \times 185\right) \text{ mm-N}$$

xx क्रान्तीय खण्ड पर बंकन आघूर्ण

$$= \left(\frac{39.9 \times 104^2}{2}\right) = 216 \text{ mm-N}$$

अतः $\frac{1}{6} \times 1 \times t_1^2 \times 185 = 216, \; t_1 = 26.47 \text{ mm}$

आधार प्लेट की मोटाई $= (26.2 - 15.0) = 11.47$ mm

केन्द्रीय भाग की इकाई चौड़ाई पट्टी की लम्बाई

$$= (B - 2a) = (610 - 2 \text{ x } 115 - 2 \text{ x } 04) = 372 \text{ mm}$$

yy क्रान्तीय खण्ड पर बंकन आघूर्ण $= \left[\frac{w\,(B - 2a)^2}{8} - \frac{w\,.\,a^2}{2}\right]$

$$= \left[\frac{39.9 \times 372^2 - 3.99 \times (104 + 15)^2}{2}\right] = 407.5 \text{ mm kN}$$

माना कि आधार प्लेट की मोटाई t है। अतः

$$\frac{1}{6} \times 1 \times t_2^2 \times 185 = 4075 \;,\; \frac{1}{2} t_2 = 18.175 > 16 \text{ mm}$$

अतः आधार प्लेट की मोटाई 18 mm अपनायी जाती है। गसेट आधार चित्र 7.20 में दिखाया गया है।

प्रश्नावली

7.1 एक बेल्लित I-खण्ड ISHB 300, @ 0.588 kN/m का स्तम्भ की तरह प्रयोग किया गया है। स्तम्भ की दोनों सिरों पर स्थिति आबद्ध है, परन्तु दिशा आबद्ध नहीं है। स्तम्भ की लम्बाई 4.50 m है। स्तम्भ के लिए सुरक्षित भार वहन करने की क्षमता ज्ञात करो।

7.2 एक असतत कोणी खण्ड ISA 130 mm x 130 mm x 10 mm की लम्बाई 2.5 m है और सिरों पर एक रिवेट से जोड़ा गया है। कोणी-खण्ड के लिए सुरक्षित भार वहन करने की क्षमता ज्ञात करो।

7.3 प्रश्न 7.2 में यदि कोणी-खण्ड सिरों पर दो रिवेट से जोड़ा गया हो, तो कोणी-खण्ड के लिए सुरक्षित भार वहन करने की क्षमता ज्ञात करो।

7.4 एक असतत संपीडांग दो कोणी खण्ड ISA 150 mm x 75 mm x 10 mm से बना है। कोणी-खण्ड एक 10 mm मोटाई की गसेट प्लेट के दोनों तरफ सिरों पर दो रिवेट से जोड़े गये हैं। संपीडांग की लम्बाई 3.50 m है। संपीडांग की सुरक्षित भार वहन करने की क्षमता ज्ञात करो।

7.5 प्रश्न 7.4 में यदि दोनों कोणी खण्ड गसेट प्लेट के केवल एक तरफ जोड़े जाएँ तो संपीडांग की सुरक्षित भार वहन करने की क्षमता ज्ञात करो।

7.6 प्रश्न 7.4 में यदि संपीडांग सतत हो, तो संपीडांग की सुरक्षित भार वहन करने की क्षमता ज्ञात करो।

7.7 एक संगठित स्तम्भ को नाली खण्ड ISMC 400, @ 0.499 kN/m और दो प्लेट 500 mm x 10 mm से बना हुआ है। नाली खण्डों के पीठ से पीठ की दूरी 20cm है। एक प्लेट एक फ्लैंज की तरफ लगी हुई है। स्तम्भ की कार्यकर लम्बाई 5 m है। संघटित स्तम्भ के लिए सुरक्षित भार वहन करने की क्षमता ज्ञात करो।

7.8 एक I-खण्ड स्तम्भ की 1120 kN भार वहन करने के लिए डीजाइन करो। स्तम्भ की लम्बाई 6.20 m है। स्तम्भ के दोनों सिरे स्थिति और दिशा में आबद्ध है।

7.9 एक असतत एक कोणी-खण्ड से बने संपीडांग की डीजाइन करो जो 80 kN का संपीडन भार वहन कर सकता हो। संपीडांग की लम्बाई 2.75 m है।

7.10 एक असतत दो कोणी-खण्ड से बने संपीडांग की डीजाइन करो जो 120 kN का संपीडन भार वहन कर सकता हो। संपीडांग की लम्बाई 3.80 m है।

7.11 एक संघटित स्तम्भ 1200 kN का भार वहन करता है। स्तम्भ की लम्बाई 18.5 m है। स्तम्भ के दोनों सिरे स्थिति और दिशा में आबद्ध हैं। संघटित स्तम्भ की डीजाइन
(i) एकहरा जालक पद्धति के साथ करो। (ii) दोहरा जालक पद्धति के साथ करो।

7.12 एक संघटित स्तम्भ की डीजाइन करो जो 3600 kN भार वहन कर सकता हो। स्तम्भ की कार्यकर लम्बाई 5 m है। दो नाली खण्ड और प्लेट का प्रयोग करो।

7.13 एक बेटन स्तम्भ की डीजाइन करो जो 1100 kN भार वहन कर सकता है। स्तम्भ की कार्यकर लम्बाई 7m है।

7.14 एक इस्पातीय स्तम्भ ISHB 300, @ 0.630 kN/m इस्पातीय आधार प्लेट और कंक्रीट नींव पर आलम्बित है। स्तम्भ पर 3000 kN का अक्षीय संपीडन भार है। गसेट आधार प्लेट की डीजाइन करो।

8

धरन
(BEAMS)

8.1 प्रस्तावना (Introduction)

धरन एक संरचनात्मक अवयव है, जो अनुप्रस्थ भार वहन करता है। धरन का मकान के छत निर्माण में, पुल बनाने में बहुत ही सामान्य प्रयोग होता है। जब धरन के अक्ष से अनुप्रस्थ दिशा में बाह्य भार लगता है, तब धरन का झुकाव बाह्य भार की दिशा में होता है। धरन का यह झुकाव बाह्य भार और धरन की अनुदैर्ध्य अक्ष के समतल होता है। इस झुकाव को बंकन कहते हैं। यदि बाह्य भार का समतल धरन के अनुप्रस्थ खण्ड के जड़त्व के किसी एक मुख्य केन्द्रक अक्ष (Principal centroidal axis of inertia) के समतल के साथ संपतन (Coincide) हो जाता है तब बाह्य भार से उत्पन्न बंकन को समतल बंकन (Plane bending), या साधारण बंकन (Simple bending) कहते हैं। जब बाह्य भार का समतल धरन के अनुप्रस्थ खण्ड के जड़त्व के किसी एक मुख्य केन्द्र अक्ष के समतल के साथ संपतन नहीं होता, परन्तु झुकाव होता है, तब बाह्य भार से उत्पन्न बंकन को असममित बंकन (Unsymmetrical bending) या तिर्यक बंकन (Oblique bending) कहते हैं। इस अध्याय में धरन की डिजाइन केवल साधारण बंकन के लिए ही की गई है।

धरन के दोनों सिरों पर विभिन्न प्रकार के आलम्ब होते हैं। विभिन्न प्रकार के आलम्ब के अनुसार धरन के प्रकार भी होते हैं। जब धरन में दोनों सिरों पर हिन्ज लगे होते हैं, तब दोनों सिरों की स्थिति आबद्ध होती है, परन्तु दिशा आबद्ध नहीं होती। इस प्रकार की धरन को कब्जादार धरन (Hinged beam) कहते हैं। यदि धरन के एक सिरे पर हिन्ज और दूसरे सिरे पर रोलर होता है, तब इसे शुद्धालम्ब धरन (Simply supported beam) कहते हैं। यदि धरन का एक सिरा स्थिति और दिशा दोनों में आबद्ध होता है और एक सिरा पूर्णतया मुक्त होता है, तब इसे प्रास धरन (Cantilever beam) कहते हैं। जब धरन के दोनों सिरे स्थिति और दिशा में आबद्ध होते हैं, तब उसे आबद्ध धरन (Fixed beam) कहते हैं। जब धरन दो से ज्यादा आलम्बों पर आलम्बित होती है तब उसे सतत धरन (Continuous beam) कहते हैं। जब धरन के एक या दोनों तरफ प्रलम्ब होते हैं, तब उसे प्रलम्ब धरन (Overhanging beam) कहते हैं।

8.2 धरन के खण्ड (Sections for Beams)

चित्र 8.1 में धरन के लिए प्रयोग में लाये जाने वाले कई खण्ड दिखाये गये हैं।

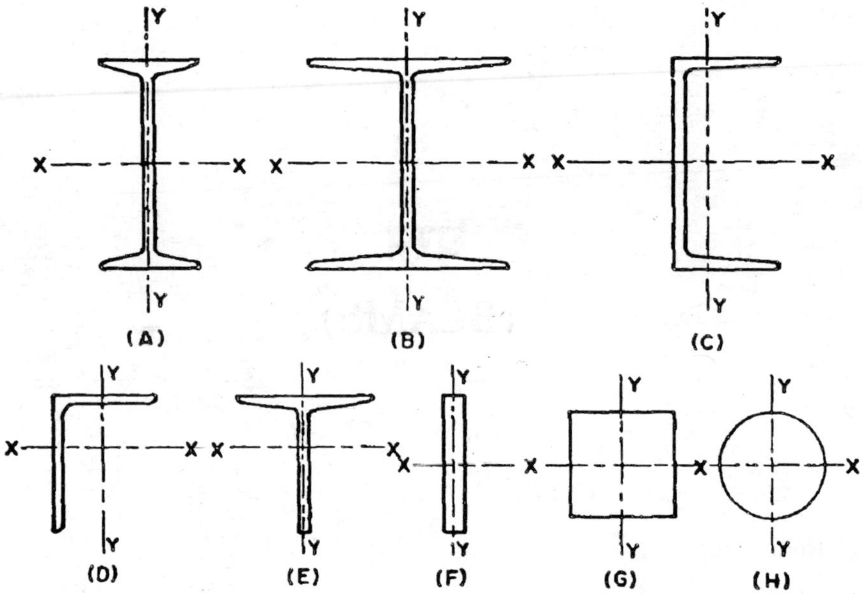

चित्र 8.1

बेल्लित स्पातीय खण्ड, जैसा कि चित्र 8.1 (A) में दिखाया गया है, सामान्यतया धरन के लिए बहुत प्रयोग किया जाता है। इसी कारण I-खण्ड को धरन खण्ड भी कहा जाता है। I-खण्ड सममित खण्ड होते हैं। चित्र 8.1 (B) में दिखाये गये I-खण्ड की फ्लैंज की चौड़ाई ज्यादा होती है। चित्र 8.1 (C) में नाली खण्ड दिखाया गया है। इसका प्रयोग छत कैंची में पर्लिन (Purlin) की तरह अधिक होता है।

चित्र 8.1 (D) में कोणी-खण्ड दिखाया गया है, इसका प्रयोग भी छत कैंची में बहुत होता है। इसी प्रकार चित्र 8.1 (E), (F), (G) और (H) में दिखाये गये अन्य खण्डों का प्रयोग अलग-अलग जगह किया जाता है।

8.3 **बंकन प्रतिबल** (Bending Stress)

जब धरन में बाह्य अनुप्रस्थ भार लगाया जाता है, तब धरन झुक (विशेष Deflect) जाती है और धरन में अपरूपण बल (Shear force) और बंकन आघूर्ण (Bending moment) उत्पन्न होते हैं। अपरूपण बल और बंकन आघूर्ण का मान धरन के अलग-अलग खण्ड पर अलग-अलग होता है। धरन का प्रत्येक खण्ड वहाँ पर उत्पन्न अपरूपण बल और बंकन आघूर्ण का प्रतिरोध करता है। धरन के प्रत्येक खण्ड पर इस प्रतिरोध के कारण बंकन प्रतिबल उत्पन्न हो जाता है। बंकन प्रतिबल धरन के अनुदैर्ध्य दिशा में होता है। इस कारण बंकन प्रतिबल (Bending stress) को अनुदैर्ध्य प्रतिबल (Longitudinal stress) भी कहते हैं। बंकन प्रतिबल समीकरण 8.1 से ज्ञात किया जाता है।

$$\left(\frac{M}{I} = \frac{f}{y} = \frac{E}{R}\right)$$ जहाँ पर

M = बंकन आघूर्ण, I = जड़त्व आघूर्ण

f = बंकन प्रतिबल, y = उदासीन अक्ष (Neutral axis) से रेशे की दूरी

E = प्रत्यास्थता मापांक, R = बंकन त्रिज्या

जब किसी शुद्धालम्ब धरन पर बाह्य भार नीचे की दिशा में लगाया जाता है, तब बंकन प्रतिबल का विवरण धरन के किसी भी खण्ड पर चित्र 8.2 के अनुसार होता है। बंकन प्रतिबल में परिवर्तन एक घातीय (Linear variation) होता है। बंकन प्रतिबल उदासीन अक्ष पर शून्य होता है। जब बाह्य भार शुद्धालम्ब धरन पर नीचे की दिशा में होता है, तब उदासीन अक्ष से ऊपर संपीडन बंकन प्रतिबल होता है। उदासीन अक्ष के नीचे तनन बंकन प्रतिबल होता है। अधिकतम बंकन प्रतिबल उदासीन अक्ष से अधिकतम दूरी के रेशे में होता है।

$$f_{max} = \left(\frac{M}{I} \times y_{max}\right) \quad \text{या} \quad f_{max} = \left(\frac{M}{(I/y_{max})}\right) = \frac{M}{Z} \quad \text{जहाँ पर,}$$

Z = धरन का परिच्छेद मापांक (Section modulus of beam)

चित्र 8.2

जब धरन का खण्ड उदासीन अक्ष के सममित होता है, तब अधिकतम दूरी y_{max} धरन खरन खण्ड की गहराई (Depth) की आधी होती है, और संपीडन बंकन प्रतिबल और तनन बंकन प्रतिबल बराबर होते हैं। परिच्छेद मापांक (Z) धरन के सामर्थ्य का द्योतक होता है। जब परिच्छेद मापांक का मान ज्यादा होता है, तब धरन का सामर्थ्य भी ज्यादा होता है।

जब धरन का खण्ड उदासीन अक्ष के सममित नहीं होता, अधिकतम संपीडन प्रतिबल और अधिकतम तनन प्रतिबल बराबर नहीं होते, तब अधिकतम संपीडन बंकन प्रतिबल

$$(f_c)_{max} = \left(\frac{M}{I} \times y_{c.max}\right) = \left(\frac{M}{Z_c}\right)$$

अधिकतम तनन बंकन प्रतिबल, $$(f_t)_{max} = \left(\frac{M}{I} \times y_{t.max}\right) = \left(\frac{M}{Z_t}\right)$$

Z_c = संपीडन परिच्छेद मापांक, Z_t = तनन परिच्छेद मापांक

उदासीन अक्ष से ऊपर कुल संपीडन बल C और उदासीन अक्ष से नीचे कुल तनन बल, T बराबर होते हैं। दोनों बल विपरीत दिशा में कार्यकर होते हैं और समान्तर होते हैं। अतः दोनों एक बल-युग्म (Couple) बनाते हैं। यह बल-युग्म बंकन आघूर्ण का प्रतिरोध करता है। यह बल-युग्म प्रतिरोध आघूर्ण (Moment of resistance), M_r कहलाता है।

$$M_r = (C \times d) = (T \times d)$$ जहाँ पर

d = C और T दोनों बलों के बीच की आलम्बित दूरी

8.4 अनुज्ञेय बंकन प्रतिबल (Permissible Stress in Bending)

किसी भी धरन में किसी भी खण्ड पर संगणित अधिकतम संपीडन बंकन प्रतिबल और तनन प्रतिबल का मान क्रमशः अनुज्ञेय संपीडन बंकन प्रतिबल और अनुज्ञेय तनन प्रतिबल के मान से ज्यादा नहीं होना चाहिये। भारतीय मानक IS : 800-1984 के अनुसार अनुज्ञेय बंकन प्रतिबल का मान सारणी 8.1 में दिया गया है।

8.5 अपरूपण प्रतिबल (Shear Stress)

जब धरन पर बाह्य भार होता है, तब धरन के सभी खण्डों पर बंकन प्रतिबल के साथ अपरूपण प्रतिबल भी उत्पन्न होता है। धरन के खण्ड के किसी भी रेशे पर उत्पन्न अपरूपण प्रतिबल का मान समीकरण (8.4) से ज्ञात किया जाता है।

$$\tau_v = \frac{F.Q}{I.b} \quad \text{जहाँ पर} \qquad (8.4)$$

τ_s = अपरूपण प्रतिबल, F = धरन के खण्ड पर अपरूपण बल

$Q = A_y$ (रेशे से ऊपर क्षेत्रपल का उदासीन अक्ष पर आघूर्ण), y = उदासीन रेखा से रेशे की दूरी

A = रेशे से ऊपर क्षेत्रफल, b = रेशे की उदासीन रेखा के समान्तर चौड़ाई

चित्र 8.3 (A) में एक आयताकार धरन खण्ड के लिए और चित्र 8.3 (B) में एक I-खण्ड धरन के लिए अपरूपण प्रतिबल का वितरण दिखाया गया है।

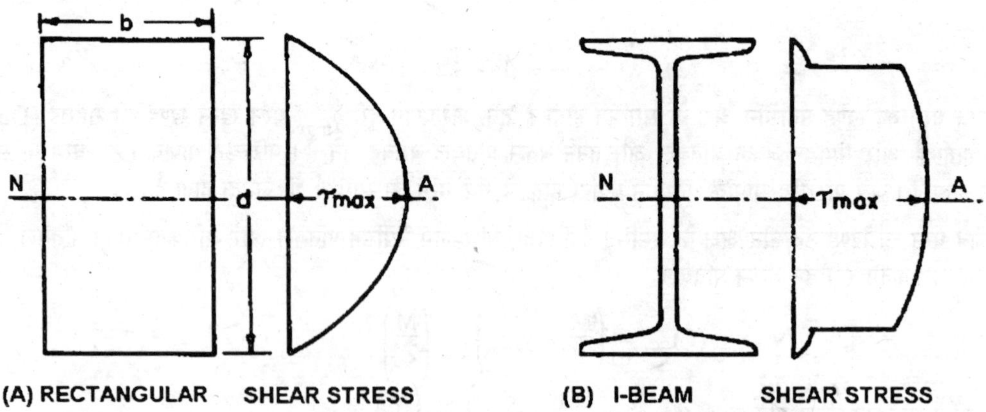

चित्र 8.3

आयताकार धरन खण्ड में अधिकतम अपरूपण प्रतिबल उदासीन अक्ष पर होता है, जिसका मान

$$\tau_{v.max} = \left(\frac{FQ}{I.b}\right) = \left(\frac{F\,(b\,.\,d/2)\,(d/4)}{I\,.\,b}\right) = \left(\frac{Fd^2}{8I}\right) \qquad (8.5)$$

सारणी 8.1. (ए) (i) अधिकता अनुज्ञेय प्रतिबल, σ_{bc} N/mm^2 $\left(\frac{T}{t_w} > 2.0 \text{ and } \frac{d_1}{t_w} > 85\right)$

D/T → l/r_y ↓	8	10	12	14	16	18	20	25	30
40	160	160	159	159	158	158	158	158	158
45	159	158	157	157	156	156	156	155	155
50	158	157	156	155	154	154	153	153	152
55	157	155	154	153	152	151	150	149	149
60	156	153	152	150	149	148	148	146	145
65	154	152	150	148	147	145	144	143	142
70	153	150	148	146	144	142	141	139	138
75	152	148	145	143	141	139	138	136	134
80	150	147	143	141	138	136	135	132	130
85	149	145	141	138	136	133	132	128	126
90	147	143	139	136	133	130	128	124	122
95	146	141	137	133	130	128	125	121	118
100	145	140	135	131	128	125	122	117	114
110	142	136	131	127	123	119	116	111	107
120	139	133	127	122	118	114	111	104	100
130	137	130	124	118	113	109	106	99	94
140	134	127	120	114	109	105	101	93	88
150	132	124	117	110	105	100	96	88	83
160	129	121	113	107	101	96	92	84	78
170	127	118	110	104	98	93	88	80	74
180	124	115	107	100	94	89	85	76	70
190	122	113	104	97	91	86	82	73	66
200	120	110	102	94	88	83	78	70	63
210	118	108	99	92	86	80	76	67	60
220	116	105	97	89	83	78	73	64	58
230	113	103	94	87	80	75	70	62	55
240	111	101	92	84	78	73	68	59	53
250	109	99	90	82	76	70	66	57	51
260	107	97	88	80	74	68	64	55	49
270	106	95	86	78	72	66	62	53	47
280	102	93	84	76	70	65	60	51	45
290	102	91	82	74	68	63	58	50	44
300	100	89	80	72	66	61	57	48	42

सारणी 8.1. (ए) (ii) अधिकतम अनुज्ञेय प्रतिबल, σ_{bc} N/mm² बेल्लित इस्पातीय धरन और चेनल खण्ड

D/T → l/r_y ↓	20	25	30	35	40	50	60	80	100
40	158	158	158	157	157	157	157	157	157
45	156	155	155	155	155	155	154	154	154
50	153	153	152	152	152	151	151	151	151
55	150	149	149	148	148	148	148	147	147
60	148	146	145	145	144	144	144	144	143
65	144	143	142	141	140	140	139	139	139
70	141	139	138	137	136	135	135	135	134
75	138	136	134	133	132	131	130	130	129
80	135	132	130	128	128	126	126	125	125
85	132	128	126	124	123	122	121	120	120
90	128	124	122	120	119	117	116	115	115
95	125	121	118	116	114	112	111	110	110
100	122	117	114	112	110	108	107	105	105
110	116	111	107	104	102	99	98	96	95
120	111	104	100	97	94	91	90	88	87
130	106	99	94	90	88	84	82	80	79
140	101	93	88	84	81	78	75	73	72
150	96	88	83	79	76	72	69	67	65
160	92	84	78	74	71	66	64	61	60
170	88	80	74	69	66	62	59	56	55
180	85	76	70	65	62	58	55	52	50
190	82	73	66	62	58	54	51	48	46
200	78	70	63	59	55	50	48	44	43
210	76	67	60	56	52	47	44	41	40
220	73	64	58	53	49	45	42	38	37
230	70	62	55	51	47	42	39	36	34
240	68	59	53	48	45	40	37	34	32
250	66	57	51	46	43	38	35	32	30
260	64	55	49	44	41	36	33	30	28
270	62	53	47	43	39	35	32	28	26
280	60	51	45	41	38	33	30	27	25
290	58	50	44	39	36	32	29	25	24
300	57	48	42	38	35	30	27	24	22

सारणी 8.1. (बी) (i) अधिकतम अनुज्ञेय प्रतिबल, σ_{bc} N/mm^2 बेल्लित इस्पातीय धरन और चेनल खण्ड

D/T → l/r_y ↓	8	10	12	14	16	18	20	25	30
40	161	161	160	160	160	160	160	159	159
45	161	160	159	159	158	158	158	157	157
50	160	158	158	157	156	156	156	155	155
55	159	157	156	155	154	154	153	153	152
60	158	156	154	153	152	152	151	150	149
65	156	154	153	151	150	149	148	147	146
70	155	153	151	149	149	147	146	144	143
75	154	152	149	147	146	144	143	141	140
80	153	150	148	145	143	142	140	138	136
85	152	149	146	143	141	139	138	135	133
90	151	147	144	141	139	137	135	131	129
95	150	146	142	139	137	134	132	128	126
100	149	145	141	137	134	132	129	125	122
110	147	142	137	133	130	127	124	119	115
120	144	139	134	129	126	122	119	113	109
130	142	136	131	126	121	118	114	108	103
140	140	133	128	122	118	113	110	103	97
150	138	131	124	119	114	109	105	98	92
160	136	128	121	115	110	106	101	93	87
170	134	126	119	112	107	102	98	89	83
180	131	123	116	109	104	99	94	85	79
190	129	121	113	106	101	95	91	82	75
200	127	118	111	104	98	92	88	79	72
210	125	116	108	101	95	90	85	76	69
220	123	114	106	99	92	87	82	73	66
230	122	112	103	96	90	84	80	70	63
240	120	110	101	94	87	82	77	68	61
250	118	108	99	92	85	80	75	65	59
260	116	106	97	89	83	77	73	63	57
270	114	104	95	87	81	75	71	61	55
280	113	102	93	85	79	73	69	59	53
290	111	100	91	84	77	72	67	58	51
300	109	98	89	82	75	70	65	56	49

सारणी 8.1. (बी) (ii) अधिकतम अनुज्ञेय प्रतिबल, σ_{bc} N/mm^2 बेल्लित इस्पातीय धरन और चेनल खण्ड

D/T → l/r_y ↓	20	25	30	35	40	50	60	80	100
40	160	159	159	159	159	159	159	159	159
45	158	157	157	157	157	157	157	157	157
50	156	155	155	155	154	154	154	154	154
55	153	153	152	152	152	151	151	151	151
60	151	150	149	149	149	148	148	148	148
65	148	147	146	146	145	145	144	144	144
70	146	144	143	142	142	141	141	140	140
75	143	141	140	139	138	137	137	136	136
80	140	138	136	135	134	133	132	132	132
85	138	135	133	131	130	129	128	127	127
90	135	131	129	127	126	125	124	123	123
95	132	128	126	124	122	121	120	119	118
100	129	125	122	120	118	116	115	114	113
110	124	119	115	113	111	108	107	105	105
120	119	113	109	106	104	101	99	97	96
130	114	108	103	99	97	94	91	89	88
140	110	103	97	94	91	87	85	82	81
150	105	98	92	88	85	81	78	76	74
160	101	93	87	83	80	75	73	70	68
170	98	89	83	79	75	70	68	64	63
180	94	85	79	74	71	66	63	60	58
190	91	82	75	71	67	62	59	55	54
200	88	79	72	67	63	58	55	51	50
210	85	76	69	64	60	55	52	48	46
220	82	73	66	61	57	52	49	45	43
230	80	70	63	58	55	49	46	42	40
240	77	68	61	56	52	47	43	40	38
250	75	65	59	54	50	44	41	37	35
260	73	63	57	52	48	42	39	35	33
270	71	61	55	50	46	41	37	33	31
280	69	59	53	48	44	39	35	32	30
290	67	58	51	46	42	37	34	30	28
300	65	56	49	45	41	36	32	29	27

सारणी 8.1. (सी) (i) अधिकतम अनुज्ञेय प्रतिबल, σ_{bc} N/mm² बेल्लित इस्पातीय धरन और चेनल खण्ड

D/T → l/r_y ↓	8	10	12	14	16	18	20	25	30
40	215	214	212	212	211	211	210	210	209
45	213	211	209	208	207	206	206	205	204
50	210	208	205	204	203	202	201	199	199
55	208	204	202	200	198	197	196	194	191
60	205	201	198	195	193	191	190	188	186
65	203	198	194	191	188	186	185	181	180
70	200	195	190	186	183	181	179	175	173
75	198	192	186	182	179	176	173	169	166
80	195	188	183	178	174	170	168	163	159
85	193	185	179	174	169	165	162	157	153
90	190	182	175	169	165	161	157	151	147
95	188	179	172	165	160	156	152	145	141
100	185	176	168	162	156	151	147	140	133
110	180	170	162	154	148	143	138	130	124
120	176	165	155	147	141	135	130	121	115
130	171	159	149	141	134	128	122	113	106
140	167	154	144	135	127	121	116	105	98
150	163	150	139	129	122	115	110	99	92
160	158	145	134	124	116	110	104	193	86
170	155	141	129	120	111	105	99	88	80
180	151	137	125	115	107	100	94	83	76
190	147	133	121	111	103	96	90	79	72
200	144	129	117	107	99	92	86	75	68
210	140	125	113	103	95	88	83	72	64
220	137	122	110	100	92	85	79	69	61
230	134	119	107	97	89	82	76	66	58
240	131	116	104	94	86	79	74	63	56
250	128	113	101	91	83	76	71	61	53
260	125	110	98	88	80	74	68	58	51
270	122	107	95	86	78	72	66	56	49
280	120	105	93	83	76	69	64	54	47
290	117	102	90	81	73	67	62	52	46
300	115	100	88	79	71	65	60	51	44

सारणी 8.1. (सी) (ii) अधिकतम अनुज्ञेय प्रतिबल, σ_{bc} N/mm^2 बेल्लित इस्पातीय धरन और चेनल खण्ड

D/T → l/r_y ↓	20	25	30	35	40	50	60	80	100
40	210	210	209	209	209	209	209	209	209
45	206	205	204	204	204	203	203	203	203
50	201	199	199	198	198	197	197	197	197
55	196	194	193	192	191	191	190	190	190
60	190	188	186	185	185	184	183	183	183
65	185	181	180	178	177	176	176	175	175
70	179	175	173	171	170	169	168	167	167
75	173	169	166	164	163	161	160	159	159
80	168	163	159	157	156	154	153	151	151
85	162	157	153	150	149	146	145	144	143
90	157	151	147	144	142	139	138	136	136
95	152	145	141	137	135	132	131	129	128
100	147	140	135	131	129	126	124	122	121
110	138	130	124	120	117	114	112	109	108
120	130	121	115	110	107	103	101	98	97
130	122	113	106	101	98	93	91	88	87
140	116	105	98	93	90	85	82	79	78
150	110	99	92	87	83	78	75	72	70
160	104	193	86	80	77	72	68	65	63
170	99	88	80	75	71	66	63	59	58
180	94	83	76	70	66	61	58	54	53
190	90	79	72	66	62	57	54	50	48
200	86	75	68	62	58	53	50	46	44
210	83	72	64	59	55	50	46	43	41
220	79	69	61	56	52	47	43	40	38
230	76	66	58	53	49	44	41	37	35
240	74	63	56	51	47	42	38	35	33
250	71	61	53	48	44	39	36	32	31
260	68	58	51	46	42	37	34	31	29
270	66	56	49	44	41	36	32	29	27
280	64	54	47	42	39	34	31	27	25
290	62	52	46	41	37	32	29	26	24
300	60	51	44	39	36	31	28	25	23

सारणी 8.1. (डी) (i) अधिकता अनुज्ञेय प्रतिबल, σ_{bc} N/mm^2 बेल्लित इस्पातीय धरन और चेनल खण्ड

D/T → l/r_y ↓	8	10	12	14	16	18	20	25	30
40	217	216	215	214	214	213	213	213	212
45	215	214	212	211	211	210	210	209	208
50	213	211	209	208	207	206	206	205	204
55	211	209	206	205	203	202	201	200	199
60	209	206	203	201	199	198	197	195	193
65	207	203	200	197	195	193	102	189	188
70	205	201	197	194	191	189	187	184	182
75	203	198	194	190	187	184	182	178	176
80	201	195	190	186	183	180	177	173	170
85	199	193	187	183	179	175	173	168	164
90	197	190	184	179	175	171	167	162	158
95	195	187	181	175	171	167	163	157	153
100	193	185	178	172	167	163	159	152	147
110	188	180	172	165	159	155	150	142	137
120	184	175	166	159	152	147	142	133	127
130	180	170	161	153	146	140	135	125	119
140	177	165	156	147	140	134	128	118	111
150	173	161	151	142	134	128	122	112	104
160	169	157	146	137	129	122	117	106	98
170	166	153	142	132	124	117	111	100	92
180	162	149	137	128	120	113	107	95	87
190	159	145	133	124	115	108	102	91	82
200	155	141	130	120	111	104	98	86	78
210	152	138	126	116	108	100	94	83	74
220	149	135	123	113	104	97	91	79	71
230	146	132	119	109	101	94	88	76	68
240	143	128	116	106	98	91	85	73	65
250	141	126	113	103	95	88	82	70	62
260	138	123	110	100	92	85	79	68	60
270	135	120	108	98	89	82	77	65	58
280	133	117	105	95	87	80	74	63	56
290	130	115	103	93	84	78	72	61	54
300	128	112	100	90	82	76	70	59	52

सारणी 8.1. (डी) (ii) अधिकता अनुज्ञेय प्रतिबल, σ_{bc} N/mm^2 बेल्लित इस्पातीय धरन और चेनल खण्ड

D/T → l/r_y ↓	20	25	30	35	40	50	60	80	100
40	213	213	212	212	212	212	212	212	212
45	210	209	208	208	208	208	208	207	207
50	206	205	204	203	203	203	203	202	202
55	201	200	199	198	198	197	197	197	197
60	197	195	193	193	192	191	191	191	190
65	102	189	188	187	186	185	184	184	184
70	187	184	182	181	180	178	178	177	177
75	182	178	176	174	173	172	171	170	169
80	177	173	170	168	167	165	164	163	162
85	173	168	164	162	160	158	157	156	155
90	167	162	158	156	154	151	150	148	148
95	163	157	153	150	148	145	143	142	141
100	159	152	147	144	142	138	137	135	134
110	150	142	137	133	130	126	124	122	121
120	142	133	127	123	120	116	113	110	109
130	135	125	119	114	110	106	103	100	99
140	128	118	111	106	102	97	94	91	89
150	122	112	104	99	95	89	86	83	81
160	117	106	98	92	88	82	79	75	74
170	111	100	92	86	82	76	73	69	67
180	107	95	87	81	77	71	67	63	61
190	102	91	82	76	72	66	63	59	56
200	98	86	78	72	68	62	58	54	52
210	94	83	74	69	64	58	54	50	48
220	91	79	71	65	61	55	51	47	45
230	88	76	68	62	58	52	48	44	42
240	85	73	65	59	55	49	45	41	39
250	82	70	62	57	52	46	43	38	36
260	79	68	60	54	50	44	40	36	34
270	77	65	58	52	48	42	38	35	32
280	74	63	56	50	46	40	36	32	30
290	72	61	54	48	44	38	35	31	29
300	70	59	52	46	42	37	33	29	27

सारणी 8.1. (इ) (i) अधिकता अनुज्ञेय प्रतिबल, σ_{bc} N/mm^2 बेल्लित इस्पातीय धरन और चेनल खण्ड

D/T → l/r_y ↓	8	10	12	14	16	18	20	25	30
40	250	248	247	245	245	244	243	243	242
45	247	244	242	240	239	238	237	236	235
50	244	240	237	234	233	231	230	228	227
55	240	235	232	229	226	224	223	221	219
60	236	231	226	223	220	217	216	212	210
65	233	226	221	217	213	210	208	204	202
70	229	222	216	211	207	203	201	196	193
75	226	217	211	205	200	196	193	188	184
80	222	213	206	199	194	190	186	180	176
85	219	209	201	194	188	183	179	172	167
90	216	205	196	188	182	177	173	165	160
95	212	201	191	183	177	171	166	158	152
100	209	197	187	178	171	165	160	151	145
110	203	189	178	169	161	155	149	139	133
120	196	182	170	160	152	145	140	129	121
130	191	176	163	153	144	137	131	119	112
140	185	169	156	146	137	129	123	111	103
150	179	163	150	139	130	122	116	104	96
160	174	158	144	133	124	116	109	97	89
170	169	152	139	127	118	110	104	92	83
180	165	147	134	122	113	105	97	86	78
190	160	143	129	117	108	100	94	82	74
200	156	138	124	113	104	96	90	78	70
210	152	134	120	109	100	92	86	74	66
220	148	130	116	105	96	88	82	71	63
230	144	126	112	101	92	85	79	67	60
240	141	123	109	98	89	82	76	65	57
250	137	119	106	95	86	79	73	62	53
260	134	116	103	92	83	76	70	60	52
270	131	113	100	89	81	74	68	57	50
280	128	110	97	86	78	71	66	55	48
290	125	107	94	84	76	69	64	53	46
300	122	105	92	82	74	67	62	52	45

सारणी 8.1. (इ) (ii) अधिकता अनुज्ञेय प्रतिबल, σ_{bc} N/mm^2 बेल्लित इस्पातीय धरन और चेनल खण्ड

D/T → l/r_y ↓	20	25	30	35	40	50	60	80	100
40	243	243	242	242	242	241	241	241	241
45	237	236	235	235	234	234	234	233	233
50	230	228	227	227	226	226	225	225	225
55	223	221	219	218	217	216	216	216	215
60	216	212	210	209	208	207	206	206	205
65	208	204	202	200	199	197	197	196	195
70	201	196	193	191	189	188	187	186	185
75	193	188	184	182	180	178	177	175	175
80	186	180	176	173	171	168	167	166	165
85	179	172	167	164	162	159	158	156	155
90	173	165	160	156	154	151	149	147	146
95	166	158	152	149	146	142	140	138	137
100	160	151	145	141	138	135	133	130	129
110	149	139	133	128	125	121	118	115	114
120	140	129	121	116	113	108	106	103	101
130	131	119	112	106	103	98	95	92	90
140	123	111	103	98	94	88	85	82	80
150	116	104	96	90	86	81	77	74	72
160	109	97	89	83	79	74	70	67	65
170	104	92	83	78	73	68	64	61	59
180	97	86	78	72	68	63	59	55	54
190	94	82	74	68	64	58	55	51	49
200	90	78	70	64	60	54	51	47	45
210	86	74	66	60	56	51	47	43	41
220	82	71	63	57	53	47	44	40	38
230	79	67	60	54	50	45	41	37	36
240	76	65	57	52	47	42	39	35	33
250	73	62	54	49	45	40	37	33	31
260	70	60	52	47	43	38	35	31	29
270	68	57	50	45	41	36	33	29	27
280	66	55	48	43	39	34	31	27	26
290	64	53	46	41	38	33	30	26	24
300	62	52	45	40	36	31	28	25	23

सारणी 8.1. (एफ) (i) अधिकता अनुज्ञेय प्रतिबल, σ_{bc} N/mm^2 बेल्लित इस्पातीय धरन और चेनल खण्ड

D/T → l/r_y ↓	8	10	12	14	16	18	20	25	30
40	253	252	250	249	249	248	248	247	247
45	251	248	246	245	244	243	243	242	241
50	248	245	242	240	239	238	237	235	234
55	245	241	238	236	234	232	231	229	227
60	242	237	234	231	228	226	225	222	220
65	239	234	229	225	222	220	218	215	212
70	236	230	225	220	217	214	212	207	205
75	233	226	220	215	211	208	205	200	197
80	230	223	216	210	206	202	199	193	189
85	227	219	212	205	200	196	192	186	181
90	225	215	207	201	195	190	186	179	174
95	222	212	203	196	190	185	180	172	167
100	219	208	199	191	185	179	175	166	160
110	213	202	191	183	176	169	164	154	148
120	208	195	184	175	167	160	154	144	136
130	203	189	177	167	159	152	146	134	126
140	198	183	171	160	152	144	138	126	117
150	193	178	165	154	145	137	131	118	109
160	188	172	159	148	139	131	124	111	102
170	183	167	154	142	133	125	118	105	96
180	179	162	149	137	127	119	112	99	90
190	175	158	144	132	122	114	108	94	85
200	171	153	139	128	118	110	103	90	80
210	167	149	135	123	114	105	99	86	77
220	163	145	131	119	110	102	95	82	73
230	159	141	127	115	106	98	91	79	70
240	156	138	123	112	102	94	88	75	67
250	152	134	120	108	99	91	85	72	64
260	149	131	117	105	96	88	82	70	61
270	146	128	114	102	93	85	79	67	59
280	143	125	111	99	90	83	77	65	57
290	140	122	108	97	88	80	74	63	55
300	137	119	105	94	85	78	72	61	53

सारणी 8.1. (एफ) (ii) अधिकता अनुज्ञेय प्रतिबल, σ_{bc} N/mm^2 बेल्लित इस्पातीय धरन और चेनल खण्ड

D/T → l/r_y ↓	20	25	30	35	40	50	60	80	100
40	248	247	247	246	246	246	246	246	246
45	243	242	241	241	240	240	240	240	239
50	237	235	234	234	233	233	233	232	232
55	231	229	227	227	226	225	225	225	224
60	225	222	220	219	218	217	217	216	216
65	218	215	212	211	210	209	208	207	207
70	212	207	205	203	202	200	199	198	198
75	205	200	197	195	193	191	190	189	188
80	199	193	189	186	185	182	181	180	179
85	192	186	181	178	176	174	172	171	170
90	186	179	174	171	168	165	164	162	161
95	180	172	167	163	161	157	155	153	152
100	175	166	160	156	153	150	148	145	144
110	164	154	148	143	140	135	133	130	129
120	154	144	136	131	127	123	120	117	115
130	146	134	120	121	117	111	108	105	103
140	138	126	117	111	107	102	98	95	93
150	131	118	109	103	99	93	89	86	84
160	124	111	102	96	92	85	82	78	76
170	118	105	96	90	85	79	75	71	69
180	112	99	90	84	79	73	69	65	63
190	108	94	85	79	74	68	64	60	88
200	103	90	80	75	70	63	60	85	83
210	99	86	77	70	66	59	55	51	49
220	95	82	73	67	62	56	52	48	45
230	91	79	70	64	59	53	49	44	42
240	88	75	67	61	56	50	46	42	39
250	85	72	64	58	53	47	43	39	37
260	82	70	61	55	51	45	41	37	34
270	79	67	59	53	49	43	39	35	32
280	77	65	57	51	47	41	37	33	30
290	74	63	55	49	45	39	35	31	29
300	72	61	53	47	43	37	33	29	27

I - खण्ड में भी अधिकतम अपरूपण प्रतिबल उदासीन अक्ष पर होता है, जिसका मान,

$$\tau_v = \frac{F}{8I}\left[\frac{B}{t}(D^2 - d^2) + d^2\right] \quad (8.6)$$

आयताकार धरन खण्ड पर औसतन अपरूपण प्रतिबल का मान

$$\tau_v = \frac{F}{b \times d} \quad (8.7)$$

I-खण्ड धरन खण्ड पर औसतन अपरूपण प्रतिबल का मान

$$\tau_v = \left(\frac{F}{h \times t_w}\right) \quad (8.8)$$

I-खण्ड और नाली खण्ड के लिए यह माना जाता है कि अपरूपण बल का प्रतिरोध केवल वेब द्वारा ही होता है। वेब पर औसतन अनुज्ञेय अपरूपण का मान $\tau_{va} = 0.4\,\sigma_y$ (जहाँ पर σ_y = इस्पात का पराभव प्रतिबल होता है)।

चपटी पत्ती और छड़ों पर अधिकतम अपरूपण प्रतिबल 0.45 σ_y से अधिक नहीं होना चाहिए।

8.6 धरन विक्षेप (Deflection of Beams)

जब धरन पर बाह्य भार लगता है, तो धरन झुक जाती है। धरन के प्रत्येक खण्ड पर धरन की प्रारम्भिक अक्ष और बंकित अक्ष के बीच में ऊर्ध्वाधर दूरी होती है। इस ऊर्ध्वाधर दूरी को धरन का विक्षेप कहते हैं।

धरन का अधिक विक्षेप निम्न कारणों के कारण अवांछनीय (Undesirable) होता है।

1. सार्वजनिक जगहों पर धरन पर भार अधिभोक्ता (Occupants) द्वारा होता है। अधिक विक्षेप के कारण धरन में सूचना-योग्य कम्पन्न होता है। इससे अधिभोक्ताओं के मस्तिष्क पर तकलीफ देने जैसा संवेदन (Sensation) उत्पन्न होता है।
2. अधिक विक्षेप के कारण छत के प्लास्टर में फर्श में, या विभाजक दीवार (Partition wall) में दरार आने की संभावना होती है।

अतः धरन का अधिकतम विक्षेप विस्तृति (Span) का (1/325) गुणे से अधिक नहीं होना चाहिए।

प्रास धरन में अधिकतम विक्षेप विस्तृति का (2/325) गुणे से अधिक नहीं होना चाहिए।

8.7 पार्श्विक आलम्बित धरन (Laterally Supported Beams)

पार्श्विक आलम्बित धरन को पार्श्विक आबद्ध धरन (Laterally restrained beam) भी कहते हैं। जब धरन के संपीडन फ्लैंज का पार्श्विक विक्षेप पार्श्विक आलम्ब द्वारा आबद्ध कर दिया जाता है, तब धरन को पार्श्विक आलम्बित धरन करते हैं। चित्र 8.4 (A) में धरन की ऊपर की फ्लैंज कंक्रीट स्लेब से ढकी हुई दिखाई गयी है। कंक्रीट स्लेब एख संतत पार्श्विक आलम्ब धरन के ऊपर की फ्लैंज को देता है। इस प्रकार जब अन्य धरन पार्श्विक दिशा से चित्र 8.4 (B) के अनुसार बहुल अन्तराल (Frequent inerval) से पार्श्विक आलम्ब देता है, तब इसी प्रकार की धरन को स्थानीय पार्श्विक आलम्ब (Local lateral support) मिलता है।

पार्श्विक आलम्बित धरन में अनुज्ञेय संपीडन बंकन प्रतिबल में कटौती नहीं होती। अनुज्ञेय संपीडन बंकन प्रतिबल, अनुज्ञेय तनन बंकन प्रतिबल के बराबर रहता है। अतः धरन का डीजाइन साधारणतया पार्श्विक आलम्बित धरन की तरह होती है।

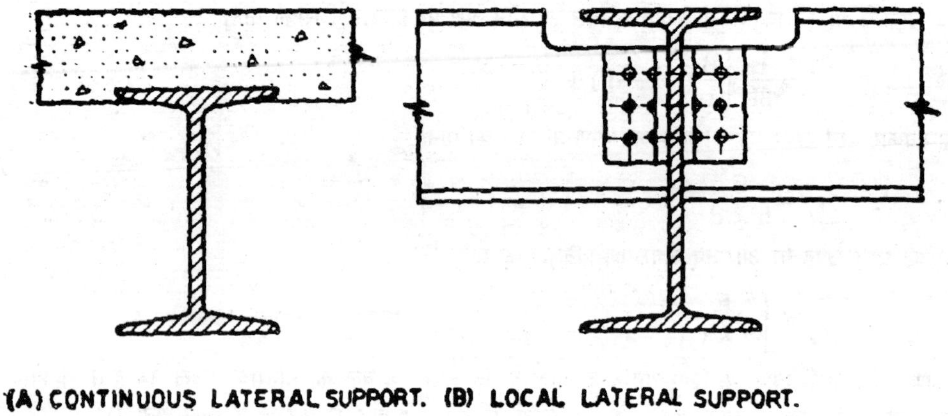

चित्र 8.4

8.8 **वेब विकलांगता** (Web Crippling)

बेल्लित स्पातीय धरन खण्ड की वेब की मोटाई कम होती है। वेब सीधे संपीडन भार में आपेक्षिक कमजोर होती है। अतः जब वेब पर कोई भारी संकेन्द्रीय भार (Concentrated load) लगाया जाता है, या जब आलम्ब बल (Support reaction) का मान ज्यादा होता है, तब वेब विकलांग हो जाती है, जैसा कि चित्र 8.5 (A) और (B) में दिखाया गया है।

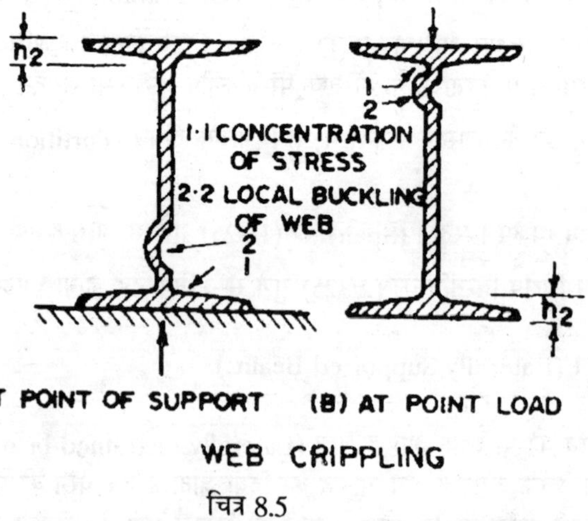

चित्र 8.5

वेब का संकेन्द्रीय भार के कारण सीधी संदलन (Crushing) में भंग होने को वेब विकलांगता (Web Crippling) कहते हैं। वेब की विकलांगता का मुख्य कारण अपर्याप्त धारण लम्बाई (Bearing length) होता है। अतः वेब की विकलांगता की सुरक्षा के लिए पर्याप्त धारण लम्बाई होनी चाहिए, ताकि धरन का बिना दृढ़क (Stiffners) के धारण प्रतिबल का मान IS : 800-1984 के अनुसार $\sigma_p = 0.75\,\sigma_y$ (जहाँ पर σ_y पराभव प्रतिबल होता है, से ज्यादा नहीं होना चाहिए।

भारतीय मानक IS : 800-1984 के अनुसार सकेन्द्रीय भार या आलम्ब बल फ्लैंज द्वारा वेब को एक समान वितरण क्षैतिज के साथ 30 के कोण पर होता है, जैसाकि चित्र 8.6 में दिखाया गया है।

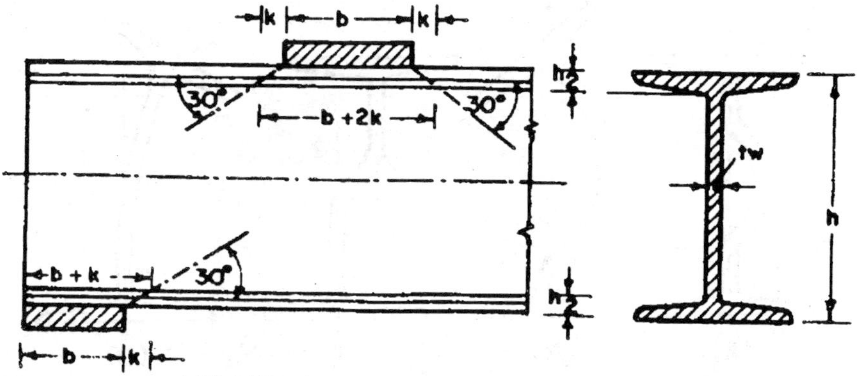

BEARING LENGTH OF WEB

चित्र 8.6

अतः वेब की सकेन्द्रीय भार नीचे धारण लम्बाई

$$B = \left(b_1 + 2K\right) = \left(b_2 + 2h_2\sqrt{3}\right) \text{ जहाँ पर} \tag{8.9}$$

b_1 = धारण प्लेट की लम्बाई और h_2 = फ्लैंज के बाहरी रेशे से फ्लैंज की जड़ तक की गहराई

$$\text{धारण प्रतिबल } \sigma_p = \left(\frac{s}{(b_1 + 2h_2\sqrt{3}) \times t_w}\right) \text{N/mm}^2 \tag{8.10}$$

इसी प्रकार वेब की धारण लम्बाई आलम्ब पर

$$B = (b + K) = (B + h_2\sqrt{3})$$

$$\text{धारण प्रतिबल } \sigma_p = \left(\frac{s\,(a)}{(b_1 + h_2\sqrt{3}) \times t_w}\right) \text{N/mm}^2 \tag{8.11}$$

धारण प्रतिबल अनुज्ञेय धारण प्रतिबल, 0.75 σ_y से कम होना चाहिए।

8.9 **वेब व्याकुन्चन** (Web Buckling)

कभी-कभी धरन के वेब का भंग सकेन्द्रीय भार के कारण प्लेट के नीचे या प्रतिक्रिया बल के धारण प्लेट के ऊर्ध्वाधर ऊपर संपीडन क्रिया के कारण हो जाता है और वेब में व्याकुन्चन होता है। इस प्रकार की प्रतिक्रिया को वेब व्याकुन्चन (Web buckling) कहते हैं।

वेब का व्याकुन्चन चित्र 8.7 में दिखाया गया है। वेब का व्याकुन्चन की आकृति पार्श्विक विक्षेप के विरुद्ध आबद्ध पर निर्भर करती है। चित्र 8.7 (A), (B), (C) और (D) में ऊपर की फ्लैंज पर चार प्रकार के आबद्ध दिखाये गये हैं।

भारतीय मानक IS : 800-1984 के अनुसार यदि संकेन्द्रीय भार या आलम्ब बल का मान $f_o \times t_w \times B$ से अधिक हो जाय तो धरन के उस खण्ड पर दृढ़क (Stiffeners) का प्रयोग करना चाहिए।

σ_c = वेब स्तम्भ की $(h_1\sqrt{3}/t_w)$ तनुता अनुपात के लिए अनुज्ञेय संपीडन प्रतिबल

t_w = वेब की मोटाई, h_1 = वेब की जड़ से जड़ तक गहराई $(h - 2h_2)$

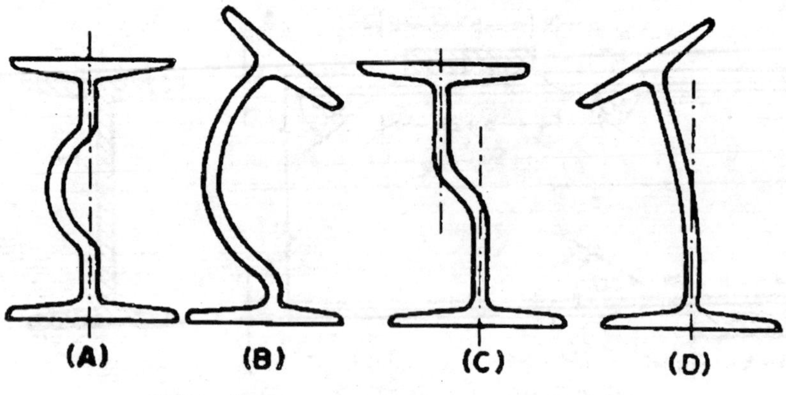

चित्र 8.7

$B = \left(b + \frac{1}{2}h\right)$ आलम्ब पर, $B = (b + h)$ संकेन्द्रीय भार पर

b = धारण प्लेट की लम्बाई (जैसा कि चित्र 8.8 में दिखाया गया है)

h = धरन की कुल गहराई

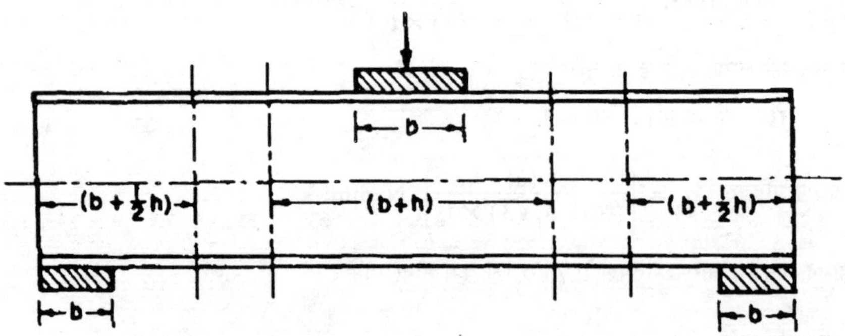

चित्र 8.8

8.10 धरन की डीजाइन (Design of Beams)

पार्श्विक आलम्बित धरन की डीजाइन की क्रिया विधि निम्न प्रकार है

1. धवन की डीजाइन के लिए धरन पर बाह्य भार और धरन की कार्यकर लम्बाई ज्ञात होती है। धरन के लिए अधिकतम बंकन आघूर्ण, M (Maximum bending moment) और अधिकतम अपरूपण बल (Maximum shear force) की संगणना की जाती है।

2. धरन के लिए आवश्यक परिच्छेद मापांक Z का मान ज्ञात किया जाता है।

$$Z = \left(\frac{M}{f_{bc}}\right)$$ जहाँ पर, $\sigma_{bc} = \sigma_{bt}$ = अनुज्ञेय बंकन प्रतिबल

अनुज्ञेय बंकन प्रतिबल का मान सारणी 8.1 में दिया गया है।

3. ISI हेन्डबुक नं. 1 से एक उचित I-खण्ड चयन किया जाता है, जिसका परिच्छेद मापांक आवश्यक परिच्छेद मापांक से ज्यादा हो। साथ ही साथ I-खण्ड का प्रति मीटर भार भी कम से कम हो।
4. I-खण्ड के अपरूपण प्रतिबल की जाँच की जाती है। यह अपरूपण प्रतिबल अनुज्ञेय अपरूपण प्रतिबल से कम होना चाहिए।
5. धरन के लिए विक्षेप की संगणना की जाती है, जो अनुज्ञेय विक्षेप से कम होना चाहिए।
6. वेब की विकलांगता और व्याकुंचन में जांच की जाती है।
7. धारण प्लेट की डीजाइन की जाती है।

उदाहरण 8.1 एक पार्श्विक आलम्बित धरन ISMB 500, @ 0.869 kN/m दोनों सिरों पर शुद्धालम्बित है। धरन की कार्यकर विस्तृति 8 m है। धरन पर एक समान वितरित भार ज्ञात करो, जो धरन सुरक्षित वहन कर सकती है। अनुज्ञेय बंकन प्रतिबल 1650 kg/cm^2 है।

हल Step 1 : ISMB 500, @ 0.869 kN/m धरन के लिए ISI हैण्ड बुक नं. 1 से परिच्छेद मापांक

$$Z = 1808.7 \times 10^3 \text{ mm}^3$$

संपीडन फ्लैन्ज की औसतन मोटाई $t_f = T = 17.2$ mm और वेब की मोटाई $t_w = 10.2$ mm है।

$$(T/t_w) = (17.2/10.2) = 1.686 < 2$$

संपीडन फ्लैन्ज का तनुता अनुपात $\left(\dfrac{0.7 \times 8 \times 1000}{35.2}\right) = 159.1$

Step 2 : धरन का प्रतिरोध आघूर्ण (अनुज्ञेय प्रतिबल $\sigma_{bc} = 88.566 \text{ N/mm}^2$ $(D/T) = (500/17.2) = 29.07$)

$$M_r = \sigma_{bc} \times Z = \left(\frac{88.566 \times 1808 \times 10^3}{1000 \times 1000}\right) = 160.189 \text{ m} - \text{kN}$$

धरन के लिए अधिकतम बंकन आघूर्ण

$$M = \frac{wl^2}{8}, \quad l = \text{कार्यकर विस्तृति (Effective span)}$$

$$\therefore \left(\frac{w \times 8 \times 8 \times 1000}{8}\right) = 160.189 \times 1000 \qquad \therefore w = 20.02 \text{ kN/m}$$

धरन का एक मीटर लम्बाई का स्वतः भार = 0.869 kN/m

सुरक्षित एक समान वितरित भार जो धरन वहन कर सकती है। (20.02 – 0.869) = 19.15 kN/m

उदाहरण 8.2 एक शुद्धालम्ब धरन की डीजाइन करो जिस पर एक समान वितरित भार 44 kN/m है। धरन की कार्यकर विस्तृति 8 m है। धरन की संपीडन फ्लैंज पार्श्विक विक्षेप के लिए आबद्ध है।

डीजाइन -

Step 1 - धरन पर एक समान वितरित भार, = 44 kN/m

माना कि धरन का स्वतः 1 मीटर लम्बाई का भार = 1 kN/m

कुल एक समान वितरित भार = (44 + 1) = 45 kN/m

अधिकतम बंकन आघूर्ण, $M = \frac{wl^2}{8} = \left(\frac{45 \times 8 \times 8 \times 1000}{8}\right) = 360 \text{ m}-\text{kN}$

अधिकतम अपरूपण बल, $F = \left(\frac{wl}{2}\right) = \left(\frac{45 \times 8}{2}\right) = 180 \text{ kN}$

Step 2 - अनुज्ञेय प्रतिबल माना इस्पात का पराभव प्रतिबल $f_y = 250 \text{ N/mm}^2$ (MPa) है। अनुपात (T/t_w) और (d_1/t_w) क्रमशः 2 और 85 से कम है। $\sigma_{bc} = \sigma_{bt} = (0.66 \times 250) = 165 \text{ N/mm}^2$

Step 3 : आवश्यक परिच्छेद मापांक

$$Z = \frac{M}{f_{bc}} = (f_{bc} = f_{bt}) = \left(\frac{360 \times 1000 \times 1000}{165}\right) = 2181.82 \times 10^3 \text{ mm}^3$$

ISI हेन्डबुक नं. 1 से (ISWB 600, @ 1.337 kN/m) का जांच के लिए चयन किया जाता है।

धरन खण्ड का परिच्छेद मापांक, $Z_{xx} = 3540 \times 10^3 \text{ mm}^3$

$I_{xx} = 106198.5 \times 10^4 \text{ mm}^4$, वेब की मोटाई $t_w = 11.2$ mm फ्लैन्ज की मोटाई $t_f = T = 21.33$ mm, $h = 600$ mm

Step 4 : अपरूपण प्रतिबल के लिए जाँच

औसतन अपरूपण प्रतिबल, $\tau_{v.cal} = \left(\frac{F}{h \times t_w}\right) = \left(\frac{180 \times 1000}{600 \times 1.12}\right) = 26.78 \text{ N/mm}^2$

$= (0.4 \times 250) = 100 \text{ N/mm}^2$ अतः सुरक्षित है।

Step 5 - विक्षेप के लिए जाँच

धरन के लिए अधिकतम विक्षेप,

$$y_{max} = \left(\frac{5}{384} \times \frac{wl^4}{EI}\right) = \frac{5}{384} \times \left(\frac{45 \times 8 \times 8^3 \times 1000^3 \times 1000}{2.047 \times 10^5 \times 106198.5}\right) = 24.53 \text{ mm}$$

अनुज्ञेय विक्षेप $= \frac{1}{325}$ x विस्तृति $= \left(\frac{1}{325} \times 8000\right) = 24.60$ mm

धरन का अधिकतम विक्षेप उसके लिए अनुज्ञेय विक्षेप से कम है। अतः धरन की डीजाइन ठीक है।

धरन की विकलांगता और व्याकुन्चन के लिए भी जाँच की जा सकती है।

उदाहरण 8.3 एक स्कूल में कक्षा के कमरे का आन्तरिक माप 7m x 15 m और I-धरन 3m केन्द्र से केन्द्र की दूरी पर रखी गयी है। धरन पर 120 mm पत्थर की पट्टी लगी हुई है। उस पर 160 mm मोटाई की चूने की चठ लगी हुई है और उस पर 20 mm की सीमेंट की कोटिंग लगी हुई है। संपीडन फ्लैंज पार्श्विक विक्षेप के लिए आबद्ध है। धरन की डीजाइन करो।

स्कूल के कमरे के लिए चलित भार (Live load) $= 4 \text{ kN/m}^2$

पत्थर की पट्टी का भार $= 24 \text{ kN/m}^3$, सीमेंट कंक्रीट का भार $= 24 \text{ kN/m}^3$, चूने की कंक्रीट का भार $= 18 \text{ kN/m}^3$

डीजाइन -

Step 1 : धरन पर भार, बंकन आघूर्ण और अपरूपण बल

बेल्लित स्पातीय धरन पर 3 m चौड़ाई की पट्टी से भार आता है। अतः

पत्थर की पट्टी का भार = $\left(3 \times 1 \times \frac{120}{1000} \times 24\right) = 8.64$ kN/m

सीमेंट कंक्रीट का भार = $\left(3 \times 1 \times \frac{20}{1000} \times 24\right) = 1.44$ kN/m

चूने की कंक्रीट का भार = $\left(3 \times 1 \times \frac{160}{1000} \times 8\right) = 8.64$ kN/m

धरन का स्वतः भार माना जाता है। 0.60 kN/m, फर्श पर चलित भार = 3 x 4 = 12 kN

कुल भार = 3132 = 3150 kN/m, धरन की आन्तरिक विस्तृति = 7 m

माना कि 300 mm चौड़ाई के आधार ब्लोक रखे जाते हैं।

अतः धरन की कार्यकर विस्तृति = (7000 + 300) = 7.30 m (v)

अधिकतम बंकन आघूर्ण, $M = \left(\frac{wl^2}{8}\right) = \left(\frac{31.50 \times 7.30 \times 7.30 \times 1000}{8}\right) = 209.829$ kN−m (vi)

अधिकतम अपरूपण बल, $F = \left(\frac{wl}{2}\right) = \left(\frac{31.50 \times 7.30}{2}\right) = 114.975$ kN

Step 2 : अनुज्ञेय प्रतिबल माना $\sigma_y = 250$ N/mm^2 और अनुपात (T/t_w) और (d_1/t_w) का मान क्रमश 2 और 85 से कम है।

Step 3 : आवश्यक परिच्छेद मापांक $(\sigma_{bc} = \sigma_{bt})$

$$Z = \left(\frac{M}{\sigma_{bc}}\right) = \left(\frac{209.829 \times 1000 \times 1000}{165}\right) = 127.69 \times 10^3 \text{ mm}^3$$

ISI हेंडबुक नं. 1 से, ISMB 550, @ 1,037 kN/m धरन खण्ड जाँच के लिए चयन किया जाता है। खण्ड की गहराई h = 550 mm

$$Z_{xx} = 2359.8 \times 10^3 \text{ mm}^3,\ \ I_{xx} = 91813 \times 10^4 \text{ mm}^4\ \ t_w = 11.2 \text{ mm}\ \ t_f = 19.3 \text{ mm}$$

Step 4 : अपरूपण बल के लिए जाँच

औसत अपरूपण प्रतिबल, $\tau_v = \frac{F}{h \times t_w} = \left(\frac{114.975 \times 1000}{550 \times 11.2}\right) = 18.67$ N/mm^2

$(0.4 \times 250 \times 100$ N/mm$^2)$ अतः यह ठीक है।

Step 5 विक्षेप के लिए जाँच $y_{max} = \left(\frac{5}{384} \times \frac{wl^4}{EI}\right)$

$$y_{max} = \left(\frac{5 \times 31.50 \times 1000 \times 7.30 \times (7.30)^2 \times (1000)^3}{384 \times 2.047 \times 10^5 \times 91813 \times 10^4}\right) = 6.197 \text{ mm}$$

अनुज्ञेय विक्षेप = $\left(\frac{1}{325} \times 7300\right) = 22.45$ mm अतः यह ठीक है।

अतः ISMB 550, @ 1.037 kN/m की धरन अपनायी जाती है।

उदाहरण 8.4 ISMB 600, @ 1.451 kN/m धरन खण्ड की वेब विकलांगता और व्याकुन्चन के लिए जाँच करो। धरन के सिरे पर प्रतिक्रिया बल 179.6 kN है। धारण प्लेट की लम्बाई आलम्ब पर 120 mm है। धारण प्लेट की डीजाइन भी करो। धारण प्लेट चिनाई में लगी हुई है।

हल Step 1: माना कि चिनाई में अनुज्ञेय धारण प्रतिबल, 5.5 N/mm^2

सिरे पर आलम्ब बल, R = 179.6 kN

धारण प्लेट की आलम्ब पर लम्बाई, b_1 = 120 mm

ISI हैण्ड बुक नं. 1 से ISMB 600, @ 1.451 kN/m धरन के लिए

t_w = 11.8 mm, h_2 = 46.05 mm, h_1 = 507.9 mm

Step 2 : वेब विकलांगता की जाँच

आलम्ब पर धारण प्रतिबल

$$\sigma_{p.cal} = \left(\frac{s}{(b_1 + h_2\sqrt{3}) \times t_w}\right) = \left(\frac{17.96 \times 1000}{(120 + 46.05\sqrt{3}) \times 11.08}\right) = 76.3 \text{ N/mm}^2$$

$< 0.75 \times 260 = 195$ N/mm^2 अतः यह ठीक है।

Step 3 : वेब व्याकुन्चन की जाँच

आलम्ब बल का मान $\sigma_{ac} \times t_w \times B$ से अधिक नहीं होना चाहिए।

$$\text{वेब का तनुता अनुपात} = \left(\frac{h_1\sqrt{3}}{t_w}\right) = \left(\frac{507.9 \times \sqrt{3}}{11.8}\right) = 74.55$$

माना इस्पात का पराभव प्रतिबल = 260 N/mm^2

अनुज्ञेय संपीडन प्रतिबल σ_{ac} = 109.54 N/mm^2

धारण प्लेट की लम्बाई = 120 mm

$$B = \left(120 + \frac{600}{2}\right) = 420 \text{ mm}$$

$$\text{अनुज्ञेय आलम्ब बल,} = \left(\frac{109.54 \times 11.8 \times 420}{1000}\right) = 542.88 \text{ kN} > 179.6 \text{ kN अतः ठीक है।}$$

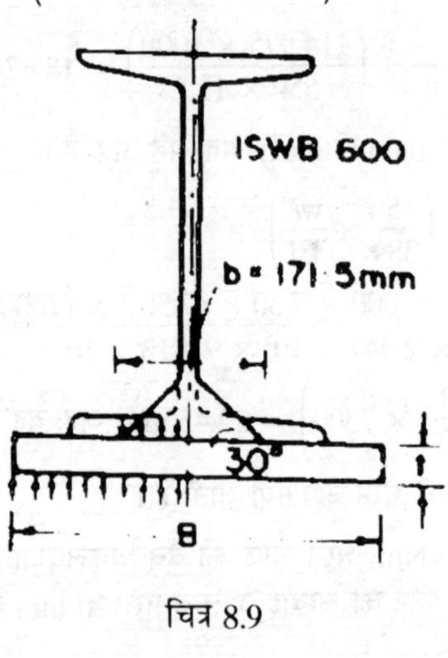

चित्र 8.9

Step 4 : धारण प्लेट की डीजाइन

आलम्ब बल, $R = 179.6$ kN

चिनाई में अनुज्ञेय धारण प्रतिबल $= 5.5$ N/mm^2

आवश्यक धारण क्षेत्रफल $= \left(\dfrac{179.6 \times 1000}{5.5}\right) = 32654.54 \text{ mm}^2$

धारण प्लेट की लम्बाई $= 120$ mm

आवश्यक चौड़ाई $= B = \left(\dfrac{32654.54}{120}\right) = 27212 \text{ mm} = 280 \text{ mm}$

Step 5 : धारण प्लेट की मोटाई

आलम्ब बल का वितरण एक समान क्षैतिज से 30° के कोण पर होता है।

$$b = (11.8 + 2 \times 40.65 \times \cot 30°) \text{ mm} = (1.18 + 2 \times 46.05 \times \sqrt{3}) = 171.5 \text{ mm}$$

अधिकतम बंकन आघूर्ण केन्द्र पर होता है।

$$M = \frac{R}{8}(B - d) = \frac{179.6}{8}(280 - 171.5) = 2435.825 \text{ mm}-\text{kN}$$

प्रतिरोध आघूर्ण $= \sigma_{bc} . Z = \left(\dfrac{0.75 \times 260 \times 280 \times t^2}{1000 \times 6}\right) = 2435.825 \text{ mm}-\text{kN}$

अतः $\left(\dfrac{0.75 \times 260 \times 280 \times t^2}{1000 \times 6}\right) = 2435.825 \quad = 16.36 \text{ mm}$

अतः धरन के सिरे पर 120 mm x 280 mm x 18 mm की धारण प्लेट लगाई जाती है।

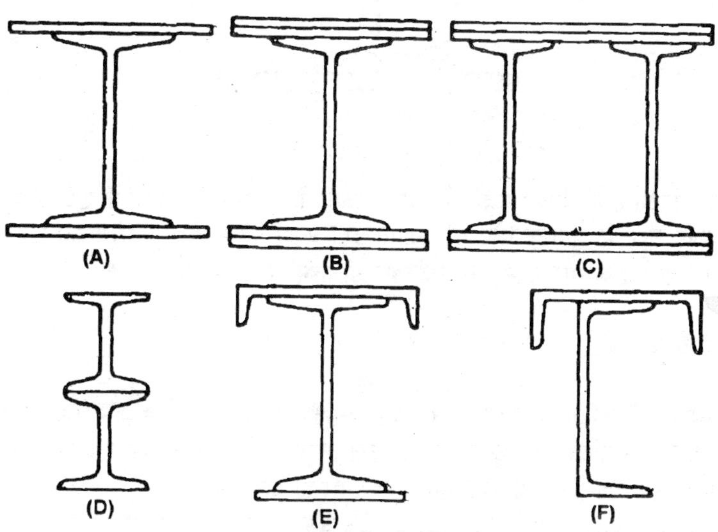

BUILT-UP BEAM SECTIONS

चित्र 8.10

8.11 संघटित धरन (Built-up Beams)

जब धरन की विस्तृति और भार के कारण अधिकतम बंकन आघूर्ण के लिए आवश्यक परिच्छेद मापांक किसी बेल्लित स्पातीय धरन खण्ड के लिए अपर्याप्त हो जाता है, तब संघटित धरन का प्रयोग किया जाता है। यदी दी गई सीमित गहराई के लिए भी यदि एक धरन खण्ड का परिच्छेद मापांक उस गहराई तक अपर्याप्त हो जाता है, तब भी संघटित खण्ड का प्रयोग किया जाता है।

संघटित धरन को संयुक्त धरन (Compound beam) भी कहा जाता है। चित्र 8.10 में विभिन्न संघटित धरन खण्ड दिखाये गये हैं।

संघटित धरन का सामर्थ्य (या परिच्छेद मापांक) I-धरन खण्ड या अन्य धरन खण्ड का प्लेट लगाकर बढ़ा दिया जाता है। इस प्रकार संघटित धरन बनाने का यह एक तरीका है। संघटित धरन बनाने के दूसरे तरीके में दो या दो से ज्यादा एक प्रकार के या विभिन्न प्रकार के बेल्लित स्पातीय खण्ड को संयुक्त बना कर बनाया जाता है।

रिवेटित संघटित धरन में जैसा कि चित्र 8.11 में दिखाया गया है, तनन फ्लैंज में रिवेट छेद के कारण तनन फ्लैंज का क्षेत्रफल कम हो जाता है। उदासीन अक्ष की स्थिति भी बदल जाती है। इस कारण जड़त्व आघूर्ण और परिच्छेद मापांक भी कम हो जाते हैं।

चित्र 8.11

वास्तव में दोनों फ्लेंज में रिवेट को विषम पद्धति में लगाया जाता है, ताकि दोनों फ्लैंज में एक खण्ड पर एक-एक रिवेट छेद ही होता है। संघटित I-खण्ड धरन में आवरण प्लेट की कटौति उसी प्रकार की जाती है, जिस प्रकार प्लेट गर्डर में की जाती है। इसको अध्याय 9 में दिया गया है। अध्याय 9 में प्लेट गर्डर की डीजाइन दी गई है।

8.12 संघटित धरन की डीजाइन (Design of Built-up Beams)

संघटित धरन की डीजाइन में संघटित खण्ड का चयन (Selection) कर लिया जाता है और बंकन प्रतिबल की जाँच की जाती है। IS : 800-1984 के अनुसार, संघटित धरन की डीजाइन सकल अनुप्रस्थ क्षेत्रफल के जड़त्व आघूर्ण (Moment of inertia) के आधार पर किया जाता है और उदासीन अक्ष की स्थिति केन्द्रक पर ही मानी जाती है।

संघटित धरन की डीजाइन में निम्न क्रिया विधि अपनायी जाती है।

1. संघटित धरन की कार्यकर विस्तृति (Effective span) और धरन पर भार ज्ञात होता है। इससे अधिकतम बंकन आघूर्ण, M और अधिकतम अपरूपण बल F की संगणना की जाती है।

2. संघटित धरन के लिये आवश्यक परिच्छेद मापांक ज्ञात किया जाता है। $Z = \left(\frac{M}{\sigma_{bc}}\right)$

जहाँ पर, σ_{bc} = अनुज्ञेय संपीडन बंकन प्रतिबल

पार्श्विक आलम्बित धरन के लिए σ_{bc} और σ_{bt} का मान बराबर होता है।

3. जब संघटित धरन की गहराई सीमित नहीं होती, तब I-खण्ड धरन का अधिकतम परिच्छेद मापांक के लिए संकलन किया जाता है। इस I-धरन पर फ्लैंज के साथ प्लेट जोड़ कर परिच्छेद मापांक बढ़ा दिया जाता है, ताकि कुल परिच्छेद मापांक आवश्यक परिच्छेद मापांक से अधिक हो जाय।

जब संघटित धरन के लिए गहराई सीमित होती है, तब ISI हेन्डबुक नं. 1 से एक I-खण्ड का संकलन किया जाता है, जिसकी गहराई के साथ यदि प्लेट जोड़ी जाय तो कुल गहराई सीमित गहराई से अधिक नहीं होगी।

4. फ्लैंज प्लेट का बाहरी रिवेट रेखा से प्रक्षेप (Projection) संपीडन फ्लैंज में प्लेट की मोटाई से 16 गुणा से अधिक नहीं होना चाहिए और तनन फ्लैंज में यह प्लेट की मोटाई से 20 गुणा से अधिक नहीं होना चाहिए।

5. संघटित धरन के खण्ड की अधिकतम दूरी के रेशों की बंकन प्रतिबलों की जाँच की जाती है। संघटित धरन के खण्ड के लिए सकल जड़त्व आघूर्ण (Gross moment of inertia) की संगणना की जाती है। धरन खण्ड के लिए उदासीन रेखा केन्द्रक पर स्थित मानी जाती है। अधिकतम संपीडन बंकन प्रतिबल की संगणना की जाती है। इससे अधिकतम तनन बंकन प्रतिबल ज्ञात किया जाता है। अधिकतम तनन बंकन प्रतिबल के मान को ज्ञात करने के लिए अधिकतम संपीडन बंकन प्रतिबल को फ्लैंज के सकल क्षेत्रफल और निवल क्षेत्रफल के अनुपात में बढ़ा दिया जाता है।

अधिकतम संपीडन और तनन बंकन प्रतिबलों का मान क्रमशः अनुज्ञेय बंकन प्रतिबलों के मान से अधिक नहीं होना चाहिए।

6. संघटित धरन खण्ड की अपरूपण बल और विक्षेप के लिए जाँच की जाती है।

उदाहरण 8.5 शुद्धालम्बित धरन I-खण्ड पर प्लेट जोड़कर बनायी गयी है। धरन पर 50 kN/m का एक समान वितरित बाह्य भार है। धरन की कार्यकर विस्तृति 10 m है। संघटित धरन की गहराई 500 mm से अधिक नहीं होनी चाहिए। धरन का संपीडन फ्लैंज पार्श्विक विक्षेप के लिए आलम्बित है। संघटित धरन का डीजाइन करो।

डीजाइन

Step 1 - धरन की कार्यकर विस्तृति, = 10 m

Step 2 - अधिकतम बंकन आघूर्ण, $M = \frac{wl^2}{8} = M = \left(\frac{50.00 \times 10 \times 10}{8}\right) = 625 \text{ kN-m}$

Step 3 - अधिकतम अपरूपण बल, $F = \frac{wl}{2} = F = \left(\frac{50.00 \times 10}{2}\right) = 250 \text{ kN}$

Step 4 - अनुज्ञेय बंकन प्रतिबल माना इस्पात का पराभव प्रतिबल $f_y = 250 \text{ N/mm}^2$,

अनुज्ञेय संपीडन बंकन प्रतिबल = (0.66 x 250) = 165 N/mm^2

Step 5- आवश्यक परिच्छेद मापांक

$$Z = \frac{M}{f_{bc}} \quad (\sigma_{bc} = \sigma_{bt}) \; Z = \left(\frac{625 \times 1000 \times 1000}{165}\right) = 2787.88 \times 10^3 \text{ mm}^3$$

Step 6 - विचारण (जाँच हेतु) खण्ड ISI हेन्ड बुक नं. 1 से, ISWB 450, @ 0.794 kN/m और फ्लैंज के साथ एक-एक आवरण प्लेट 400 mm x 16 mm, जो 22 mm व्यास की रिवेट द्वारा जोड़ी गयी है, का संकलन किया जाता है। इस संघटित खण्ड की जाँच की जाती है।

ISWB 450, @ 0.794 kN/m के लिए

$b_f = 200$ mm, $I_{xx} = 35057.6 \times 10^4$ mm^4, $t_w = 9.2$ mm

$t_f = 15.4$ mm, $Z_{xx} = 1558.1 \times 10^3$ mm^3, h = 450 mm

आवरण प्लेट का बाहरी रिवेट रेखा से प्रक्षेप (संपीडन फ्लैंज में) = 150 mm (16 x 16) = 256 mm

Step 7 - बंकन प्रतिबलों के लिए जाँच

तनन फ्लैंज का सकल क्षेत्रफल = (200 x 154 + 400 x 16) = 9480 mm^2

तनन फ्लैंज का निवल क्षेत्रफल = [9480 – 235 x (154 + 16)] = 8742.1 mm^2

संघटित धरन खण्ड के लिए सकल जड़त्व आघूर्ण

$$I_{xx} = [35057.6 + 2 \times 40 \times 1.6 \times (23.2)^2] = 104457.6 \times 10^4 \text{ mm}^4$$

संपीडन बंकन प्रतिबल $\sigma_{bc} = \left(\frac{625000 \times 1000}{104457.6} \times \frac{241}{10}\right) = 144.197 \text{ N/mm}^2$

तनन बंकन प्रतिबल $\sigma_{bt} = \left(144.1 \times \frac{9480}{8743}\right) = 156.36 \text{ N/mm}^2 < (0.66 \times 250 = 165 \text{ N/mm}^2)$

अतः ठीक है।

Step 8 : अपरूपण बल में जाँच

औसतन अपरूपण बल, $\tau_{bc.cal} = \left(\frac{F}{h \times t_w}\right) = \left(\frac{250 \times 1000}{450 \times 9.2}\right) = 60.386 \text{ N/mm}^2$

(0.4 x 250) = 100 N/mm^2 अतः ठीक है।

Step 9 : विक्षेप के लिए जाँच

अधिकतम विक्षेप, $y_{max} = \frac{5}{384} \times \frac{wl^4}{EI} = \frac{5 \times 50.00 \times 10 \times 10^3 \times 1000 \times 1000}{384 \times 2.047 \times 10^4 \times 104457.6} = 30.44$ mm

अनुज्ञेय विक्षेप = $\left(\frac{1}{325} \times 10 \times 1000\right) = 0.75$ mm^4 अतः ठीक है।

ISWB 450, @ 0.794 kN/m और एक एक प्लेट 400 mm x 16 mm प्रत्येक फ्लेंज पर लगाते हैं।

संघटित धरन की डीजाइन चित्र 8.12 में दिखायी गयी है।

उदाहरण 8.6 एक शुद्धालम्बित धरन पर एक समान वितरिक भार 7000 kN/m है। धरन की आन्तरिक विस्तृति 8 m है। संघटित धरन की डीजाइन करो। केवल ISMB 500, @ 0.869 kN/m और 10 mm मोटाई की प्लेट ही उपलब्ध है। धरन की संपीडन फ्लैंज पार्श्विक विक्षेप के लिए आबद्ध है।

डीजाइन -

Step 1 : धरन की आन्तरिक विस्तृति = 8 m

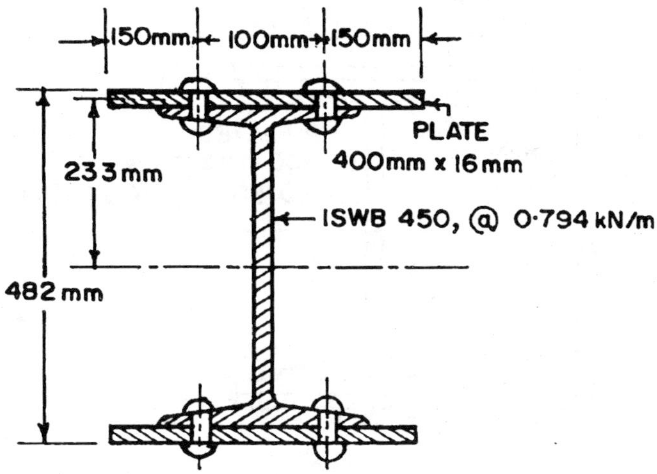

चित्र 8.12

300 mm के आधार ब्लोक धरन के प्रत्येक सिरे के नीचे रखते हैं। अतः कार्यकर विस्तृति = 8.30 m

धरन पर एक समान वितरित भार = 7000 kN/m, माना कि धरन का स्वतः भार = 1.50 kN/m

Step 2 : कुल एक समान वितरित भार = 71.50 kN/m

अधिकतम बंकन आघूर्ण $M = \left(\frac{wl^2}{8}\right) = \left(\frac{71.50 \times 8.30 \times 8.30}{8}\right) = 615.7 \text{ m}-\text{kN}$

अधिकतम अपरूपण बल $F = \frac{wl}{2} = \left(\frac{71.50 \times 8.30}{2}\right) = 296.725 \text{ kN}$

Step 3 : अनुज्ञेय बंकन प्रतिबल $= \sigma_{bc} = (0.66 \text{ x } 250) = 165 \text{ N/mm}^2$

Step 4 : आवश्यक परिच्छेद मापांक $Z = \left(\frac{M}{\sigma_{bc}}\right) = \left(\frac{615.7 \times 10^6}{1650}\right) = 3731.51 \times 10^3 \text{ mm}^3$

Step 5 : विचारण जाँच खण्ड

ISI हेन्डबुक नं. 1 से, ISMB 500, @ 0.869 kN/m के लिये

$I_{xx} = 45218.3 \text{ cm}^4, t_w = 10.2 \text{ mm}, t_f = 17.2 \text{ mm}$

$Z_{xx} = 1808.7 \text{ cm}^3, h = 500 \text{ mm}, b_f = 180 \text{ mm}$

$r_y = 35.2 \text{ mm}, h^2 = 37.9 \text{ mm}$

धरन के प्रत्येक फ्लैंज पर दो-दो आवरण प्लेट 340 mm 10 mm की जोड़ी जाती है, जैसा कि चित्र 8.13 में दिखाया गया है। 22 mm व्यास की रिवेट का प्रयोग किया जाता है।

बंकन प्रतिबलों की जाँच

तनन फ्लैंज का सकल क्षेत्रफल

$= (18 \text{ x } 1.72 + 2 \text{ x } 34) \text{ x } 100 = 9932 \text{ mm}^2$

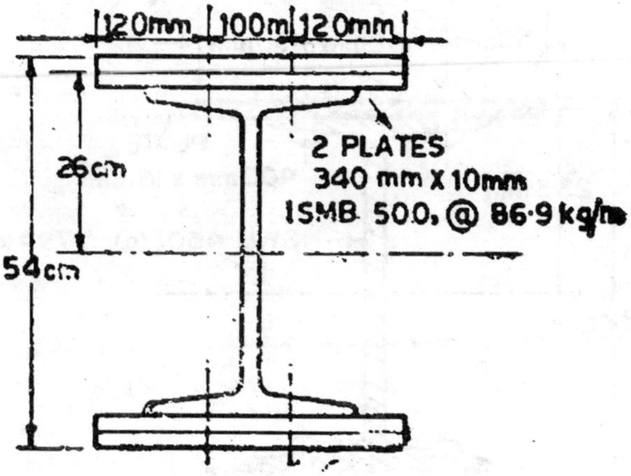

चित्र 8.13

तनन फ्लैंज का निवल क्षेत्रफल

$$= [9932 - 235 \times (172 + 20)] = 9057.88 \text{ mm}^2$$

संघटित धरन खण्ड का सकल जड़त्व आघूर्ण

$$I_{xx} = [45218.3 + 2 \times 2 \times 34 \times (26)^2] \times 10^4 = 137418.3 \times 10^4 \text{ mm4}$$

संपीडन बंकन प्रतिबल

$$\sigma_{bc} = \left(\frac{615.7 \times 10^6 \times 270}{137418.3} \times 270\right) = 120.973 \text{ N/mm}^2 < 1650 \text{ kg/cm}^2$$

तनन बंकन प्रतिबल

$$\sigma_{bt} = 120.973 \times \frac{9932}{9053} = 132.648 \text{ N/mm}^2 \ (0.66 \times 250 = 165 \text{ N/mm}^2)$$

Step 7. अपरूपण बल के लिए जाँच, औसतन अपरूपण प्रतिबल

$$\tau_{ac.cal} = \left(\frac{F}{h \times t_w}\right) = \left(\frac{296.725 \times 1000}{500 \times 10.2}\right) = 58.18 \text{ N/mm}^2$$

$(0.4 \times 250 = 100 \text{ N/mm}^2)$ अत: ठीक है।

Step 8 - विक्षेप के लिए जाँच, अधिकतम विक्षेप

$$y_{max} = \frac{5}{384} \times \left(\frac{71.50 \times 8.30 \times 8.30^3 \times 100^3 \times 1000}{2.047 \times 10^5 \times 137418.3 \times 10^4}\right) = 15.71 \text{ mm}$$

अनुज्ञेय विक्षेप

$$\left(\frac{1}{325} \times 830\right) = 25.538 \text{ mm}$$

संघटित धरन की डीजाइन चित्र 8.13 में दिखायी गयी है।

8.13 झंझरीदार नींव में धरन की डीजाइन (Design of Beams in Grillage Foundation)

स्तम्भ के भार को बड़े क्षेत्रफल पर वितरण करने के लिए स्तम्भ के लिए नींव लगायी जाती है। ताकि स्तम्भ नींव के नीचे धारण दबाव भूमि के धारण क्षमता से अधिक नहीं हो। स्तम्भ के भार का पहले स्तम्भ के लिए आधार प्लेट पर प्रेषण किया जाता है। आधार प्लेट से स्तम्भ भार को भार को भूमि पर वितरण किया जाता है। स्तम्भ की नींव दो प्रकार की होती है।

1. स्वतन्त्र नींव, 2. संयुक्त नींव

स्वतंत्र नींव में अलग-अलग स्तम्भ का भार वितरण किया जाता है। जब भूमि की धारण क्षमता (Bearing capacity) कम होती है, तब झंझरीदार नींव (Grillage foundation) का प्रयोग किया जाता है।

झंझरीदार नींव में स्पातीय धरन का प्रयोग किया जाता है। स्पातीय नींव एक कितार (Tier) या एक से ज्यादा कितार में लगायी जाती हैं। जब दो या दो से ज्यादा कितार लगायी जाती हैं, तब प्रत्येक कितार को उसके ऊपर या नीचे के कितार से धरन की दिशा लम्बवत रखते हैं। धरन को सीमेंट कंक्रीट में ढक दिया जाता है। जहाँ तक संभव हो, वर्गाकार नींव बनायी जाती है।

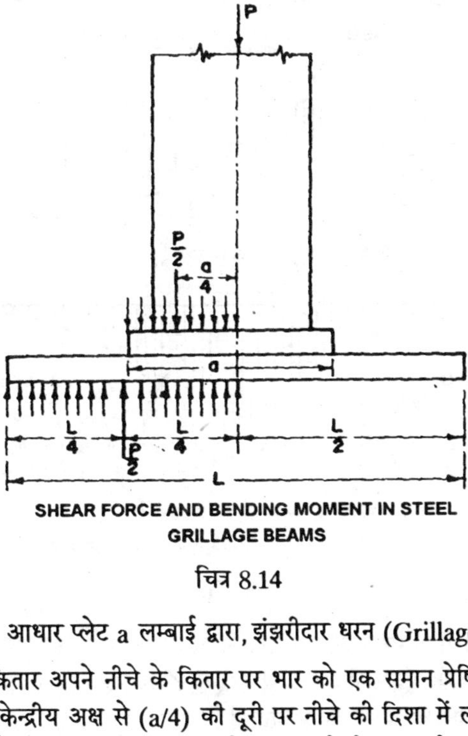

SHEAR FORCE AND BENDING MOMENT IN STEEL GRILLAGE BEAMS

चित्र 8.14

चित्र 8.14 में स्तम्भ भार P का आधार प्लेट a लम्बाई द्वारा, झंझरीदार धरन (Grillage beam) पर प्रेषण किया जाता है।

यह माना जाता है कि प्रत्येक कितार अपने नीचे के कितार पर भार को एक समान प्रेषित करते हैं और धारण दबाव भी एक समान वितरित है। एक भार (P/2) केन्द्रीय अक्ष से (a/4) की दूरी पर नीचे की दिशा में लगा हुआ है और प्रतिरोध बल (P/2) केन्द्रीय अक्ष से (L/4) की दूरी पर है। अधिकतम बंकन आघूर्ण, M धरन के केन्द्र पर होता है।

$$M = \frac{P}{2}\left(\frac{L}{4} - \frac{a}{4}\right) = \frac{P}{8}\,(L - a)$$

अधिकतम अपरूपण बल, F आधार प्लेट के किनारे पर होता है।

$$F = \frac{P}{L}\left(\frac{L - a}{2}\right) = \frac{P}{2L}\,(L - a)$$

चित्र 8.15 में अपरूपण में अपरूपण बल और बंकन आघूर्ण के चित्र झंझरीदार नींव के नीचे दिखाये गये हैं। चित्र 8.15 में नींव पर भार का वितरण और मृदा पर दबाव भी दिखाये गये हैं।

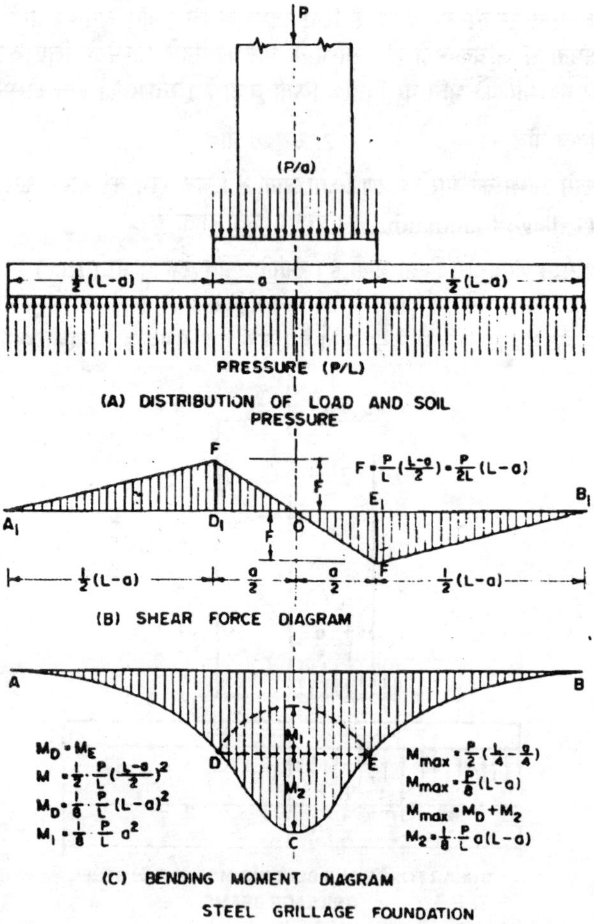

चित्र 8.15

भारतीय मानक IS : 800-1984 में सीमेंट कंक्रीट से ढकी झंझरीदार धरन के लिए अनुज्ञेय बंकन प्रतिबल का मान 33 1/3 प्रतिशत बढ़ा दिया जाता है। जब हवा या भूकम्पनीय भार भी होते हैं, तब अनुज्ञेय बंकन प्रतिबल का मान 50 प्रतिशत बढ़ा दिया जाता है। परन्तु निम्नलिखित उल्लेख का भी पालन करना होता है।

(i) धरन पर रंग नहीं किया जाता और सीमेंट कंक्रीट से ढ़क दिया जाता है। सीमेंट कंक्रीट में 10mm की एग्रीगेट होने चाहिए और 28 दिन में घन सामर्थ्य 160 kg/cm^2 से कम नहीं होना चाहिए।

(ii) धरन के बीच की उपयुक्त दूरी नल या इसके तुल्य अन्य से बनायी रखी जाती है। संलग्न फ्लैंज के किनारों के बीच की दूरी 75 mm से कम नहीं होनी चाहिए।

(iii) सीमेंट कंक्रीट का आवरण ऊपर की फ्लैंज बाहरी किनारों पर और सिरों पर 100 mm से कम नहीं होना चाहिए।

(iii) सीमेंट कंक्रीट का आवरण ऊपर की फ्लैंज बाहरी किनारों पर और सिरों पर 100 mm से कम नहीं होना चाहिए।

(iv) सीमेंट कंक्रीट का सभी धरन के पास उपयुक्त कुटाई (Compaction) होनी चाहिए।

उदाहरण 8.7 एक स्तम्भ के लिए दो कितार (Two tier) झंझरीदार नींव की डीजाइन करो। स्तम्भ 1200 kN भार वहन करता है। वर्गाकार आधार प्लेट की लम्बाई 600mm है। धारण दबाव 200 kN/m^2 सीमित है। अनुज्ञेय बंकन प्रतिबल का मान और औसत अपरूपण प्रतिबल का मान IS : 800-1984 के अनुसार लेना है।

डीजाइन - Step 1 - आवश्यक धारण क्षेत्रफल, स्तम्भ का अक्षीय भार = 1200 kN

नींव के स्वतः भार के लिए 10 प्रतिशत भार और जोड़ा जाता है। अतः नींव के लिए कुल भार

$$P = (1200 + 120) = 1320 \text{ kN}$$

झंझरीदार आधार के लिए आवश्यक धारण क्षेत्रफल

$$\left(\frac{1320}{200}\right) = 6.6 \text{ m}^2 = 6.6 \times 10^3 \times 10^3 \text{ mm}^2$$

2600 mm x 2600 mm = 6.76 x 103 x 103 x mm^2 का धारण क्षेत्रफल रखा जाता है।

Step 2 : ऊपर की कितार (Upper tier) में धरन के लिए डीजाइन

आधार प्लेट की लम्बाई, a = 600 mm, धरन की लम्बाई, L = 2600 mm

$$\text{अधिकतम बंकन आघूर्ण}, M = \frac{P}{8}(L - a) = \left(\frac{1320 \times (2600 - 600)}{8}\right) = 330 \times 10^6 \text{ kN} - \text{m}$$

अनुज्ञेय बंकन प्रतिबल = (0.66 x 260) = 171.6 N/mm^2

$$\text{आवश्यक परिच्छेद मापांक}, \; Z = \frac{M}{\sigma_b} = \left(\frac{3300 \times 1000 \times 1000}{171.6}\right) = 19.2 \times 10^6 \text{ mm}^3$$

तीन ISMB 350, @ 0.524 kN./m ऊपर की कितार में लगायी जाती है।

फ्लैंज की चौड़ाई = 140 mm

आधार प्लेट की चौड़ाई = 600 mm

संलग्न फ्लैंज के किनारों की बीच की दूरी = 90 mm > 75mm

कुल परिच्छेद मापांक = 3 x 778.9 = 2336.7 103 mm^3

Step 3 - अपरूपण प्रतिबल के लिए जाँच, अधिकतम अपरूपण बल

$$= \left(\frac{1}{2} \times \frac{P}{L}(L - a) \times \frac{1}{n}\right) \; \frac{1}{2} \times \frac{1320}{260}(2600 - 600) \times \frac{1}{3} = 169.1 \text{ kN}$$

ISI हैण्ड बुक नं. 1 से, t_w = 8.1 mm, धरन की गहराई, h = 350 mm

$$\text{औसत अपरूपण प्रतिबल} \; \tau_v = \left(\frac{16910}{8.1 \times 350}\right) = 59.7 \text{ N/mm}^2$$

$$(0.4 \times \sigma_y) = (0.4 \times 260) = 104 \text{ N/mm}^2$$

Step 4 - वेब की विकलांगता के लिए जाँच

Step 4 - वेब की विकलांगता के लिए जाँच

$$\text{धारण प्रतिबल} = \left(\frac{P}{(a + 2\sqrt{3}\, h_2) \times t_w}\right) = \left[\frac{132}{(60 + 2\sqrt{3} \times 3.1) \times 8.1} \times \frac{1}{3}\right]$$

$76.7\ N/mm^2 \quad \sigma_p = (0.75 \times 260) = 195\ N/mm^2$

Step 5 - नीचे की कितार (Lower tier) में धरन की डीजाइन अधिकतम बंकन आघूर्ण

$$M = \frac{P}{8}(L - a) = \frac{1320}{8}(2600 - 600) = 330 \times 10^6\ kN-m$$

बंकन अनुज्ञेय प्रतिबल = (0.66 x 260) = 171.6 N/mm

$$\text{आवश्यक परिच्छेद मापांक, } Z = \left(\frac{33000 \times 1000}{171.6}\right) = 192 \times 10^3 \times mm^3$$

नौ ISLB 250, @ 0.279 kN/m की धरन नीचे की कितार में लगायी जाती है।

एक धरन का परिच्छेद मापांक = 297.4 x 103 mm^3

वेब की मोटाई t_w = 8.2 mm, फ्लैंज की चौड़ाई b_f = 125 mm

कुल परिच्छेद मापांक Z = (297.4 x 9 = 2676.6 10^3 mm^3) > 1920 x 10^3 mm ^{3}

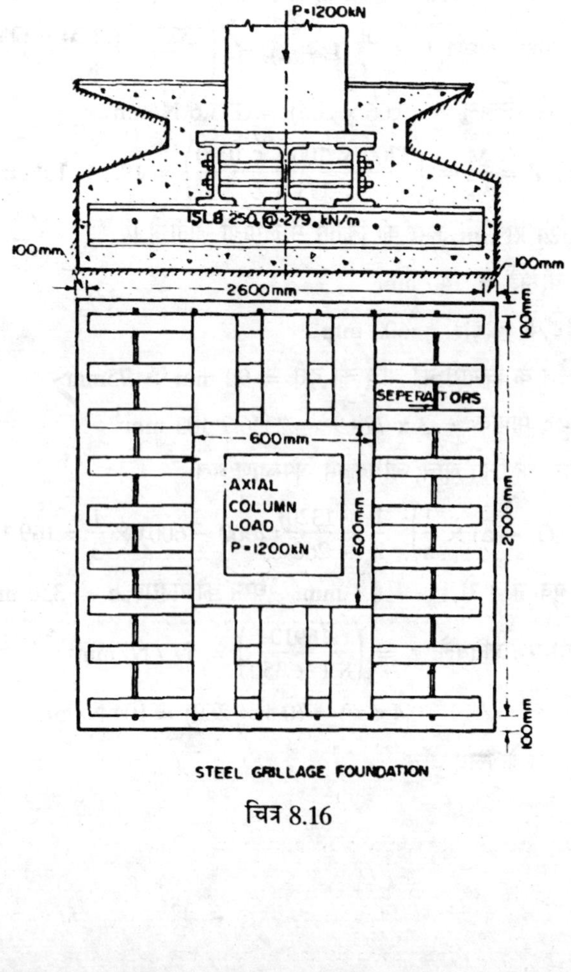

STEEL GRILLAGE FOUNDATION

चित्र 8.16

$$\text{संलग्न फ्लैंज की बीच की दूरी} = \frac{1}{8} \times (2600 - 8 \times 125) = 208 \text{ mm} > 75$$

अपरूपण बल के लिए जाँच

अधिकतम अपरूपण बल

$$= \left(\frac{1}{2} \times \frac{P}{L}(L - a) \times \frac{1}{n}\right) = \left(\frac{1}{2} \times \frac{1320}{2600}(2600 - 600) \times \frac{1}{9}\right) 56.50 \text{ kN tonnes}$$

$$\text{औसत अपरूपण प्रतिबल, } \tau_v = \left(\frac{56500}{0.82 \times 25}\right) = 27.4 \text{ N/mm}^2 < (0.4 \times 260) = 104 \text{ N/mm}^2$$

नीचे की कितार में वेब का विकलांग नहीं होता है। झंझरीदार नींव की डीजाइन चित्र 8.16 में दिखायी गयी है।

प्रश्नावली

8.1 शुद्धालम्बित धरन पर 30 kN/m का समवितरित भार है और धरन की विस्तृति 5 m है। धरन का पार्श्विक दिशा में विक्षेप आलम्बित है। धरन का डीजाइन करो।

8.2 एक संघटित धरन की डीजाइन करो। धरन की कार्यकर विस्तृति 15 m है। धरन पर 30 kN/m का समवितरित भार है। धरन सिरों पर शुद्धालम्बित है। I-खण्ड और प्लेट का उपयोग करो।

8.3 एक शुद्धालम्बित धरन पर 36 kN/m का समवितरित भार है। धरन की कार्यकर विस्तृति 7.20 m है। धरन की लम्बाई 500 mm तक सीमित है। धरन पार्श्विक विक्षेप के लिए आलम्बित है। एक संघटित धरन की डीजाइन करो। I-खण्ड और प्लेट का प्रयोग करो।

8.4 एक दो कितार (Two tier) झंझरीदार नींव की डीजाइन करो। स्तम्भ का अक्षीय भार 1040 kN है। स्तम्भ की आधार प्लेट 700 mm वर्गाकार है। भूमि के लिए अनुज्ञेय धारण दबाव 150 kN/m है।

9

छत कैंचियाँ
(ROOF TRUSSES)

9.1 **प्रस्तावना** (Introduction)

छत कैंची एक ढाँचेदार संरचना है जिसमें कई अलग-अलग अवयवों की व्यवस्था इस तरह की जाती है और सिरों पर इस तरह जोड़े जाते हैं कि बाह्य भार कैंची के जोड़ों पर लगाने से अवयवों में केवल अनुदैर्ध्य या अक्षीय बल उत्पन्न होते हैं। अवयव बाह्य भार द्वारा उत्पन्न विकृति या व्यावर्तन का प्रतिरोध करते हैं। अवयवों की व्यवस्था (Arrangement) इस तरह होता है कि वे त्रिभुज बनाते हैं। छत कैंची में प्रत्येक अवयव के पूर्ण अनुप्रस्थ खंड पर एक समान वितरित प्रतिबल होता है। इससे अवयव का सामर्थ्य पूर्ण तरीके से उपयोग में आता है। विभिन्न अवयवों में या तो अक्षीय संपीडन बल होता है या अक्षीय तनन बल होता है। जिन अवयवों में अक्षीय संपीडन बल होता है, उन्हें संपीडांग (Struts) कहते हैं और जिन अवयवों में अक्षीय तनन बल होता है उन्हें तान अंग (Tie) कहते हैं। छत कैंची में अवयवों की व्यवस्था इस प्रकार की जाती है कि संपीडांग की लम्बाई कम होती है और तान अंग की लम्बाई ज्यादा होती है। जहाँ तक संभव हो, अवयवों की लम्बाई 3 m से ज्यादा नहीं रखते।

छत कैंची का उपयोग ऐसी जगह पर किया जाता है, जहाँ पर ढालू छत (Sloping roof) की आवश्यकता होती है। ढालू छत की आवश्यकता उन स्थानों पर होती है, जहाँ वर्षा अधिक होती है या जहाँ बर्फ गिरती है या दोनों ही होते हैं। छत कैंची का उपयोग उद्योगशालाओं, कार्यशालाओं, निवास भवनों और स्कूलों के लिये भी होता है।

छत कैंची का मुख्य कार्य छत आवरण और उस पर प्रयुक्त बाह्य भार और यदि कोई छत भार हो तो उन्हें आलम्बित करना है। यह भार प्रतिक्रिया बल या आलम्ब बल की तरह दीवारों पर या स्तम्भ पर प्रेषित हो जाते हैं। साधारणतया बाह्य भार छत कैंची के जोड़ पर लगाये जाते हैं। कभी-कभी बाह्य भार को मध्यवर्ती बिन्दुओं पर लगाना आवश्यक हो जाता है। ऐसी स्थिति में छत कैंची के अवयव में अक्षीय भार के साथ बंकन भी होता है।

छत कैंची की ढ़ाँचेदार संरचना दो प्रकार की होती है, (i) स्थैतिकतया निर्धार्य (Statically determinate) और (ii) स्थैतिकतया अनिर्धार्य (Statically indeterminate)। स्थैतिकतया निर्धार्य संरचना वह होती है जिनमें अवयवों में बल स्थैतिक संतुलन के सिद्धान्त से निकाल सकते हैं। स्थैतिकतया अनिर्धार्य संरचना वह होती है जिनमें अवयवों में बल केवल स्थैतिक-संतुलन के सिद्धान्त से नहीं निकाल सकते और ऐसी संरचना में इसके साथ विकृति या विरूपण के आधार पर बल ज्ञात किये जाते हैं।

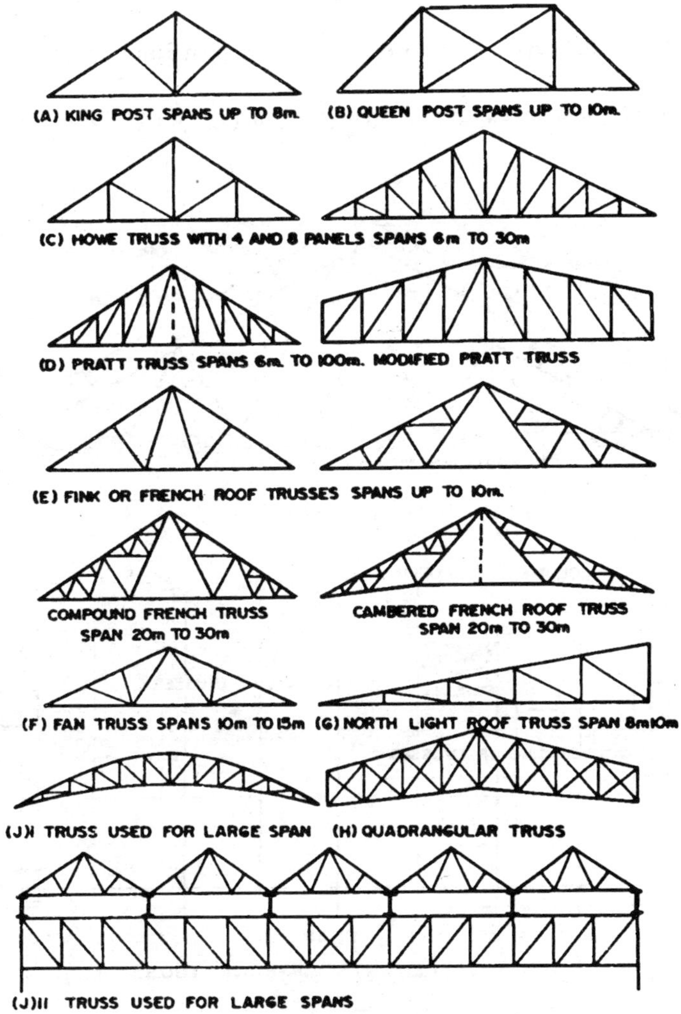

VARLOUS TYPES OF ROOF TRUSSES

चित्र 9.1

9.2 **छत कैंची के प्रकार** (Types of Roof Trusses)

विभिन्न प्रकार की छत कैंचियाँ, जिनका उपयोग होता है, चित्र 9.1 में दिखायी गयी है। ये छत कैंचियाँ अलग-अलग विस्तृतियों (Spans) के लिये प्रयोग में लायी जाती है। प्रत्येक छत कैंची के लिए उपयुक्त विस्तृतियाँ भी चित्र 9.1 में साथ में दी हुई हैं।

साधारणतया छत कैंची का नीचे का कोर्ड सीधा रखा जाता है। कभी-कभी नीचे का कोर्ड को उभार कर (Cambered) रखते हैं।

किसी भी विशेष परिस्थिति में, छत कैंची का प्रकार, विस्तृति, फर्श से खुली आवश्यक ऊँचाई और छत कैंची की आकृति में अभिरुचि पर निर्भर करता है।

9.3 **छत कैंची में उपयोग में आने वाले विभिन्न पद** (Various Terms Used in Roof Trusses)

छत कैंची में उपयोग में आने वाले विभिन्न पदों की परिभाषाएँ निम्नलिखित हैं। इन विभिन्न पदों को चित्र 9.2 में दिखाया भी गया है।

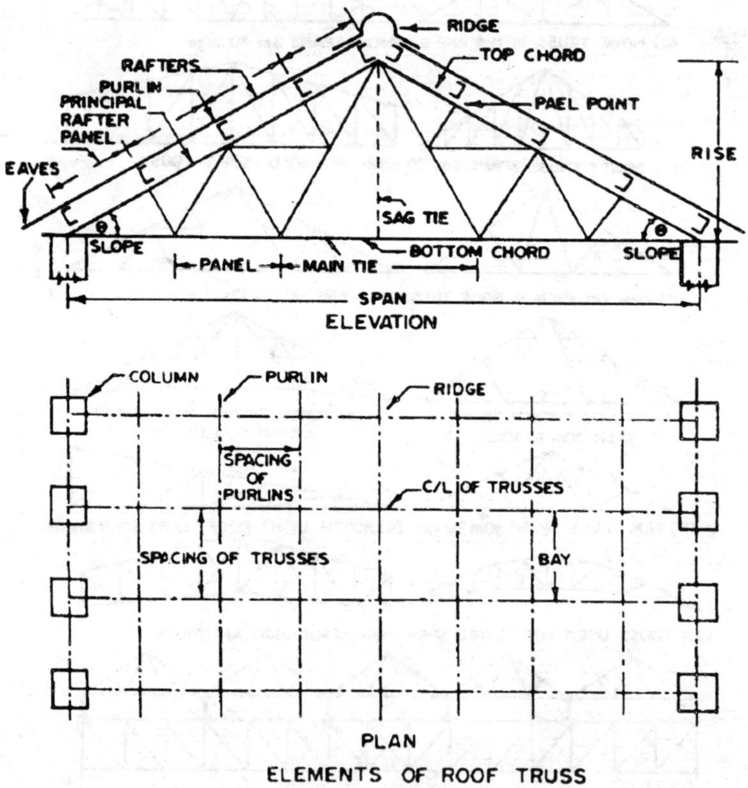

चित्र 9.2

1. ऊपरी कोर्ड (Top Chord) - छत कैंची के अवयवों से बनी सबसे ऊपरी रेखा को ऊपरी कोर्ड कहते हैं। यह रेखा छत कैंची के एक आलम्ब को दूसरे आलम्ब से जोड़ती है और कैंची के शिखर से गुजरती है।

2. निचला कोर्ड (Bottom Chord) - छत कैंची के अवयवों से बनी सबसे निचली रेखा को निचला कोर्ड कहते हैं। यह रेखा छत कैंची के एक आलम्ब को दूसरे आलम्ब से जोड़ती है।

ऊपरी कोर्ड और निचली कोर्ड दोनों में कई भागक (Panels) होते हैं।

3. विस्तृति (Span) - छत कैंची के दोनों सिरों पर आलम्ब के केन्द्र से केन्द्र तक की दूरी को विस्तृति कहते हैं।

4. उठान (Rise) - छत कैंची के आलम्ब को जोड़ने वाली रेखा की शिखर से दूरी को छत कैंची का उठान कहते हैं।

5. पिच (Pitch) - सममित छत कैंचियों में उठान और पूर्ण विस्तृति के अनुपात को पिच कहते हैं। जहाँ पर छत कैंची पर हवा के भार के साथ बर्फ का भार भी होता है, वहाँ पर साधारणतया (1/4) पिच रखा जाता है। यह पिच 2 में 1 ढाल के लिए या

$26\frac{1}{2}°$ कोण के साथ की जाती है। (1/3) और (1/5) की पिच और वह पिच जो 30° कोण के साथ होती है, साधारणतया उपयोग में लायी जाती है।

6. ढाल (Slope) - सममित छत कैंची में एक उठान और आधी विस्तृति के अनुपात को छत कैंची का ढाल कहते हैं। न्यूनतम ढाल छत के आवरण के प्रकार पर निर्भर करता है। छत कैंची का ढाल वर्षा के पानी के बहने के लिए पर्याप्त होना चाहिए और छत के आवरण के जोड़ पर पानी का छीजन (Leakage) भी नहीं होना चाहिए।

सममित छत कैंचियों के लिए पिच और उनके ढाल और क्षैतिज के साथ झुकाव के कोण सारणी 9.1 में दिये गये हैं।

छत कैंची की छत जो कोण क्षैतिज के साथ बनाती है, उस कोण के टेनजेन्ट (Tangent) को छत का ढाल कहते हैं। या ऊपरी कोर्ड और निचली कोर्ड के बीच के कोण के टेनजेन्ट (Tangent) को छत का ढाल कहते हैं, जबकि निचली कोर्ड अनुप्रस्थ (Horizontal) हो।

सारणी 9.1

पिच	ढाल	क्षैतिज के साथ झुकाव
(1/2)	1	45°00' 00"
(1/3)	(2/3)	33°41' 00"
(1/4)	(1/2)	26°34' 00"
(1/5)	(2/5)	21°48' 00"
(1/6)	(1/3)	18°26' 00"
(1/8)	(1/4)	14°02' 00"

7. पर्लिन (Purlins) - पर्लिन विशिष्ट तरह की क्षैतिज धरन होती हैं जो छत कैंची के ऊपरी कोर्ड पर आलम्बित होती है। साधारणतया पर्लिन भागक बिन्दु (Panel points) पर आलम्बित होती है। पर्लिन छत आवरण के भार को वहन करती हैं। पर्लिन पर तख्ते आदि भी रखे जाते हैं।

8. रैफ्टर (Rafter) - रैफ्टर भी एक प्रकार के सतत धरन होते हैं। ये पर्लिन पर आलम्बित होते हैं।

9. भागक (Panel) - छत कैंची में ऊपरी कोर्ड के दो संलग्न जोड़ के बीच की दूरी को भागक (Panel) कहते हैं। इस दूरी को भागक लम्बाई (Panel length) भी कहते हैं। ऊपरी कोर्ड के जोड़ को भागक बिन्दु (Panel point) कहते हैं।

10. पर्लिन की दूरी (Spacing of purlins) - दो संलग्न भागक बिन्दुओं की बीच की दूरी के बराबर दूरी को पर्लिन की दूरी कहते हैं, जबकि पर्लिन भागक बिन्दुओं पर रखी होती है। साधारणतया पर्लिन की दूरी 2m से 3m तक होती है।

11. छत कैंची की दूरी (Spacing of roof trusses) - छत कैंची की दूरी स्थानीय आवश्यकताओं पर निर्भर करती है। स्तम्भ की, दरवाजों की और खिड़कियों की स्थितियों पर भी छत कैंची की दूरी निर्भर करती हैं।

जहाँ तक संभव हो एक संरचना में छत कैंची की दूरी बराबर रखते हैं ताकि एक समान छत कैंची का उपयोग ज्यादा से ज्यादा हो सके।

आर्थिक दृष्टि से छत कैंची की वह दूरी ठीक रहती है, जिसमें छत कैंची, पर्लिन स्तम्भ, छत आवरण आदि का कुल मूल्य न्यूनतम हो।

जिस छत कैंची की दूरी में छत कैंची का मूल्य पर्लिन और छत आवरण के मूल्य से दुगना होता है, वह दूरी आर्थिक दृष्टि से ठीक रहती है।

छत कैंची की दूरी 15m की विस्तृति के लिए 3m से 5m तक और 15m से 30m की विस्तृति के लिए 4.5m से 7.5m तक होती है।

9.4 छत कैंचियों की किफायती दूरी (Economical Spacing of Roof Trusses)

छत कैंचियों की अधिकतम किफायती दूरी कई घटकों पर निर्भर करती हैं। एक सरल सूत्र बताना संभव नहीं है। छत कैंचियों की किफायती दूरी फर्श के इकाई क्षेत्रफल, पर्लिन स्तम्भ, छत आवरण आदि के भार पर निर्भर करती है। यदि छत कैंचियों की दूरी ज्यादा रखते हैं, तब पर्लिन की राशि अधिक हो जाती है। और यदि छत कैंचियों की दूरी कम (छोटी) रखी जाय, तब पर्लिन की राशि तो कम हो जाती है, परन्तु छत कैंचियों की राशि अधिक हो जाती है। अतः छत कैंचियों की दूरी इस प्रकार रखी जाय कि राशि न्यूनतम हो। इसको इस प्रकार परिभाषित किया जा सकता है।

छत कैंचियों की किफायती दूरी वह दूरी है, जिसमें कैंचियों की राशि, पर्लिन की राशि, स्तम्भ की राशि, और छत आवरण की राशि आदि (कुल राशि) न्यूनतम हो।

माना कि छत कैंचियों की दूरी, S है, छत की कैंचियों की राशि t, पर्लिन का राशि p, और छत आवरण की राशि r है। छत कैंचियों की राशि छत कैंचियों की दूरी के व्युत्तक्रमानुपाती होती है। अतः

$$t = (c_1/s) \tag{i}$$

पर्लिन का माप (आकार) बंकन आघूर्ण (Bending moment) पर निर्भर करते हैं। बंकन आघूर्ण पर्लिन के लिए पर्लिन के विस्तृति के वर्ग के अनुपाती होता है। अतः पर्लिन की राशि छत कैंचियों के दूरी के वर्ग के अनुपाती होती है। अतः

$$p = (c_2 - s_2) \tag{ii}$$

छत आवरण पदार्थों की राशि, छत कैंचियों के दूरी के सीधे अनुपाती होती हैं। अतः

$$\gamma = (c_3, s) \tag{iii}$$

जहाँ पर c_1, c_2 और c_3 गुणांक हैं।

छत संरचना की कुल राशि

$$X = (t + p + r) \tag{iv}$$

अतः $$X = (c_1/s + c_2 s_2 - c_3 . s) \tag{v}$$

किफायती छत कैंचियों की किफायती दूरी इस प्रकार हो कि उपरोक्त कुल राशि न्यूनतम हो। अतः (ds/dx)

$$\left(\frac{ds}{dx}\right) = \left(-\frac{c_1}{s_2} + 2c_2\, s + c_3\right)$$

$$\left(-\frac{c_1}{s} + 2\,c_2 \,.\, s + c_3\right) = 0\,, \quad (-\,t + 2p + r) = 0$$

इस प्रकार $$t = (2p + r) \tag{9.1}$$

अतः किफायती छत कैंचियों की दूरी के लिए, छत कैंचियों की राशि पर्लिन की राशि की दुगनी जोड़ छत आवरण की राशि के बराबर हो। अतः एक सीधा सरल सूत्र अथवा व्यञ्जक (अभिव्यक्ति) ज्ञात करना तो संभव नहीं है। अभिव्यक्ति समीकरण 9.1 के अनुसार इस तथ्य की जाँच हो जाती है कि छत कैंचियों की दूरी किफायती है अथवा नहीं।

9.5 छत आवरण (Roof Covering)

निम्न प्रकार के छत आवरण उपयोग में लाये जाते हैं।

1. **स्लेट** (Slates)- जब स्लेट का छत आवरण के लिए उपयोग करते हैं, तब छत कैंची का पिच (1/4) रखते हैं। 500mm x 250 mm और 400mm x 200 mm स्लेट के लिए क्रमशः 27° और 33° का ढाल रखा जाता है।
2. **टाईल** (Tiles) - टाईल का उपयोग स्लेट की जगह किया जाता है। टाईल के उपयोग के लिए छत कैंची का पिच कम से कम (1/4) आवश्यक है।
3. **सीसा की चद्दर** (Lead sheets) - सीसे की चद्दरों का उपयोग भूतकाल में किया जाता था।
4. **जस्ते की चद्दर** (Zinc sheets) - जस्ते की चद्दरों का उपयोग भी पहले किया जाता था।
5. **लहरिया जस्ती लोहे की चद्दर** (Corrugated galvanised iron sheets) - लहरिया जस्ती लोहे की चद्दरों का उपयोग छत आवरण में बहुत किया जाता है। यह चद्दरें 1.8 m, 2.2 m, 2.5 m, 2.8 m और 3.2 m लम्बाई में उपलब्ध रहती है। इन चद्दरों का विभिन्न परिमाप भारतीय मानक IS : 277-1962 में दिया हुआ है।
6. **एस्बेसटोस सीमेन्ट की चद्दर** (Asbestos cement sheets) - एस्बेसटोस सीमेंट की चद्दरें दो प्रकार की होती हैं।

(i) एस्बेसटोस सीमेंट की लहरियादार चद्दर और (ii) एस्बेसटोस सीमेंट की ट्रेफर्ड चद्दर

ये सीमेंट की चद्दरें चित्र 9.3 में दिखायी गयी हैं।

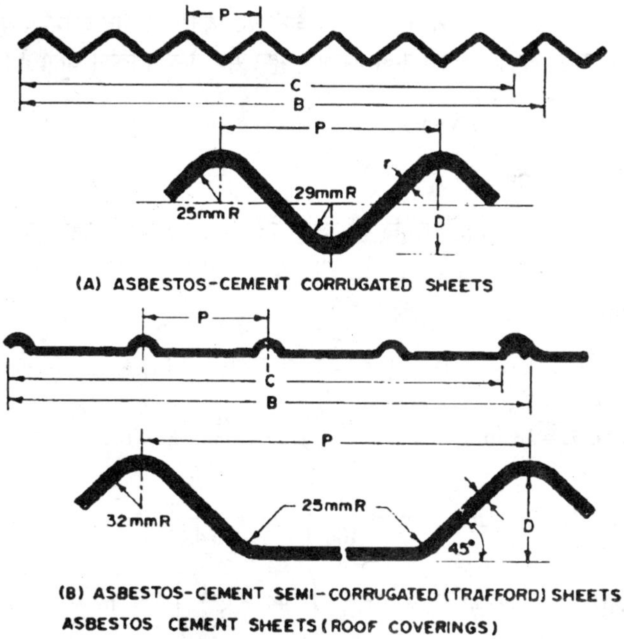

चित्र 9.3

ये सीमेंट की चद्दरें 1.50 m, 1.75 m, 2 m, 2.25m, 2.50 m, 2.75 m और 3 m की लम्बाई में उपलब्ध रहती हैं। इन चद्दरों के परिमाप भारतीय मानक IS : 459-1962 में दिये हुए हैं।

ये सीमेंट की चद्दरें तब उपयोग में लेते हैं, जब छत कैंची के लिए ढाल 30° का रखते हैं।

7. **अल्यूमिनियम की लहरियादार चद्दर** (Corrugated aluminium sheets) - इन चद्दरों की मोटाई 0.45 mm होती है। ये चद्दरें 650 mm और 800 mm की चौड़ाई में और 1800 mm 2400 mm और 3600 mm लम्बाई में उपलब्ध रहती हैं। इन चद्दरों के परिमाप भारतीय मानक IS : 1254-1965 में दिये हुए हैं।

9.6 **छत कैंचियों पर भार** (Loads on Roof Trusses)

छत कैंचियों पर निम्नलिखित भार प्रयुक्त हो सकते हैं।

1. अचल भार (Dead load) - अध्याय 2 में अचल भार साधारण रूप में दिया गया है। छत कैंची पर अचल भार में निम्न भार सम्मिलित होते हैं।

(i) **छत आवरण का भार** (Weight of roof covering) - छत आवरण में स्लेट, टाईल, लहरियादार जस्ती लोहे की चद्दरें, एस्बेस्टोस की चद्दरें और अल्मुनियम की चद्दरों का उपयोग किया जाता है। इनका भार भारतीय मानक IS : 1911-1961 में दिये हुए होते हैं। इनका भार प्लान क्षेत्रफल में (kg प्रति वर्ग मीटर प्लान क्षेत्रफल) लिया जाता है।

(ii) **पर्लिन का भार** (Weight of purlins) - पर्लिन का भार छत कैंची के प्रति वर्ग मीटर प्लान क्षेत्रफल पर 0.070 kN से 0.150 kN तक लिया जाता है।

(iii) **बन्धन का भार** (Weight of bracing) - बन्धन का भार छत कैंची के प्रति वर्गमीटर प्लान क्षेत्रफल पर 0.015 kN लिया जाता है।

(iv) **छत कैंची का भार** (Weight of roof trusses) - छत कैंची का स्वतः भार प्रति वर्गमीटर प्लान क्षेत्रफल के लिए 0.090 kN से 0.150 kN तक माना जाता है। छत कैंची का भार निम्न सूत्र से ज्ञात किया जाता है।

$$w = \frac{1}{100}\left(\frac{l}{3} + 5\right) \text{ kN/m}^2$$

जहाँ पर, l = छत कैंची की विस्तृति मीटर में

यह सूत्र 1 : 4 पिच और छत कैंची की 4 m विस्तृति और लहरियादार जस्ती लोहे की चद्दरों (छत आवरण) के लिए ही उपयुक्त है।

निम्न सूत्रों से छत कैंचियों का भार ज्ञात कर सकते हैं।

w N/m^2 जितना क्षेत्रफल ढका (Covered) जाता है। जो कि डीजाइन भार q N/m^2 पर भी निर्भर करता है।

विस्तृति (span), L = 18 m, $$w = \frac{1}{100}\left(2.2 + \frac{q}{12.5}\right) \text{ kN/m}^2$$

विस्तृति (span), L = 24 m, $$w = \frac{1}{100}\left(2.78 + \frac{q}{5.42}\right) \text{ kN/m}^2$$

विस्तृति (Span), L = 30 m, $$w = \frac{1}{100}\left(4.44 + \frac{q}{3.47}\right) \text{ kN/m}^2$$

विस्तृति (Span), L = 36 m, $$w = \frac{1}{100}\left(5.27 + \frac{q}{2.1}\right) \text{ kN/m}^2$$

स्पातीय छत कैंचियों का भार निम्न सूत्रों से भी अनुमानित कर सकते हैं।

चद्दरदार इस्पातीय छत कैंचिया, $w = \frac{1}{100}\left(4.88 + 0.075 \times A\right)\ kN/m^2$

आंशिक (Partly) Glazed छत कैंचिया, $w = \frac{1}{100}\left(4.88 + 0.088 \times A\right)\ kN/m^2$

जहाँ पर, A = समतल क्षेत्रफल m^2

वेल्डेड छत कैंचियों का भार का अनुमान निम्न सूत्रों से लगा सकते हैं।

$$w = \frac{1}{100}\left(5.37 + 0.053 \times A\right)\ kN/m^2$$

आंशिक (partly) Glazed छत कैंचियों, $w = \frac{1}{100}\left(5.37 + 0.064 \times A\right)\ kN/m^2$

2. चल भार (Live load) - चल भार भारतीय मानक IS : 875-1964 में दिये हुए हैं। निम्न भार चल भार में सम्मिलित होते हैं।

(i) व्यक्तियों का भार (Weight of persons) - यह भार छत कैंची 10° ढाल तक प्रति वर्गमीटर प्लान क्षेत्रफल के लिए 150 kg लिया जाता है। यदि छत कैंची पर उसकी मरम्मत के सिवाय कोई भी व्यक्ति नहीं जा सकता हो तो यह भार केवल 0.750 kN प्रति वर्गमीटर प्लान क्षेत्रफल के लिए लिया जाता है। जब छत कैंची का ढाल 10° से अधिक और 20° तक होता है, तब यह भार [0.750 – 1 x (θ –10°)] kN प्रति वर्गमीटर प्लान क्षेत्रफल के लिये लिया जाता है। जब छत कैंची का ढाल 20 से अधिक होता है, तब यह भार = 0.750 kN/m^2 – 10 – 2 x (θ – 20)]. kg प्रति वर्गमीटर प्लान क्षेत्रफल के लिये लिया जाता है। जहाँ पर, θ छत कैंची का ढाल है। परन्तु यह भार 0.400 kN/m^2 प्लान क्षेत्रफल से कम नहीं होना चाहिए।

इनके अतिरिक्त वायु भार कई घटक पर निर्भर करता है। ऐसे घटक का विवरण अध्याय 2 में दिये गये हैं। इन घटक के अतिरिक्त निम्न घटक भी वायु भार को प्रभावित करते हैं।

डीजाइन वायु गति निम्न घटक पर निर्भर करती है।

(i) जोखिम गुणांक (Risk Coefficient) (संभावन गुणांक (Probability factor)

(ii) भू प्रदेश ऊँचाई (Height of terrain) और संरचना के आकार (माप Size) गुणांक और

(iii) **स्थलाकृति गुणांक** (Topography factor)

उपरोक्त घटक के विस्तृत विवरण लेखक के अंग्रेजी संस्करण में IS : 875 (Part 3) 1987 के अनुसार दिये गये हैं। इन सभी घटक पर विचार करते हुए वायु भार निर्धारित किया जाता है।

(ii) हिम भार (Snow load) - यदि कोई आंकड़े उपलब्ध नहीं होते हैं, तब हिम भार 2.5 kg/m^2 प्रति 1 cm की हिम की पर्त की मोटाई के लिये लिया जाता है।

(iii) पवन (वायु) भार (Wind load) - पवन भार छत कैंची के लिये सबसे ज्यादा महत्त्वपूर्ण भार होता है। इस भार की संगणना उचित तरह से करनी चाहिए। पवन भार का प्रमाण (Magnitude), पवन के वेग (Wind velocity) और संरचना की आकृति (shape of structure) पर निर्भर करता है।

चित्र 9.4 में भारत का नक्शा दिया गया है। इस चित्र में अधिकतम मूल पवन भार (Maximum basic wind pressure) दिया गया है। इसमें पवन का वेग कम समय तक हो तो वह प्रभाव सम्मिलित हैं। यह चित्र भारतीय मानक IS : 875-1987 के अनुसार है।

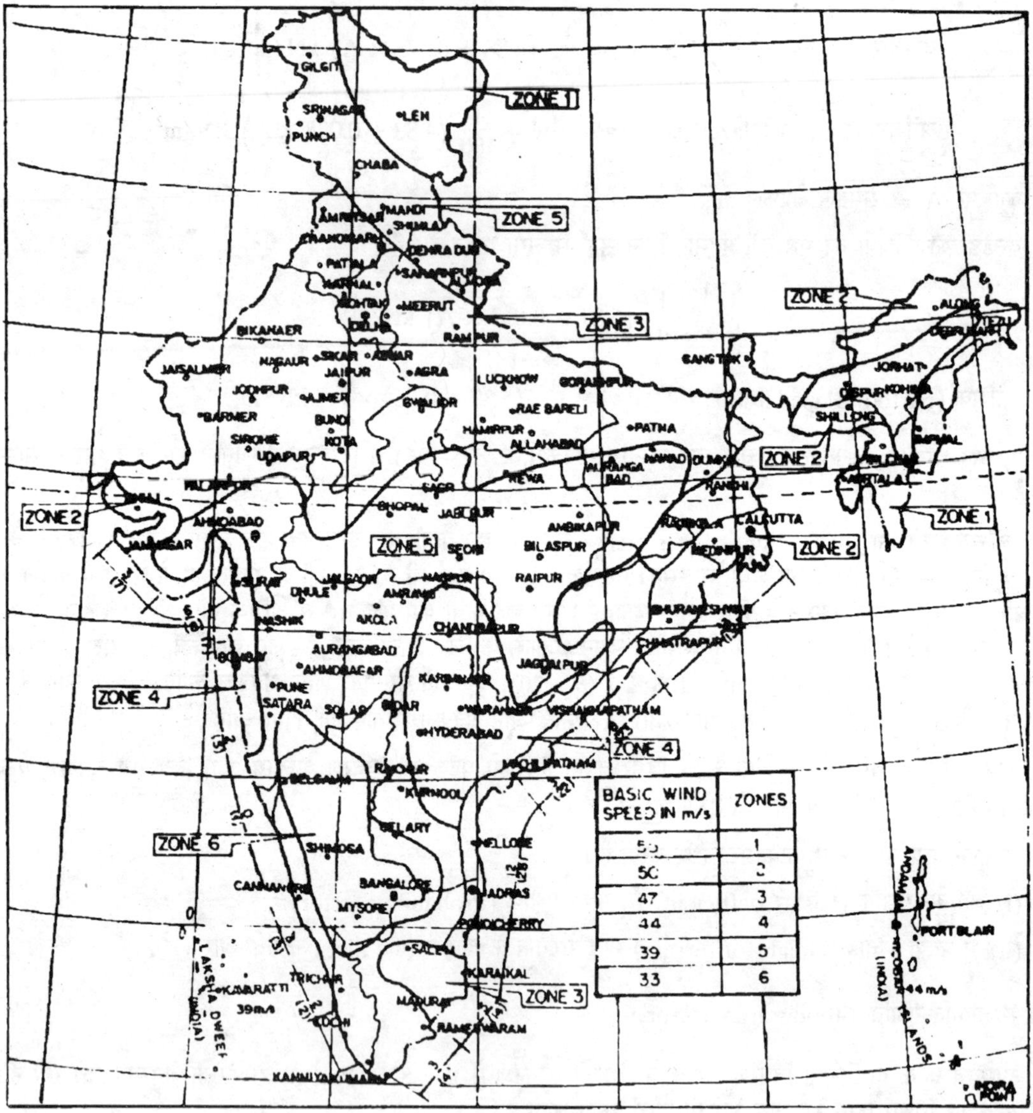

चित्र 9.4

इसी प्रकार चित्र 9.5 में भारत का नक्शा दिया गया है। इस चित्र में अधिकतम मूल पवन भार दिया गया है। इसमें पवन का कम समय तक वेग हो तो, वह प्रभाव सम्मिलित नहीं है। यह चित्र भारतीय मानक IS : 875-1964 के अनुसार है।

जब छत कैंची खुले वातावरण में होती है, तब छत कैंची की सतह के लम्ब दिशा में पवन भार 150 kg प्रति वर्ग मीटर पर्याप्त रहता है। यदि छत कैंची किसी सुरक्षित स्थिति में होती है, तो यह भार 100 से 125 kg/m^2 तक पर्याप्त होता है।

छत कैंची की डीजाइन के लिए पवन भार आन्तरिक पवन भार (Internal air pressure) और बाह्य पवन भार (External air pressure) के परिणामी प्रभाव से ज्ञात करते हैं।

City/Town	Speed (m/sec)	City/Town	Speed (m/sec)	City/Town	Speed (m/sec)
Agra	47	Dehradun	47	Mysore	33
Ahmadabad	39	Delhi	47	Nagpur	44
Ajmer	47	Durgapur	47	Nainital	47
Almora	47	Gangtok	47	Nasik	39
Amritsar	47	Gauhati	50	Nellore	50
Asansol	47	Gaya	39	Panjim	39
Aurangabad	39	Gorakhpur	47	Patiala	47
Bahraich	47	Hyderabad	44	Patna	47
Bangalore	33	Imphal	47	Pondicherry	50
Barauni	47	Jabalpur	47	Portblair	44
Bareilly	47	Jaipur	47	Pune	39
Bhatinda	47	Jamshedpur	47	Raipur	39
Bhilai	39	Jhansi	47	Rajkot	39
Bhopal	39	Jodhpur	47	Ranchi	39
Bhubaneshwar	50	Kanpur	47	Roorkee	39
Bhuj	50	Kohima	44	Rourkela	39
Bikaner	47	Kurnool	39	Simla	39
Bokarao	47	Lakshadweep	39	Surat	44
Bombay	44	Lucknow	47	Tiruchirrapalli	47
Calcutta	50	Ludhiana	47	Trivendrum	39
Calicut	39	Madras	50	Udaipur	47
Chandigarh	47	Madurai	39	Vadodara	44
Combatore	39	Mandi	39	Varanasi	47
Cuttak	50	Mangalore	39	Vijaywada	50
Darbhanga	55	Moradabad	47	Visakapatnam	50
Darjeeling	47				

चित्र 9.5

आन्तरिक पवन भार (Internal air pressure) - आन्तरिक पवन भार संरचनाओं के हवा के प्रवेश की शीलता पर निर्भर करता है। इसके लिए संरचनाओं को तीन श्रेणी में रखते हैं।

(i) वह संरचना जिसमें हवा के प्रवेस के लिए शीलता कम होती है।

(ii) वह संरचना जिसमें हवा के प्रवेश के लिए शीलता साधारण होती है।

(iii) वह संरचना जिसमें खुला भाग ज्यादा होता है।

बाह्य पवन भार (External air pressure) - भारतीय मानक IS : 875-1964 के अनुसार यह पवन भार तीन श्रेणी की संरचनाओं के लिए दिया गया है।

(i) ढांचेदार संरचना, (ii) दीवार और (iii) छत कैंची पर

छत कैंची पर पवन भार कैंची के ढाल पर निर्भर करता है। छत कैंची पर पवन भार सारणी 9.3A में दिया गये हैं।

सारणी 9.3A. छत कैंची पर पवन (वायु) भार
(यह पवन (वायु) भार छत कैंची की शिखर रेखा के अभिलम्ब दिशा में)

छत कैंची का हवा की दिशा की ओर ढाल	बाह्य हवा की दिशा में दबाव (External windward pressure)	
	हवा की दिशा में ढाल (Windward)	हवा की ओट में ढाल (Leeward)
0°	– 1.00 p	– 0.5 p
10°	– 0.70 p	– 0.5 p
20°	– 0.40 p	– 0.5 p
30°	– 0.10 p	– 0.5 p
40°	+ 0.10 p	– 0.5 p
50°	+ 0.30 p	– 0.5 p
60°	+ 0.40 p	– 0.5 p
70°	+ 0.50 p	– 0.5 p
80°	+ 0.50 p	– 0.5 p
90°	+ 0.50 p	– 0.5 p

जहाँ पर, p मूल पवन भार (Basic wind pressure) है जो कि क्षैतिज दिशा में होता है। सारणी में + चिन्ह बाह्य घनात्मक दबाव बताता है और - चिन्ह बाह्य शोषण दबाव (Suction pressure) बताता है। छत कैंची के डीजाइन के लिए हवा का दबाव सारणी 9.3(B) में दिया गया है।

सारणी 9.3(B). क्षैतिज्य और ढालू छत के लिए हवा का दबाव
(Design wind pressure on flat and pitched roofs)
(हवा की दिशा शिखर रेखा के अभिलम्ब है)

छत का हवा की दिशा की ओर ढाल	कम शीलता		साधारण शीलता				ज्यादा खुला भाग			
	(a + 0)		(a + b)		(a + c)		(a + b)		(a + c)	
	हवा दिशा ढाल	हवा ओट ढाल	हवा दिशा ढाल	हवा ओट ढाल	हवा दिशा ढाल	हवा ओट ढाल	हवा दिशा ढाल	हवा ओट ढाल	हवा दिशा ढाल	हवा ओट ढाल
0°	– 1.00 p	– 0.50 p	– 1.20 p	– 0.70 p	– 0.80 p	– 0.30 p	– 1.50 p	– 1.00 p	– 0.50 p	0
10°	– 0.70 p	– 0.50 p	– 0.90 p	– 0.70 p	– 0.50 p	– 0.30 p	– 1.20 p	– 1.00 p	– 0.20 p	0
20°	– 0.40 p	– 0.50 p	– 0.60 p	– 0.70 p	– 0.20 p	– 0.30 p	– 0.90 p	– 1.00 p	+ 0.10 p	0
30°	– 0.10 p	– 0.50 p	– 0.30 p	– 0.70 p	+ 0.10 p	– 0.30 p	– 0.60 p	– 1.00 p	+ 0.40 p	0
40°	+0.10 p	– 0.50 p	– 0.10 p	– 0.70 p	+ 0.30 p	– 0.30 p	– 0.40 p	– 1.00 p	+ 0.60 p	0
50°	+ 0.30 p	– 0.50 p	+ 0.10 p	– 0.70 p	+ 0.50 p	– 0.30 p	– 0.20 p	– 1.00 p	+ 0.80 p	0

60°	+ 0.50 p	– 0.50 p	+ 0.20 p	– 0.70 p	+ 0.60 p	– 0.30 p	– 0.10 p	– 1.00 p	+ 0.90 p	0
70°	+ 0.50 p	– 0.50 p	+ 0.30 p	– 0.70 p	+ 0.70 p	– 0.30 p	0	– 1.00 p	+ 1.00 p	0
80°	+ 0.50 p	– 0.50 p	+ 0.30 p	– 0.70 p	+ 0.70 p	– 0.30 p	0	– 1.00 p	+ 1.00 p	0
90°	+ 0.50 p	– 0.50 p	+ 0.30 p	– 0.70 p	+ 0.70 p	– 0.30 p	0	– 1.00 p	+ 1.00 p	0

जहाँ पर, (a) बाह्य पवन दबाव (External wind pressure), (b) आन्तरिक पवन दबाव (Internal air pressure) (c) आन्तरिक शोषण दबाव (Internal suction)

9.7 **छत कैंची पर भार के संयोजन** (Combinations of Loads on Roof Trusses)

छत कैंची के अवयवों में अधिकतम बल ज्ञात करने के लिए विभिन्न भार के निम्न संयोजनों को लेते हैं

(i) अचल भार + हिम भार (यदि हो) (Dead load + snow load if any)

(ii) अचल भार + अभिभोक्ताओं का भार (Dead load + Partial or full live load, whichever causes the maximum stress in the members)

(iii) अचल भार + पवन भार + आन्तरिक हवा का दबाव (Dead load + Wind load + internal pressure)

(iv) अचल भार + पवन भार + आन्तरिक शोषण दबाव (Dead load + Wind load + internal suction)

9.8 **छत कैंची के विश्लेषण के लिए कल्पनाएँ** (Assumptions for Analysis of Roof Trusses)

छत कैंची के विश्लेषण के दो भाग होते हैं। एक भाग में छत कैंची पर भार और प्रतिक्रिया बल ज्ञात करते हैं। दूसरे भाग में अवयवों में बल ज्ञात करते हैं। दूसरे भाग के लिए निम्न कल्पनाएँ (Assumptions) किये जाते हैं -

1. छत कैंची प्रतिक्रिया बल द्वारा आबद्ध नहीं होती।
2. एक जोड़ पर मिलने वाले सभी अवयवों की अक्ष एक बिन्दु पर मिलती है।
3. छत कैंची में रिवेटित जोड़ को घर्षण रहित हिन्ज माना जाता है।

9.9 **पर्लिनस** (Purlins)

पर्लिन एक विशिष्ट तरह की क्षैतिज धरन होती है जो दो या दो से ज्यादा छत कैंचियों के भागक बिन्दुओं पर रखी जाती है। इस तरह पर्लिन छत कैंचियों को जोड़ती है। इसकी विस्तृति दो संलग्न छत कैंचियों के बीच की दूरी के बराबर होती है।

बेल्लित इस्पातीय खण्ड और आयताकार लकड़ी की धरन का छत कैंचियों में पर्लिन की तरह उपयोग होता है। पर्लिन की वेब या हिस्सा ऊपरी कोर्ड (मुख्य रैफ्टर) के अभिलम्ब दिशा में रखी जाती है, जैसाकि चित्र 9.6 में दिखाया गया है।

चित्र 9.6 (A), (B) और (C) में I-खण्ड नाली खण्ड और आयताकार खण्ड क्रमशः दिखाये गये हैं। इन खण्ड में खण्ड की मुख्य अक्ष (Principal axes) खण्ड के भागों में समान्तर होती हैं। परन्तु चित्र 9.6 (D) में कोणी खण्ड दिखाया गया है। कोणी खण्ड की एक टाँग ऊपरी कोर्ड के अभिलम्ब रखी जाती है। कोणी खण्ड के मुख्य अक्ष खण्ड के भागों के समान्तर नहीं होते हैं। साधारणतया जब संरचनात्मक अवयव अनुप्रस्थ भार (Transverse loading) वहन करते हैं, तब बंकन का तल (या भार का तल) किसी एक मुख्य अक्ष से संपात (Coincide) करता है और खण्ड की उदासीन अक्ष दूसरी मुख्य अक्ष के साथ संपात करती है।

पर्लिन पर पवन भार रैफ्टर की अभिलम्ब दिशा में और अचल भार ऊर्ध्वाधर दिशा में प्रयुक्त होते हैं। ये दोनों भार एक समान वितरित (समवितरित) होते हैं। इन दोनों के परिणामी भार की क्रिया रेखा खण्ड के किसी भी मुख्य अक्ष के साथ संपात नहीं करती

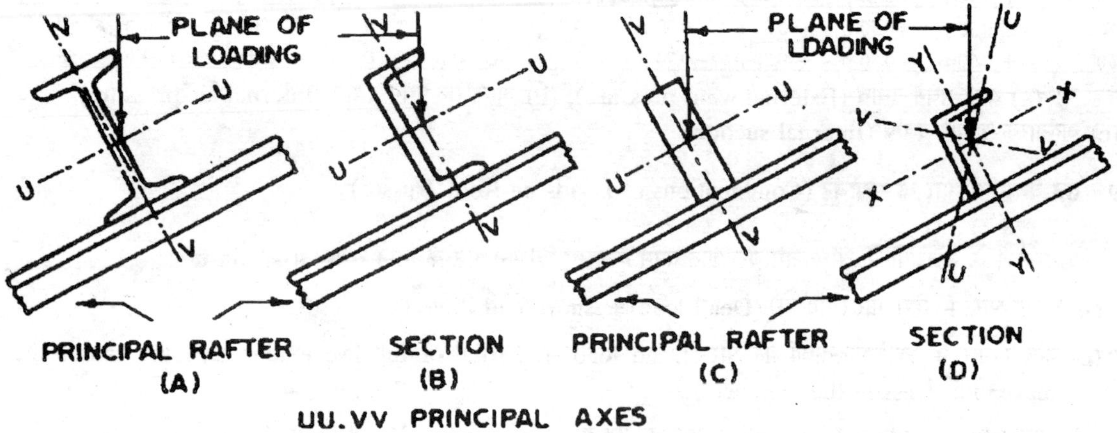

चित्र 9.6

है। अतः पर्लिन का बंकन खण्ड के मुख्य तल की बजाय अन्य तल में होती है। इस प्रकार के बंकन को असममित बंकन कहते हैं। पर्लिन में भी अममित बंकन होता है। ऐसा भी कह सकते हैं कि पर्लिन का बंकन दो अक्षों पर होता है।

9.10 **पर्लिनस की डीजाइन** (Design of Purlins)

आयताकार-खण्ड, I-खण्ड, नाली खण्ड और कोणी-खण्ड का छत कैंची में पर्लिन की तरह उपयोग होता है। आयताकार खण्ड और I-खण्ड में दोनों अक्ष सममित होते हैं। नाली खण्ड में कम से कम एक अक्ष सममित होती हैं। परन्तु कोणी खण्ड में कोई भी अक्ष सममित नहीं होती है।

I-खण्ड, नाली खण्ड और आयताकार खण्ड में सममित अक्षों से खण्ड के मुख्य अक्ष ज्ञात हो जाते हैं। जिस पर्लिन खण्ड में मुख्य अक्ष सीधी सममित अक्षों से ज्ञात हो जाते हैं, उनकी डीजाइन की क्रिया विधि निम्न प्रकार से होती है।

1. चित्र 9.7 में पर्लिन पर पवन भार और ऊर्ध्वाधर भार दिखाये गये हैं। पर्लिन में असममित बंकन होता है। इन दोनों भारों को मुख्य रैफ्टर (Principal rafter) के समान्तर और अभिलम्ब दिशाओं में वियोजित (Resolve) कर लिया जाता है। इस प्रकार दो संघटक भार ज्ञात हो जाते हैं।

2. नाली खण्ड में मुख्य अक्ष UU और VV खण्ड के XX और YY अक्षों के साथ संपात करते हैं। अधिकतम आघूर्ण Muu और Mvv ज्ञात कर लिये जाते हैं।

3. अधिकतम बंकन प्रतिबल की संगणना निम्न समीकरण से की जाती है।

$$\sigma_b = \left(\frac{M_{UU}}{I_{UU}} \times v + \frac{M_{VV}}{I_{VV}} \times u \right) \qquad \text{(i)}$$

यदि परिणामी भार के कारण अधिकतम बंकन आघूर्ण, M है और बंकन के तल का झुकाव θ है, तो

$$M_{UU} = M \times \cos\theta, \quad M_{VV} = M \times \sin\theta \tag{ii}$$

$$I_{UU} = I_{xx}, \quad I_{VV} = I_{yy} \tag{iii}$$

Iuu = मुख्य अक्ष UU का जड़ता-घूर्ण और Iyy = मुख्य अक्ष VV का जड़ता-घूर्ण

Iuv = अक्ष UU और VV का गुणनफल जड़ता-घूर्ण

समीकरण (i) को निम्न प्रकार से भी लिख सकते हैं।

$$\sigma_b = \left[\frac{M_{UU}}{\left(\frac{I_{UU}}{v}\right)} + \frac{M_{VV}}{\left(\frac{I_{VV}}{u}\right)}\right] = \left[\frac{M_{UU}}{Z_{UU}} + \frac{M_{VV}}{Z_{VV}}\right]$$

या, $$\sigma_b = \frac{M_{UU}}{Z_{UU}}\left(1 + \frac{M_{VV}}{M_{UU}} \times \frac{Z_{UU}}{Z_{VV}}\right) \tag{9.2}$$

या, $$Z_{UU} = \frac{M_{UU}}{\sigma_b}\left(1 + \frac{M_{VV}}{M_{UU}} \times \frac{Z_{UU}}{Z_{VV}}\right) \tag{9.3}$$

समीकरण 9.3 में, $Z_{UU} = Z_{xx}$, $Z_{VV} = Z_{yy}$

अतः समीकरण 9.3 में (Z_{uu}/Z_{VV}) का अनुपात का एक उपयुक्त मान माना जाता है, ताकि परिच्छेद मापांक $Z_{uu} = Z_{xx}$ ज्ञात कर सकें। आयताकार खण्ड के लिए यह अनुपात 5 माना जाता है। I-खण्ड के लिए इन अनुपात को 5 से 7 तक माना जाता है और यदि ज्यादा भार होता है, तब 7 से 10 तक माना जाता है। नाली खण्ड के लिए यह अनुपात 8 माना जाता है। बंकन प्रतिबल fb का मान अनुज्ञेय बंकन प्रतिबल के बराबर मान लिया जाता है। फिर परिच्छेद मापांक Z_{uu} की संगणना की जाती है।

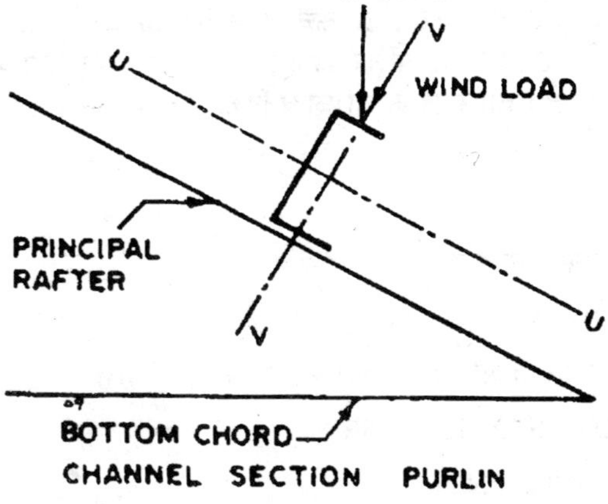

चित्र 9.7

ISI हेन्डबुक नं. 1 से एक खण्ड का चयन (Selection) कर लिया जाता है।

4. चयन किये गये खण्ड की जाँच की जाती है। समीकरण 9.2 से अधिकतम बंकन प्रतिबल की संगणना की जाती है। अधिकतम बंकन (संपीडन या तनन) प्रतिबल, अनुज्ञेय बंकन (संपीडन या तनन) प्रतिबल से अधिक नहीं होने चाहिए।

9.11 **कोणी खण्ड पर्लिन की डीजाइन** (Design of Angle Iron Purlins)

साधारणतया छत कैंची के पर्लिन के लिये कोणी खण्ड का उपयोग बहुत होता है। कोणी खण्ड में एक भी अक्ष सममित नहीं होती। इस कारण कोणी-खण्ड के लिए मुख्य अक्ष (Principal axes) को ज्ञात करना आवश्यक हो जाता है। कोणी-खण्ड की ज्यामितीय परिमापों (Geometrical dimensions) और गुणों से मुख्य अक्षों की स्थिति ज्ञात कर सकते हैं। परिणामी भार को देखते हुए, ISI हेन्डबुक नं. 1 से एक कोणी खण्ड की जाँच के लिए चयन कर लेते हैं। परिच्छेद 9.9 में दी गई डीजाइन की क्रिया विधि से, कोणी खण्ड का भी डीजाइन कर लिया जाता है।

यदि छत कैंची का ढाल 30 तक होता है, तब भारतीय मानक IS : 800-1984 के अनुसार कोणी-खण्ड पर्लिन का डीजाइन निम्न क्रिया विधि से किया जाता है।

1. कोणी खण्ड की गहराई पर्लिन की लम्बाई (विस्तृति) के (1/45) गुणा मान ली जाती है।

2. कोणी खण्ड की चौड़ाई पर्लिन की लम्बाई के (1/60) गुणा मान ली जाती है।

इस प्रकार ISI हेन्ड बुक नं. 1 से कोण खण्ड का चयन कर लिया जाता है।

3. पर्लिन में अधिकतम बंकन आघूर्ण $M_{max} = \left(WL/10\right)$ लिया जाता है।

जहाँ पर, W = पर्लिन पर कुल समवितरित भार

L = दो संलग्न छत कैंचियों के केन्द्र से केन्द्र तक दूरी

दोनों भारों को छत सतह के अभिलम्ब दिशा में मान लिया जाता है। पर्लिन का छोटी अक्ष पर बंकन छोड़ दिया जाता है। अधिकतम बंकन आघूर्ण ज्ञात करने में पर्लिन सतत होने का लाभ उठाया जाता है।

4. अधिकतम बंकन प्रतिबल जो कि M_{max} से संगणित किया जाता है, इसका मान अनुज्ञेय बंकन प्रतिबल से ज्यादा नहीं होना चाहिए। पर्लिन पवन भार भी वहन करती है। इस कारण अनुज्ञेय बंकन प्रतिबल का मान 1.33 गुणा (साधारण मान) लिया जाता है।

उदाहरण 9.1 एक I-खण्ड पर्लिन की डीजाइन करो। छत कैंची में लहरियादार जस्ती लोहे की चादरों का उपयोग किया गया है, उनका भार 0.1331 kN/m^2 होता है। छत कैंची पर पर्लिन की दूरी 1.25 m है। छत कैंची की दूरी केन्द्र से केन्द्र तक 5m है। छत सतह का झुकाव क्षैतिज के साथ 30 है। छत सतह के अभिलम्ब दिशा में पवन भार 1.20 kN/m^2 है।

डीजाइन -

Step 1- प्रतिमीटर प्रलिन की लम्बाई पर अचल भार

लहरियादार जस्ती लोहे की चदरों का भार = (0.1331 x 1.25 x 1) = 0.1664 kN/m

लोवर लेप + फिक्सचरस का अतिरिक्त भार = (0.053 x 1.25 x 1) = 0.0663 kN/m

पर्लिन का स्वतः भार (माना गया) = 0.120 kN/m और

कुल अचल भार = 0.3527 = 0.360 kN/m

अचल भार ऊर्ध्वाधर दिशा में प्रयुक्त होता है।

छत सतह के अभिलम्ब दिशा में अचल भार का वियोजित भाग

$$= 0.360 \times \cos 30° = 360 \times \frac{\sqrt{3}}{2} = 0.312 \text{ kN/m}$$

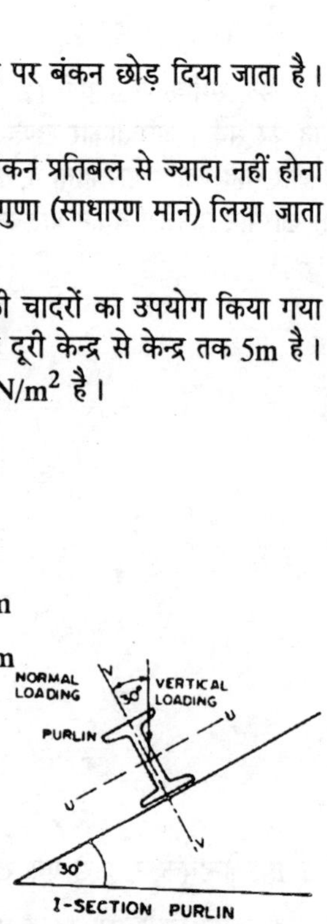

चित्र 9.8

छत सतह के समान्तर दिशा में अचल भार का वियोजित भाग

$$= 360 \text{ x } \sin 30° \quad = \quad 0.360 \times \frac{1}{2} = 0.180 \text{ kN/m}$$

Step 2 - छत सतह के अभिलम्ब दिशा में पवन (वायु) भार = (1.20 x 1.25 x 1) = 1.50 kN/m

Step 3 - छत सतह के अभिलम्ब दिशा में कुल भार = (1.50 – 0.132) = 1.812 kN/m

छत सतह के समान्तर पर्लिन पर भार = 0.180 kN/m

Step 4 - अधिकतम बंकन आघूर्ण

$$M_{uu} = \left(\frac{WL}{10}\right) = \left(\frac{(1.812 \times 5) \times 5}{10}\right) = 4.5 \text{ kN}-\text{m}$$

$$M_{w} = \frac{(180 \times 5) \times 5}{10} = 0.45 \text{ kN}-\text{m}$$

Step 5 - आवश्यक परिच्छेद मापांक समीकरण 9.3 से $\left[\sigma_b = (0.66 \times 250) = 165 \text{ N/mm}^2\right]$

$$Z_{uu} = \frac{M_{uu}}{f_b}\left(1 + \frac{M_w}{M_{uu}} \times \frac{Z_{uu}}{Z_w}\right) \text{ यहाँ पर } \left(\frac{Z_{uu}}{Z_w}\right) = 7 \text{ (I – खण्ड के लिए मान सकते हैं)}$$

$$Z_{uu} = \left(\frac{4.5 \times 10^6}{165}\right)\left(1 + \frac{0.45}{4.50} \times 7\right) = 46.364 \times 10^3 \text{ mm}^3$$

अतः ISI हेंडबुक नं. 1 से ISLB 125, @ 0.119 I-खण्ड का चयन किया जाता है।

$$Z_w = Z_{xx} = 65.1 \times 10^3 \text{ mm}^3 \text{ और } Z_w = Z_w = 11.6 \times 10^3 \text{ mm}^3$$

$$\left(\frac{Z_{uu}}{Z_w}\right) = \left(\frac{65.1}{11.6}\right) = 5.61$$

Step 6 - बंकन प्रतिबल समीकरण 9.2 से, जाँच $\sigma_b = \frac{M_{uu}}{Z_{uu}}\left(1 + \frac{M_w}{M_{uu}} \times \frac{Z_{uu}}{Z_w}\right)$

$$\sigma_b = \left(\frac{4.5 \times 10^6}{165}\right)\left(1 + \frac{0.4500}{4.500} \times 5.61\right) = 42.573 \text{ N/mm}^2 < 1.33 \text{ x } 165 \text{ N/mm}^2$$

अतः पर्लिन की डीजाइन ठीक है। ISLB 125, @ 0.119 kN/m लगाई जाती है।

उदाहरण 9.2 एक कोणी खण्ड पर्लिन की छत कैंची के लिए डीजाइन करो।

छत कैंची की विस्तृति = 12 m, छत कैंची की दूरी = 5m

पर्लिन की छत सतह पर दूरी = 1.2 m, छत का ढाल = 1 ऊर्ध्वाधर 2 क्षैतिज

छत सतह के अभिलम्ब दिशा में पवन (वायु) भार = 1.04 kN/m^2

छत आवरण से ऊर्ध्वाधर भार = 0.200 kN/m^2

डीजाइन -

Step 1 - छत कैंची का ढाल, $\tan\theta = 1/2$, $\theta = 26° 34' < 30°$

अतः कोणी खण्ड पर्लिन की डीजाइन IS : 800-1984 के अनुसार की जाती है।

Step 2 - पर्लिन के प्रति मीटर लम्बाई पर ऊर्ध्वाधर भार = (0.200 x 1.2 x 1) = 0.240 kN/m

पर्लिन का स्वतः भार (माना गया) = 0.120 kN/m

कुल ऊर्ध्वाधर भार = 0.380 kN/m

छत सतह के अभिलम्ब दिशा में पवन (वायु) भार = (1.04 x 1.2 x 1) = 1.248 kN/m

Step 4 - कुल भार को छत सतह के अभिलम्ब दिशा में प्रयुक्त मानते हैं।

अतः पर्लिन पर छत सतह के अभिलम्ब दिशा में कुल भार, (1.248 + 0.360) = 1.608 kN/m

Step 5 - अधिकतम बंकन आघूर्ण

$$M = \left(\frac{WL}{10}\right) = \frac{(1.608 \times 5) \times 5000}{10} = 4.02\,kN - m$$

$$\sigma_b = (0.66 \times 250) = 165\,N/mm^2$$

Step 6 - आवश्यक परिच्छेद मापांक, $Z = \left(\frac{4.02 \times 10^6}{1.33 \times 165}\right) = 18.318 \times 10^3\,mm^3$

Step 7 - पर्लिन का माप पर्लिन के लिए कोणी खण्ड की गहराई $= \left(\frac{L}{45} = \frac{5000}{45}\right) = 111.11\,mm$

कोणी खण्ड की चौड़ाई $= \left(\frac{L}{60} = \frac{5000}{60}\right) = 8333\,mm$

ISI हेन्ड बुक नं. 1 से ISA 125 mm x 75 mm x 8 mm का चयन किया जाता है। (ISA 125 75@ 0.131 kN/m)

परिच्छेद मापांक Z = 23.4 x 103 mm^3 अतः ठीक है।

छत कैंची के पर्लिन के लिए ISA 125 mm x 95 mm x 6 mm कोणी खण्ड लगाया जाता है। (ISA 125 95 @ 0.129 kN/m)

9.12 छत कैंची की डीजाइन (Design of Roof Trusses)

छत कैंची की डीजाइन की क्रिया विधि निम्नलिखित है

1. छत कैंची की विस्तृति ज्ञात होती है और उपयोग में लेने के लिए छत आवरण (Roof covering) भी ज्ञात होता है। इन दोनों की आवश्यकताओं को ध्यान में रखते हुए, छत कैंची का चयन किया जाता है।
2. छत कैंची का चयन करने के बाद छत कैंची का ढाल, पिच और छत कैंचियों की बीच की दूरी तय की जाती है।
3. छत कैंची पर प्रयुक्त होने वाले अचल और चल भार की संगणना की जाती है।
4. पर्लिन भागक बिन्दुओं पर रखी जाती है। पर्लिन की डीजाइन परिच्छेद 9.9 और 9.10 के अनुसार की जाती है।

5. पर्लिन की डीजाइन के पश्चात् छत कैंची के भागक बिन्दुओं पर भार की संगणना की जाती है।

6. छत कैंची के अवयवों में सभी भार के विभिन्न संयोजनों के अनुसार आन्तरिक बल ज्ञात किया जाता है।

आन्तरिक बल निम्नलिखित विधियों द्वारा ज्ञात किया जाता है।

(i) जोड़ विश्लेषण विधि (Method of joints), (ii) कट विधि (Method of sections)

(iii) **लेखाचित्रीय विधि** (Graphical methods)

छत कैंची के अवयवों की डीजाइन के लिए सभी प्रकार के भार के लिए विभिन्न संयोजनों के लिए ज्ञात किये गये आन्तरिक बल की सारणी बनायी जाती है। इस सारणी से विभिन्न अवयवों के लिए डीजाइन आन्तरिक बल ज्ञात करते हैं।

छत कैंची के कई अवयवों में संपीडन बल होता है और शेष अवयवों में तनन बल होता है।

7. संपीडन अवयवों की डीजाइन - छत कैंची के मुख्य रैफ्टर में अवयवों की डीजाइन सतत संपीडांग की तरह की जाती है। इन सतत संपीडांग के लिए साधारणतया दो कोणी खण्ड का उपयोग करते हैं। इन कोणी-खण्ड के दो टाँगों की लम्बाई बराबर नहीं होती है। कोणी-खण्ड की बड़ी टाँग को आपस में पीठ से पीठ जोड़ कर रखते हैं। अन्य संपीडांग की लम्बाई दो जोड़ के बीच की दूरी के बराबर होती है। इनकी डीजाइन असतत संपीडांग की तरह की जाती है। इनके लिए एक कोणी खण्ड का उपयोग साधारणतया किया जाता है। अतः कोणी खण्ड के दोनों टांगों की लम्बाई भी बराबर रखते हैं। कोणी खण्ड का परिमाप कम से कम ISA 50 mm x 50 mm x 6 mm रखते हैं। इससे छोटे कोणी खण्ड का उपयोग नहीं किया जाता है। संपीडांग का तनुता अनुपात 180 से ज्यादा नहीं होना चाहिए। जोड़ पर रिवेट की संख्या 2 से कम नहीं रखते हैं। अवयवों की कार्यकर लम्बाई जोड़ से जोड़ की बीच की दूरी के 0.7 से 1.0 गुणा रखते हैं। गसेट प्लेट की मोटाई कम से कम 6 mm रखते हैं।

8. तनन अवयव की डीजाइन - निचले कोर्ड में मुख्य तीन अंग होते हैं। तनन अवयव में साधारणतया दो कोणी खण्ड का उपयोग किया जाता है। जिन तनन अवयव में आन्तरिक बल कम होते हैं, सिर्फ उन तनन अवयव में एक कोणी खण्ड का उपयोग करते हैं। कोणी खण्ड का परिमाप कम से कम ISA 50 mm x 50 mm x 6 mm रखते हैं। इससे छोटा कोणी खण्ड का उपयोग नहीं किया जाता है। यदि किसी तनन अवयव में हवा के भार के कारण प्रतिबल में उत्क्रमण (Reversal of stress) होता हो तो उसका तनुता अनुपात 350 से अधिक नहीं होना चाहिए।

9. छत कैंची के जोड़ की डीजाइन- छत कैंची के जोड़ पर मिलने वाले सभी अवयवों की केन्द्रक अक्षों का एक बिन्दु पर परिच्छेद (Intersection) होना चाहिए। छत कैंची के जोड़ की डीजाइन अवयवों के आन्तरिक बल के लिए की जाती है। जब जोड़ पर मिलने वाले अवयव सतत होते हैं, तब जोड़ के दोनों तरफ अवयवों में (ऊपर की कोर्ड और निचले कोर्ड पर) आन्तरिक बल की दिशा विपरीत होती है। अतः जोड़ पर रिवेट को दोनों बलों के अन्तर को ही प्रेषित करना होता है। रिवेट की व्यवस्था में जोड़ के दोनों तरफ सममित रखी जाती है। 16mm आकलित व्यास से कम व्यास की रिवेट का प्रयोग नहीं करते हैं। गसेट प्लेट की मोटाई 6mm से कम नहीं रखते हैं। संक्षारण रोक (Corrosion prevention) के लिए किसी भी अवयव की मोटाई संरचनाओं में 6 mm से कम नहीं रखते हैं।

10. सिरों के आलम्ब की डीजाइन (Design of end supports) - सिरों के आलम्ब पर विभिन्न तत्त्व (Various elements) चित्र 9.9 में दिखाये गये हैं।

सिरों के आलम्ब की डीजाइन में निम्न तत्त्वों की डीजाइन की जाती है

(i) शू-कोण की डीजाइन (Design of shoe-angle) (ii) धारण प्लेट की डीजाइन (Design of bearing plate)

(iii) लंगर बोल्ट की डीजाइन (Design of anchor bolt)

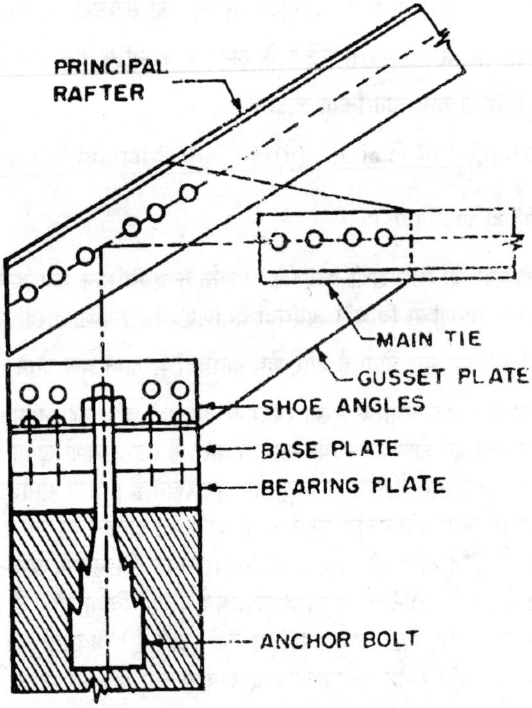

चित्र 9.9

(i) शू-कोण की डीजाइन - शू-कोण की डीजाइन अधिकतम प्रतिक्रिया बल के प्रेषण के लिए आवश्यक रिवेट संख्या के समायोजन (Accommodation) के लिये की जाती है। रिवेट की संख्या की संगणना अधिकतम प्रतिक्रिया बल में रिवेट मान का भाग देकर की जाती है। यदि रिवेट की संख्या संगणना में कम हो तो वास्तविकता को ध्यान में रखते हुए रिवेट की संख्या रखते हैं। इसमें दो कोणी खण्ड का प्रयोग किया जाता है। शू-कोण को गसेट प्लेट द्वारा छत कैंची से जोड़ दिया जाता है। शू-कोण की क्षैतिज टाँगों को आधार प्लेट से जोड़ देते हैं। क्षैतिज टांगों को जोड़ने के लिए रिवेट की संख्या ऊर्ध्वाधर टांगों को जोडने के लिए आवश्यक रिवेट के बराबर रखते हैं। शू-कोण का आकलित परिमाप ISA 75 mm x 50 mm x 6 mm रखते हैं।

(ii) धारण प्लेट की डीजाइन - सिरों पर प्रतिक्रिया बल को वितरित करने के लिए धारण प्लेट का उपयोग किया जाता है। कंक्रीट या चिनाई पर धारण दबाव अनुज्ञेय दबाव से अधिक नहीं होना चाहिए। यदि प्रतिक्रिया बल R है, तो धारण प्लेट का क्षेत्रफल

$$A = \left(R/\sigma_b\right), \text{ जहाँ पर, } \sigma_b = \text{ अनुज्ञेय धारण दबाव}$$

धारण प्लेट की चौड़ाई शू-कोण के क्षैतिज टांग की लम्बाई से दो गुणा व गसेट प्लेट की मोटाई के बराबर रखते हैं। इस प्रकार धारण प्लेट की लम्बाई की संगणना में क्षेत्रफल में चौड़ाई का भाग दे देते हैं।

धारण प्लेट की मोटाई निम्न तरीके से ज्ञात करते हैं। चित्र 9.10 में धारण प्लेट दिखायी गयी है।

मानो कि धारण प्लेट की मोटाई t है। वास्तविक धारण दबाव के कारण बंकन घूर्ण M_{xx} खण्ड पर है। धारण प्लेट का प्रतिरोध बंकन आघूर्ण

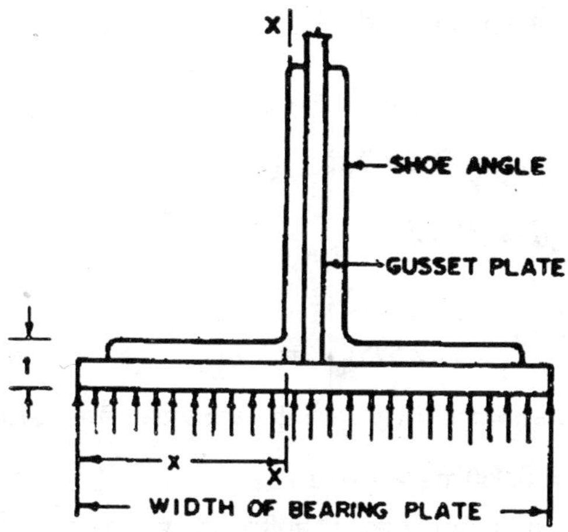

SHOE ANGLES AND BEARING PLATE

चित्र 9.10

$$M_1 = \left(\sigma_{bci} \times Z = \sigma_{bct} \times \frac{1}{6} \times x \times t_1^2\right), \quad \therefore t_1 = \left(\frac{6M}{x \times f_{bct}}\right)^{\frac{1}{2}} \quad \text{जहाँ पर}$$

जहाँ पर, σ_{bct} = इस्पातीय धारण प्लेट में अनुज्ञेय धारण प्रतिबल

अतः धारण प्लेट की मोटाई, $t = (t_1 -$ शू-कोण की मोटाई)

(iii) लंगर बोल्ट की डीजाइन (Design of anchor bolt) - लंगर बोल्ट की डीजाइन निवल उत्क्षेपीय दबाव (Net uplift pressure) के प्रतिरोध के लिए की जाती है।

छत कैंची का एक सिरा स्थिर रखा जाता है। दूसरे सिरे पर धारण प्लेट में इलिप्स (दीर्घ वृत्त) के आकार के छेद रखे जाते हैं। यह छेद शू-कोण के क्षैतिज टांगों में भी रखे जाते हैं। इन छेदों से छत कैंची के प्रसार (Expansion) या आकुंचन (Contraction) के लिए व्यवस्था रहती है। छत कैंची में प्रसार या आकुन्चन वायुमण्डलीय ताप में बढ़ाव या कमी के कारण होता है। धारण प्लेट आधार प्लेट पर स्खलन (Slide) कर सकती है।

12. छत कैंची के सभी भागों की डीजाइन के पश्चात् ड्राइंग तैयार की जाती है।

उदाहरण 9.3 एक 10 m x 40 m गोदाम का निर्माण करना है। इस पर छत कैंचियों का उपयोग होना है। छत कैंचियाँ 30 cm मोटाई की चिनाई की दीवारों पर आलम्बित होती है। लहरियादार जस्ती लोहे की चद्दरों का उपयोग होना है। एक उपयुक्त छत कैंची का प्रस्ताव रखो।

मूल पवन (वायु) दबाव 1.04 kN/m^2 है और कैंची पर हिमपात नहीं होता है। प्रत्येक भागक बिन्दु पर भार ज्ञात करो।

हल - चिनाई की दीवारों के बीच की (आन्तरिक) दूरी = 10 m

Step 1 - छत कैंची की प्रारम्भिक ज्योमिती (Preliminary geometry of roof truss)

चिनाई की मोटाई = 0.30 m

दीवारों के केन्द्र से केन्द्र तक दूरी = 10.30 m, अतः छत कैंची की विस्तृति = 10.30 m

लहरियादार जस्ती लोहे की चद्दरों के लिए (1/4) की पिच का उपयोग करते हैं।

अतः छत कैंची का उठान (Rise) = $= \frac{1}{4} \times 10.30 = 2.575$ m

माना कि छत कैंची का ढाल θ है। (1/4) पिच के लिए

$$\tan\theta = \frac{1}{2} \qquad \theta = 26° 34'$$

ढालू छत की लम्बाई $= \left[\left(\frac{10.30}{2}\right)^2 + (2.575)^2\right]^{\frac{1}{2}} = 5.76$ m

ढालू छत की लम्बाई को चार बराबर भागक में रख सकते हैं। अतः प्रत्येक भागक की लम्बाई

$$= (5.76/6) = 0.960 \text{ m} (> 1.40 \text{ m})$$

ऊपर के परिमाप के अनुसार चित्र 9.11 (A) में जैसे दिखायी गई है, फ्रेन्च छत कैंची को प्रस्तावित किया जाता है। यह छत कैंचियाँ 4 m की दूरी पर रख सकते हैं। इस गोदाम के लिए 11 छत कैंचियों का प्रयोग होगा। प्रत्येक भागक बिन्दु पर पर्लिन रखी जायेगी। प्रत्येक भागक बिन्दु पर भार निम्न तरीके से ज्ञात करते हैं।

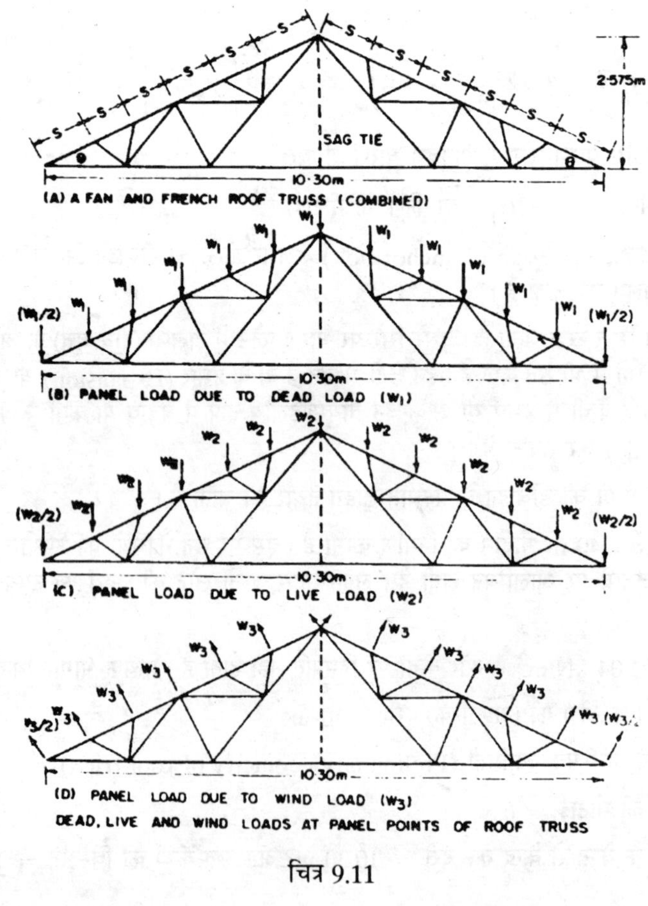

चित्र 9.11

Step 2 - अचल भार (Dead load)

लहरियादार जस्ती लोहे की चदरों का भार, = 0.1331 kN/m^2

पर्लिन का भार (माना गया) = 0.150 kN/m^2

ब्रेसिंग का भार (माना गया) = 0.0150 kN/m^2

छत कैंची का स्वतः भार $= \frac{1}{100} = \left(\frac{1}{3} + 5\right) = \frac{1}{100}\left(\frac{10.30}{3} + 5\right) = 0.084 \text{ kN/m}^2$

कुल अचल भार = 0.382 kN/m^2

छत कैंचियों की दूरी = 4 m

भागक लम्बाई (Panel length) = 0.960 m

भागक की प्लान में लम्बाई = (0.3824 × 4 × 0.858) = 1.311 kN

प्रत्येक आन्तरिक भागक बिन्दु पर भार = (1.311/2) = 0.656 kN

प्रत्येक सिरे के भागक बिन्दु पर भार = (1.311/2) = 0.656 kN

प्रत्येक भागक बिन्दु पर अचल भार चित्र 9.11 (B) में दिखाया गया है।

Step 3 - चल भार (Live load)

यह माना जाता है कि छत कैंची पर मरम्मत के अलावा व्यक्तियों की पहुंच नहीं है।

छत कैंची का ढाल = 26 34'. = 26.57°

अचल भार = (0.750 – 0.202 x 16.565) = 0.4187 kN/m^2

प्रत्येक आन्तरिक भागक बिन्दु पर भार (0.4187 × 4 × 0.960) = 1.61 kN

प्रत्येक सिरे के भागक बिन्दु पर भार (161/2) = 0.804 kN

प्रत्येक भागक बिन्दु पर चित्र 9.11 (C) में चल भार दिखाया गया है।

Step 4- पवन (वायु) भार

छत कैंची का ढाल = 26 34′

मूल पवन (वायु) दबाव, P = 1.40 kN/m^2

छत कैंचियाँ गोदाम पर रखी जायेगी। गोदाम में दरवाजे बड़े होंगे।

सारणी 9.3 से बाह्य भार का दबाव और आन्तरिक हवा का दबाव,

हवा की दिशा में,

20° ढाल के लिए = -0.90 p = (-0.90 x 1.04) = – 0.936 kN/m^2

30° ढाल के लिए = -0.60 p = (-0.60 x 1.04) = – 0.624 kN/m^2

26°34′ ढाल के लिए $= \left[-0.936 - \left(\frac{0.936 - 0.624)}{10}\right) 6.57\right]$

$$\left[-0.936 - 0.312 \times 6.57\right] = [\,-0.936 - 0.205\,] = 1.141 \text{ kN/m}^2$$

हवा के ओट में 26°34′ के लिए = – 1.00 p = – (1.00 x 1.04) = -1.04 kN/m^2

सारणी 9.3 से बाह्य भार + आन्तरिक शोषण दबाव हवा की दिशा में,

20 ढाल के लिए = (+0.10 p = 0.10 x 1.04) = 0.104 kN/m^2

30 ढाल के लिए = +0.40 p = 0.40 x 1.04) = 0.416 kN/m^2

26°34′ ढाल के लिए = $\left[0.104 + \left(\frac{0.416 - 0.104}{10}\right) \times 6.57\right] = 0.309\ \text{kN/m}^2$

हवा की ओट में = 0.0

जब हवा का रुख शिखर रेखा के समान्तर है, तब दोनों ढालों पर

मूल हवा का दबाव + आन्तरिक हवा का दबाव = (0.6 p – 0.5 p) = (–1.10 x 1.04) = – 1.44 kN/m^2

मूल हवा का दबाव + आन्तरिक शोषण दबाव = (–0.6 p + 0.5 p) = (–0.10 x 1.04) = 0.104 kN/m^2

अतः जब हवा का रुख शिखर रेखा के समान्तर होता है, तब हवा का भार ज्यादा होता है।

प्रत्येक आन्तरिक भागक बिन्दु पर हवा का भार दोनों ढालू सतहों पर

$= (-1.144 \times 4 \times 0.968) = -4.430\ \text{kN/m}^2$

प्रत्येक सिरे के भागक बिन्दु पर हवा का भार = – 2.215 kN/m^2

पवन भार प्रत्येक भागक बिन्दु पर चित्र 9.11 (D) में दिखाया गया है।

उदाहरण 9.4 एक फिंक छत कैंची के शिखर A पर, चार अवयव AB, AC, AD और AE मिलते हैं, क्योंकि

कोण BAC = कोण EAD = 30° और कोण CAD = 60°

AB और AE अवयवों की लम्बाई = 3 m

AC और AD अवयवों की लम्बाई = 3.4 m

AB और AE में संपीडन बल = 170 kN

AC और AD में तनन बल = 100 kN

अवयवों की और जोड़ की डीजाइन करो।

डीजाइन -

Step 1 - संपीडन अवयव की डीजाइन अवयव AB और AE में बल = 170 kN

AB और AE छत कैंची के मुख्य रैफ्टर है जो सतत होते हैं।

AB और AE की लम्बाई = 3 m कार्यकर लम्बाई, l = (0.85 x 3) = 2.55 m

माना कि इस्पात के पराभव प्रतिबल = 260 N/mm^2 और तनुता अनुपात 100 हो तो, अक्षीय संपीडन प्रतिबल σ_{bc} = 82 N/mm^2

आवश्यक क्षेत्रफल = $A = \left(\frac{170}{82}\right) = 2073.17\ \text{mm}^2$

ISI हेन्डबुक नं. 1 से 2 ISA 90 mm x 60 mm x 8 mm का चयन किया जाता है। लम्बी टांगों को पीठ से पीठ और 6 mm गसेट प्लेट पर जोड़ा जाता है। (2 ISA 90 60, @ 0.089 kN/m) 2 कोण का क्षेत्रफल = 2274 mm^2

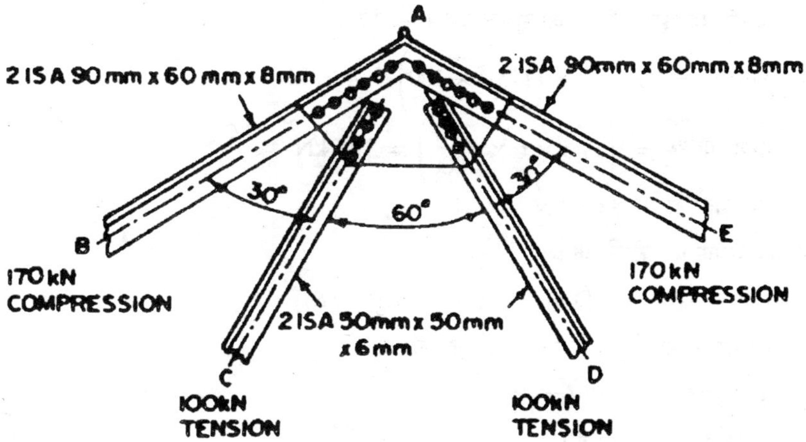

DESIGN OF A RIDGE JOINT

चित्र 9.12

$r_{xx} = 284$ mm, $r_{vv} = 245$ mm, $r_{min} = 245$ mm

अधिक तनुता अनुपात $\left(\frac{l}{r_{min}}\right) = \left(\frac{2.55 \times 1000}{2.45}\right) = 104$

IS : 800-1984 से, अनुज्ञेय संपीडन प्रतिबल $\sigma_c = 78.4$ N/mm^2

संपीडांग की सुरक्षित भार वहन करने की क्षमता $\left(\frac{78.4 \times 2274}{1000}\right) = 178$ kN > 170 kN

संपीडांग के लिए 2 ISA 90 mm x 60 mm x 8 m कोणी खण्ड AB और AE के लिए लगाये जाते हैं। (2ISA 90 60, @ 0.089 kN/m)

Step 2 - तनन अवयवों की डीजाइन

अवयव में बल = 100 kN

अनुज्ञेय तनन प्रतिबल = (0.6 x 260 = 156 N/mm^2)

आवश्यक निवल क्षेत्रफल = $\left(\frac{100 \times 1000}{156}\right) = 641.025$ mm^2

ISI हेन्डबुक नं. 1 से 2 ISA 50 mm x 50 mm x 6 mm का चयन किया जाता है। दोनों कोणी-खण्ड को गसेट प्लेट के दोनों तरफ जोड़े जाते हैं। 22 mm व्यास की रिवेट का प्रयोग करते हैं।

2 कोणी खण्ड का सकल क्षेत्रफल (2ISA 50 50, @ 0.045 kN/m)

निवल क्षेत्रफल = (11.36 – 2 x 0.8 x 2.35) = 776 mm^2

प्रत्येक अवयव में अनुज्ञेय बल = $\left(\frac{156 \times 776}{1000}\right) = 121.056$ kN > 10,000 kg अत: यह ठीक है।

2 ISA 50 mm x 50 mm x 6 mm को AC और AD के लिए लगाया जाता है। (2 ISA 50 50, @0.045 kN/m)

Step 3 - जोड़ A की डीजाइन रिवेट का सकल व्यास = 17.5 mm

$$\text{द्वितल अपरूपण सामर्थ्य} = \left(2 \times \frac{\pi}{4} \times (175)^2 \times 100\right) = 48.1 \text{ kN}$$

$$\text{धारण सामर्थ्य} = \left(17.5 \times 6 \times \frac{300}{1000}\right) = 31.5 \text{ kN}$$

रिवेट मान, **R** = 31.5 kN

AB और AE को प्रत्येक को जोड़ने के लिए

रिवेट की संख्या = (170/31.5) = 5.397 (say 6)

AC और AD को प्रत्येक को जोड़ने के लिए रिवेट की संख्या

(100/31.5) = 3.17 (say 4)

चित्र 9.12 में पूर्ण जोड़ दिखाया गया है।

उदाहरण 9.5 एक छत कैंची का स्खंलन सिरा (Sliding end) 450 mm मोटाई की दीवार पर कंक्रीट ब्लोक पर आलम्बित है। अधिकतम अभिलम्ब प्रतिक्रिया बल 125 kN है। मुख्य रैफ्टर का झुकाव मुख्य तान अंग के साथ 30 है। मुख्य रैफ्टर पर भागक लम्बाई 2.6 m है। मुख्य रैफ्टर, मुख्य तान अंग और संकलन सिरा के जोड़ की डीजाइन करो।

डीजाइन -

अभिलम्ब प्रतिक्रिया बल = 125 kN

मुख्य रैफ्टर में बल = 125 x sec 30° = 250 kN

मुख्य तान अंग में बल = 250 x cos 30° = 216.50 kN

Step 1 - संपीडांग की डीजाइन -

माना कि इस्पात का पराभव प्रतिबल 260 N/mm^2 है और तनुता अनुपात अवयव का 100 है। IS : 800-1984 की सारणी 9.1 के अनुसार σ_c = 82 N/mm^2

$$\text{आवश्यक क्षेत्रफल} = \left(\frac{250 \times 1000}{802}\right) = 3048 \text{ mm}^2$$

ISI हेन्डबुक नं. 1 से 2 ISA 90 mm x 60 mm x 12 mm का चयन किया जाता है। 10 mm मोटाई की गसेट प्लेट लगाई जाती है। 2 कोण का क्षेत्रफल = 33.14 cm^2

r_{xx} = 279 mm, r_{vv} = 270 mm, r_{min} = 270 mm

संपीडांग की वास्तविक लम्बाई = 2.60 m

संपीडांग सतत है। अतः कार्यकर लम्बाई = (0.85 x 1.38) = 1.173 m

$$\text{अधिकतम तनुता अनुपात,} \left(\frac{l}{r_{min}}\right) = \left(\frac{1.173 \times 1000}{270}\right) = 43.44$$

अनुज्ञेय प्रतिबल f_c = 141.9 N/mm^2, सुरक्षित भार वहन करने की क्षमता

$$\left(\frac{3814 \times 141.9}{1000}\right) = 470.27 \text{ kN} > 250 \text{ kg} \text{ अतः यह ठीक है।}$$

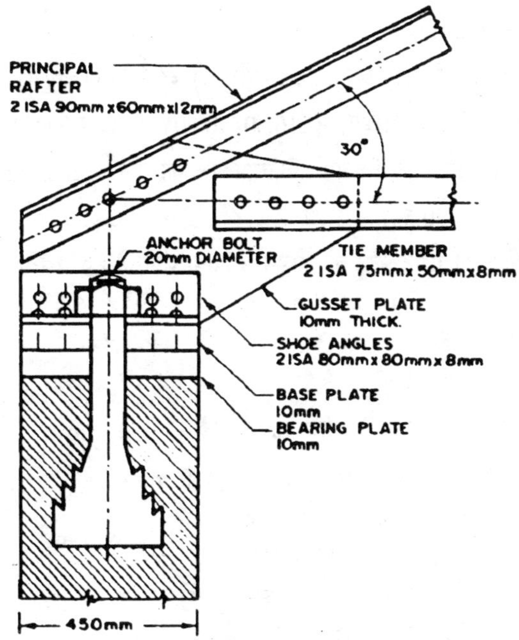

DESIGN OF SLIDING END OF A ROOF TRUSS

चित्र 9.13

2 ISA 90 mm x 60 mm x 12 mm कोणी खण्ड मुख्य रैफ्टर के लिए लगाये जाते हैं। (2ISA 90 60, @ 0.130 kN/m)

Step 2- तनन अवयव की डीजाइन -

$$\text{अनुज्ञेय प्रतिबल} = (0.6 \times 260) = 156 \text{ N/mm}^2$$

$$\text{निवल क्षेत्रफल} = \frac{21560 \times 1000}{1560} = 1387.82 \text{ mm}^2$$

ISI हेन्डबुक नं. 1 से 2 ISA 75 mm x 50 mm x 8 mm का चयन किया जाता है। गसेट प्लेट के दोनों तरफ कोणी खण्ड लगाये जाते हैं। 22 mm व्यास की रिवेट एक पंक्ति में लगायी जाती है। (2 ISA 75 50, @ 0.074 kN/m)

$$\text{सकल क्षेत्रफल} = 1876 \text{ mm}^2$$

$$\text{निवल क्षेत्रफल} = (1876 - 2 \times 8 \times 235) = 1516 \text{ mm}^2$$

$$\text{अनुज्ञेय तनन बल} = (1516 \times 15) = 236.496 \text{ kN} > 216.50 \text{ kN}$$ अतः ठीक है।

2 ISA 75 mm x 50 mm x 8 mm का मुख्य तान अंग के लिए लगाये जाते हैं। (2 ISA 75 50, @ 0.074 kN/m)

Step 3 - जोड़ की डीजाइन - रिवेट का सकल व्यास = 23.5 mm

$$\text{द्वितल में रिवेट का सामर्थ्य} = \left(2 \times \frac{\pi}{4} \times (235)^2 \times 100\right) = 86.70 \text{ kN}$$

धारण सामर्थ्य = (2.35 x 10 x 300/1000) 70.5 kN

रिवेट मान = 70.5 kN

रिवेट की मुख्य रैफ्टर को जोड़ने के लिए संख्या, $(250/70.50) = 3.545$ (say 4)

रिवेट की मुख्य तान अंग जोड़ने के लिए संख्या, $(216.50/70.50) = 3.07$ (say 4)

Step 4 - स्खलन जोड़ की डीजाइन - अधिकतम प्रतिक्रिया बल का मान = 125 kN

आवश्यक रिवेट की संख्या, (127/70.50) = 1.77

अतः 4 रिवेट का प्रयोग शू-कोण को गसेट प्लेट को जोड़ने में किया जाता है। 4 रिवेट ही शू-कोण को जोड़ने के लिए (आधार प्लेट से) ली जाती हैं। 2 ISA 80 mm x 80 mm x 8 mm 45 cm लम्बाई के कोणी खण्ड शू-कोण के लिए लगाये जाते हैं। (2 ISA 80 80, @ ....)

1. धारण प्लेट की डीजाइन

प्रतिक्रिया बल = 125 kN, प्लेट की लम्बाई = 450 mm

प्लेट की चौड़ाई = (80 + 80 + 10) = 170 mm

कंक्रीट में धारण में दबाव $\left(\frac{(125 \times 1000)}{170 \times 450}\right) = 1634\ \text{N/mm}^2$ < अनुज्ञेय धारण दबाव।

1 mm चौड़ाई की पट्टी ली जाती है। कोण खण्ड पर बंकन आघूर्ण

$$M = \left(\frac{1.634 \times (80 - 118)^2}{2}\right) = 4235.33\ \text{N} - \text{mm}$$

प्रतिरोध बंकन आघूर्ण = $\left(185 \times 1 \times \frac{t_1^2}{6}\right) = 4235.33$ अतः $t_1 = 11.72$ mm

आधार प्लेट की मोटाई, t = (11.72 – 8) = 3.72 mm

6 mm मोटाई की प्लेट लगायी जाती है। 450 mm x 10 cm x 6 mm प्लेट आधार प्लेट के नीचे लगायी जाती है। इलिप्स छेद शू-कोण के दोनों तरफ रखे जाते हैं।

2. लंगर बोल्ट की डीजाइन -

अनुज्ञेय प्रतिबल = (0.6 x 260) = 156 N/mm^2, प्रक्षेपीय बल = 750 kN

$$\text{आवश्यक क्षेत्रफल} = \left(\frac{750 \times 1000}{156}\right) = 48.07\ \text{mm}^2$$

22 mm आकलित व्यास का लंगर बोल्ट लगाया जाता है। चित्र 9.13 में पूर्ण डीजाइन दिखाई गयी है।

प्रश्नावली

9.1 एक I-खण्ड पर्लिन की डीजाइन करो। कैंची की छत के लिए लहरियादार जस्ती लोहे की चद्दरों का उपयोग किया गया है। छत कैंचियों की दूरी केन्द्र से केन्द्र तक 4 m है। पर्लिन की दूरी 2.20 m है। क्षैतिज के साथ मुख्य रैफ्टर का झुकाव 30 है। चद्दरों का भार 13.31 kg/m^2 है। अभिलम्ब दिशा में पवन भार 150 kg/m^2 है।

9.2 एक नाली खंड पर्लिन की निम्नलिखित के लिए डीजाइन करो। छत कैंची की विस्तृति = 12 m

छत कैंचियों की दूरी = 4.5 m, क्षैतिज के साथ छत कैंची का झुकाव = 30

पर्लिन की दूरी = 2m

छत के अभिलम्ब दिशा में पवन भार = 100 kg/m^2

9.3 एक 12 m x 48 m बड़े कमरे के लिए उपयुक्त छत कैंची का प्रस्ताव करो। यदि छत कैंची पर एस्बेसटोस सीमेंट की लहरियेदार चद्दरों का प्रयोग किया जाय और मूल पवन दबाव 150 kg/m^2 का हो तो भागक बिन्दुओं पर भार ज्ञात करो।

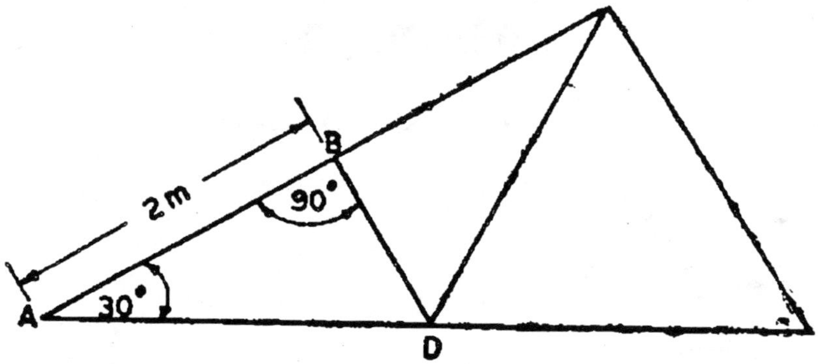

चित्र 9.14

9.4 एक छत कैंची चित्र 9.14 में दिखायी गयी है। छत अवयव AB में 5000 kg का संपीडन बल और AD में 6000kg का तनन बल है। AB और AD अवयवों की और जोड़ A की डीजाइन करो। जोड़ A पर शू, धारण प्लेट की भी डीजाइन करो।

10

प्लेट गर्डरस
(PLATE GIRDER)

10.1 प्रस्तावना (Introduction)

जब धरन के लिए विस्तृति ज्यादा बड़ी हो जाती है और बाह्य प्रयुक्त भार भारी हो जाते हैं, तब बेल्लित इस्पातीय धरन अनुपयुक्त हो जाती है और संघटित धरन का उपयोग आर्थिक दृष्टि से ठीक नहीं रहता, तब प्लेट गर्डर का प्रयोग किया जाता है। प्लेट गर्डर भी विशिष्ट प्रकार के धरन संरचनात्मक अवयव होते हैं, जिनकी गहराई ज्यादा होती है और अनुप्रस्थ भार वहन करते हैं। रिवेटित प्लेट गर्डर में लेट और कोण-खण्ड का उपयोग किया जाता है। प्लेट और कोण-खण्ड को रिवेटित जोड़ से जोडकर संघटित I-खण्ड बना दिया जाता है। प्लेट गर्डर का भवन निर्माण और पुलों के लिए प्रयोग होता है। प्लेट गर्डर का प्रयोग 15m से 30 m तक विस्तृति के लिए आर्थिक दृष्टि से ठीक रहता है। प्लेट गर्डर में प्रयोग आने वाले साधारण खंड चित्र 10.1 में दिखाये गये हैं।

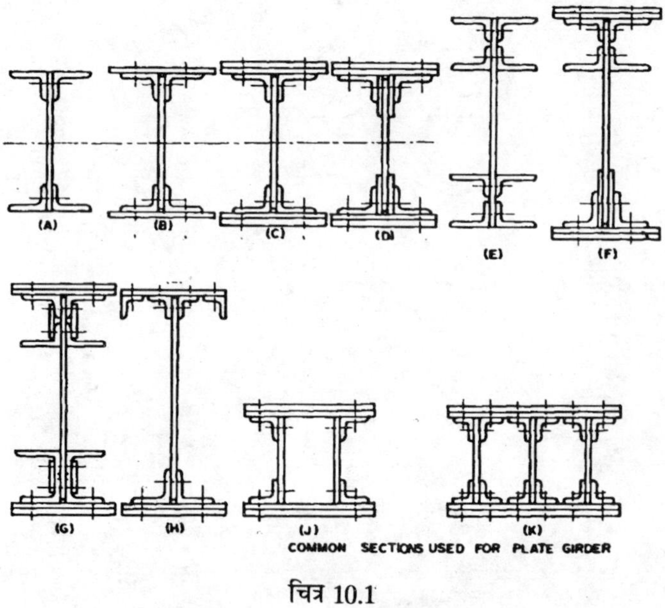

चित्र 10.1

इस अध्याय में केवल रिवेटित प्लेट गर्डर की डीजाइन विधि दी गई है।

10.2 **प्लेट गर्डर के तत्त्व** (Elements of Plate Girder)

प्लेट गर्डर के ऊर्ध्वाधर प्लेट को वेब कहते हैं वेब के ऊपर और नीचे रिवेट से जोड़े गये कोणी-खण्ड को फ्लैंज कोण कहते हैं। क्षैतिज प्लेट को कोणी-खंड के साथ रिवेट से जोड़ते हैं। इन प्लेटों को फ्लैंज प्लेट कहते हैं। वेब प्लेट, फ्लैंज प्लेट और फ्लैंज कोण चित्र 10.2 में दिखाये गये हैं।

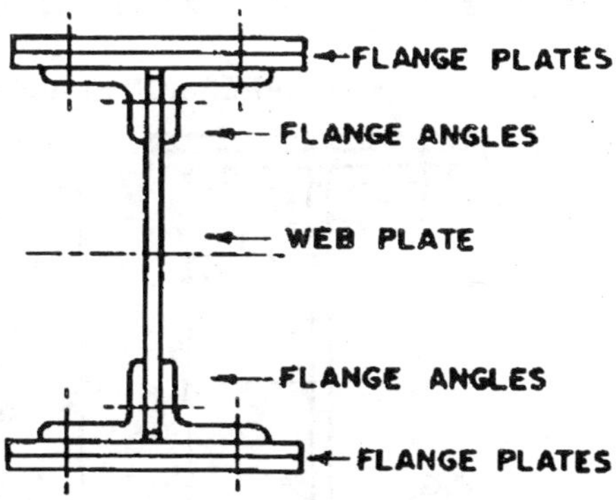

ELEMENTS OF PLATE GIRDER

चित्र 10.2

प्लेट गर्डर के साथ धारण दृढ़क (Bearing stiffeners), आन्तरिक दृढ़क (Intermediate stiffeners) और क्षैतिज दृढ़क (Horizontal stiffeners) का प्रयोग होता है, उनको चित्र 10.3 में दिखाया गया है।

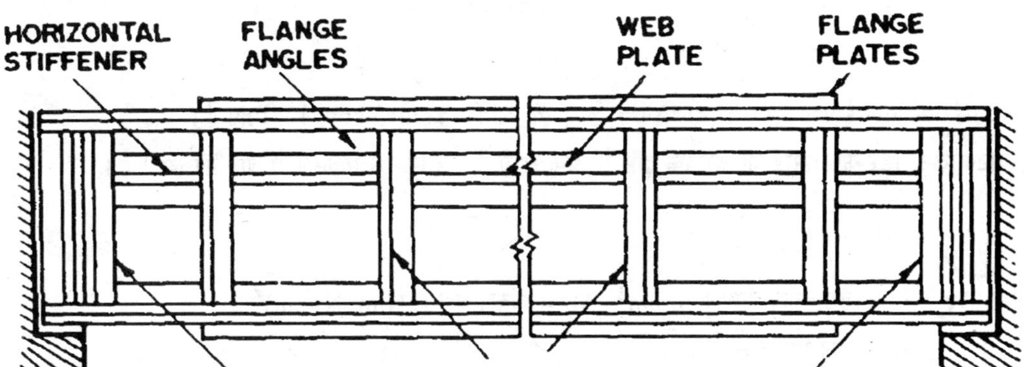

ELEMENTS OF A PLATE GIRDER

चित्र 10.3

जब वेब के ऊपर के और नीचे के कोणी खण्ड की बीच की दूरी और वेब की मोटाई का अनुपात 85 से कम होता है, तब दृढ़क का प्रयोग नहीं होता। जब यह अनुपात 85 से अधिक होता है, तब दृढ़क का प्रयोग आवश्यक हो जाता है। दृढ़क वेब प्लेट को अतिरिक्त सामर्थ्य देता है।

10.3 प्लेट गर्डर की गहराई (Depth of Plate Girder)

फ्लैंज की बाहरी सतहों के बीच की दूरी को प्लेट गर्डर की कुल गहराई (Overall depth), do, या सिर्फ गहराई ही कहते हैं। साधारणतया प्लेट गर्डर की गहराई विस्तृति की (1/10) से (1/12) गुणा रखते हैं। संपीडन फ्लैंज के गुरुत्व केन्द्र से तनन फ्लैंज के गुरुत्व केन्द्र के बीच की दूरी को प्लेट गर्डर की कार्यकर गहराई (Effective depth), de कहते हैं। वेब प्लेट के ऊपर और नीचे लगे कोण-खण्ड के बीच की दूरी को स्पष्ट गहराई (Clear depth), d कहते हैं, यदि क्षैतिज दृढ़क का प्रयोग नहीं हुआ हो। प्लेट गर्डर की कुल गहराई, कार्यकर गहराई और स्पष्ट गहराई चित्र 10.4 में दिखाई गयी है।

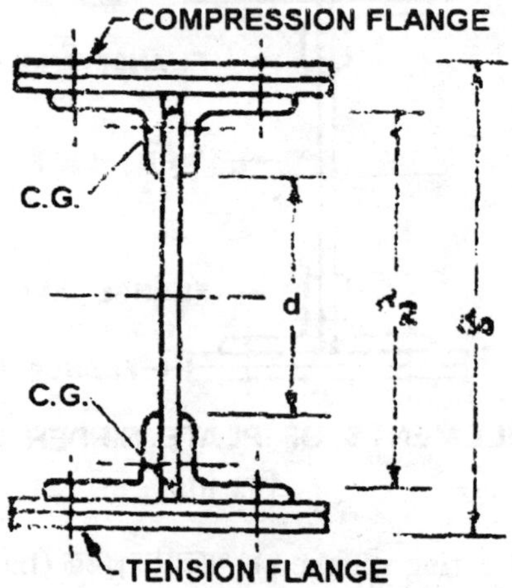

DIFFERENT DEPTHS OF PLATE GIRDER

चित्र 10.4

प्लेट गर्डर की गहराई प्लेट गर्डर की डीजाइन के लिए एक आवश्यक और महत्त्वपूर्ण परिमाप है।

रिवेटित प्लेट गर्डर की गहराई जो आर्थिक दृष्टि से ठीक रहती है, वह निम्न समीकरण से ज्ञात की जाती है।

$$d_e = 1.1 \left(\frac{M}{\sigma_b \times t_w}\right)^{1/2}$$

जहाँ पर σ_b = अनुज्ञेय बंकन आघूर्ण N/mm^2, M = बंकन घूर्ण (kN-m, N-mm)

t_w = वेब की मोटाई mm

यहाँ पर वेब प्लेट की मोटाई मान ली जाती है। प्लेट गर्डर की de गहराई के लिए उसका भार न्यूनतम होता है।

प्लेट गर्डर जिसका बंकन अपनी अधिकतम सामर्थ्य अक्ष पर होता है, उनके लिए अधिकतम बंकन संपीडन प्रतिबल का मान $\sigma_{bc.cal}$, निम्न सूत्र से प्राप्त अनुज्ञेय बंकन संपीडन प्रतिबल σ_{bc} (N/mm^2) से अधिक नहीं होगा।

$$\sigma_{bc} = 0.66 \left(\frac{f_{bc} \cdot f_y}{\left[\left(f_{bc}\right)^n + (f_y)^n\right]^{1/n}}\right)$$

$$\sigma_{bc} = 0.66 \left(\frac{f_{bc} \cdot f_y}{[(f_{bc})^n + (f_y)^n]^{1/n}} \right)$$

f_{bc} = प्रत्यास्थ क्रान्तिक बंकन प्रतिबल

f_y = इस्पात का पराभव प्रतिबल, N/mm^2 (MPa), n = एक घटक (जिसका मान 1.4 है)

उपरोक्त सूत्र से प्राप्त संरचनात्मक इस्पात के लिए σ_{bc} का मान, धरन की डीजाइन के अध्याय में दिये गये हैं। प्लेट गर्डर की डीजाइन हेतु, σ_{bc} का मान अध्याय 8 धरन की डीजाइन से नोट किये जाते हैं।

10.4 प्लेट गर्डर का स्वतः भार (Self-weight of Plate Girder)

प्लेट गर्डर का स्वतः भार निम्न सूत्र से ज्ञात कर सकते हैं

$$W_1 = 3.2 \left(\frac{M \cdot l \cdot \rho}{\sigma_b \cdot d_e} \right) \quad \text{(i)}$$

उपरोक्त सूत्र से प्लेट गर्डर का भार (फ्लैंजेज के सकल क्षेत्रफल के लिये और रिवेट छेद के लिए कोई कमी नहीं करते हुए प्राप्त होता है। प्लेट गर्डर का भार इस सूत्र से प्राप्त भार से करीब 10 से 20 प्रतिशत होता है। इस्पात का ईकाई भार 78450 N/m^3 होता है। अतः प्लेट गर्डर का भार

$$W_1 = \left(\frac{1.2 \times 3.2 \times 78450 \times M \times l}{100 \times 100 \times 100\, \sigma_b \times d_e} \times 100 \times 100 \right)$$

$$W_1 = \left(\frac{300 \times M \times l}{\sigma_b \cdot d_e} \right) \text{ जहाँ पर} \quad \text{(ii)}$$

W_1 = प्लेट गर्डर का भार, N, M = बंकन आघूर्ण N-mm

l = प्लेट गर्डर की विस्तृति (Span), मीटर σ_b = बंकन प्रतिबल, N/mm^2

d_e = प्लेट गर्डर की प्रभावी गहराई, mm

उपरोक्त उक्ति (ii) से प्लेट गर्डर का भार ज्ञात करने के लिए, बंकन आघूर्ण, M और प्रभावी गहराई, d_e का मान ज्ञात होना चाहिये। अतः इस सूत्र से प्लेट गर्डर को डीजाइन करने के बाद, भार की जाँच करने के लिए किया जाता है।

व्यवहारिक अभिप्राय के लिये, प्लेट गर्डर का भार निम्न सूत्र से ज्ञात किया जाता है।

$W_1 = (Wl/300)$ जहाँ पर

W = कुल आरोपित भार (Total super-imposed load)

l = प्लेट गर्डर की विस्तृति (Span), मीटर

उपरोक्त सूत्र से प्लेट गर्डर का सन्निकट (समीप/अतिसमान Approximate) भार प्राप्त होता है। क्योंकि प्लेट की डीजाइन में यह माना जाता है कि बंकन-आघूर्ण का प्रतिरोध फ्लैंजेज द्वारा और अपरूपण बल का प्रतिरोध केवल वेब द्वारा किया जाता है।

10.5 संघट्टन (Impact)

संरचनाओं पर चल भार के कारण उत्पन्न गतिज-क्रिया को संघट्टन (Impact) कहते हैं।

संरचनाओं पर अचानक भार लगाने पर लोकोमोटिव इंजन के असंतुलित चालक पहिया के कारण, असमतल रेल पटरी, लोको मोटिव इंजन के पहियों का असमान घिसने के कारण संघट्टन होता है। प्रतिबल और विकृति (Stress and Strain) का मान अचानक भार लगाने से धीरे धीरे (क्रमिक gradual) भार लगाने के तुलना में दुगना होता है। वास्विक विकृति दुगनी से कम होती है। अन्य निर्माण के प्रभाव के कारण अवमन्दन (Damping) प्रभाव भी होता है।

अतः संघट्टन का प्रभाव 100 प्रतिशत से कम आंका जाता है। यह संघट्टन का प्रभाव चल भार के प्रकृति पर, चल भार के गति पर, संरचनाओं के प्रकार पर, संरचनाओं की भारित लम्बाई (loaded length) आदि कई घटक (Factors) पर निर्भर करता है। सभी घटक और कारणों को समल्लित करके सूत्र का विकास करना बहुत ही कठिन है। अतः केवल संरचना की भारित लम्बाई को विचार में रखते हुए संघात गुणांक (Impact factor) का सूत्र विकसित किया गया है। संघट्टन के प्रभाव के लिए संघात गुणांक द्वारा अथवा संघट्टन भार द्वारा संघट्टन गुजाइज (Impact allowance) सम्मिलित किया जाता है। संघट्टन प्रभाव को चल भार के प्रतिशत के रूप में व्यक्त किया जाता है।

संघट्टन भार चल भार और संघट्टन गुणांक को गुणा करके ज्ञात किया जाता है। संघट्टन गुणांक का अलग-अलग अधिकारी वर्गों द्वारा, अलग अलग चल भार के लिए और विभिन्न संरचनाओं और उनमें उपयोग विभिन्न पदार्थों के लिये अलग-अलग मान दिये गये हैं।

भारतीय रेल्वे बोर्ड द्वारा इस्पातीय गर्डर के लिए सिंगल ट्रेक मीटर गेज और ब्रोड गेज के लिये निम्नलिखित सूत्र उल्लिखित (Specify) किया गया है।

संघट्टन गुणांक $= \iota = \left(\frac{20}{14 + L}\right) > 1.00$

जहां पर, L = इस्पातीय गर्डर पर चल भार की भारित लम्बाई (Load length) मीटर में होती है।

संघट्टन भार (Impact load) का मान (संघट्टन गुणांक) x (चल भार) द्वारा ज्ञात किया जाता है।

प्लेट गर्डर की वेब जिसके साथ दृढ़क (stiffeners) का प्रयोग नहीं किया गया है, उनके लिये औसत अपरूपण प्रतिबल $\tau_{va.cal}$) का मान अनुज्ञेय अपरूपण प्रतिबल, τ_{va} जो कि IS : 800-1984 में दिया गया है, उससे अधिक नहीं होगा।

$\tau_{va} = (0.4\, f_y)$ जहाँ पर

f_y = इस्पात के लिये पराभव प्रतिबल, N/mm^2

प्लेट गर्डर की वेब प्लेट का वर्गीकरण निम्न तीन वर्गों में करते हैं।

(i) वेब प्लेट जिसके साथ दृढ़क (Stiffeners) का प्रयोग नहीं किया गया हो।

(ii) वेब प्लेट जिसके साथ अपरूपण बल के लिये दृढ़क (Stiffeners) का प्रयोग किया गया हो और

(iii) वेब प्लेट जिसके साथ अपरूपण बल (Shear) और बंकन (Bending) दोनों के लिये दृढ़क (Stiffeners) का प्रयोग किया गया हो।

प्रथम वर्ग में वेब प्लेट की मोटाई काफी होनी चाहिये जो कि अपरूपण बल का प्रतिरोध पर्याप्त सुरक्षा गुणांक के साथ कर सके।

द्वितीय वर्ग में वेब प्लेट की डीजाइन की जाती है, जो कि दृढ़क (Stiffeners) के प्रयोग करते हुए अपरूपण व्याकुंचन (Shear buckling) का प्रतिरोध काफी मार्जिन के साथ सुरक्षित रहे।

तीसरे वर्ग में वेब प्लेट की डीजाइन की जाती है, जो कि अनुदैर्ध्य दृढ़क (Longitudinal stiffeners) (जो कि क्षैतिज दृढ़क (Horizontal stiffeners) होते हैं। के साथ वेब प्लेट का प्रतिरोधक सामर्थ्य में वृद्धि करते हैं।) ये दृढ़क वेब प्लेट का व्यांकुचन

के विरुध्य प्रतिरोध करते हुए अपरूपण बल और बंकन दोनों का प्रतिरोध कर सके। इन दृढ़क का उपयोग वेब प्लेट के संपीडक क्षेत्र में किया जाता है।

दृढ़क के उपयोग करते हुये वेब प्लेट में औसत अपरूपण प्रतिबल की गणना वेब प्लेट के अनुप्रस्थ क्षेत्रफल के लिये की जाती है। $\tau_{va.cal}$ का मान औसत अनुज्ञेय प्रतिबल का मान τ_{va} (जो IS :800-1984 में उल्लिखित हैं) से अधिक नहीं होना चाहिये।

औसत अनुज्ञेय अपरूपण प्रतिबल का मान τ_{va} सारणी Table 10.1 (A), (B) और (C) में उपयुक्त पराभव प्रतिबल इस्पात के लिए दिये गये हैं। पराभव प्रतिबल इस्पात के लिये 250, 340 अथवा 400 N/mm^2 (MPa) क्रमश हो सकते हैं।

प्लेट गर्डर की अभिकल्पना (Design) विचारण और जाँच (Trial) द्वारा की जाता है। उसमें पुनः संशोधन/पुनर्निरीक्षण (Revision) किया जाता है। जब तक वास्तविक बंकन प्रतिबल का मान करीब करीब अनुज्ञेय बंकन प्रतिबल बराबर (अथवा थोड़ा कम) नहीं हो जाता है।

प्लेट गर्डर की वेब के साथ दृढ़क (Stiffeners) तब लगाये जाते हैं, जब उनकी आवश्यकता होती है। परन्तु वेब प्लेट में अपरूपण प्रतिबल का मान अनुज्ञेय प्रतिबल के मान के करीब करीब बराबर (अथवा थोड़ा कम) रहे।

वेब प्लेट की डीजाइन आर्थिक किफायत के आधार पर की जाती है और वेब प्लेट की गहराई (Depth) ज्ञात की जाती है।

फ्लैंज का आरम्भिक डीजाइन फ्लैंज क्षेत्रफल विधि (Flange area method) द्वारा की जाता है। अन्त में जड़ता के आघूर्ण विधि (Moment of inertia method) से जाँच की जाती है। फ्लैंज द्वारा निम्न बंकन आघूर्ण का प्रतिरोध करना होता है।

$$M_f = \left(A_{fg} \cdot \sigma_b{}' \; (d_o - t_f)\right)$$

वेब प्लेट निम्न बंकन आघूर्ण का प्रतिरोध करनी है।

$$M_w = \left(\sigma_b{}' \cdot Z_w\right) = \left(\sigma_b{}' \, t_w \cdot d_e^2/6\right)$$

प्लेट गर्डर द्वारा कुल बंकन आघूर्ण का प्रतिरोध करना होता है

$$M = \left(M_f + M_w\right)$$

फिर भी डीजाइन विधि को सरल बनाने के लिए निम्न कल्पनाएँ की जाती है।

10.6 **अनुज्ञेय बंकन प्रतिबल** (Allowable Bending Stress)

प्लेट गर्डर के लिए अनुज्ञेय बंकन प्रतिबल IS : 800-1984 के अनुसार इस प्रकार है।

10.7 **अनुज्ञेय अपरूपण प्रतिबल** (Permissible Stresses in Shear)

भारतीय मानक IS : 800-1984 के अनुसार प्लेट गर्डर की वेब जिसके साथ दृढ़क (stiffeners) प्रयोग नहीं किया गया है, उसके लिए औसत अनुज्ञेय अपरूपण प्रतिबल का मान निम्न होता है।

भारतीय मानक IS : 800-1984 के अनुसार, प्लेट गर्डर की वेब जिसके साथ दृढ़क का प्रयोग किया गया है, उसके लिए औसत अनुज्ञेय अपरूपण प्रतिबल सारणी 10.1 में दिया गया है।

सारणी 10.1. औसत अनुज्ञेय अपरूपण प्रतिबल (For stiffened web)

$\frac{d}{t_w}$	दृढ़क के बीच में विभिन्न दूरी के लिए प्रतिबल (Stress kg/cm^2 for different distances between stiffeners)											
	0.4 d	0.5 d	0.6 d	0.7 d	0.8 d	0.9 d	1.0 d	1.1 d	1.2 d	1.3 d	1.4 d	1.5 d
1	2	3	4	5	6	7	8	9	10	11	12	13
85	945	945	945	945	945	945	945	945	945	945	945	945
90	945	945	945	945	945	945	945	945	945	945	945	945
100	945	945	945	945	945	945	945	945	945	937	928	920
110	945	945	945	945	945	945	945	934	920	907	898	888
120	945	945	945	945	945	939	926	907	891	879	868	858
130	945	945	945	945	931	913	901	880	865	849	838	827
140	945	945	945	931	907	890	876	854	836	821	806	795
150	945	945	940	910	885	865	850	827	808	791	770	765
160	945	945	921	888	861	841	825	800	780	762	746	734
170	945	943	902	868	839	817	800	773	751	732	717	702
180	945	926	882	846	816	792	775	746	724	704	687	672
190	945	909	863	825	794	769	–	–	–	–	–	–
200	945	893	844	803	770	745	–	–	–	–	–	–
210	934	876	825	763	748	–	–	–	–	–	–	–
220	920	858	806	761	724	–	–	–	–	–	–	–
230	907	843	786	740	–	–	–	–	–	–	–	–
240	893	825	767	718	–	–	–	–	–	–	–	–

टिप्पणी 1. आन्तरिक मान रैखित (या एक घात) अन्तर्वेशन से ज्ञात कर सकते हैं।

2. सारणी 10.2 में दिये गये औसत अनुज्ञेय प्रतिबल से यह मान अधिक नहीं होना चाहिए।

10.8 **प्लेट गर्डर की डीजाइन के लिए कल्पनाएं** (Assumptions for Design of Plate Girder)

1. वेब प्लेट अपरूपण बल का प्रतिरोध करती है और अपरूपण प्रतिबल वेब के पूर्ण क्षेत्रफल पर एक समान वितरित होता है।
2. फ्लैंज बंकन घूर्णन का प्रतिरोध करती है। फ्लैंज में बंकन प्रतिबल का वितरण एक समान होता है।

10.9 **वेब प्लेट की डीजाइन** (Design of Web Plate)

प्लेट गर्डर की वेब की डीजाइन में वेब की मोटाई और वेब की वह गहराई जो आर्थिक दृष्टि से ठीक (किफायती) रहती है, ज्ञात की जाती है। वेब प्लेट की वह गहराई जो आर्थिक दृष्टि से ठीक (किफायती) रहती है, वह समीकरण 10.1 में दी गई है, जो निम्न है —

$$d_e = 1.1 \left(\frac{M}{f_b \times t_w}\right)^{1/2}$$

जहाँ पर M = अधिकत बंकन घूर्ण kN-m अथवा N-mm

σ_b = अनुज्ञेय बंकन प्रतिबल N/mm^2 और t_w = वेब प्लेट की मोटाई mm

वेब प्लेट की मोटाई इस प्रकार होनी चाहिए कि अधिकतम अपरूपण प्रतिबल अधिकतम मान से ज्यादा नहीं हो और औसत अपरूपण प्रतिबल औसत मान से ज्यादा नहीं हो। वेब प्लेट की मोटाई को फ्लैंज कोण और वेब को जोड़ने के लिए आवश्यक धारण क्षेत्रफल देना चाहिए। वेब प्लेट की न्यूनतम मोटाई 6 mm हो सकती है। वेब की मोटाई वेब के व्याकुन्चन (Buckling of web) को ध्यान में रखते हुए की जाती है।

अधिकतम आघूर्ण M ज्ञात करने के लिए प्लेट गर्डर प्रयुक्त बाह्य भार के साथ प्लेट गर्डर का स्वतः भार भी लिया जाता है। प्लेट गर्डर का स्वतः भार निम्न समीकरण से लिया जाता है।

$$W_1 = \left(WL/300\right)$$ जहाँ पर,

W = कुल उपयुक्त बाह्य भार, L = विस्तृति (metres)

भारतीय मानक IS : 800-1984 के अनुसार डीजाइन उल्लेख इस प्रकार हैं।

1. $t_w < \frac{d}{85}$ (जिस वेब के लिए दृढ़क (Stiffeners) का उपयोग नहीं किया जाता है।

2. $t_w < \frac{d}{200}$ (जिस वेब के लिए केवल ऊर्ध्वाधर (vertical) दृढ़क का उपयोग होता है।)

3. $t_w < \frac{d}{250}$ (जिस वेब के लिए ऊर्ध्वाधर (Vertical) और क्षैतिज (Horizontal) दृढ़क दोनों का प्रयोग होता है।)

वेब प्लेट की मोटाई का चयन इस प्रकार किया जाता है कि उस मोटाई का उत्पादन भी होता हो और उस मोटाई की प्लेट उपलब्ध भी हो। आर्थिक दृष्टि से वेब प्लेट की मोटाई न्यूनतम रख देते हैं और फिर आवश्यक दृढ़क (Stiffeners) का प्रयोग कर दिया जाता है।

10.10 **फ्लैंज प्लेट की डीजाइन** (Design of Flange Plates)

जब प्लेट गर्डर पर अनुप्रस्थ भार होता है, तब इसकी ऊपर की फ्लैंज में संपीडन बंकन प्रतिबल होता है और नीचे की फ्लैंज में तनन बंकन प्रतिबल होता है ऊपर की फ्लैंज को संपीडन फ्लैंज कहते हैं और नीचे की फ्लैंज को तनन फ्लैंज कहते हैं। प्रत्येक फ्लैंज के क्षेत्रफल में फ्लैंज प्लेट का क्षेत्रफल, फ्लैंज कोण का क्षेत्रफल और वेब के थोड़े से भाग का क्षेत्रफल होता है। वेब का वह हिस्सा जो फ्लैंज कोण के बीच में आ जाता है, वह भी बंकन घूर्ण का प्रतिरोध करता है। इस भाग की संगणना की जाती है। संगणना ज्ञात करने के पश्चात् दोनों फ्लैंज का क्षेत्रफल निम्न प्रकार होता है

संपीडन फ्लैंज का क्षेत्रफल, $Af_c = (Af + \frac{1}{6} A_w)$

तनन फ्लैंज का क्षेत्रफल (निवल क्षेत्रफल) $Af_{net} = (Af' + \frac{1}{8} A_w)$

जहाँ पर,

A_f = फ्लैंज प्लेट और फ्लैंज कोण दोनों का क्षेत्रफल और A_f' = फ्लैंज प्लेट और फ्लैंज कोण दोनों का निवल क्षेत्रफल

A_w = वेब का क्षेत्रफल

अतः समीकरण 10.3 और 10.4 से यह ज्ञात होता है, कि संपीडन फ्लैंज में वेब का (1/6) हिस्सा और तनन फ्लैंज में वेब का (1/8) हिस्सा फ्लैंज के क्षेत्रफल की तरह कार्य करता है। इन हिस्सों को वेब का तुल्यमान (Web equivalent) कहते हैं।

संपीडन फ्लैंज का कार्यकर क्षेत्रफल, वह क्षेत्रफल होता है, जिसमें फ्लैंज के सकल क्षेत्रफल में फ्लैंज की ज्यादा चौड़ाई और खुले रहने वाले रिवेट छेद के लिए कटौती कर दी जाती है।

तनन फ्लैंज का कार्यकर क्षेत्रफल में फ्लैंज के सकल (Gross) क्षेत्रफल में रिवेट छेद के लिए कटौती कर दी जाती है।

वास्तव में संपीडन फ्लैंज और तनन फ्लैंज का सकल क्षेत्रफल बराबर रखते हैं। तनन फ्लैंज की डीजाइन निवल (Net) क्षेत्रफल के आधार पर की जाती है। इसके तदनुसार संपीडन फ्लैंज का क्षेत्रफल रखते हैं। वेब की गहराई और मोटाई का चयन करने के बाद फ्लैंज की डीजाइन निम्न क्रिया विधियों से की जाती है।

1. फ्लैंज क्षेत्रफल विधि (Flange area method), 2. जड़त्व आघूर्ण विधि (Moment of inertia method)

1. फ्लैंज क्षेत्रफल विधि (Flange area method) - प्लेट गर्डर के खण्ड का जाँच के लिए चयन फ्लैंज क्षेत्रफल विधि द्वारा किया जाता है। फ्लैंज क्षेत्रफल विधि को **समीप विधि** (Approximate method) भी कहते हैं। संपीडन और तनन वेब का वितरण, चित्र 10.5 में जैसे दिखाया गया है, वैसे एख समान वितरित (सम वितरित) माना जाता है।

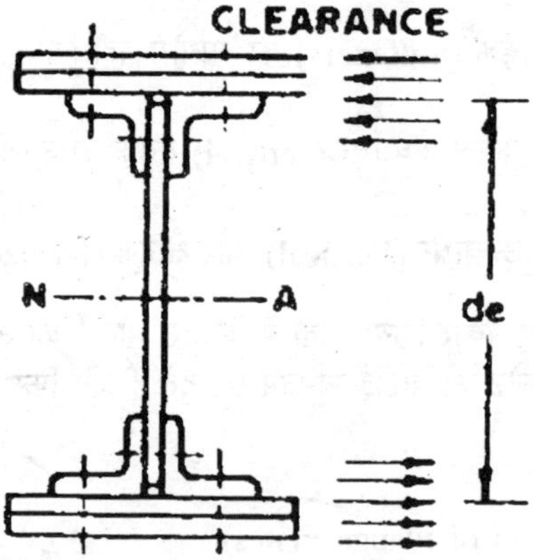

DISTRIBUTION OF BENDING STRESSES OVER FLANGES

चित्र 10.5

संपीडन फ्लैंज में बल C और तनन फ्लैंज में बल, T दोनों बराबर होते हैं, परन्तु विपरीत में फ्लैंज के गुरुत्व केन्द्रों पर कार्यकर होते हैं। ये दोनों बल युग्मन (Couple) बनाते हैं। जो बंकन आघूर्ण का प्रतिरोध करता है।

$$M = \left(C \times d_e\right) = (T \times d_e) = (A_f' \times f'_b \times d_e)$$

$$\therefore\ A_f' = \left(M/\sigma_b' \times d_e\right)$$

जहाँ पर, M = अधिकतम बंकन आघूर्ण, f_b = औसत बंकन प्रतिबल

d_e = प्लेट गर्डर की कार्यकर गहराई, A_f = फ्लैंज का निवल (Net) क्षेत्रफल

फ्लैंज के निवल (Net) क्षेत्रफल की डीजाइन में, एक बड़ा भाग फ्लैंज कोण का होता है और फ्लैंज प्लेट की संख्या न्यूनतम रखते हैं। फ्लैंज कोण का निवल क्षेत्रफल फ्लैंज के निवल क्षेत्रफल का एक-तिहाई होता है। वेब का (1/8)वाँ हिस्सा भी फ्लैंज के निवल क्षेत्रफल में कार्यकर होता है। शेष निवल क्षेत्रफल फ्लैंज प्लेट द्वारा लगाया जाता है। ऐसा भी संभव होता है कि फ्लैंज प्लेट का प्रयोग बिल्कुल नहीं किया जाए। फ्लैंज प्लेट की संख्या तीन तक रखते हैं। फ्लैंज कोण में वे कोण खण्ड लिए जाते हैं, जिनकी टाँगों की लम्बाई बराबर नहीं होती। कोण खण्ड की लम्बी टाँग को क्षैतिज (Horizontal) रखते हैं।

2. जड़त्व आघूर्ण विधि (Moment of inertia method) - यह विधि भारतीय मानक भवन द्वारा अपनायी हुई विधि है। यह विधि **यथार्थ विधि** (Exact method) भी कहलाती है। फ्लैंज क्षेत्रफल विधि द्वारा चयन किया गया प्लेट गर्डर खण्ड की इस विधि द्वारा जाँच की जाती है। प्लेट गर्डर खण्ड के लिए प्रतिरोध बंकन आघूर्ण लिया जाता है। प्रतिरोध बंकन आघूर्ण अधिकतम बंकन आघूर्ण से ज्यादा नहीं होना चाहिए। प्रतिरोध बंकन आघूर्ण

$$M.R = \sigma_d \times \left(I\,gross/y\right)$$

जहाँ पर, y = उदासीन अक्ष (Neutral axis) से अधिकतम दूरी पर रेशे की दूरी (d/2)

प्लेट गर्डर की उदासीन (Neutral axis) प्लेट गर्डर के सकल क्षेत्रफल के केन्द्रक पर ही मानी जाती है। प्लेट गर्डर के खण्ड का सकल जड़त्व आघूर्ण निम्न प्रकार से ज्ञात करते हैं

$$I\,gross = \left(2I_f + 2A_{f1}\cdot\left(\frac{d}{2}\right)^2 + \frac{1}{12}t_w\cdot d^3\right)$$

जहाँ पर, A_{f1} = फ्लैंज का क्षेत्रफल जिसमें वेब का तुल्यमान सम्मिलित नहीं है।

इस तथ्य पर ध्यान देना है कि प्लेट ग्रडर की कुल गहराई, कार्यकर गहराई और वेब की गहराई में बहुत कम अन्तर होता है। इस कारण वेब की गहराई और प्लेट गर्डर की कार्यकर गहराई बराबर मानी गयी है। फ्लैंज प्लेट का जड़त्व आघूर्ण I_f बहुत कम होता है। अतः इसके मान की उपेक्षा (Neglect) कर दी जाती है। अतः प्लेट गर्डर का सकल जड़त्व आघूर्ण

$$I_{gross} = \left(\frac{1}{2}A_{f1}\,d^2 + \frac{1}{12}t_w\cdot d^2\right) \quad \text{या} \quad I_{gross} = \left(A_{f1} + \frac{1}{6}A_w\right)\frac{d^2}{2}$$

$$M.R = \frac{\sigma_{bc}}{d/2}\left(A_{f1} + \frac{1}{6}A_w\right)\frac{d^2}{2}, \quad M.R = \sigma_{bc} \times \left(A_{f1} + \frac{1}{6}A_w\right) \times d$$

जब प्रतिरोध आघूर्ण का मान अधिकतम बंकन आघूर्ण से ज्यादा होता है, तब चयन क्रिया प्लेट खण्ड की डीजाइन ठीक है। प्रतिरोध आघूर्ण को निम्न समीकरण से भी व्यक्त कर सकते हैं।

$$M.R = f_{bt} \times (A_{f1}' + \frac{1}{8}A_w) \times d \qquad \text{(viii)}$$

संपीडन फ्लैंज के अधिकतम दूरी के रेशे पर प्रतिबल, $\sigma_{bc} = \left(M/I_{gross}/y\right)$ (10.6)

तनन फ्लैंज के अधिकतम दूरी के रेशे पर प्रतिबल, $\sigma_{bt} = \sigma_{bc} \times \left(\frac{\text{फ्लेंज का सकल क्षेत्रफल}}{\text{फ्लेंज का निबल क्षेत्रफल}}\right)$ (10.7)

उदाहरण 10.1 एक शुद्धालम्बित प्लेट की कार्यकर विस्तृति 20 m है। इस पर 50 kN/m का अचल भार है और 50 kN/m का एक समान वितरित चल भार भी है, जिसकी लम्बाई विस्तृति से ज्यादा है। प्लेट गर्डर खण्ड की डीजाइन करो। संघात भार (Impact load) भी सम्मिलित करो।

डीजाइन

Step 1 - प्लेट गर्डर की कार्यकर विस्तृति = 20m (i)

संघात गुणांक (Impact Factor), $i = \left(\frac{20}{14 + L}\right)$ (ii)

जहाँ पर, L = प्लेट गर्डर की विस्तृति, metres, $i = \left(\frac{20}{14 + 20}\right) = 0.588$ (iii)

चल भार = 50 kN/m (iv)

संघात भार = (0.588 x 50) = 29.40 kN/m, अचल भार = 50 kN/m (vi)

Step 2 - कुल स्वतः भार, W1 = (WL/300)

$$= \left(\frac{(50 + 29.40 + 50) \times 20 \times 20}{300}\right) = 175.52 \text{ kN}$$

प्रतिमीटर भार $= \dfrac{175.52}{20} = 8.626$ kN (viii)

Step 3 - कुल समवितरित = (5000 + 2940 + 5000 + 862.6) = 138.10 kN/m (ix)

Step 4 - अधिकतम बंकन आघूर्ण $M = \left(\dfrac{wL^2}{8}\right) = \left(\dfrac{13810 \times 20 \times 20}{8}\right) = 6905$ kN/m (x)

अधिकतम अपरूपण बल, $F = \left(\dfrac{wL}{2}\right) = \left(\dfrac{13810 \times 20}{2}\right) = 138100$ kN (xi)

Step 5 - वेब की डीजाइन

माना इस्पात का पराभव प्रतिबल $f_y = 250$ N/mm^2

अधिकतम अनुज्ञेय बंकन प्रतिबल σ_{bc} = (0.66 x 250) = 165 N/mm^2

वेब की मोटाई 12 mm मानी जाती है। वेब की गहराई

$$d = 1.1 \left(\frac{M}{\sigma_{bt} \times t_w}\right) = 1.1 \left(\frac{690500 \times 1000 \times 1000}{165 \times 1.2}\right)^{1/2} = 1867.45 \text{ mm} \quad \text{(xii)}$$

वेब की गहराई 2000 cm ली जाती है।

Step 6 : फ्लैंज की डीजाइन

तनन फ्लैंज के लिए आवश्यक निवल क्षेत्रफल $A_{fnet} = \left(\dfrac{M}{\sigma_{bt} \times d_e}\right) = \left(\dfrac{690500 \times 10^6}{165 \times 2000}\right) = 20924.24$ mm^2(xiii)

22 mm व्यास की रिवेट का प्रयोग किया जाता है।

सारणी 10.4. फ्लैंज क्षेत्रफल

विवरण	फ्लैंज का सकल क्षेत्रफल (mm^2)	रिवेट छेद की कटौति (mm^2)	फ्लैंज का निवल क्षेत्रफल (mm^2)
फ्लैंज कोण 2 ISA 200 mm x 100 mm x 15 mm	2 x 4278 = 8556	4 x 235 x 15 = 1410	7146
फ्लैंज प्लेट 2 x 500 mm x 16 mm	2 x 500 x 16 = 16000	4 x 235 x 16 = 1504	14496
वेब तुल्यमान	$\frac{1}{6} A_w = \frac{2000 \times 12}{6}$ = 4000	–	$\frac{1}{8} A_w = \frac{2000 \times 12}{6}$ = 3000
कुल	28556	–	24642

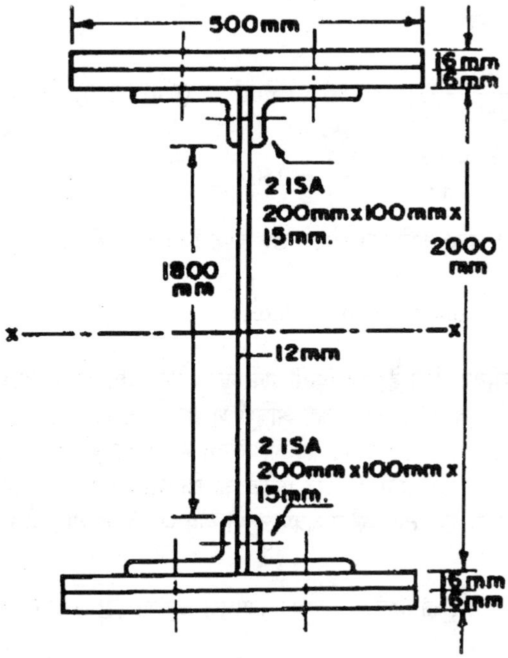

चित्र 10.6

तनन फ्लैंज का निवल क्षेत्रफल = 24642 mm^2, संपीडन फ्लैंज का सकल क्षेत्रफल = 28556 mm^2

प्लेट गर्डर खण्ड की चित्र 10.6 में दिखाया गया है।

Step 7 : डीजाइन्ड प्लेट गर्डर की, जाँच (जड़ता के आघूर्ण विधि से)

एक फ्लैंज कोण खण्ड का जड़त्व आघूर्ण = 2981 x 104 mm^4, जड़त्व केन्द्र की दूरी = 222 mm

प्लेट गर्डर का सकल जड़त्व आघूर्ण

$$I_{xx}\text{ gross} = \left[\frac{1}{12} \times 1.2 \times 200^3 + 4 \times 298.1 + 4 \times 42.78 \times (100 - 2.22)^2 + 2 \times 50 \times 2 \times 1.6 \times 101.6^2\right]$$

$$= 5736642.4 \times 10^4 \text{ mm}^4$$

संपीडन फ्लैंज में प्रतिबल

$$f_{bc} = \left(\frac{M}{I_{xx}} \times y\right) = \left(\frac{690500 \times 1000 \times 1032}{5736642.4 \times 10^4}\right) \text{N/mm}^2 = 124.2 \text{ N/mm}^2$$

तनन फ्लैंज में प्रतिबल

$$f_{bt} = 124.2 \times \left(\frac{285.56}{249.92}\right) = 143.8 \text{ N/mm}^2 \quad < \quad 165 \text{ N/mm}^2$$ अतः यह ठीक है।

Step 8 : अपरूपण प्रतिबल पर जाँच

$$= \left(\frac{1381000}{2000 \times 12}\right) = 57.6 \text{ N/mm}^2 < (0.4 \text{ x } 250) = 100 \text{ N/mm}^2$$

$$\left(\frac{d}{t_w}\right) = \left(\frac{2000 - 100 - 100}{1.2}\right) = 150$$

अतः आवश्यक दृढ़क का प्रयोग किया जायेगा। प्लेट गर्डर खण्ड चित्र 10.6 में दिखाया गया है।

10.11 **फ्लैंज प्लेट की काट** (Curtailment of Flange Plates)

जब प्लेट गर्डर पर बाह्य भार प्रयुक्त होता है, तब किसी एक खण्ड पर साधारणतया अधिकतम बंकन आघूर्ण होता है। जब प्लेट गर्डर पर समवितरित भार होता है, तब अधिकतम बंकन आघूर्ण शुद्धालम्बित प्लेट गर्डर में केन्द्र पर होता है। बंकन आघूर्ण के मान आलम्ब की तरफ कम होते जाते हैं। प्लेट गर्डर खण्ड का अधिकतम बंकन आघूर्ण के लिए डीजाइन किया जाता है। अधिकतम बंकन आघूर्ण के लिए फ्लैंज की डीजाइन की जाती है। यह फ्लैंज का क्षेत्रफल अन्य खण्ड पर आवश्यक नहीं होता है। ज्यों-ज्यों बंकन आघूर्ण का मान कम होता जाता है, त्यों-त्यों फ्लैंज क्षेत्रफल भी कम कर दिया जाता है। फ्लैंज क्षेत्रफल में कमी फ्लैंज प्लेट की कटौती करके की जाती है।

जब प्लेट गर्डर पर समवितरित भार होता है तब बंकन आघूर्ण आरेख (Bending moment diagram) परवलियक (Parabolic) होता है। यदि

A_f = कुल फ्लैंज क्षेत्रफल जिसमें वेब तुल्यमान भी सम्मिलित है।

$A_1, A_2 \ldots, A_n$ = बाहर से संगणना करते हुए प्लेट का क्षेत्रफल

$2x_1, 2x_2 \ldots, 2x_n$ = प्लेट की सिद्धान्तिक लम्बाई है, जैसा कि चित्र 10.7 में दिखाया गया हैं।

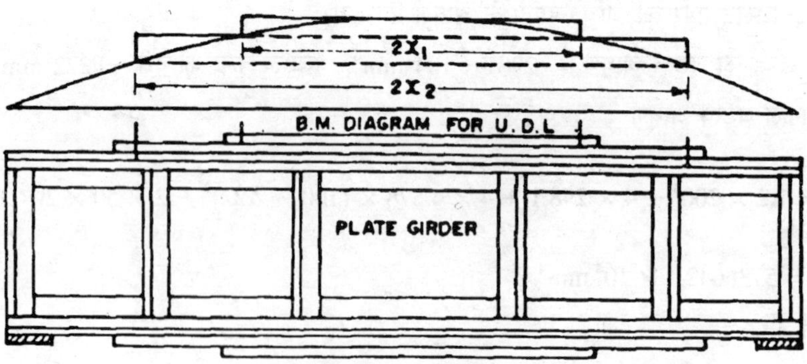

CURTAILMENT OF FLANGE PLATES

चित्र 10.7

l = प्लेट गर्डर की विस्तृति (span) तब

$$x_1 = \frac{1}{2}\left(\frac{A_1}{A_f}\right)^{1/2} \quad (10.8)$$

$$x_2 = \frac{1}{2}\left(\frac{A_1 + A_2}{A_f}\right)^{1/2} \tag{10.9}$$

$$x_n = \frac{1}{2}\left(\frac{A_1 + A_2 + \ldots + A_n}{A_f}\right)^{1/2} \tag{10.10}$$

वैकल्पिक (Alternatively) समीकरण (10.10) इस प्रकार भी विचार करके प्राप्त की जा सकती हैं।

किसी अनुप्रस्थ काट (Transverse section) पर बंकन आघूर्ण और प्रतिरोध बंकन आघूर्ण बराबर होते हैं। अधिकतम बंकन समवितरित भार w प्रति मीटर लम्बाई के लिए जब कि प्लेट गर्डर दोनों सिरों पर कब्जेदार (Hinged) होते हैं,

$$M_{max} = \left(\frac{wL^2}{8}\right) \tag{i}$$

प्लेट गर्डर का प्रतिरोध बंकन आघूर्ण जोकि अधिकतम बंकन आघूर्ण का प्रतिरोध करता है,

$$M.R_{max} = \left(A_{f1} + \frac{1}{6} + A_w\right) . \sigma_{bc} . d \tag{ii}$$

A_{f1} = फ्लैंज के क्षेत्रफल में वेब का तुल्यमान (web equivalent) सम्मिलित नहीं है।

अभिव्यक्तियों (i) और (ii) को बराबर करने पर $\left(A_{f1} + \frac{1}{6} + A_w\right) . \sigma_{bc.d} = \left(\frac{wL^2}{8}\right)$ (iii)

यदि प्लेट गर्डर को फ्लैंज प्लेट से ऊपर से एक, दो, और इस प्रकार n फ्लैंज प्लेटस की कटौती की जाती है, तब अभिव्यक्ति (iii) की तरह निम्न अभिव्यक्तियाँ लिख सकते हैं

$$\left[\left(A_{f1} + \frac{1}{6}A_w\right) - A_1\right] \sigma_{bc.} d = \left(\frac{wL^2}{8} - \frac{w(2x_1)^2}{8}\right) \tag{iv}$$

$$\left[\left(A_{f1} + \frac{1}{6}A_w\right) - (A_1 + A_2)\right] \sigma_{bc.} d = \left(\frac{wL^2}{8} - \frac{w(2x_2)^2}{8}\right) \tag{v}$$

$$\left[\left(A_{f1} + \frac{1}{6}A_w\right) - \left(A_1 + A_2 + \ldots + A_n\right)\right] \sigma_{bc.} d = \left(\frac{wL^2}{8} - \frac{w(2x_n)^2}{8}\right) \tag{vi}$$

उपरोक्त अभिव्यक्तियों (iv), (v) और (vi) को क्रमशः अभिव्यक्ति (vi) से भाग देने पर

$$\left(1 - \frac{A_1}{A_{f1} + \frac{1}{6}A_w}\right) = \left[1 - \frac{(2x_1)^2}{l^2}\right] \tag{vii}$$

$$\left(1 - \frac{A_1 + A_2}{A_{f1} + \frac{1}{6}A_w}\right) = \left[1 - \frac{(2\,x_2)^2}{l^2}\right] \tag{viii}$$

$$\left(1 - \frac{A_1 + A_2 + \ldots + A_n}{A_{f1} = \frac{1}{6}\,A_w}\right) = \left[1 - \frac{(2\,x_n)^2}{l^2}\right] \tag{ix}$$

अतः निम्न अभिव्यक्तियों प्राप्त हो जाती है

$$x_1 = \frac{1}{2}\left(\frac{A_1}{A_f}\right)^{1/2} \qquad (x)$$

$$x_2 = \frac{1}{2}\left(\frac{A_1 + A_2}{A_f}\right)^{1/2} \qquad (xi)$$

$$x_n = \frac{1}{2}\left(\frac{A_1 + A_2 + \ldots + A_n}{A_f}\right)^{1/2} \qquad (xii)$$

जहाँ पर, $Af = \left(A_{f1} + \frac{1}{6}A_w\right)$

तनन फ्लैंज के लिए के लिए प्लेटस की कटौति के संगणना किये जाते हैं। इसमें प्लेटस और फ्लैंज प्लेट के निवल क्षेत्रफल का उपयोग किया जाता है। संपीडन फ्लैंज के लिए प्लेटस की कटौती उन्हीं अनुप्रस्थ काट (Transverse sections) पर किये जाते हैं, जिस अनुप्रस्थ काट पर तनन फ्लैंज के लिए प्लेटस की कटौति की गई हैं। इससे आर्थिक किफायत रहती है।

फ्लैंज प्लेट की काट के लिए लेखाचित्रीय विधि (Graphical method of curtailment of flange plate) - समवितरित भार के अलावा अन्य भार के लिए लेखाचित्रीय विधि अपनायी जाती है, जो निम्न प्रकार है।

यदि दिये गये बाह्य भार के लिए बंकन आघूर्ण आरेख चित्र 10.8 के अनुसार है, तब फ्लैंज प्लेट की कटौति इस प्रकार करते हैं। प्लेट गर्डर के लिए प्रतिरोध बंकन आघूर्ण निम्न है।

$$M.R = \left(Af_1 + \frac{1}{6}A_w\right) \times f_b \times d \qquad (i)$$

$$\text{या } M.R = \left(A_{fa} + A_1 + A_2 + \ldots + A_n + \frac{1}{6}A_w\right) \times f_b \times d \qquad (ii)$$

$$\text{या } M.R = \left[\left(A_{fa} + \frac{1}{6}A_w\right) + A_1 + A_2 + \ldots + A_n\right] \qquad (iii)$$

जहाँ पर, A_{fa} = फ्लैंज कोण का क्षेत्रफल

$A_1, A_2, \ldots A_n$ = फ्लैंज प्लेट का क्षेत्रफल

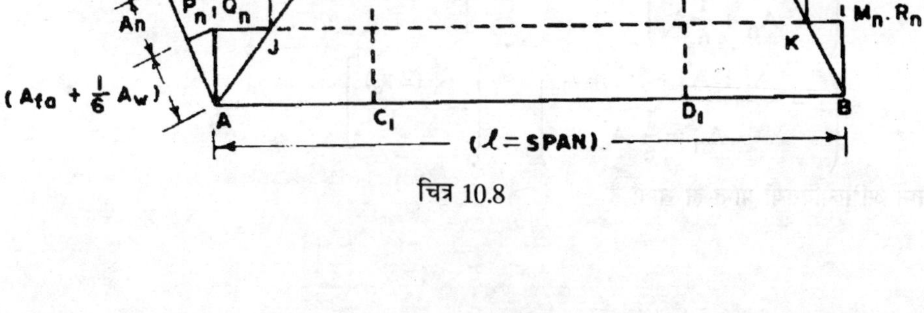

चित्र 10.8

प्लेट गर्डर का एक फ्लैंज प्लेट काटने के बाद, दो प्लेट काटने के बाद, n प्लेट काटने के बाद प्रतिरोध बंकन आघूर्ण इस प्रकार हैं।

$$M_1 R_1 = \left[\left(A_{fa} + \frac{1}{6}A_2\right) + A_2 + \ldots + A_a\right] \times \sigma_b \times d$$

$$M_2 R_2 = \left[\left(A_{fa} + \frac{1}{6}A_w\right) + \ldots + \ldots + A_a\right] \times \sigma_b \times d$$

$$M_n R_n = \left[\left(A_{fa} + \frac{1}{6}A_w\right)\right] \times \sigma_b \times d$$

अतः M_1, R_1, $M_2.R_2$, ...$M_n.R_n$ के मान की संगणना की जाती है और इन मानों को चित्र में आलेखित किया जाता है। क्षैतिज रेखाएँ जो बंकन आघूर्ण आरेख पर काटती हैं, वे फ्लैंज प्लेट की सिद्धान्तिक लम्बाई बताती है।

विकल्पी विधि (Alternative method) - समीकरण (iii) से यह ज्ञात होता है कि प्लेट गर्डर का कुल प्रतिरोध बंकन आघूर्ण में फ्लैंज कोण और वेब तुल्यमान के कारण $\left(A_{fa} + \frac{1}{6}A_w\right) \times f_q \times d$ होता है, एक फ्लैंज प्लेट के कारण $A_1 \times f_a \times d$ दूसरी फ्लैंज प्लेट के कारण $A_2 \times f_4 \times d$ होता है। अतः विभिन्न तत्त्वों का प्रतिरोध बंकन आघूर्ण उनके क्षेत्रफल पर निर्भर करता है।

अतः चित्र 10.8 में एक रेखा AQ, AB रेखा के अभिलम्ब दिशा में खींचते हैं। AQ अधिकतम प्रतिरोध बंकन आघूर्ण को प्रतिनिधित्व करता है, (AQ = DD1) एक AP रेखा A बिन्दु पर AQ रेखा से किसी भी झुकाव पर खींचते हैं। इस AP रेखा पर

$$AP_n = (A_{fa} + \frac{1}{6}A_w)$$

$$P_2P_1 = A_n, \quad P_1P_2 = A_2, \quad PP_1 = A_1$$

काट, काटते हैं। P और Q बिन्दु को मिला दिया जाता है। तब, P_1, P_2 ...P_n बिन्दुओं से P_1Q_1, P_2Q_2, P_nQ_n रेखाएँ रेखा PQ के समान्तर खींचते है। Q_1, Q_2, ...Q_n बिन्दुओं से क्षैतिज रेखाएँ खींचते हैं। क्षैतिज रेखाएं बंकन आघूर्ण आरेख पर काटती हैं। इन रेखाओं की लम्बाई EF, GH, JK फ्लैंज प्लेट की सिद्धान्तिक लम्बाई बताती हैं।

इन सिद्धान्तिक लम्बाईयों का इन बिन्दुओं के आगे कुछ लम्बाई तक विस्तार करते हैं। IS : 800-1984 के अनुसार इस विस्तार की लम्बाई इतनी रखते हैं ताकि उपयुक्त रिवेट इस लम्बाई में लगायी जा सके। इन रिवेटों की संख्या की संगणना की जाती है। सिद्धान्तिक फ्लैंज प्लेट के कटौती बिन्दुओं पर बंकन प्रतिबल से उत्पन्न जितना अनुदैर्ध्य बल होता है, उसे रिवेट प्रतिरोध कर सकें।

जब प्लेट गर्डर का खुले वातावरण में उपयोग किया जाता है, तब ऊपर की फ्लैंज प्लेट जो फ्लैंज कोण खण्ड से रिवेटित होती है, उसे नहीं काटा जाता।

उदाहरण 10.2. एक शुद्धालम्बित प्लेट गर्डर फ्लैंज प्लेट, वेब प्लेट और फ्लैंज कोण से बना हुआ है, जैसा कि चित्र 10.9 में दिखाया गया है। प्लेट गर्डर की कार्यकर लम्बाई 20 m है। प्लेट गर्डर में समवितरित भार के कारण अधिकतम बंकन आघूर्ण 9000 kN-m है। यदि फ्लैंज प्लेट काट ली जाय तो उसकी वास्तविक लम्बाई ज्ञात करो।

डीजाइन

Step 1 - फ्लेंज के क्षेत्रफल

समवितरित भार के कारण प्लेट गर्डर के लिए बंकन आघूर्ण आरेख परवलयिक (Parabolic) होता है, जैसा कि चित्र 10.10 में दिखाया गया है। अधिकतम बंकन आघूर्ण केन्द्र पर होता है।

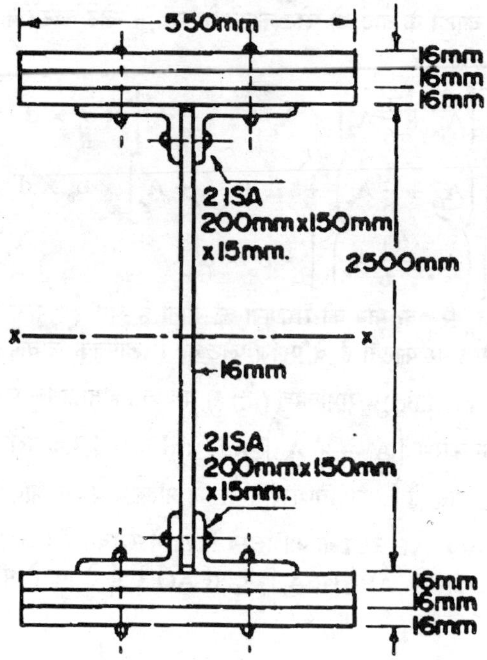

चित्र 10.9

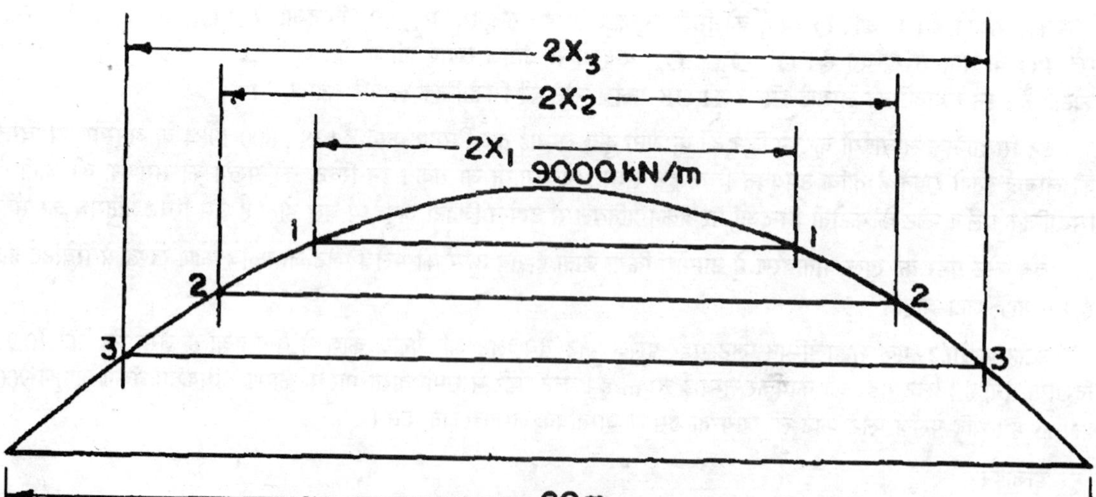

चित्र 10.10

सारणी 10.6. फ्लैंज क्षेत्रफल

विवरण	फ्लैंज का सकल क्षेत्रफल (mm^2)	रिवेट छेद के लिए कटौती (mm^2)	फ्लैंज का निवल क्षेत्रफल (mm^2)
फ्लैंज कोण 2 ISA 200 mm x 150 mm x 15 mm	2 x 5025 = 10050	4 x 235 x 15 = 1410	8640
3 फ्लैंज प्लेट			
550 mm x 16 mm	550 x 16 = 8800	2 x 235 x 16 = 752	8048
550 mm x 16 mm	550 x 16 = 8800	2 x 235 x 16 = 752	8048
550 mm x 16 mm	550 x 16 = 8800	2 x 235 x 16 = 752	8048
वेब तुल्यमान	$\frac{1}{6}A_w$ $= \frac{1}{6} \times 250 \times 1.6$ $= 66.67$		$\frac{1}{8}A_w$ $= \frac{2500 \times 16}{8}$ $= 5000$
कुल	43117		37784

तनन फ्लैंज का निवल क्षेत्रफल = 37784 mm^2, संपीडन फ्लैंज का सकल क्षेत्रफल = 43117 cm^2

Step 2 - सकल जड़त्व आघूर्ण की संगणना

प्लेट गर्डर की उदासीन अक्ष (XX -अक्ष) केन्द्र पर स्थित मानी जाती है। फ्लैंज प्लेट का उनकी स्वयं अक्ष पर जड़त्व आघूर्ण की उपेक्षा की जाती है।

सारणी 10.7. फ्लैंज प्लेट की संख्या

फ्लेंज प्लेट की संख्या	जड़त्व आघूर्ण (Gross moment of inertia)				
	वेब प्लेट 10^4 x (mm^4)	फ्लैंज कोण स्वयं अक्ष पर 10^4 x (mm^4)	फ्लैंज कोण xx - अक्ष पर 10^4 x (mm^4)	फ्लैज प्लेट XX - अक्ष पर 10^4 x (mm^4)	$ε_{xx}$ (सकल) 10^4 x (mm^4)
शून्य	2083333.3	4 x 969.9 = 3879.6	4 x 50.25 x (125 - 3.72)2 = 2960000	—	5047212.9
एक	2083333.3	3879.6	2960000	2 x 55 x 1.6 x 125.82 = 2790000	7837212.9
दो	2083333.3	3879.6	2960000	2 x 55 x 3.2 x 126.82 = 5650000	13697212.9
तीन	2083333.3	3879.6	2960000	2 x 55 x 4.8 x 127.42 = 8650000	22127212

Step 3 - तनन फ्लैंज प्लेट की काट

$$x_1 = \frac{20}{2}\left(\frac{8047}{37784}\right)^{1/2} = 4.62 \text{ m}, \quad x_2 = \frac{20}{2}\left(\frac{2 \times 80.48}{377.84}\right)^{1/2} = 6.52 \text{ m}, \quad x_3 = \frac{20}{2}\left(\frac{3 \times 80.48}{37784}\right)^{1/2} = 8.00 \text{ m}$$

प्लेट का सिद्धान्तिक काट बिन्दुओं से आगे विस्तार किया जाता है। इन बिन्दु पर बंकन आघूर्ण की संगणना निम्नानुसार की जाती है।

परवलयिक (Parabolic) बंकन आघूर्ण आरेख की समीकरण निम्नलिखित है। मूल बिन्दु (Origin) A पर है

$$y = \frac{4a}{L^2} . x . (L - x) \qquad x = L_2 \quad y = 9000 \text{ kn} - \text{m}$$

$$\therefore \ a = 9000 \quad \therefore y = 36000\, x\, (L - x)/L^2$$

Step 4 - सिद्धान्तिक अनुप्रस्थ काट की दूरियाँ

काट खण्ड 1 की A से दूरी = (1 0 – 4.62) = 5.38 m

काट खण्ड 2 की A से दूरी = (10 – 6.52) = 3.48 m

काट खण्ड 3 की A से दूरी = (10 – 8) = 2.0 m

Step 5 - सिद्धान्तिक अनुप्रस्थ काट पर बंकन आघूर्ण

काट खण्ड 1 पर बंकन आघूर्ण, $M_1 = \left(\frac{36000}{400}\right) \times 5.38 \times 14.62 = 7079$ kN-m

काट खण्ड 2 पर बंकन आघूर्ण, $M_2 = \left(\frac{36000}{400}\right) \times 3.48 \times 16.52 = 5174$ kN-m

काट खण्ड 3 पर बंकन आघूर्ण, $M_3 = \left(\frac{36000}{400}\right) \times 2 \times 18 = 3240$ kN-m

संपीडन बंकन प्रतिबल (सबसे ऊपर की फ्लैंज प्लेट में)

Step 6 - सबसे ऊपरी प्रथम कवर प्लेट पर संपीडन में बंकन आघूर्ण प्रतिबल

सकल जड़त्व आघूर्ण (सबसे ऊपर की फ्लैंज प्लेट को सम्मिलित करते हुए)

I_{xx} (सकल) = $22137212.9 \times 10^4 \text{ mm}^4$

उदासीन अक्ष से सबसे ऊपर की प्लेट के केन्द्र तक दूरी

$$y_1 = (125 + 2 \times 1.6 + \frac{1}{2} \times 1.6) = 129 \times 10 \text{ mm}$$

काट खण्ड 1 पर संपीडन प्रतिबल

$$\sigma_{bc.cal} = \left(\frac{7079 \times 10^6 \times 1290}{22137212.9}\right) = 41.25 \text{ N/mm}^2$$

Step 7 - संपीडन बंकन प्रतिबल (दूसरी प्लेट में)

उदासीन अक्ष से दूसरी प्लेट के केन्द्र तक दूरी $\quad y_2 = (125 + 1.6 + \frac{1}{2} \times 1.6) = 127.4 \times 10$ mm

संपीडन बंकन प्रतिबल, M_2 = 5174 kN-m

5174 x 106 x 1274 = 48.87 N/mm^2

$$\sigma_{bc.cal2} = \left(\frac{5174 \times 10^6\ 1274}{13487212.3}\right) = 48.87 \text{ N/mm}^2$$

Step 8 - संपीडन बंकन प्रतिबल (तीसरी प्लेट में)

उदासीन अक्ष में तीसरी प्लेट की केन्द्र तक दूरी $y_3 = \left(125 + \frac{1}{2} \times 1.6\right) = 125.8 \times 10 \text{ mm}$

संपीडन बंकन प्रतिबल, $M_3 = 3240$ kN-m

$$\sigma_{bc.cal3} = \left(\frac{3240 \times 10^6 \times 125.8}{7837212.9}\right) = 52 \text{ N/mm}^2$$

Step 9 - तनन फ्लैंज में बंकन प्रतिबल

$$\sigma_{bc.cal1} = \left(\frac{41.25 \times 43117}{37784}\right) = 47.072 \text{ N/mm}^2$$

$$\sigma_{bc.cal2} = \left(\frac{48.87 \times (43117 - 8800)}{(37784 - 8048)}\right) = 56.396 \text{ N/mm}^2$$

$$\sigma_{bc.cal3} = \left(\frac{520 \times (43117 - 2 \times 8800)}{(37784 - 2 \times 8048)}\right) = 61.18 \text{ N/mm}^2$$

Step 10 - प्रत्येक फ्लैंज प्लेट में तनन बल

$$F_1 = (47.072 \text{ x } 8048\ 1000) = 378.834 \text{ kN}$$

$$F_2 = (56.396 \text{ x } 80.48\ 1000) = 453.875 \text{ kN}$$

$$F_3 = (6118 \text{ x } 8048\ 1000) = 492.37 \text{ kN}$$

Step 11 - रिवेट मान

22 mm व्यास की रिवेट का प्रयोग किया गया है। एक तल अपरूपण में रिवेट का सामर्थ्य

$$= \left(\frac{\pi}{4} \times \frac{(235)^2 \times 100}{1000}\right) = 43.35 \text{ kN}$$

धारण में रिवेट का सामर्थ्य $= \left(235 \times \frac{16 \times 300}{100}\right) = 112.8 \text{ kN}$

रिवेट मान, $R = 43.35$ kN

Step 12 - रिवेट संयोजन (Connection) की डीजाइन -

काट खण्ड 1 पर रिवेट की संख्या $= \left(\frac{378.834}{43.35}\right) = 8.739$

काट खण्ड 2 पर रिवेट की संख्या $= \left(\frac{453.875}{43.35}\right) = 10.47$

काट खण्ड 3 पर रिवेट की संख्या $= \left(\frac{492.37}{43.35}\right) = 11.36$

प्रत्येक खण्ड पर 16 रिवेट दो पंक्ति में लगायी जाती हैं। पिच = 3 x सकल व्यास, किनारे की दूरी = 1.5 x सकल व्यास

Step 13 - फ्लैंज प्लेट की वास्तविक लम्बाई

सबसे ऊपर की प्लेट $= \left(2 \times 4.62 + \frac{2}{1000} \times 8 \times 3 \times 235\right) = 10.36 \text{ m}$

$$\text{दूसरी प्लेट} = \left(2 \times 6.52 + \frac{2}{100} \times 8 \times 3 \times 235\right) = 14.16 \text{ m}$$

$$\text{तीसरी प्लेट} = \left(2 \times 8 + \frac{2}{100} \times 8 \times 3 \times 235\right) = 17.12 \text{ m}$$

जिस काट पर तनन फ्लैंज में फ्लैंज प्लेट की काट की जाती है, उसी काट पर संपीडन फ्लैंज में फ्लैंज प्लेट की काट की जाती है। यदि प्लेट गर्डर का उपयोग खुले वायुमण्डलीय वातावरण में होता हो तो एक प्लेट की संपीडन फ्लैंज में काट नहीं करते हैं।

10.12 फ्लैंज कोण खण्ड की वेब प्लेट के साथ रिवेट जोड़ (Rivet Connection of Flange Angles to Web)

फ्लैंज कोण खण्ड की वेब प्लेट के साथ रिवेट जोड़ की डीजाइन क्षैतिज अपरूपण बल पर निर्भर करती है। क्षैतिज अपरूपण बल में भारित फ्लैंज के लिए एक ऊर्ध्वाधर भार को जोड़ा जाता है। परिणामी बल के प्रतिरोध के लिए रिवेट जोड़ की डीजाइन की जाती है। फ्लैंज पर भार चित्र 10.11 में दिखाये गये हैं।

प्लेट गर्डर के किसी अनुप्रस्थ काट खण्ड पर किसी रेशे (बिन्दु) पर अपरूपण प्रतिबल

$$\tau_{vf.cal} = \left(\frac{V . A\bar{y}}{I.b}\right) = \left(\frac{VQ}{Ib}\right) \text{ जहाँ पर } Q = A\bar{y}$$

$\tau_{vf.cal}$ = संगणित अपरूपण प्रतिबल और $\bar{y}$ = वेब प्लेट की उदासीन अक्ष से ऊर्ध्वाधर दूरी

V = अपरूपण बल अनुप्रस्थ खण्ड पर और I = प्लेट गर्डर खण्ड का उदासीन अक्ष पर जड़त्व आघूर्ण

A = उदासीन अक्ष पर उस हिस्से की क्षेत्रफल का स्थैतिक आघूर्ण (जो भाग उस स्थिति के परे होता है जिस स्थिति पर अपरूपण प्रतिबल ज्ञात करते हैं)।

b = उस क्षैतिज्य खण्ड की चौडाई, जिस पर अपरूपण प्रतिबल ज्ञात करते हैं।

$$\text{अपरूपण बल प्रति इकाई गहराई पर } \tau_{vf.cal} = \left(\frac{VQ}{I.b} \times b \times 1\right) = \left(\frac{VQ}{I}\right) \quad \text{(ii)}$$

$$\text{खण्ड का आघूर्ण } I = \left(2A_f . \frac{de}{2} . \frac{de}{2}\right), \text{ और } Q = \left(A\bar{y}\right) = \left(A_f \times de/2\right) \quad \text{(iii)}$$

अपरूपण बल प्रति इकाई गहराई पर

$$\tau_{vf.cal} = \left(\frac{V . A_f . de/2}{2A_f (de/2) . (de/2)}\right) = \left(\frac{V}{de}\right) \quad \text{(iv)}$$

क्षैतिज्य अपरूपण (जो कि ऊर्ध्वाधर अपरूपण) के बराबर होता है।

$$\tau_{vf.cal} = \left[\left(\frac{V}{de}\right) \times \left(\frac{A_{f1}}{A_{f1} + \frac{1}{6}A_w}\right)\right] \quad \text{(vi)}$$

रिवेट की पिच एक पंक्ति में निम्न समीकरण से ज्ञात की जाती है।

$$p = \frac{R}{\left[\left(\frac{V}{d_e} \times \frac{A_{f1}}{A_{f1} + \frac{1}{6}A_w}\right)^2 + (w)^2\right]^{1/2}} \qquad p = \left[\frac{R}{\left((f_s)^2 + (w)^2\right)^{1/2}}\right]$$

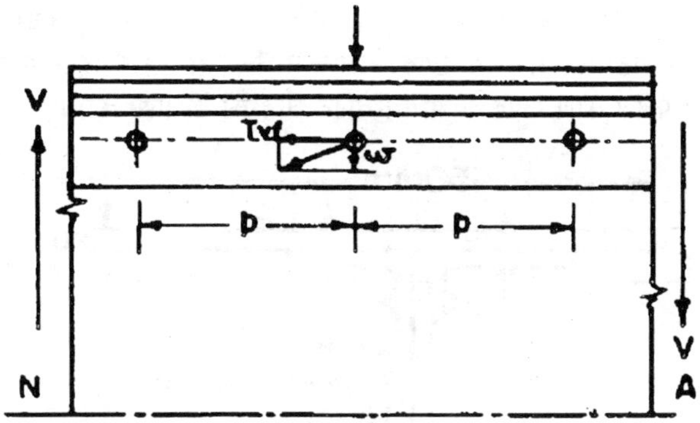

चित्र 10.11

जहाँ पर, R = रिवेट मान और V = काट खण्ड पर अपरूपण बल

A_{f1} = फ्लैंज का क्षेत्रफल (जिसमें वेब तुल्यमान क्षेत्रफल सम्मिलित नहीं हैं।)

तनन फ्लैंज (अभारित फ्लैंज के लिए) w = 0

$$\therefore\ p = \left(\frac{R}{\left(\frac{V_e}{d_e} \times \frac{A' f_1}{A'_{f1} + \frac{1}{8} A_w}\right)^{1/2}}\right) \tag{10.13}$$

10.13 फ्लैंज प्लेट की फ्लैंज कोण के साथ रिवेट जोड़ (Rivet Connection of Flange Plates with Flange Angles)

फ्लैंज प्लेट की फ्लैंज कोण के साथ रिवेट क्षैतिज अपरूपण बल के लिए डीजाइन की जाती है। तनन फ्लैंज के प्रति इकाई लम्बाई के लिए क्षैतिज अपरूपण बल

$$\tau_{vf.cal} = \left(\frac{V}{d_e} \times \frac{A_1 + A_2 + \ldots + A_n}{A'_{f1} + \frac{1}{8} A_n}\right) \tag{i}$$

$A'_1, A'_2, \ldots A'_3$ = बाहर से गिनते हुए फ्लैंज प्लेट का क्षेत्रफल

$$\text{रिवेट की एक पंक्ति के लिए पिच } p = \left[\left(\frac{R \times d_e}{V}\right) \times \left(\frac{A'_{f1} + \frac{1}{8} A_w}{A'_1 + A'_2 + \ldots A'_n}\right)\right] \tag{10.14}$$

$$\text{संपीडन फ्लैंज में } p = \left[\left(\frac{R \times d_e}{V}\right) \times \left(\frac{A_{f1} + \frac{1}{6} A_w}{A_1 + A_2 + \ldots A_n}\right)\right] \tag{10.15}$$

परन्तु रिवेट 2 पंक्तियों में लगाई जाती हैं। इस कारण रिवेट 2 x p पर लगाई जाती है। रिवेट की पिच अधिकतम अनुज्ञेय पिच से ज्यादा नहीं होनी चाहिए। जो तनन फ्लैंज के लिए 16t या 200 mm जो भी कम हो, और संपीडन फ्लैंज के लिए 12t या 200mm जो भी कम हों। जहाँ पर t बाहरी कम मोटाई की प्लेट की मोटाई होती है।

उदाहरण 10.3 एक शुद्धालम्बित प्लेट गर्डर की विस्तृति 24 m है। प्लेट गर्डर पर समवितरित भार 384 tonnes है, जिसमें स्वतः भार सम्मिलित नहीं हैं। प्लेट गर्डर का अनुप्रस्थ खण्ड आलम्ब पर चित्र 10.12 में दिखाया गया है। फ्लैंज कोण खण्ड का वेब के साथ और फ्लैंज प्लेट का फ्लैंज कोण खण्ड के साथ रिवेटित जोड़ की डीजाइन करो।

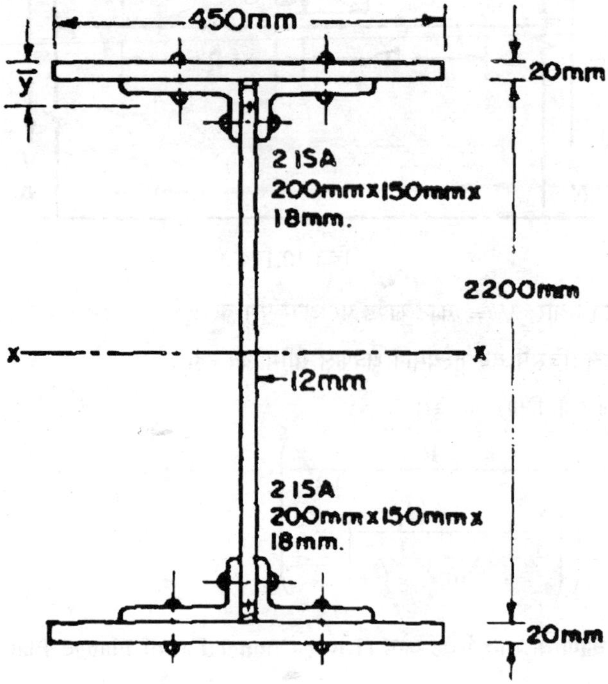

चित्र 10.12

डीज़ाइन

Step 1 - प्लेट गर्डर का स्वतः भार = $\left(\frac{3840 \times 24}{300}\right)$ = 307 (say 310) kN

कुल समवितरित भार = (3840 + 310) = 4150 kN, आलम्ब पर प्रतिक्रिया बल, V = $\left(\frac{4150}{2}\right)$ = 2075 kN

माना कि संपीडन फ्लैंज की ऊपर से गुरुत्व केन्द्र तक की दूरी y है। ISI हेन्डबुक नं. 1 से

एक फ्लैंज कोण खण्ड का क्षेत्रफल = 5975 mm^2 और इसके केन्द्रक की दूरी = 384 mm

$$\therefore\ \bar{y} = \left(\frac{45 \times 2 \times 1 + 2 \times 59.56\,(2 + 3.84)}{45 \times 2 + 2 \times 59.76}\right) = 3.75 \text{ cm} \times 10 = 37.5 \text{ mm}$$

Step 2 - आलम्ब पर प्लेट गर्डर की कार्यकर गहराई

$$d_e = (224 - 2 \times 3.75) = 216.50 \text{ cm} \times 10 = 2165 \text{ mm}$$

Step 3 - तनन फ्लैंज का निकल क्षेत्रफल = 21622 mm^2

संपीडन फ्लैंज का सकल क्षेत्रफल = 25352 mm^2

फ्लैंज क्षेत्रफल

विवरण	फ्लैंज का सकल क्षेत्रफल (mm^2)	रिवेट छेद की कटौती (mm^2)	फ्लैंज का निवल क्षेत्रफल
फ्लैंज कोण खण्ड			
2 ISA 200 mm x 150 mm x 18 mm	2 x 5976 = 11952	4 x 235 x 18 = 1690	10262
फ्लैंज प्लेट			
450 mm x 20 mm	450 x 20 = 9000	2 x 235 x 2 = 940	8060
वेब तुल्यमान क्षेत्रफल	$\frac{1}{6} \times A_w$ $= \frac{1}{6} \times 2200 \times 12$ $= 4400$		$\frac{1}{8} A_w$ $= \frac{2200 \times 12}{8}$ $= 3300$
कुल	253.52		21622

Step 4 - संपीडन फ्लैंज में फ्लैंज कोण खण्ड का वेब के साथ रिवेटित जोड़

$$w = \left(\frac{3840}{24} \times \frac{1000}{1000}\right) = 160 \text{ N/mm}$$

22mm व्यास की रिवेट का प्रयोग किया गया है।

द्वितल अपरूपण में रिवेट का सामर्थ्य = $\left(2 \times \frac{\pi}{4} \times (235)^2 \times 1000\right) = 86.70 \text{ kN}$

धारण में रिवेट का सामर्थ्य = (235 x 12 x 300) = 84.6 kN

रिवेट मान, R = 84.6 kN

रिवेट का पिच एक पंक्ति के लिए $p = \dfrac{R}{\left[\left(\dfrac{V}{d_e} \times \dfrac{A_{f1}}{A_{f1} + \frac{1}{6} A_w}\right)^2 + w^2\right]^{1/2}}$

$$= \frac{84.6 \times 1000}{\left[\left(\frac{2075 \times 1000}{216.50} \times \frac{11952 + 9000}{25353}\right)^2 + (160)^2\right]^{1/2}} = 106.42 \text{ mm}$$

अतः रिवेट 100 mm की पिच पर लगायी जाती है। फ्लैंज प्लेट का फ्लैंज कोण खण्ड के साथ रिवेटित जोड़ (संपीडन फ्लैंज में) 22 mm व्यास की रिवेट का प्रयोग किया जाता है।

रिवेट का एकतल अपरूपण सामर्थ्य = $\left(\frac{\pi}{4} \times (235)^2 \times 100\right) = 43.35 \text{ kN}$

रिवेट का धारण सामर्थ्य = (235 x 18 x 300) = 126.9 kN

रिवेट मान, R = 43.5 kN

रिवेट की एक पंक्ति में पिच

$$p = \left[\left(\frac{R \times d_e}{V}\right) \times \left(\frac{A_{f1} + \frac{1}{6}A_w}{A_1 + A_2 + \ldots + A_n}\right)\right]$$

$$= \left[\left(\frac{48.35 \times 217.50}{2075 \times 1000}\right) \times \left(\frac{20952 + 4400}{9000}\right)\right] = 128.248 \text{ mm}$$

रिवेट को 2 पंक्तियों में लगाया जाता है। अतः 2 p = 256.496 mm

अधिकतम अनुज्ञेय पिच (संपीडन फ्लैंज) = 12t = 12 x 18 = 216 mm

अतः 215 mm की पिच पर रिवेट दो पंक्तियों में लगाई जाती है।

Step 5 - तनन फ्लैंज में फ्लैंज कोण का वेब के साथ रिवेट जोड़

रिवेट मान = 86.70 kN, तनन फ्लैंज अभारित फ्लैंज है। w = o

$$p = \frac{R}{\left(\frac{V}{d_e} \times \frac{A'_f}{A'_f + \frac{1}{8}A_w}\right)} = \left(\frac{86.70 \times 1000}{\frac{2075 \times 1000}{216.50} \times \frac{(10262 + 8060)}{21622}}\right) = 105.75 \text{ mm}$$

100 mm की पिच पर रिवेट एक पंक्ति में लगायी जाती है।

Step 6 - तनन फ्लैंज में फ्लैंज प्लेट का फ्लैंज कोण खण्ड के साथ रिवेट जोड़

रिवेट का मान, R = 43.35 kN

$$p = \frac{R \times d_e}{V} \times \frac{A'_{f1} + \frac{1}{8}A_w}{A'_1 + A'_2 + \ldots + A'_n} = \left(\frac{43.35 \times 216.50}{207.50 \times 1000} \times \frac{21622 \times 1000}{80.60}\right) = 121.88 \text{ mm}$$

अधिकतम रिवेट के लिए अनुज्ञेय पिच = 16 x 18 = 288 mm

अतः 230 mm पर रिवेट 2 पंक्तियों में लगायी जाती है।

10.14 **धारण दृढ़क** (Bearing Stiffeners)

जब प्लेट गर्डर पर केन्द्रीय भार होता है, तब धारण दृढ़क का प्रयोग किया जाता है। इसी प्रकार आलम्ब पर भी धारण दृढ़क का उपयोग किया जाता है।

धारण दृढ़क वेब का सामर्थ्य बढ़ाते हैं और भारी भार को फ्लैंज से फ्लैंज को प्रेषित करते हैं। सिरों पर धारण दृढ़क को सिरे के दृढ़क (End Stiffeners) भी कहते हैं। इनको मोड़ा नहीं जाता। ये दृढ़क सीधे रखे जाते हैं, जैसे चित्र 10.13 में दिखाया गया है। दृढ़क के और वेब के बीच में जो खाली जगह रहती है, उसमें पूरक प्लेट (Filler plate) लगायी जाती है। पूरक प्लेट की मोटाई फ्लैंज कोण की मोटाई के बराबर रखते हैं।

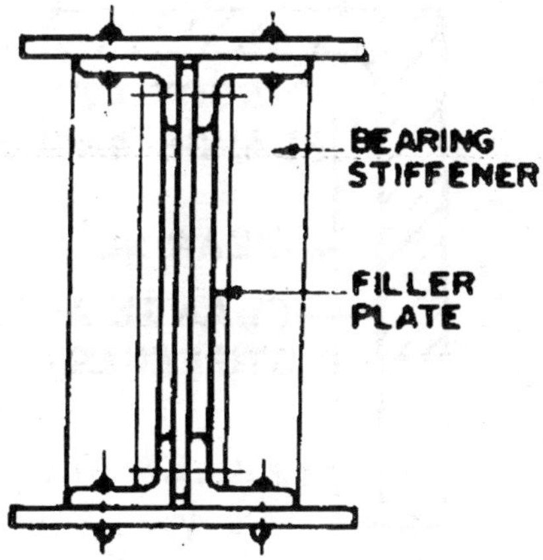

BEARING STIFFENER

चित्र 10.13

विभिन्न प्रकार के धारण दृढ़क जिनका उपयोग होता है, चित्र 10.14 में दिखाये गये हैं।

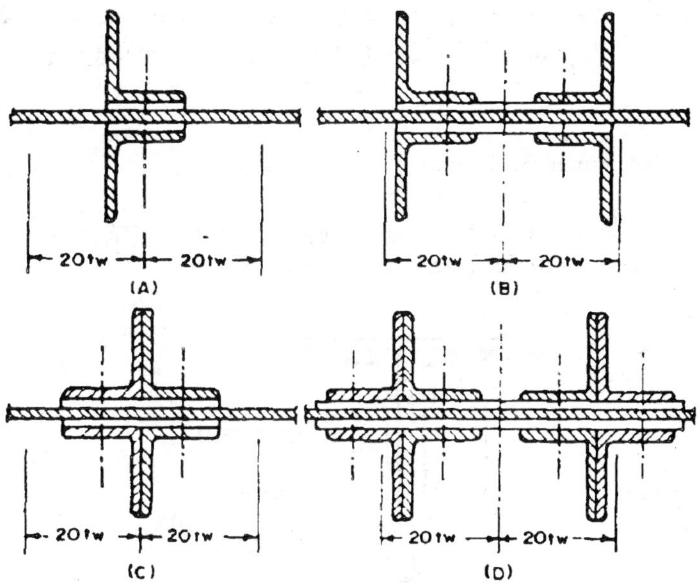

ANGLE SECTIONS USED AS BEARING STIFFENERS

चित्र 10.14

धारण दृढ़क के किनारे मशीन से गोल कर दिये जाते हैं ताकि फ्लैंज कोण के बीच में फिट हो जाते हैं। ये वेब के सममित लगाये जाते हैं। इनको फ्लैंज कोण के बाहरी किनारों तक प्रक्षिप्त (Project) किया जाता है। इनका आवश्यक धरन क्षेत्रफल के आधार पर चयन किया जाता है। धारण दबाव $\sigma_p = 0.75$ fy N/mm^2 से अधिक नहीं होना चाहिए। धारण कोण का धारण क्षेत्रफल (बाकी की टांगों) फ्लैंज कोण की जड़ तक लिया जाता है, जैसा कि चित्र 10.15 में दिखाया गया है।

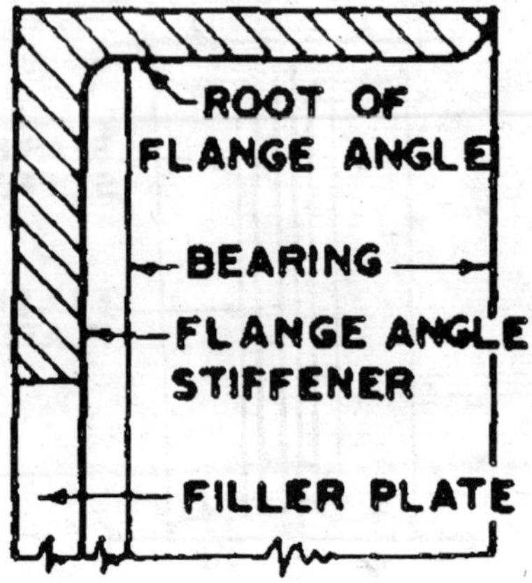

चित्र 10.15

धारण दृढ़क की जाँच फिर स्तम्भ की तरह होती है। धारण दृढ़क के क्षेत्रफल में दृढ़क कोण खण्ड का क्षेत्रफल और दृढ़क के केन्द्र रेखा से वेब का 20 x tw दोनों तरफ लम्बाई का क्षेत्रफल लिया जाता है, यदि उपलब्ध हो। परिभ्रमण त्रिज्या की वेब की केन्द्र रेखा पर संगणना की जाती है। दृढ़क की कार्यकर लम्बाई वास्तविक लम्बाई से 0.7 गुणा ली जाती है।

रिवेट द्वारा धारण दृढ़क को वेब से जोड़ा जाता है। यह रिवेट पूरक प्लेट को भी सम्मिलित करती है। इस कारण संगणित रिवेट संख्या से रिवेट की संख्या प्रति 2 mm की मोटाई के लिए 2.5% से बढ़ा दी जाती है, यदि पूरक प्लेट की मोटाई 6 mm से ज्यादा होती है।

10.15 **आन्तरिक दृढ़क** (Intermediate Stiffeners)

वेब प्लेट की फ्लैंज खण्ड की बीच की गहराई (Clear depth), d और वेब की मोटाई, t_w के अनुपात के अनुसार आन्तरिक ऊर्ध्वाधर दृढ़क या आन्तरिक ऊर्ध्वाधर और क्षैतिज दृढ़क का प्रयोग किया जाता है।

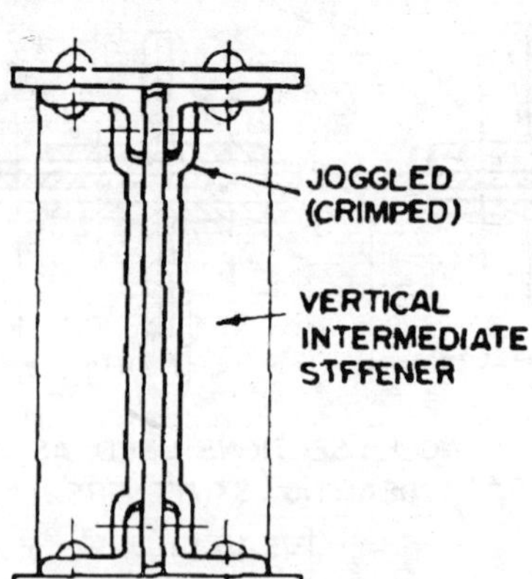

INTERMEDIATE (VERTICAL)
STIFFENERS

चित्र 10.16

आन्तरिक ऊर्ध्वाधर दृढ़क (Intermediate Vertical Stiffeners)

ऊर्ध्वाधर दृढ़क को अनुप्रस्थ दृढ़क (Transverse stiffeners) भी कहते हैं। जब वेब प्लेट की फ्लैंज कोण खण्ड की बीच की गहराई और मोटाई का अनुपात 85 से ज्यादा होता है, तब ऊर्ध्वाधर दृढ़क का प्रयोग किया जाता है। इनको फ्लैंज कोण के पास मोड़ दिया जाता है, जैसा कि चित्र 10.16 में दिखाया गया है।

ऊर्ध्वाधर दृढ़क को सीधा भी रख सकते हैं। इसमें दृढ़क और वेब के बीच में पूरक प्लेट लगानी होती है। ये दृढ़क ऊपर और नीचे के फ्लैंज कोण खण्ड के बीच में फिट किये जाते हैं। जब दो दृढ़क कोण खण्ड का प्रयोग किया जाता है, तब इनको वेब की दोनों तरफ लगाया जाता है।

जब एक दृढ़क कोण खण्ड का प्रयोग किया जाता है, तब इनको वेब के विकल्पी विपरीत सतहों पर रखा जाता है।

ऊर्ध्वाधर दृढ़क की दूरी 1.5 d से ज्यादा और 0.33 d से कम नहीं रखते हैं। जहाँ पर, d फ्लैंज कोण की बीच की गहराई (Clear depth) है।

जब क्षैतिज दृढ़क का प्रयोग किया जाता है, तब यह दूरी d क्षैतिज दृढ़क से तनन फ्लैंज के बीच में मापी जाती है। चयन किये गये दृढ़क का जड़त्व आघूर्ण $\frac{1.5\,d^3\,t_w^3}{c^2}$ से कम नहीं होना चाहिए। जहाँ पर

I = दो दृढ़क कोण खण्ड का वेब की केन्द्र रेखा पर जड़त्व आघूर्ण

= एक दृढ़क कोण खण्ड का वेब की सतह पर जड़त्व आघूर्ण

t_w = न्यूनतम आवश्यक वेब की मोटाई और c = ऊर्ध्वाधर दृढ़क के बीच में अधिकतम अनुज्ञेय दूरी

क्षैतिज दृढ़क (Horizontal stiffeners)

क्षैतिज दृढ़क को अनुदैर्ध्य दृढ़क (Longitudinal Stiffeners) भी कहते हैं। जब फ्लैंज कोण खण्ड की बीच की गहराई (Clear depth) d और वेब की मोटाई t_w का अनुपात 200 से अधिक होता है, तब ऊर्ध्वाधर दृढ़क के साथ, क्षैतिज दृढ़क का भी उपयोग किया जाता है। क्षैतिज दृढ़क वेब पर लगाये जाते हैं। इनकी दूरी संपीडन फ्लैंज और उदासीन अक्ष के बीच की दूरी का (2/5) गुणा रखते हैं। क्षैतिज दृढ़क का जड़त्व आघूर्ण 4 c1 t_w3 से कम नहीं होना चाहिए। जहाँ पर,

c_1 = ऊर्ध्वाधर दृढ़क की बीच की वास्तविक दूरी

जब d और t_w का अनुपात 250 से अधिक हो जाता है, तब ऊर्ध्वाधर दृढ़क और क्षैतिज दृढ़क के अलावा क्षैतिज दृढ़क और लगाये जाते हैं। ये क्षैतिज दृढ़क उदासीन अक्ष पर लगाये जाते हैं। इन क्षैतिज दृढ़क का जड़त्व आघूर्ण d.t_w3 से कम नहीं होना चाहिए।

आन्तरिक दृढ़क का वेब के साथ रिवेटित जोड़

ऊर्ध्वाधर और क्षैतिज दृढ़क को वेब के साथ रिवेट द्वारा जोड़ा जाता है। रिवेट की संख्या की संगणना अपरूपण बल (t_w2/2h) tonnes प्रति cm लम्बाई को वहन करने के लिए की जाती है। जहाँ पर,

h = दृढ़क कोण खण्ड के बाकी के टाँगों की लम्बाई, mm और t_w = वेब प्लेट की मोटाई, mm

उदाहरण 10.4 एक शुद्धालम्बित प्लेट गर्डर की विस्तृति 20 m है। प्लेट गर्डर पर 3000 kN का समवितरित भार है। इस भार में प्लेट गर्डर का स्वतः भार सम्मिलित है। आलम्ब प्लेट गर्डर का अनुप्रस्थ खण्ड चित्र 10.17 पर दिखाया गया है। आवश्यक दृढ़क की डीजाइन करो।

डीजाइन -

Step 1 - धारक दृढ़क की डीजाइन - कुल समवितरित भार = 3000 kN

आलम्ब पर, प्रतिक्रिया बल = 1500 kN और अनुज्ञेय धारण प्रतिबल σ_p = (0.75 x 250) = 1875 N/mm^2

Step 2- आवश्यक धारण क्षेत्रफल = $\left(\frac{1500 \times 1000}{187.5}\right)$ = 8000 mm^2

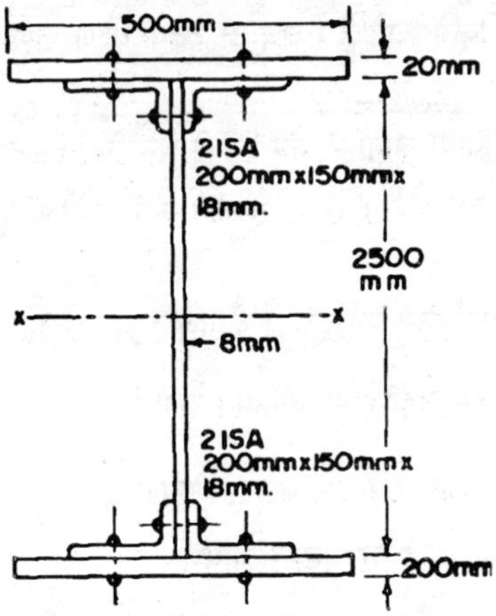

चित्र 10.17

ISI हेन्ड बुक नं. 1 से 4 ISA 150 mm x 115 mm x 15 mm का चयन किया जाता है। (4 ISA 150 115, @ 0.394 kN/m) फ्लैंज कोण खण्ड की जड़ पर त्रिज्या r_1 = 13.5 mm

धारण क्षेत्रफल = 4 x (15 – 1.35) x 1.5 = 81.90 cm^2 x 100 = 8190 mm^2

18 mm मोटाई की पूरक प्लेट भी लगायी जाती है, जैसा कि चित्र 10.18 में दिखाया गया है।

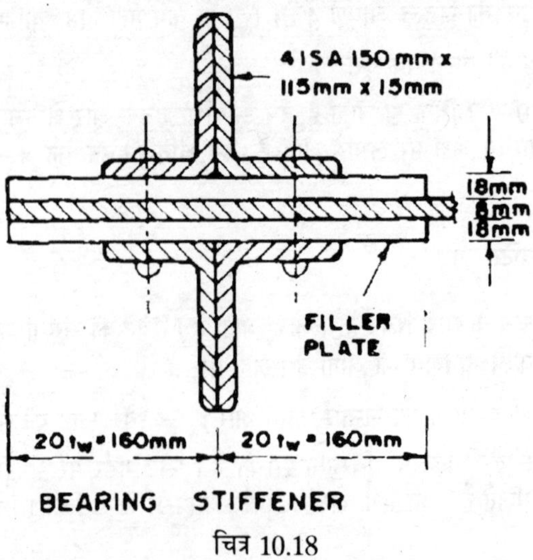

चित्र 10.18

Step 3 - दृढ़क की भार वहन करने की क्षमता

धारण दृढ़क स्तम्भ की तरह कार्य करता है।

दृढ़क की वास्तविक लम्बाई = (250 – 2 x 18) = 2464 mm

दृढ़क की कार्यकर लम्बाई = (0.7 x 2464) = 17248 mm

अनुप्रस्थ खण्ड का क्षेत्रफल A = (4 x 37.52 + (40 x 0.8) x 0.8) = 17568 mm^2

वेब की केन्द्र रेखा पर स्तम्भ खण्ड का जड़त्व आघूर्ण

$$I = \left[4 \times 823.5 + 4 \times 37.52 \times (4.76 + 1.8 + 0.4)^2 + \frac{1}{12} \times 32 \times 0.8^3\right] cm^4 \times 10^4$$

$$= 10595.36 \times 10^4 \times mm^4$$

परिभ्रमण त्रिज्या $r = \left(\frac{I}{A}\right)^{1/2} = \left(\frac{10595.36}{175.68}\right)^{1/2} = 77.66$ mm

स्तम्भ का तनुता अनुपात $\left(\frac{l}{r}\right) = \left(\frac{17248}{77.66}\right) = 22.23$

IS : 800-1984 से अनुज्ञेय संपीडन प्रतिबल (माना f_y = 250 N/mm^2)

σ_o = 147.331 N/mm^2

दृढ़क की भार वहन करने की क्षमता = $\left(\frac{147.331 \times 17568}{1000}\right)$ = 2588.31 kN > 1500 kN अतः ठीक है।

Step 4 - धारण दृढ़क का वेब के साथ रिवेटित जोड़

22 mm व्यास की रिवेट का प्रयोग किया जाता है।

द्वितल अपरूपण में रिवेट का सामर्थ्य $\left(2 \times \frac{\pi}{4} \times (235)^2 \times 100\right)$ = 86.70 kN

धारण में रिवेट का सामर्थ्य $(23.5 \times 8 \times 300)$ = 56.4 kN

रिवेट मान, R = 56.4 kN

रिवेट की प्रतिक्रिया बल के प्रेषण के लिए आवश्यक संख्या = $\left(\frac{1500 \times 1000}{56.4}\right)$ = 26.59

पूरक प्लेट (Filler plate) का वेब के दोनों तरफ उपयोग किया गया है। पूरक प्लेट की मोटाई 18 mm है।

अतिरिक्त रिवेट की संख्या = $\left(\frac{2.5}{100} \times 37.5 \times 9\right)$ = 8.45

कुल रिवेट संख्या = (26.59 + 8.45) = 35.04

कुल 36 रिवेट तीन ऊर्ध्वाधर पंक्तियों में लगायी हैं। रिवेट का पिच 150 mm रखते हैं, जैसा कि चित्र 10.19 में दिखाया गया है।

Step 5 - आन्तरिक दृढ़क की डीजाइन

फ्लैंज कोण खण्ड के बीच की दूरी, d = (2500 – 2 x 150) = 2200 mm

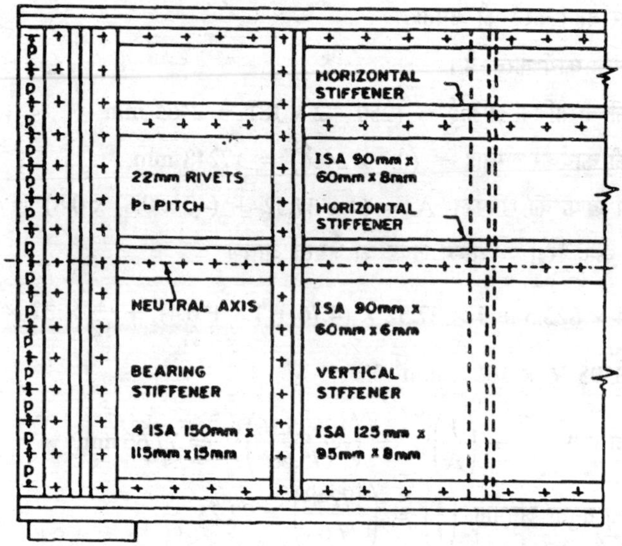

चित्र 10.19

वेब की मोटाई, $t_w = 8$ mm, $\left(\frac{d}{t_w}\right) = \left(\frac{2200}{8}\right) = 275 > 250$

अतः निम्न आन्तरिक दृढ़क का प्रयोग आवश्यक है।

(i) ऊर्ध्वाधर दृढ़क $\left(\therefore \frac{d}{t_w} > 85\right)$ (Vertical Stiffeners)

(ii) क्षैतिज दृढ़क $\left(\therefore \frac{d}{t_w} > 200\right)$ (Horizontal Stiffeners)

(iii) अतिरिक्त क्षैतिज दृढ़क $\left(\therefore \frac{d}{t_w} > 250\right)$ (Additional horizontal stiffeners)

Step 6 - (i) ऊर्ध्वाधर दृढ़क की डीजाइन, आलम्ब पर प्रतिक्रिया बल = 1500 kN

वेब प्लेट में वास्तविक औसत अपरूपण प्रतिबल = $\frac{1500 \times 1000}{2500 \times 8} = 750 \text{ N/mm}^2$

जब आन्तरिक क्षैतिज दृढ़क उदासीन अक्ष पर लगाया जाता है, तब

$$d' = \left(\frac{1}{2} d = \frac{1}{2} \times 2200\right) = 1100 \text{ mm} \qquad \frac{d'}{t_w} = \left(\frac{1100}{8}\right) = 137$$

भागक (Panel) की छोटी परिमाप (Lesser dimension) = 1100 cm

$> (180 \times 8 = 1440 \text{ mm})$

सारणी 10.3 से, $\left(\frac{d'}{t_w}\right) = 137$ के लिए।

ऊर्ध्वाधर दृढ़क की दूरी = 1.5 d = 1.5 x 110 = 1650 mm

> (वेब के भागक के बड़े परिमाप 270 x 8 = 2160 mm)

ऊर्ध्वाधर दृढ़क 1440 mm की दूरी से कम दूरी पर लगाते हैं। माना यह दूरी 0.6 d = 0.6 x 2200

IS : 800 - 1984 से औसत अपरूपण प्रतिबल = 1320 mm

वेब में अनुज्ञेय अपरूपण प्रतिबल = 81 N/mm^2 > 75 N/mm^2 (वास्तविक अपरूपण प्रतिबल)

ऊर्ध्वाधर दृढ़क 1650 mm दूरी पर लगाये जाते हैं।

ऊर्ध्वाधर दृढ़क की बाकी की टाँग की लम्बाई = $\left(\frac{1}{30} \times 2200 + 50\right) = 123.33$

ISA 125 mm x 95 mm x 8 mm का प्रयोग किया जाता है, जैसा कि चित्र 10.20 में दिखाया गया है।

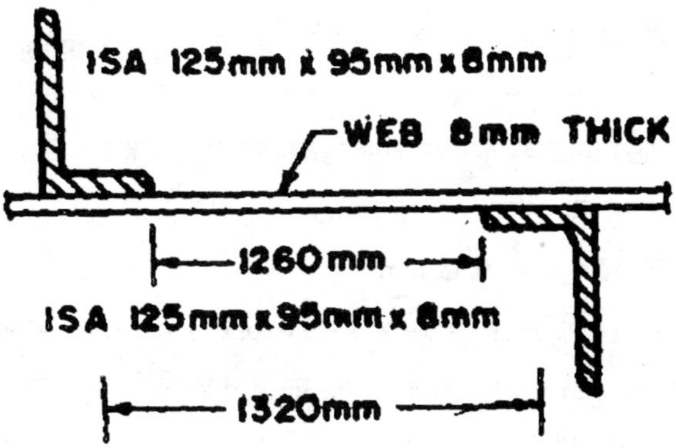

चित्र 10.20

दृढ़क की बाकी की टाँग की लम्बाई = 95 mm

ऊर्ध्वाधर दृढ़क के बीच की दूरी c = (1320 – 60) = 1260 mm

प्रतिक्रिया बल = 1500 kN और प्लेट गर्डर की गहराई = 2500 mm

वेब की न्यूनतम आवश्यक मोटाई $t_{w1} = \left(\frac{1500 \times 1000}{2500 \times 81}\right) = 7.41$ mm

आवश्यक जड़त्व आघूर्ण $I = \left(\frac{1.5\, d^3\, t_{w1}}{c^2}\right) = \frac{1.5 \times 2200^3 \times 7.41^3}{1260^2} = 409 \times 10^4\ \text{mm}^4$

Step 7 - वेब प्लेट की सतह पर दृढ़क का जड़त्व आघूर्ण

(266 + 3.80 2 x 1698) x 104 = 511 x 10^4 x mm^4 अतः ठीक है।

Step 8 - ऊर्ध्वाधर दृढ़क की वेब प्लेट के साथ रिवेटित जोड़

अपरूपण बल = $\left(\frac{125\, t^2}{h}\right) = \left(\frac{125 \times 8^2}{90}\right) = 88.89$ kN/m

22 mm व्यास की रिवेट का प्रयोग किया जाता है।

22 mm व्यास की रिवेट का प्रयोग किया जाता है।

रिवेट का एकतल अपरूपण सामर्थ्य $= \left(\frac{\pi}{4} \times (235)^2 \times 100\right) = 43.35$ kN

रिवेट का धारण सामर्थ्य $= \left(23.5 \times 6 \times 300\right) = 56.4$ kN

रिवेट मान, R = 43.35 kN

रिवेट की पिच $= \left(\frac{43.35}{88.89}\right) = 0.487$ m = 487 mm

अनुज्ञेय पिच = 32 t = 32 x 6 = 192 mm अतः रिवेट 200 mm की पिच पर लगायी जाती है।

(ii) **क्षैतिज दृढ़क** (Horizontal stiffeners) **की डीजाइन** $\left(\therefore \frac{d}{t_w} > 200\right)$

उदासीन अक्ष की स्थिति प्लेट गर्डर के केन्द्र पर मानी जाती है। उदासीन अक्ष से संपीडन फ्लैंज के ऊपर तक की दूरी = 1250 mm

ऊपर से (2/5 x 1250) = 500 mm की दूरी पर क्षैतिज दृढ़क लगाये जाते हैं।

ऊर्ध्वाधर दृढ़क के बीच की वास्तविक दूरी, c_1 = 1590 mm

वेब की आवश्यक न्यूनतम मोटाई, t_{w1} = 6.35 mm

आवश्यक जड़त्व आघूर्ण, $I = \left(4\, c'_1\, t_3^{\,3}\right) = (4 \times 1590 \times 6.35^3) = 163 \times 10^4$ mm^4

ISI हेन्ड बुक नं. 1 से, ISA 90 mm x 60 mm x 8 mm का जाँच के लिए चयन किया जाता है।

दृढ़क का जड़त्व आघूर्ण (वेब की सतह पर)

$= (91.5 + 11.37 \times 2.96\ 2) = 191.0$ cm^4 > 163 cm^4

रिवेट 19 cm पिच पर लगायी जाती है।

(iii) **क्षैतिज दृढ़क की डीजाइनः** $\left(\therefore \frac{d}{t_w} > 250\right)$

ये क्षैतिज दृढ़क उदासीन अक्ष पर लगाये जाते हैं। ऊर्ध्वाधर दृढ़क की बीच की दूरी = 1590 mm

वेब की आवश्यक न्यूनतम मोटाई = 6.35 mm

जड़त्व आघूर्ण = $d't^3$ = (110 x 0.6353) = 28.2 cm^4

ISA 90 mm x 60 mm x 6 mm कोण खण्ड लगाया जाता है। 20 mm व्यास की रिवेट 19 mm पिच पर दृढ़क को वेब के साथ जोडने के लिए लगायी जाती हैं। ऊर्ध्वाधर दृढ़क और क्षैतिज दृढ़क चित्र 10.19 में दिखाये गये हैं।

10.16 वेब पलास (Web Splice)

वेब प्लेट में जोड़ को वेब पलास कहते हैं। प्लेट का निर्माण एक सीमित लम्बाई तक होता है। जब प्लेट की अधिकतम निर्माणित लम्बाई प्लेट गर्डर की पूरी लम्बाई के लिए अपर्याप्त हो जाती है, तब वेब पलास आवश्यक हो जाता है। यदि प्लेट गर्डर

की लम्बाई ज्यादा हो जाती है, तब उसका परिवहन (Transportation) और संग्रहण (Erection) असुविधाजनक हो जाता है, तब भी वेब पलास आवश्यक हो जाता है।

जहाँ पर प्लेट गर्डर के किसी खण्ड पर अधिकतम बंकन आघूर्ण होता है, वहाँ पर वेब पलास नहीं किया जाता। जहाँ तक संभव हो, वेब पलास ऐसी स्थिति पर किया जाता है, जहाँ पर फ्लैंज क्षेत्रफल आवश्यकता से ज्यादा उपलब्ध हो। आवश्यकता से ज्यादा फ्लैंज क्षेत्रफल फ्लैंज प्लेट के सिद्धान्तिक खण्ड से पहले उपलब्ध रहता है। वेब पलास दृढ़क के नीचे स्थित किया जा सकता है।

वेब पलास की डीजाइन उस खण्ड पर अपरूपण बल और बंकन आघूर्ण के प्रतिरोध के लिए किया जाता है। पलास (Splice) प्लेट वेब के दोनों तरफ लगायी जाती है। वेब पलास तीन प्रकार की होती है

1. परिमेय पलास (Rational splice), 2. घूर्ण पलास (Moment splice) और 3. अपरूपण पलास (Shear splice)

यहाँ पर वेब पलास अपरूपण पलास विधि से किया गया है।

अपरूपण वेब पलास - इस प्रकार का वेब पलास चित्र 10.21 में दिखाया गया है। पलास प्लेट फ्लैंज कोण खण्ड के बीच में लगायी जाती हैं। पलास प्लेट और फ्लैंज कोण खण्ड के बीच में 6 mm की जगह छोड़ दी जाती है।

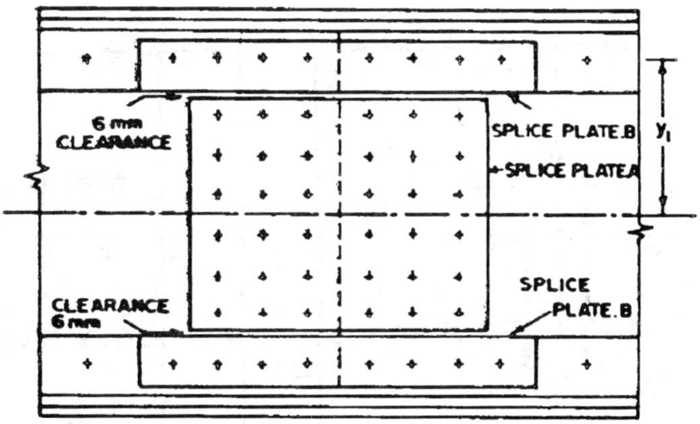

चित्र 10.21

पलास प्लेट का प्रतिरोध बंकन आघूर्ण वेब प्लेट के प्रतिरोध बंकन आघूर्ण के बराबर रखते हैं।

$$\therefore \left[\sigma_{b1} \times \frac{1}{6} \times t_s \times (d_e)^2\right] = \left[\sigma_{bc} \times \frac{1}{6} \times t_w \times (d_w)^2\right] \quad \text{(i)}$$

जहाँ पर,

σ_{b1} = पलास प्लेट के अधिकतम दूरी पर रेशे में बंकन प्रतिबल

σ_{bc} = वेब प्लेट के अधिकतम दूरी पर रेशे में बंकन प्रतिबल

d_s = पलास प्लेट की गहराई, t_s = पलास प्लेट की मोटाई

t_w = वेब प्लेट की मोटाई, d_w = वेब प्लेट की गहराई

$$\therefore \sigma_{b1} = \left(\sigma_{bc} \times \frac{d_s}{d_w}\right) \quad \left(\sigma_a \times \frac{d_s}{d_w} \times \frac{1}{6} \times t_s \times d_e^2\right) = \left(\sigma_{bc} \times \frac{1}{6} \times t_w \times (d_w)^2\right) \quad \text{(ii)}$$

$$\therefore\ A_s = A_w \times \left(\frac{d_w}{d_s}\right)^2 \quad \text{जहाँ पर,} \qquad (10.15)$$

A_s = पलास प्लेट का क्षेत्रफल, A_w = वेब प्लेट का क्षेत्रफल

पलास प्लेट की कुल मोटाई, $t_s = (A_s / d_s)$ (10.16)

पलास प्लेट की चौड़ाई आवश्यक रिवेट को लगाने के लिए पर्याप्त रखते हैं। पलास प्लेट की डीजाइन वेब प्लेट में उस खण्ड पर अपरूपण बल और बंकन आघूर्ण होता है, उसका प्रतिरोध करने के लिए की जाती है। वेब प्लेट में बंकन आघूर्ण

$$M_w = \left(I_w/I\right) . M \quad \text{जहाँ पर,} \qquad \text{(iii)}$$

I_w = वेब प्लेट सकल जड़त्व आघूर्ण और I = प्लेट गर्डर का सकल जड़त्व आघूर्ण

M = पलास खण्ड पर बंकन आघूर्ण

पलास खण्ड पर अपरूपण बल चित्र 10.22 (A) में दिखाया गया है। रिवेट समूह के गुरुत्व केन्द्र से उत्केन्द्रीय दूरी पर होता है।

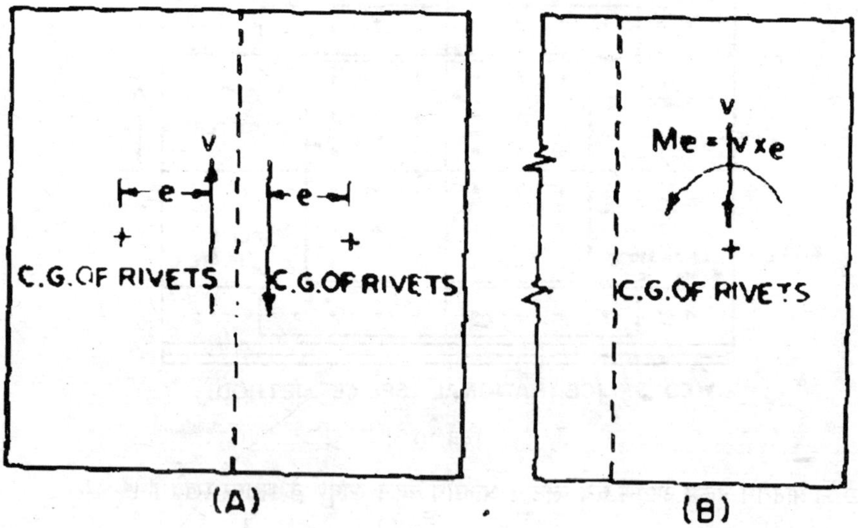

चित्र 10.22

यह अपरूपण, बल एक ऊर्ध्वाधर बल V और एक उत्केन्द्रीय घूर्ण M = V x e के तुल्य होता है, जैसा कि चित्र 10.22 (B) में दिखाया गया है। पलास प्लेट कुल घूर्ण M_s का प्रतिरोध करती है।

$$Ms = (Ms + Mw) \qquad (10.17)$$

पलास प्लेट को वेब प्लेट के साथ जोड़ने के लिए रिवेटित जोड़ की डीजाइन एक ऊर्ध्वाधर बल V और एक घूर्ण M के प्रतिरोध के लिए की जाती है।

उदाहरण 10.5 एक प्लेट गर्डर के किसी काट खंड पर 576 t-m का बंकन आघूर्ण और 108 t का अपरूपण बल है। प्लेट गर्डर का अनुप्रस्थ खण्ड चित्र 10.23 में दिखाया गया है। वेब पलास की डीजाइन करो।

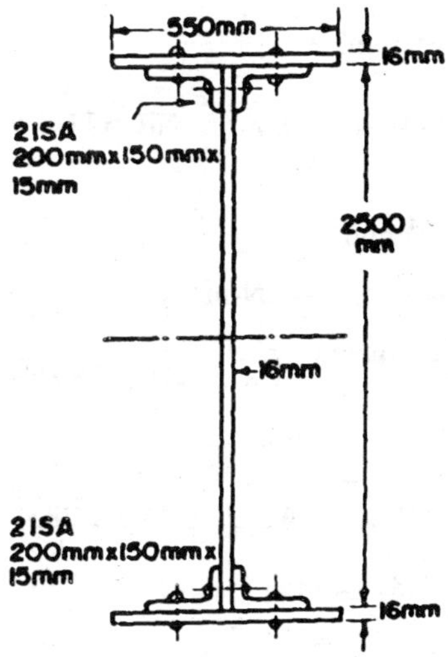

चित्र 10.23

डीजाइन -

Step 1- वेब प्लेट की गहराई, d_w = 2500 mm

पलास प्लेट की गहराई, d_s = (2500 – 2 x 150 -2 x 6) = 2188 mm

वेब प्लेट की मोटाई, tw = 16 mm

वेब का क्षेत्रफल, A_w = (d_w x t_w) = 2500 x 16 = 40,000 mm^2

पलास प्लेट का क्षेत्रफल, समीकरण 10.15 से

$$A_s = A_w \times \left(\frac{d_w}{d_s}\right)^2 = 4000 \times \left(\frac{250}{218.8}\right)^2 = 52221 \text{ mm}^2$$

Step 2 - पलास प्लेट की कुल मोटाई, $t_s = \left(\frac{A_s}{d_s} = \frac{5222}{2188}\right) = 23.887$ mm

12 mm मोटाई की दो पलास प्लेट लगाई जाती है। पलास प्लेट की चौड़ाई प्लास काट के दोनों तरफ तीन-तीन ऊर्ध्वाधर पंक्तियों में रिवेट लगाने के लिए रखी जाती है। 22 mm व्यास की रिवेट का प्रयोग किया जाता है। पलास प्लेट की चौड़ाई, b_s = 6 x 3 d, जहाँ पर

Step 3 - पलास प्लेट की चौड़ाई

d = रिवेट का सकल व्यास b_s = (6 x 3 x 235) = 4230 mm

प्लेट गर्डर का सकल जड़त्व आघूर्ण

$$I_{xx} = \left[\frac{1}{12} \times 1.6 \times 250^3 + 4 \times 969.9 + 4 \times 50.25 \times (125 - 3.72)^2 + 2 \times 55 \times 1.6 \times 125.8^2\right] \times 10^4 \text{ mm}^2$$

$$= 7829002.1 \times 10^4 \text{ mm}^4$$

जहाँ पर प्रत्येक कोण खंड का जड़त्व आघूर्ण 969.9 mm^4 है और क्षेत्रफल 5025 mm^2 है। वेब प्लेट का जड़त्व आघूर्ण ISI हेन्ड बुक नं. 1 से

$$I_w = 2083333.3 \text{ x } 10^4 \text{ mm}^4$$

वेब पलास काट खंड पर बंकन आघूर्ण, M = 5760 kN-m

$$\therefore\ M_w = \frac{I_w}{I} \times M = \left(\frac{2083333.3}{7829002.1} \times 5760\right) 1535 \text{ kN}-\text{m}$$

अपरूपण बल, V = 1080 kN

रिवेट समूह के गुरुत्व केन्द्र से उत्केन्द्रीय दूरी e = 4.5 d = (4.5 x 235) = 1050 mm

उत्केन्द्रीय आघूर्ण, $M_e = \left(\frac{1080 \times 1055}{1000}\right) = 1134 \text{ kN}-\text{m}$

पलास प्लेट के प्रतिरोध के लिए कुल घूर्ण, $M_s = (M_e + M_w) = (1134 + 1535) = 1648.4$ kN-m

रिवेट समूह को 1648.40 kN-m घूर्ण और एक ऊर्ध्वाधर बल,

V = 1080 kN-m का प्रतिरोध करना है।

Step 5 - रिवेट जोड़ का संयोजन

रिवेट का द्वितल अपरूपण सामर्थ्य $= \left(2 \times \frac{\pi}{4} \times (235)^2 \times 100\right) = 86.70 \text{ kN}$

रिवेट का धारण सामर्थ्य $= (235 \times 16 \times 300) = 112.8$ kN

रिवेट मान, R = 86.70 kN

यदि रिवेट 3 पंक्तियों में 90 mm मानी गई पिच पर लगायी जाती है, तब रिवेट संख्या एक पंक्ति में

$$n = \left(\frac{6\,M_s}{3\,p \times R}\right)^{1/2} = \left(\frac{6 \times 16484 \times 1000 \times 1000}{3 \times 90 \times 86.70 \times 1000}\right)^{1/2} = 20.55$$

अतः 24 रिवेट लगायी जाती है। रिवेट को कम चौड़ाई की पट्टी में लगाया जाता है। अतः y_n = 1035 mm

$$\sum y^2 = 6 \times [4.5^2 + 13.5^2 + 22.5^2 + 31.5^2 + 1\,40.5^2 + 49.5^2 + 58.5^2\ 67.5^2 + 76.5^2 + 85.5^2 + 94.5^2 + 103.5^2] = (6 \times 46557.20 \times 100) \text{ mm}$$

रिवेट में सीधे अपरूपण के कारण बल $F_1 = \left(\frac{1080}{24 \times 3}\right) = 15$ kN

अधिकतम दूरी की रिवेट पर बल $F_2 = \left(\frac{M \cdot y_n}{\sum y^2}\right) = \left(\frac{16484 \times 1000 \times 1000 \times 1035}{6 \times 46557.2 \times 100 \times 1000}\right) = 61$ kN

$$\cos\theta = \frac{705}{\sqrt{(705^2 + 103.50^2)}} = 0.068$$

परिणामी बल $F = \left(F_1{}^2 + F_2{}^2 + 2\,F_1\,F_2 \cos\theta\right)$

$$= \left((15)^2 + (61)^2 + 2 \times 15 \times 61 \times 0.068)\right)^{1/2} = 63.90 < 86.70 \text{ (रिवेट मान)}$$

अतः पलास की डीजाइन संतोषजनक है। पलास की पूर्ण डीजाइन चित्र 10.24 में दिखायी गई है।

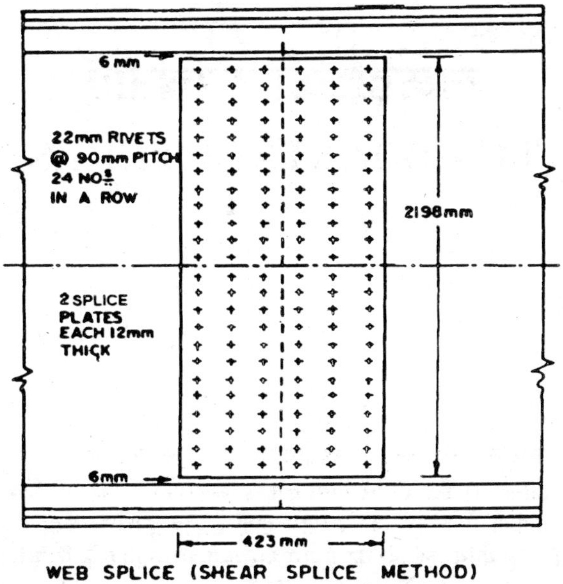

चित्र 10.24

प्रश्नावली

10.1 एक प्लेट गर्डर की कार्यकर विस्तृति 20 m है। प्लेट गर्डर पर समवितरित अचल भार 30 kN प्रतिमीटर लम्बाई पर और चल भार 60 kN प्रति मीटर है। प्लेट गर्डर के केन्द्रीय खंड की डीजाइन करो। फ्लैंज प्लेट की वास्तविक काट की लम्बाई ज्ञात करो और चित्र से दिखाओ।

10.2 एक प्लेट गर्डर 1000 mm x 100 mm वेब प्लेट, ISA 100 mm x 100 mm x 12 mm (ISA 100 100, @ 0.177 kN/m) फ्लैंज कोण खंड और 300 mm x 12.5 mm मोटाई फ्लैंज प्लेट (ऊपर की फ्लैंज में एक और नीचे की फ्लैंज में एक) से बना हुआ है। फ्लैंज कोण खंड को वेब और फ्लैंज प्लेट को फ्लैंज कोण खंड से जोड़ने के लिए रिवेटित जोड़ की डीजाइन करो।

10.3 एक शुद्धालम्बित प्लेट गर्डर की विस्तृति 13.60 m है। इस पर 80 kN प्रति मीटर का समवितरित भार है। प्लेट गर्डर 1600 mm x 12 mm वेब प्लेट, ISA 200 mm x 100 mm x 15 mm फ्लैंज कोण खण्ड (ISA 200 100, @ 0.36 kN/m) और प्रत्येक फ्लैंज में एक-एक 500 mm x 12 mm प्लेट से बना हुआ है। धारण दृढ़क और आवश्यक आन्तरिक दृढ़क की डीजाइन करो।

10.4 एक प्लेट गर्डर शुद्धालम्बित है। उसकी विस्तृति 15 m है। प्लेट गर्डर के केन्द्र पर एक संकेन्द्रीय भार 30 kN का और एक कुल लम्बाई पर समवितरित भार 60 kN प्रति मीटर है। प्लेट गर्डर के केन्द्रीय खंड की डीजाइन करो और किसी उपयुक्त काट खंड पर वेब पलास की डीजाइन करो।

11

लकड़ी की संरचनाएँ
(TIMBER STRUCTURES)

11.1 **प्रस्तावना** (Introduction)

भवन निर्माण और विभिन्न प्रकार की संरचनाओं में उपयोग में आने वाले बहुत से द्रव्यों में लकड़ी भी एक द्रव्य है। लकड़ी एक कार्बनिक द्रव्य (Organic material) है। साधारणतया लकड़ी का प्रयोग इसकी प्राकृतिक अवस्था में ही होता है। लकड़ी को काष्ठ भी कहते हैं। जब संरचनाओं में लकड़ी का उपयोग होता है, तब इनको लकड़ी की संरचनाएं या काष्ठीय संरचनाएं (Timber structures) कहते हैं। मुख्यतया लकड़ी का प्रयोग अस्थायी संरचनाओं के लिए किया जाता है, क्योंकि इसका मूल्य कम होता है। जिन संरचनाओं को उनके उपयोग के पश्चात् विघटित (Dismantle) कर दिया जाता है, उनको अस्थायी संरचनाएं कहते हैं। प्रदर्शनी के लिए भी अस्थायी संरचनाएं बनायी जाती हैं। लकड़ी का स्थायी संरचनाओं के लिए भी उपयोग होता है। लकड़ी से धरन, पर्लिन, स्तम्भ, संपीडन अवयव, तनन अवयव, रैफ्टर आदि कई संरचनात्मक अवयव बनाये जाते हैं। लकड़ी से छत कैंचियाँ भी बनायी जाती है। संरचनातम्क कार्य के लिये सागौन (टीक), साल (Sal), देवदार (Deodar), रोजवुड (Rosewood) आदि कई लकड़ियों का प्रयोग होता है। इसके अतिरिक्त कई अन्य प्रकार की लकड़ियों का उपयोग संरचनात्मक कार्य के लिए होता है।

11.2 **लकड़ी का श्रेणीकरण** (Grading of Timber)

किसी भी लकड़ी के भाग के गुणावस्था का नामकरण करने की विधि को लकड़ी का श्रेणीकरण कहते हैं। लकड़ी का श्रेणीकरण करते समय, लकड़ी में दोष, दोष के माप, उनकी संख्या और उनकी स्थिति पर ध्यान रखा जाता है। इसके साथ-साथ लकड़ी के घनत्व का और लकड़ी के रेशों के ढाल का प्रभावों पर ध्यान रखा जाता है। लकड़ी का श्रेणीकरण तीन वर्गों में किया जाता है, (i) चयनित लकड़ी (Selected timber), (ii) मानक लकड़ी (Standard timber) और (iii) साधारण लकड़ी (Common timber)। संरचनात्मक लकड़ी के कटे हुए माप का उसके उपचार (Seasoning) के पश्चात् भारतीय मानक IS : 883-1970 के अनुसार श्रेणीकरण तीन वर्गों में किया जाता है - (i) चयनित श्रेणी (Selected grade), (ii) श्रेणी I (Grade I) और (iii) श्रेणी II (Grade II)। चयनित लकड़ी दोष रहित होती है या इस लकड़ी में न्यूनतम दोष होते हैं। मानक लकड़ी में दोष एक उल्लेखित सीमा के अन्दर होते है। साधारण लकड़ी मानक लकड़ी से न्यून (Inferior) होती है। चयनित लकड़ी के लिए संपीडन, अपरूपण और बंकन में अनुज्ञेय प्रतिबलों का मान मानक श्रेणी के लकड़ी के अनुज्ञेय प्रतिबलों से 1.16 गुणा होता है।

साधारण श्रेणी की लकड़ी के लिए संपीडन, अपरूपण और बंकन में अनुज्ञेय प्रतिबलों का मान मानक श्रेणी की लकड़ी के अनुज्ञेय प्रतिबलों से 0.84 गुणा होते हैं।

सभी श्रेणी की लकड़ियों में यदि निम्नलिखित दोष हों तो, उन लकड़ियों को संरचनात्मक उपयोग में नहीं लाया जाता है।

(a) यदि लकड़ी के रेशे ढीले हों, यदि लकड़ी में दरार हो तो लकड़ी का उपयोग नहीं किया जाता है। संपीडन में लकड़ी यदि शंकुधारी (Coniferous) हो, रोठित (Warped) हो, मध्य काष्ठ गलन (Heartwood rot) हो, रस गलन (Sap rot) हो, तब भी लकड़ी का उपयोग नहीं किया जाता है।

(b) यदि लकड़ी में कीड़ों (Powder post beetles) से बने छेद हों या पिचपुट (Pitch-pocket) हों, तो लकड़ी का उपयोग नहीं किया जाता है।

सभी श्रेणी की लकड़ियों में निम्नलिखित दोष अनुज्ञेय हैं

(a) क्षयी लकड़ी अनुज्ञेय है। परन्तु क्षयी लकड़ी गाँठ के साथ संघटित नहीं हो। क्षयी लकड़ी के कारण सामर्थ्य में कमी अधिकतम अनुज्ञेय गाँठों के कारण कमी से ज्यादा नहीं होनी चाहिए।

(b) यदि लकड़ी के पाउडर पोस्ट बीटल्स कीड़ों के अलावा अन्य कीड़ों से छेद हो, तब लकड़ी के सामर्थ्य का गाँठों में जैसे मूल्यांकन किया जाता है, उसी प्रकार मूल्यांकन कर लिया जाता है।

(c) अन्य दोष, जिनका लकड़ी के यांत्रिक गुणों पर प्रभाव नहीं हो, तो लकड़ी का उपयोग अनुज्ञेय है।

भारतीय मानक IS : 883-1970 के अनुसार ऊपर लिखे अनुज्ञेय दोषों के अतिरिक्त सारणी 11.1 में दिये गये दोष भी तीनों श्रेणी की लकड़ियों के लिए अनुज्ञेय हैं।

सारणी 11.1. विभिन्न श्रेणी की लकड़ियों के लिए अनुज्ञेय दोष
(Defects Permissible for Different Grades of Timber)

चयनित श्रेणी	Category I					श्रेणी II
	B	C		D	θ	
		C_1 (mm)	C_2 (mm)	(mm)		
गाँठे दरार और नाली छल्ला और सीधी दरारें श्रेणी I से आधी होनी चाहिए। रेशों का ढाल 1/20 से ज्यादा नहीं होना चाहिए।	75	19	19	25	सभी के लिए 1/15	गाँठे, दरारें और नाली, छल्ला और सीधी दरारें श्रेणी I से 1.5 गुणा। रेशे 1 का ढाल 1/12 से ज्यादा नहीं होना चाहिये।
	100	25	25	35		
	150	38	38	50		
	200	44	50	65		
	250	50	57	81		
	300	54	75	100		
	350	57	81	115		
	400	63	87	131		
	450	66	93	150		
	500	69	100	165		
	550	72	103	181		
	600	75	106	200		

जहाँ पर, B = फलक (face) की चौड़ाई और C = जीवित गाँठों की स्थिति और माप

C_1 = संकीर्ण फलक (Narrow face) और चौड़े फलक (Wide face) जो ऊपरी और नीचे के किनारों के पास हो, उसकी 1/4 चौड़ाई

C_2 = चौड़े फलक की मध्य आधी चौड़ाई और D = दरारों की गहराई, θ = रेशों का ढाल

11.3 लकड़ी के रेशे (Grains of Timber)

जब पेड़ के रेशों की दिशा पेड़ की अनुदैर्ध्य अक्ष के करीब-करीब समान्तर होती है, तब ऐसे रेशों को सीधे रेशे या समान्तर रेशे कहते हैं। एक लकड़ी के अवयव सीधे रेशे चित्र 11.1 में दिखाये गये हैं।

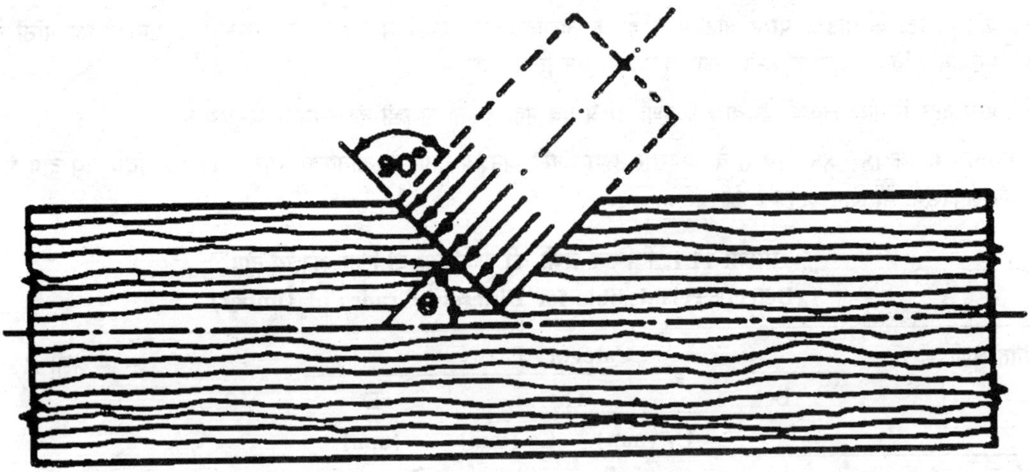

चित्र 11.1

लकड़ी का सामर्थ्य सीधे रेशों की दिशा में अन्य दिशाओं की तुलना में अधिक होता है। रेशों के साथ की दिशा और रेशों की आड़ी दिशा भी चित्र 11.1 में दिखायी गयी हैं। जब रेशों का मुख्य अक्ष के साथ अनियमित झुकाव होता है, तब ऐसे रेशों को अनियमित रेशे कहते हैं। अनियमित रेशे स्थानीय जगहों पर ही होते हैं। ये रेशे लकड़ी के सामर्थ्य को कम करते हैं। जब रेशे सर्पिली (Spiral) दिशा में होते हैं, तब इनको सर्पिल रेशे (Spiral grains) कहते हैं। ये रेशे पूर्ण पेड़ को एक व्यावृत (मरोड़ा हुआ, Twisted) रूप (Appearance) देते हैं। सर्पिल रेशे का एक गंभीर संरचनात्मक दोष माना जाता है। सर्पिल रेशे लकड़ी को कमजोर बनाते हैं। कुछ पेड़ों के रेशे कई साल तक एक दिशा में ही सर्पिल होते हैं। लेकिन ये रेशे अपनी दिशा उलट लेते हैं। ऐसे रेशों को अन्तर्ग्रथन रेशे (Interlocked grains) कहते हैं। अन्तर्ग्रथन रेशे इतने कमजोर नहीं होते, जितने सर्पिल रेशे कमजोर होते हैं।

जब लकड़ी के रेशे तरंग के रूप में होते हैं, तब इनको तरंगित रेशे (Wavy grains) कहते है। जब रेशों की दिशआ कुंतलित (Curled) हो जाती है, तब ऐसे रेशों को ऊर्मिका रेशे (Curly grains) कहते हैं।

जब रेशे सीधे होते हैं और पेड़ की अक्ष के साथ झुकाव रखते हैं, ऐसे रेशों को विकर्णी रेशे (Diagonal grains) कहते हैं। यह दोष लकड़ी काटते समय बनता है, जब सीधे रेशों को रेशे की दिशा के समान्तर नहीं काटा जाता है। सभी रेशों को जो सीधे रेशों से विचलित हो जाते हैं, उन्हें आड़े रेशे (Cross-grains) कहते हैं।

11.4 लकड़ी का सामर्थ्य (Strength of Timber)

लकड़ी के सामर्थ्य पर नमी की मात्रा, घनत्व, दोष की उपस्थिति और रेशों के प्रकार का प्रभाव पड़ता है। ज्यों-ज्यों लकड़ी में नमी की मात्रा कम होती जाती है, त्यों-त्यों लकड़ी का सामर्थ्य बढ़ता रहता है। यह सामर्थ्य तब तक बढ़ता रहता है, जब तक लकड़ी हड्डी की तरह सूख जाती है।

जब लकड़ी का घनत्व अधिक होता है, तब उसका सामर्थ्य भी अधिक होता है। हल्की लकड़ी की तुलना में भारी लकड़ी का सामर्थ्य अधिक होता है।

जब लकड़ी में दोष होते हैं, तब लकड़ी का सामर्थ्य भी कम हो जाता है। लकड़ी का सामर्थ्य लकड़ी के रेशे और रेशों के प्रकार पर भी निर्भर करता है। लकड़ी का सामर्थ्य रेशों की दिशा में आड़े दिशा की तुलना में अधिक होता है।

11.5 लकड़ी में सुरक्षा-गुणांक (Factor of Safety in Timber)

लकड़ी में सुरक्षा-गुणांक उसके सामर्थ्य पर, नमी के प्रभाव पर, दोषों की उपस्थिति पर और संरचनाओं की स्थिति पर निर्भर करता है। लकड़ी की संरचनाएँ आन्तरिक स्थिति (Inside Location), बाह्य स्थिति (Outside location) या गीली स्थिति (Wet location) में स्थित हो सकती हैं। जब संरचनाएं आन्तरिक स्थिति में स्थित होती है, तब ये सूखी रहती हैं और इनका नमी से बचाव रहता है। जब संरचनाएं बाह्य स्थिति में स्थित होती है, तब ये समयानुसार गीली रहती हैं, परन्तु सूखती जल्दी हैं। कभी-कभी संरचनाएं गीली स्थिति में स्थित होती हैं और ये गीली ही रहती हैं। विभिन्न स्थितियों के लिए सुरक्षा-गुणांक के प्रयुक्त मान सारणी 11.2 में दिये गये हैं, जिससे मानक श्रेणी (Standard grade) की लकड़ी के लिए अनुज्ञेय प्रतिबल ज्ञात कर सकते हैं। यह मान भारतीय मानक IS : 883-1970 में दिये गये हैं।

11.6 लकड़ी में अनुज्ञेय प्रतिबल (Permissible Stresses in Timber)

लकड़ी में अनुज्ञेय प्रतिबल कई बातों पर निर्भर करता है। अनुज्ञेय प्रतिबल मूल प्रतिबलों और उचित सुरक्षांक (सुरक्षा गुणांक) पर आधारित होती हैं। मानक श्रेणी (Standard grade) की 72 प्रकार की लकड़ियों के लिए अनुज्ञेय प्रतिबलों का मान भारतीय मानक IS : 883-1970 में दिये हुए हैं। उनमें से कुछ लकड़ियों के लिए अनुज्ञेय प्रतिबल सारणी 11.3 में दिये गये हैं। विभिन्न प्रकार की लकड़ियों को A, B और C तीन समूह में रखते हैं।

सारणी 11.2. मूल प्रतिबलों के साथ प्रयुक्त करने के लिए सुरक्षा-गुणांक, जिससे अनुज्ञेय प्रतिब ज्ञात करते हैं।

क्रम संख्या	प्रतिबल	मानक श्रेणी (Standard grade)		
		आन्तरिक स्थिति	बाह्य स्थिति	गीली स्थिति
1	धरन में रेशों में प्रतिबल के लिए			
	(a) चौड़े पत्तों के पेड़ों की लकड़ी	5	6	7.5
	(b) शंकु वृक्ष (Conifers) की लकड़ी	6	7	8.5
2	रेशों की दिशा में अपरूपण	7	7	7
3	धरन में क्षैतिज्य अपरूपण	10	10	10
4	संपीडन प्रतिबल रेशों की दिशा में	4	4.5	5.5
5	संपीडन प्रतिबल रेशों के अभिलम्ब की दिशा में	1.75	2.25	2.75
6	प्रत्यास्थता मापांक (धरन में अनुज्ञेय विक्षेप की संगणना के लिए)	1.25	1.75	2

A, B और C समूह की लकड़ियों के लिए (श्रेणी I) अनुज्ञेय प्रतिबलों का मान भारतीय मानक IS : 883-1970 के अनुसार सारणी 11.4 में दिये गये हैं। इसमें निम्नलिखित शर्तों को परिपूर्ण करना आवश्यक है।

(a) लकड़ी उच्च या मध्य श्रेणी की स्थायित्व (Durability) की होनी चाहिए और यदि आवश्यक हो तो उचित उपचार भी करना चाहिए। ऐसी लकड़ियों का उपयोग किसी भी स्थिति (Location) में किया जा सकता है। यदि लकड़ी का आन्तरिक स्थिति में उपयोग किया गया है और इसका भूमि के साथ सम्पर्क नहीं हो तो कम स्थायित्व की लकड़ी का उचित उपचार के पश्चात् उपयोग किया जा सकता है।

(b) संरचनात्मक अवयवों पर भार सतत और स्थायी होने चाहिए।

चयनित श्रेणी की लकड़ियों के लिए अनुज्ञेय प्रतिबल श्रेणी I की लकड़ियों के अनुज्ञेय प्रतिबलों (जो कि सारणी 11.4 में दिये गये हैं) से 1.16 गुणा होते हैं। श्रेणी II की लकड़ियों के लिए अनुज्ञेय प्रतिबल श्रेणी I की लकड़ियों के अनुज्ञेय प्रतिबलों से 0.84 गुणा होते हैं। यदि कम स्थायित्व की लकड़ियों का बाह्य स्थिति में उपयोग किया गया है तो सभी श्रेणी की लकड़ियों के लिए अनुज्ञेय प्रतिबलों को 0.80 से गुणा करना चाहिए।

सारणी 11.3. भारतीय लकड़ियों के लिए सुरक्षित अनुज्ञेय प्रतिबल

क्र. सं.	लकड़ियों का व्यापारिक नाम	औसतन (12% नमी की मात्रा) लकड़ी का भार kN/m^3	सभी श्रेणी सभी स्थिति में प्रत्यास्थता मापांक (kN/mm^2)	मानक श्रेणी (श्रेणी I) के लिए अनुज्ञेय प्रतिबल N/mm^2										
				बंकन और तनन रेशों की दिशा (अधिकतम दूरी के रेशे में प्रतिबल)			अपरूपण		संपीड़न					
							क्षैतिज्य	रेशो की दिशा में	रेशों के समान्तर			रेशों के अभिलम्ब		
				आन्तरिक स्थिति	बाह्य स्थिति	गीली स्थिति	सभी स्थिति में	सभी स्थिति में	आन्तरिक स्थिति	बाह्य स्थिति	गीली स्थिति	आन्तरिक स्थिति	बाह्य स्थिति	गीली स्थिति
(1)	(2)	(3)	(4)	(5)	(6)	(7)	(8)	(9)	(10)	(11)	(12)	(13)	(14)	(15)
	समूह 'ए'													
1	गोली रोधी लकड़ी	11.05	17.40	22.8	19.0	15.2	1.50	2.10	14.40	12.60	10.20	11.20	8.80	7.10
2.	बल्लागी	11.35	16.30	22.6	18.6	15.2	1.50	2.20	14.80	13.00	10.60	8.70	6.70	5.50
3	धमन	7.85	14.80	18.2	15.2	12.4	1.30	1.90	12.00	10.60	8.80	6.00	4.60	3.80
4	काला सरेश	7.35	13.60	18.6	15.4	12.6	1.50	2.20	13.40	12.00	9.40	7.20	5.60	4.60
5	साल	8.65	12.70	16.8	14.0	11.2	0.90	1.30	10.60	9.40	7.80	4.50	3.50	2.90
	समूह बी													
1	भारतीय औक	8.65	12.50	14.80	12.40	9.80	1.20	1.70	9.20	8.00	6.60	4.50	3.5	2.9
2	गोली रोधी लकड़ी	8.80	12.40	17.20	14.40	11.60	1.30	1.80	10.80	9.80	8.00	5.50	4.3	3.5
3	धमन	7.70	12.00	15.50	13.00	10.20	1.40	2.00	9.10	8.10	6.70	4.10	3.2	2.6
4	यूकेलिप्टस	8.50	11.50	16.60	13.80	10.80	1.20	1.70	11.20	10.20	8.00	7.60	5.9	4.8
5	जमन	8.50	11.20	15.10	12.60	10.20	1.20	1.70	9.10	8.40	6.70	5.80	4.5	3.6
6	बबुल	7.85	10.80	18.20	15.40	12.40	1.50	2.20	11.20	10.20	8.00	6.50	5.0	4.1
7	सागौन (टीक)	6.40	9.60	14.00	11.60	9.40	1.00	1.40	8.80	7.80	6.40	4,00	3.1	2.5

	समूह सी													
1	भारतीय चेटनस्ट	6.40	9.80	10.60	8.80	7.00	0.80	1.20	6.40	5.60	4.60	2.60	2.0	1.7
2	देवदार	5.45	9.50	10.20	8.80	7.00	0.70	1.00	7.80	7.00	5.00	2.60	2.1	1.7
3	रोजवुड़	7.55	9.30	16.80	14.00	11.20	1.20	1.70	10.60	9.20	7.80	6.40	5.0	4.1
4	सिसू	7.85	8.90	15.20	12.60	10.20	1.20	1.70	9.40	8.40	6.60	4.60	3.6	2.9
5	सफेद सरेश	6.40	9.00	13.40	11.20	8.80	1.00	1.40	8.40	7.80	6.40	4.30	3.3	2.
6	चीर	5.77	9.80	8.40	7.00	6.00	0.60	0.90	6.40	5.60	4.60	2.20	1.7	1.4

टिप्पणी - धरन के लिए क्षेतिज्य अपरूपण के मान का उपयोग होता है। अन्य परिस्थितियों में रेशों की दिशा में अपरूपण मान का उपयोग होता है।

11.7 **अनुज्ञेय प्रतिबलों के लिए रूपान्तरण गुणांक** (Modification Factors for Permissible Stresses)

रूपान्तरण गुणांक को उपान्तरण गुणांक भी कहते हैं। सारणी 11.4 में दिये गये अनुज्ञेय प्रतिबलों को रूपान्तरण गुणांक से गुणा करके निम्नलिखित के लिए उपान्तरित कर दिया जाता है।

(i) रेशों के ढाल में परिवर्तन के लिए - जब लकड़ी में अनुज्ञेय सीमा के अन्दर दोष (उदाहरण रेशों का ढाल, गांठे और दरारें) होती हैं, तब सारणी 11.4 में दिये गये अनुज्ञेय प्रतिबलों को रूपान्तरण गुणांक K_1 से गुणा करके उपान्तरित कर दिया जाता है। K_1 का मान सारणी 11.5 में भारतीय मानक IS : 883-1970 के अनुसार दिये गये हैं।

सारणी 11.4. श्रेणी I की लकड़ी के लिए अनुज्ञेय प्रतिबल

क्र. संख्या	प्रतिबलों के प्रकार	अनुज्ञेय प्रतिबल (N/cm^2)		
		समूह A	समूह B	समूह C
1	रेशों की दिशा में बंकन और तनन			
	(i) आन्तरिक स्थिति	18.20	12.30	8.40
	(ii) बाह्य स्थिति	15.20	10.20	7.00
	(iii) गीली स्थिति	12.00	8.10	6.00
2.	अपरूपण			
	(i) * क्षैतिज्य (सभी स्थितियों में)	1.20	0.90	0.60
	(ii) रेशों की दिशा में (सभी स्थितियों में)	1.70	1.30	0.90
3.	रेशों की दिशा में संपीड़न			
	(i) आन्तरिक स्थिति	12.00	7.00	6.40
	(ii) बाह्य स्थिति	10.60	6.30	5.60
	(iii) गीली स्थिति	8.80	5.80	4.60
4.	रेशों की अभिलम्ब दिशा में संपीड़न			
	(i) आन्तरिक स्थिति	6.00	2.20	2.20
	(ii) बाह्य स्थिति	4.60	1.80	1.70
	(iii) गीली स्थिति	3.80	1.50	1.40

टिप्पणी * धरन में क्षैतिज अपरूपण के मान का उपयोग होता है। अन्य परिस्थितियों में रेशों की दिशा में अपरूपण के मान का उपयोग होता है।

सारणी 11.5. रेशों के ढाल में परिवर्तन के लिए रूपान्तरण गुणांक, K_1

रेशों के ढाल	रूपान्तरण गुणांक K_1	
	धरन और तान अंग में सामर्थ्य	स्तम्भ का सामर्थ्य
(1)	(2)	(3)
1/10	0.80	0.74
1/12	0.90	0.82
1/14	0.98	0.87
1/15 और इससे कम	1.00	1.00

(ii) भार की अवधि में परिवर्तन के लिए - जब सतत डीजाइन भार के सिवाय अवधि में परिवर्तन होता है, तब सारणी 11.4 में दिये गये अनुज्ञेय प्रतिबलों को रूपान्तरण गुणांक K_2 से गुणा करके उपान्तरित कर दिया जाता है। K_2 के मान भारतीय मानक IS : 883-1970 के अनुसार सारणी 11.6 में दिये गये हैं।

सारणी 11.6. भार की अवधि में परिवर्तन के लिए रूपान्तरण गुणांक, K_2

क्रम संख्या	भार की अवधि	K_2
1	सतत	1.00
2	दो माह	1.15
3	सात दिवस	1.25
4	पवन और भूकम्प	1.33
5	क्षणिक या संघटन	2.00

11.8 **लकड़ी में धारण प्रतिबल** (Bearing Stress in Timber)

लकड़ी की सतह पर धारण प्रतिबल या संपीडन प्रतिबल सतह का रेशों की दिशा के साथ झुकाव, धारण पर लम्बाई और संरचनात्मक अवयव के सिरे से दूरी पर निर्भर करता है। लकड़ी की रेशों की तरफ किसी भी धारण के लिए, रेशों के अभिलम्ब दिशा में अनुज्ञेय प्रतिबल, f_{cn} धारण की लम्बाई और उसकी स्थिति पर आश्रित होता है। रेशे के अभिलम्ब दिशा में संपीडन अनुज्ञेय प्रतिबल जो सारणी 11.4 में दिये गये हैं, वे प्रतिबल, अवयवों के सिरे पर धारण में किसी लम्बाई के लिए और किसी अन्य स्थिति पर 150 mm या इससे ज्यादा धारण की लम्बाई के लिए, अनुज्ञेय प्रतिबल हैं। जब धारण की लम्बाई 150 mm से कम होती है और अवयवों के सिरे से 75 mm या इससे ज्यादा दूरी पर स्थित हो, तब रेशों के अभिलम्ब दिशा में अनुज्ञेय प्रतिबलों को रूपान्तर गुणांक K_7 से गुणा किया जाता है, जिसका मान सारणी 11.7 में भारतीय मानक IS : 883-1970 के अनुसार दिया गया है। धारण की तीव्रता में धरन में बंकन के कारण अन्तर के लिए ध्यान नहीं दिया गया है। वाशर या छोटी प्लेट के नीचे धारण प्रतिबल के लिए सारणी 11.7 में दिये गये गुणांक का प्रयोग किया जाता है। धारण की लम्बाई वाशर के व्यास या छोटी प्लेट की चौड़ाई के बराबर रखते हैं।

सारणी 11.7. धारण प्रतिबल के लिए रूपान्तरण गुणांक K7

धारण की लम्बाई (mm)	गुणांक K_7
15.0	1.67
25.0	1.40
40.0	1.25
50.0	1.20
75.0	1.13
100.0	1.10
150.0	1.00

जब प्रतिबल की दिशा रेशों की दिशा के साथ झुकाव पर होती है, जैसा कि छत कैंचियों में संरचनात्मक अवयवों में होता है, और चित्र 11.2 में दिखाया है, तब अनुज्ञेय धारण प्रतिबल की हेनकिन्सन के सूत्र के अनुसार संगणना की जाती है।

$$f_{ce} = \left(\frac{f_{cp} \cdot f_{cn}}{f_{cp} \cdot \sin^2\theta + f_{cn} \cos^2\theta}\right) \text{ जहाँ पर,} \qquad (10.1)$$

f_{ce} = भार की कार्य रेखा की दिशा में अनुज्ञेय धारण प्रतिबल, f_{cp} = रेशों के समान्तर अनुज्ञेय संपीडन प्रतिबल

f_{cn} = रेशों के अभिलम्ब दिशा में अनुज्ञेय संपीडन प्रतिबल, θ = रेशों की दिशा के साथ भार का झुकाव

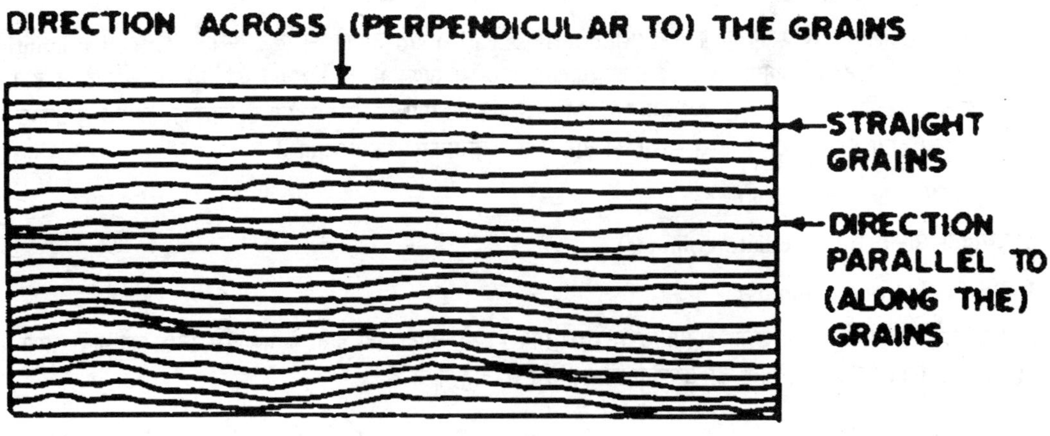

चित्र 11.2

उदाहरण 11.1 आन्तरिक स्थिति के लिए मानक लकड़ी (धमन) के लिए रेशों के समान्तर अनुज्ञेय संपीडन प्रतिबल 12 (N/mm^2) और रेशों के अभिलम्ब दिशा में 6 N/mm^2 है। इस लकड़ी के लिए अनुज्ञेय प्रतिबल ज्ञात कर, यदि (i) यह लकड़ी चयनित श्रेणी की हो, (ii) यह लकड़ी साधारण श्रेणी (श्रेणी II) की हो।

हल – चयनित श्रेणी की लकड़ी के लिए

रेशों के समान्तर अनुज्ञेय संपीडन प्रतिबल = (1.16 x 12) = 13.92 N/mm^2

रेशों के अभिलम्ब दिशा में अनुज्ञेय संपीडन प्रतिबल = (1.16 x 6) = 6.96 N/mm^2

साधारण श्रेणी (श्रेणी II) के लिए

रेशों के समान्तर अनुज्ञेय संपीडन प्रतिबल = (0.80 x 12) = 10.08 N/mm^2

रेशों के अभिलम्ब दिशा में अनुज्ञेय संपीडन प्रतिबल = (0.80 x 6) = 5.04 N/mm^2

उदाहरण 11.2 आन्तरिक स्थिति के लिए मानक लकड़ी (धमन) के लिए रेशों के समान्तर अनुज्ञेय संपीडन प्रतिबल 12 N/mm^2 और रेशों के अभिलम्ब दिशा में 6 N/mm^2 है। भार के क्रिया रेखा की दिशा में अनुज्ञेय धारण प्रतिबल ज्ञात करो। भार रेशों की दिशा के साथ 30 के कोण पर प्रयुक्त होता है।

हल – संपीडन में रेशे के समान्तर अनुज्ञेय प्रतिबल f_{cp} = 12 N/mm^2

संपीडन में रेशे के लम्बवत अनुज्ञेय प्रतिबल f_{cp} = 6 N/mm^2

भार के क्रिया रेखा की दिशा में अनुज्ञेय धारण प्रतिबल

$$f_{ce} = \left(\frac{f_{cp} \times f_{cn}}{f_{cp}\sin^2\theta + f_{cn}\cos^2\theta}\right) = \left(\frac{12 \times 6}{12 \times 0.25 + 6 \times 0.75}\right) = 9.6\ N/mm^2$$

11.9 **लकड़ी के ठोस स्तम्भ** (Solid Wood Columns)

लकड़ी के ठोस स्तम्भ लकड़ी के एक भाग से बनाये जाते हैं। साधारणतया ये स्तम्भ आयताकार अनुप्रस्थ खण्ड के होता हैं। वृत्ताकार अनुप्रस्थ खण्ड के भी ठोस स्तम्भ बनाये जाते हैं। वृत्ताकार और वर्गाकार अनुप्रस्थ खण्ड के लकड़ी के ठोस स्तम्भों की भार क्षमता बराबर होती है, यदि उनका अनुप्रस्थ क्षेत्रफल बराबर होता है।

लकड़ी के ठोस स्तम्भ के लिए तनुता अनुपात (Slenderness ratio) s/d उनकी कार्यकर लम्बाई (Effective length), s और उनकी न्यूनतम माप, d का अनुपात होता है। आयताकार अनुप्रस्थ खण्ड में दोनों सतहों की न्यूनतम चौड़ाई, d होती है। वृत्ताकार अनुप्रस्थ-खण्ड में न्यूनतम माप, d एक वर्गाकार अनुप्रस्थ-खण्ड के माप के बराबर होता है, जिसका क्षेत्रफल वृत्ताकार स्तम्भ के क्षेत्रफल के तुल्य होता है। लकड़ी के ठोस स्तम्भ का तीन वर्गों में वर्गीकरण किया जाता है

1. लघु स्तम्भ (Short columns)
2. मध्यवर्ती स्तम्भ (Intermediate columns)
3. दीर्घ स्तम्भ (Long columns)

1. लघु स्तम्भ - जब स्तम्भ का तनुता अनुपात (s/d) का मान 11 से ज्यादा नहीं होता है, तब ऐसे स्तम्भ को लघु स्तम्भ कहते हैं। लघु स्तम्भ के लिए अनुज्ञेय प्रतिबल की संगणना निम्न विधि से ज्ञात करते हैं

$$f_s = \left(\frac{P}{A}\right) = f_{c.p} \qquad (11.2)$$

जहाँ पर, P = स्तम्भ का भार, N, A = स्तम्भ का क्षेत्रफल, mm^2, f_{pD} = रेशों के समान्तर संपीडन प्रतिबल

2. मध्यवर्ती स्तम्भ - जब स्तम्भ का तनुता अनुपात (s/d) का मान 11 से ज्यादा होता है और K_s के बराबर या कम होता है, तब ऐसे स्तम्भ को मध्यवर्ती स्तम्भ कहते हैं। मध्यवर्ती स्तम्भ के लिए अनुज्ञेय प्रतिबल की संगणना निम्न विधि से ज्ञात करते हैं

$$f_e = \left(\frac{P}{A}\right) = f_{c.p} \times \left[1 - \frac{1}{3}\left(\frac{s}{K_8\,d}\right)^4\right] \qquad (11.3)$$

जहाँ पर, K_8 = स्थिरांक (Constant)। इसका मान E और $f_{c.D}$ पर निर्भर करता है।

$$K_8 = K_8 = 0.702\left(\frac{E}{f_{cp}}\right)^{1/2} \tag{11.4}$$

E = प्रत्यास्थता मापांक, N/mm^2

3. दीर्घ स्तम्भ - जब स्तम्भ का तनुता अनुपात (s/d) का मान K_8 से ज्यादा होता है, तब ऐसे स्तम्भ को दीर्घ स्तम्भ कहते हैं। दीर्घ स्तम्भ के लिए अनुज्ञेय प्रतिबल की संगणना निम्न विधि से ज्ञात करते हैं

$$f_c = \left(\frac{P}{A}\right) = \left(\frac{0.329\,E}{(s/d)^2}\right) \tag{11.5}$$

लकड़ी के ठोस स्तम्भ का तनुता अनुपात (s/d) का मान 50 से अधिक नहीं होना चाहिए।

उदाहरण 11.3 एक बबूल लकड़ी के स्तम्भ का माप 150 mm x 150 mm है, और इसका उपयोग आन्तरिक स्थिति के लिए किया गया है। स्तम्भ की कार्यकर लम्बाई 1.50 m है। स्तम्भ के लिए अक्षीय सुरक्षित भार क्षमता ज्ञात करो।

हल Step 1 - स्तम्भ की कार्यकर लम्बाई, s = 1.50 m

स्तम्भ का न्यूनतम माप, d = 150 mm

स्तम्भ का अधिकतम तनुता अनुपात $= \frac{s}{d} = \left(\frac{1.50 \times 1000}{150}\right) = 10 < 11$

अतः यह स्तम्भ लघु स्तम्भ है। भारतीय मानक IS : 883-1970 से स्तम्भ के लिए (बबूल की लकड़ी) रेशों के समान्तर अनुज्ञेय संपीडन प्रतिबल $f_{c.p} = 11.2\ N/mm^2$

Step 2 - स्तम्भ के लिए सुरक्षित भार क्षमता

$$P = \left(f_{c.p} \times A\right) = \left(\frac{11.2 \times 150 \times 150}{1000}\right) = 252.5\ kN$$

उदाहरण 11.4 यदि उदाहरण 11.3 में स्तम्भ की कार्यकर लम्बाई 3 m है, तब स्तम्भ के लिए अक्षीय सुरक्षित भार ज्ञात करो।

हल Step 1 -स्तम्भ की कार्यकर लम्बाई, s = 300 mm

स्तम्भ का न्यूनतम परिमाप, d = 150 mm

अधिकतम तनुता अनुपात, $\frac{s}{d} = \left(\frac{3000}{150}\right) = 20 > 11$ अतः स्तम्भ एक मध्यवर्ती स्तम्भ है।

Step 2- भारतीय मानक IS : 883-1970 से बबूल लकड़ी के लिए अक्षीय सुरक्षित संपीडन प्रतिबल रेशों के समान्तर

$$f_{c.p} = 11.2\ N/mm^2 \quad E = 108\ N/mm^2 \quad K_s = 0.702\left(\frac{E}{f_{c.D}}\right) = 0.702\left(\frac{108 \times 1000}{112}\right)^{1/2} = 21.8$$

स्तम्भ का तनुता अनुपात 11 से अधिक और K_s 21.8 से कम है। अतः स्तम्भ एक मध्यवर्ती स्तम्भ है। अनुज्ञेय प्रतिबल

$$f_s = \left(\frac{P}{A}\right) = 11.2\left[1 - \frac{1}{3}\left(\frac{3000}{21.8 \times 150}\right)^2\right] = 8.55\ N/mm^2$$

Step 3 - स्तम्भ के लिए अक्षीय सुरक्षित भार क्षमता, $P = \left(\frac{8.55 \times 150 \times 150}{1000}\right) = 19.25\ kN$

उदाहरण 11.5 यदि उदाहरण 11.4 में, स्तम्भ की कार्यकर लम्बाई 3.60 m है, तब स्तम्भ के लिए अक्षीय सुरक्षित भार क्षमता ज्ञात करो।

हल Step 1- स्तम्भ के लिए कार्यकर लम्बाई, s = 3600 mm

स्तम्भ का न्यूनतम माप, d = 1500 mm

अधिकतम तनुता अनुपात, $\frac{s}{d} = \left(\frac{3600}{150}\right) = 24$, उदाहरण 11.4 से, $K_s = 21.8$

स्तम्भ का तनुता अनुपात K_s से ज्यादा है। अतः यह स्तम्भ एक दीर्घ स्तम्भ है।

Step 2 - अनुज्ञेय प्रतिबल

$$f_c = \left(\frac{P}{A} = \frac{0.329\,E}{(s/d)^2}\right) = \left(\frac{0.329 \times 108 \times 1000}{24^2}\right) = 6.18\ \text{N/mm}^2$$

Step 3 - सुरक्षित अक्षीय भार क्षमता

$$P = \left(\frac{6.18 \times 150 \times 150}{1000}\right) = 139\ \text{kN}$$

उदाहरण 11.6 एक वृत्ताकार स्तम्भ का व्यास 150 mm है, जो देवदार लकड़ी का है। स्तम्भ की कार्यकर लम्बाई 1.20 m है। स्तम्भ के लिए अक्षीय सुरक्षित भार क्षमता ज्ञात करो। स्तम्भ बाह्य स्थिति में स्थित है और यह स्तम्भ बारी-बारी से गीला होता रहता है और सूखता रहता है।

***हल** : Step 1* - वृत्ताकार स्तम्भ का क्षेत्रफल $\left(\frac{\pi}{4} \times d^2 = \frac{\pi}{4} \times 150^2\right) = 16900\ \text{mm}^2$

माना कि एक वर्गाकार स्तम्भ का माप d है, जिसका क्षेत्रफल वृत्ताकार के क्षेत्रफल के तुल्य है।

$\therefore\ d^2 = 16900,\ d = 130$ mm

Step 2 - स्तम्भ का तनुता अनुपात

स्तम्भ की कार्यकर लम्बाई, s = 1200 mm, स्तम्भ का न्यूनतम माप, d = 130 mm

अधिकतम तनुता अनुपात, $\frac{s}{d} = \left(\frac{1200}{130}\right) = 9.24 < 11$ अतः स्तम्भ एक लघु स्तम्भ है।

Step 3 - भारतीय मानक IS : 883-1970 से देवदार लकड़ी के लिए, अक्षीय अनुज्ञेय संपीडन प्रतिबल (रेशों के समान्तर और बाह्य स्थिति के लिए) $f_{c.p} = 7\ \text{N/mm}^2$

Step 4 - वृत्ताकार स्तम्भ के लिए, अक्षीय सुरक्षित भार क्षमता

$$P = \left(\frac{7 \times 16900}{1000}\right) = 118.3\ \text{kN}$$

उदाहरण 11.7 एक लकड़ी के स्तम्भ पर 50 kN का अक्षीय भार है। स्तम्भ की कार्यकर लम्बाई 3.50 m है। स्तम्भ की डीजाइन करो।

डीजाइन -

Step 1 - स्तम्भ की कार्यकर लम्बाई, s = 3500 mm

माना कि स्तम्भ का न्यूनतम माप, d है। एक लघु स्तम्भ के लिए, $\frac{s}{d} < 11$

$$\therefore\ d > \frac{s}{11} > \frac{3500}{11} > 318.1\ \text{mm}$$

स्तम्भ का न्यूनतम माप 320 mm अपनाते हैं। स्तम्भ के लिए फर (Fir) की लकड़ी का उपयोग करते हैं।

Step 3 - रेशों के समान्तर अनुज्ञेय संपीडन प्रतिबल $= 52\ \text{N/mm}^2$

Step 4 - स्तम्भ के लिए आवश्यक क्षेत्रफल $= \left(\frac{500 \times 1000}{5.2}\right) = 96153.846\ \text{mm}^2$

स्तम्भ का न्यूनतम माप, $d = 320$ mm

स्तम्भ का दूसरा माप, $= \left(\frac{96153.846}{320}\right) = 300.48$ mm

अतः 320 mm x 320 mm माप का फर (Fir) लकड़ी का स्तम्भ अपनाया जाता है।

Step 5 - स्तम्भ की सुरक्षित भार क्षमता

$$P = \left(\frac{5.2 \times 320 \times 320}{1000}\right) = 533\ \text{kN} > 500\ \text{kN}$$ अतः स्तम्भ सुरक्षित है।

11.10 **लकड़ी के संघटित स्तम्भ** (Built-up Timber Columns)

लकड़ी के संघटित स्तम्भ लकड़ी के कई भाग या टुकड़ों को, बोल्ट, कीलें, पेच या सरेस से जोड़ कर बनाया जाता है। संघटित लकड़ी का स्तम्भ चित्र 11.3 में दिखाया गया है। संघटित लकड़ी के स्तम्भ का सामर्थ्य लकड़ी के ठोस स्तम्भ के सामर्थ्य के बराबर नहीं होता है। संघटित लकड़ी के स्तम्भ को कई अन्तराल (Interval) पर जोड़ना आवश्यक होता है। इस अन्तराल की दूरी प्रत्येक संपीडन अवयव की मोटाई से छः गुणा से ज्यादा नहीं होनी चाहिए या संघटित लकड़ी के स्तम्भ को प्रत्येक अवयव के न्यूनतम माप के समान्तर पार्श्व दिशा में तान लगी हुई होनी चाहिए। संघटित स्तम्भ की डीजाइन ठोस स्तम्भ की डीजाइन की तरह कर सकते हैं। परन्तु अनुज्ञेय प्रतिबल का मान उनके 80 प्रतिशत ही लिया जाता है।

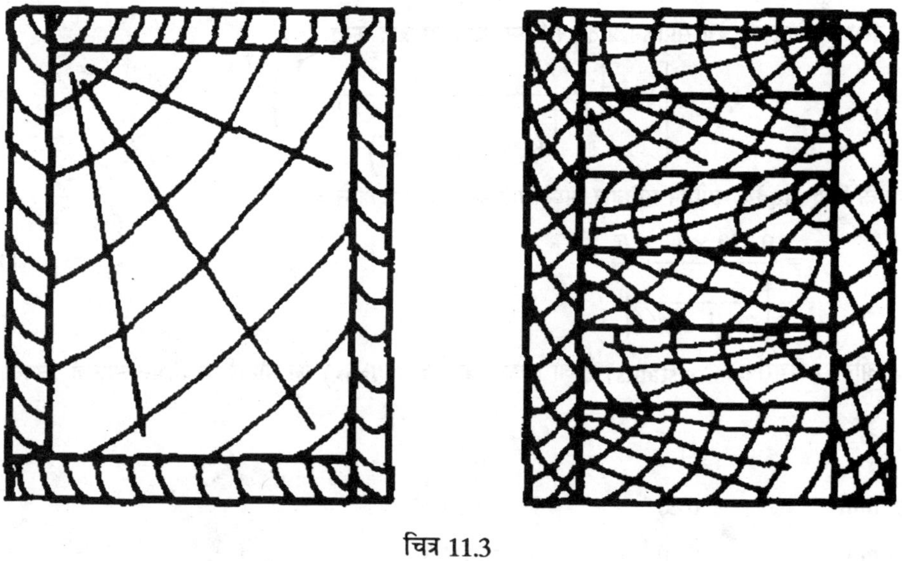

चित्र 11.3

चौकोर स्तम्भ (Box columns) का वर्गीकरण भी तीन वर्गों में किया जाता है। चौकोर स्तम्भ भी लघु, मध्यवर्ती और दीर्घ स्तम्भ वर्ग के होते हैं, जो निम्न प्रकार के होते हैं।

(a) लघु स्तम्भ (Short columns)- जब स्तम्भ के लिए निम्न संगणित संख्या का मान 8 से कम होता है अर्थात्

$$\left[\frac{s}{(d_1^{\,2} + d_2^{\,2})^{1/2}}\right] < 8 \text{ जहाँ पर} \qquad (i)$$

d_1 = चौकोर स्तम्भ की न्यूनतम चौड़ाई, mm

d_2 = चौकोर स्तम्भ में कोर (Core) का न्यूनतम माप और s = स्तम्भ की कार्यकर लम्बाई

(b) मध्यवर्ती स्तम्भ (Intermediate columns)- जब स्तम्भ के लिए निम्न संगणित संख्या का मान 8 और K9 के बीच में होता है। अर्थात्

$$\left[\frac{s}{(d_1^{\,2} + d_2^{\,2})^{1/2}}\right] \text{ का मान 8 और } K_9 \text{ के बीच में होता है।}$$

(c) दीर्घ स्तम्भ (Long Columns)- जब स्तम्भ के लिए निम्न संगणित संख्या का मान K_9 से ज्यादा होता है। अर्थात्

$$\left[\frac{s}{(d_1^{\,2} + d_2^{\,2})^{1/2}}\right] > K_9 \text{ जहाँ पर } K_9 = \text{स्थिरांक (Constant)} \qquad (ii)$$

$$K_9 = \frac{\pi}{2}\left(\frac{U \times E}{5 \times q \times f_{c.p}}\right)^{1/2} \qquad (11.6)$$

लघु स्तम्भ के लिए अनुज्ञेय संपीडन प्रतिबल का मान निम्न विधि से संगणित करते हैं।

$$f_s = (q \times f_{op}) \qquad (11.7)$$

मध्यवर्ती स्तम्भ के लिए अनुज्ञेय संपीडन प्रतिबल निम्न तरीके से ज्ञात करते है

$$f_c = q \times f_{c.p} \times \left[1 - \frac{1}{3} \times \left(\frac{s}{K_9 \times \left(d_1^{\,2} + d_2^2\right)^{1/2}}\right)\right] \qquad (11.8)$$

दीर्घ स्तम्भ के लिए अनुज्ञेय संपीडन प्रतिबल निम्न समीकरण से ज्ञात करते हैं

$$\{f_c = \frac{0.329 \times U \times E}{\left(\frac{s}{(d_1^2 + d_2^2)^{1/2}}\right)^2} \qquad (11.9)$$

जहाँ पर q और U स्थिरांक (Constants) हैं जो लकड़ी के तख्ते (Plank) की मोटाई पर निर्भर करते हैं, जिनका मान निम्न है

t	U	q
25 mm	0.80	1.00
50 mm	0.60	1.00

उदाहरण 11.8 एक संघटित साल लकड़ी का स्तम्भ एक ठोस कोर (Core) 200 mm x 200 mm और चार तख्ते 250 mm x 50 mm से बना हुआ है। सब अवयव कीलों (Spikes) से जुड़े हुए हैं। स्तम्भ की कार्यकर लम्बाई 3 m है। स्तम्भ के लिए अक्षीय सुरक्षित भार क्षमता ज्ञात करो।

हल

Step 1 - तनुता अनुपात

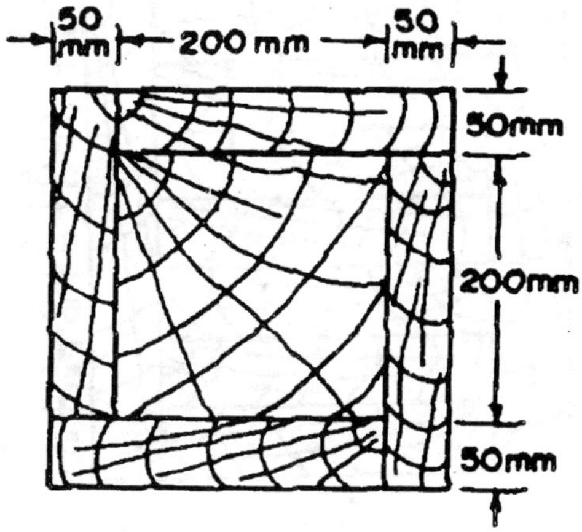

चित्र 11.4

संघटित स्तम्भ चित्र 11.4 में दिखाया गया है। स्तम्भ के सभी अवयव जुड़े हुए हैं।

स्तम्भ की कार्यकर लम्बाई, s = 300 mm और स्तम्भ की न्यूनतम माप, d = 200 mm

अधिकतम तनुता अनुपात, $\left(\frac{s}{(d_1{}^2 + d_2^2)^{1/2}}\right) = \left(\frac{300}{(3000^2 + 200^2)^{1/2}}\right) = 8.32$

$$K_9 = \frac{\pi}{2}\left[\frac{U \cdot E}{5\,q \cdot f_{cp}}\right] = \frac{\pi}{2}\left[\frac{0.60 \times 127 \times 1000}{5 \times 1 \times 10.6}\right] = 18.825$$

अतः ठोस स्तम्भ की तरह, यह मध्यवर्गी स्तम्भ है। भारतीय मानक IS : 883-1970 से साल लकड़ी के लिए, रेशों के समान्तर अनुज्ञेय संपीडन प्रतिबल

Step 2 : अनुज्ञेय संपीडन प्रतिबल

$$f_c = q\, f_{cp}\left[1 - \frac{1}{3} \times \left(\frac{s}{(d_1^2 + d_2^2)}\right)^4\right]$$

$$f_c = 1.00 \times 10.6\left[1 - \frac{1}{3}\left(\frac{8.32}{18.825}\right)^4\right] = 10.465\ \text{N/mm}^2$$

Step 3 : अक्षीय सुरक्षित भार क्षमता

$$P = \left(\frac{10.465 \times 300 \times 300}{1000}\right) = 941 \text{ kN}$$

उदाहरण 11.9 एक लकड़ी के स्तम्भ पर 1000 kN का भार है। स्तम्भ की कार्यकर लम्बाई 3.60 m है। एक संघटित स्तम्भ की डीजाइन करो।

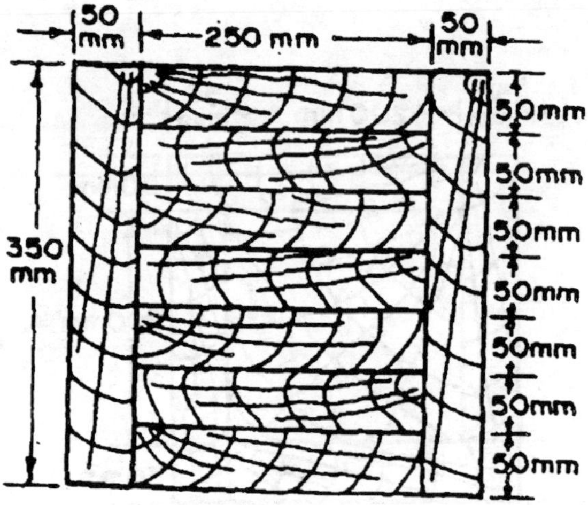

चित्र 11.5

डीजाइन

Step 1 - स्तम्भ का तनुता अनुपात

स्तम्भ की कार्यकर लम्बाई = 3600 mm

माना कि स्तम्भ का न्यूनतम माप d है। लघु स्तम्भ के लिए

$$\left(\frac{s}{(d_1^2 + d_2^2)^{1/2}}\right) < 8 \quad , \quad \left(\frac{3600}{(d_1^2 + 250^2)^{1/2}}\right) < 8$$

अतः न्यूनतम माप 350 mm अपनाया जाता है।

$$\left(\frac{s}{(d_1^2 + d_2^2)^{1/2}}\right) = \left(\frac{3600}{(350^2 + 250^2)^{1/2}}\right) = 8.37$$

Step 2- साल लकड़ी के लिए, रेशों के समान्तर अनुज्ञेय संपीडन प्रतिबल (ठोस स्तम्भ के लिए) = 10.6 N/mm^2

साल लकड़ी के संघटित स्तम्भ के लिए, रेशों के समान्तर अनुज्ञेय संपीडन प्रतिबल

$$f_c = q\, f_{cp}\left[1 - \frac{1}{3}\left(\frac{s}{K_9\,(d_1^2 + d_2^2)^{1/2}}\right)^4\right]$$

$$f_c = 1 \times 10.6\left[1 - \frac{1}{3} \times \left(\frac{8.37}{18.825}\right)^4\right] = 10.4619 \text{ N/mm}^2$$

Step 3 - स्तम्भ के लिए आवश्यक क्षेत्रफल

$$= \left(\frac{1000 \times 1000}{10.4619}\right) = 95584.8 \text{ mm}^2$$

दो तख्ते 350 mm x 50mm और सात तख्ते 250 mm x 50 mm में, जैसे चित्र 11.5 में दिखाये गये हैं, अपनाते हैं। स्तम्भ का क्षेत्रफल

$$= 350 \times 350 = 122500 \text{ mm}^2 > 95584.8 \text{ mm}^2$$

Step 4 - अक्षीय सुरक्षित भार क्षमता

$$= \left(\frac{122500 \times 10.4619}{1000}\right) = 1281.59 \text{ kN} > 1000 \text{ kN}$$ अतः डीजाइन सुरक्षित और ठीक है।

11.11 **दिक् स्तम्भ** (Spaced Column)

दिक् स्तम्भ लकड़ी के दो या दो से ज्यादा अवयवों से बना हुआ होता है, जिनकी अनुदैर्ध्य अक्ष समान्तर होती है। दिक् स्तम्भ के अवयवों को अलग रखते हैं और सिरों पर और मध्य में अन्तरक ब्लोक (Spacer block) का उपयोग करते हैं।

इन अवयवों को सिरों पर बोल्ट द्वारा जोड़ा जाता है। दिक् स्तम्भ का उपयोग लकड़ी की छत कैंची में संपीडन अवयव और रैफ्टर (Rafter) की तरह होता है। दिक् स्तम्भ चित्र 11.6 में दिखाया गया है।

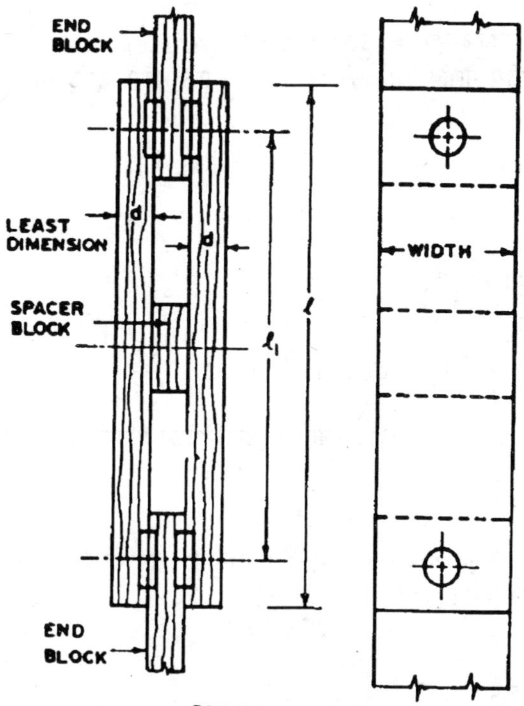

SPACED COLUMN

चित्र 11.6

अन्तरक ब्लोक, जिनका उपयोग अवयवों को अलग रखने के लिए किया जाता है, मध्य 10 प्रतिशत लम्बाई में लगाये जाते हैं। यदि एक से ज्यादा ब्लोक का उपयोग किया जाता है, तब दो संलग्न अन्तरक ब्लोक के बीच की दूरी, सिरों के ब्लोक के बीच की दूरी के आधे से भी ज्यादा नहीं होनी चाहिए। यदि एक से ज्यादा अन्तरक ब्लोक का प्रयोग होता है, तब उनको लकड़ी से संयोजक (Timber connectors) से जोड़ा जाता है। यदि एक ब्लोक का ही उपयोग होता है, तब लकड़ी के संयोजक की आवश्यकता नहीं होती है।

सिरों के संयोजक (End connectors) या तो प्रत्येक अवयव के 5 प्रतिशत वास्तविक लम्बाई में लगाये जाते हैं, या 5 से 10 प्रतिशत लम्बाई की दूरी में लगाये जाते हैं।

यदि सिरे के ब्लोक (End block) प्रत्येक अवयव के 5 प्रतिशत वास्तविक लम्बाई में लगाये जाते हैं, तब उनकी कार्यकर लम्बाई

$$s \left(l_1/\sqrt{2.5}\right) \tag{11.10}$$

यदि सिरे के ब्लोक 5 से 10 प्रतिशत लम्बाई की दूरी में लगाये जाते हैं, तो उनकी कार्यकर लम्बाई

$$s = l_1/\sqrt{3} \tag{11.11}$$

दिक् स्तम्भ (Spaced column) का तनुता अनुपात उसकी कार्यकर लम्बाई और प्रत्येक अवयव के न्यूनतम माप का अनुपात होता है।

दिक् स्तम्भ (Spaced column) के लिए सुरक्षित अक्षीय भार क्षमता सभी अवयवों के लिए सुरक्षित अक्षीय भार क्षमता के जोड़ के बराबर होती है।

लकड़ी के ठोस स्तम्भ के लिए जिन सूत्रों का उल्लेख अनुच्छेद (Article) 11.10 में किया गया है, वे सूत्र दिक् स्तम्भ के लिए भी लागू होते हैं, केवल अवरोध गुणांक (Restraint factor) 2.5 या 3 का उपयोग होता है, जो कि स्तम्भ के सिरों के संयोजको की दूरी पर निर्भर करते हैं।

मध्यवर्ती दिक् स्तम्भ (Intermediate spaced column) के लिए, अनुज्ञेय संपीडन प्रतिबल का मान निम्न तरीके से ज्ञात करते हैं

$$f_c = f_{cp} \times \left[1 - \frac{1}{3}\left(\frac{s}{K_{10} \times d)}\right)^4\right] \tag{11.12}$$

$$\text{जहाँ पर, } K_{10} = \text{स्थिरांक (Constant)}, \; 0.702\left(\frac{2.5\,E}{f_{cp}}\right)^{1/2} \tag{11.13}$$

दीर्घ दिक् स्तम्भ (Long spaced column) के लिए, अनुज्ञेय संपीडन प्रतिबल निम्न सूत्र से ज्ञात करते हैं

$$f_c = \left(\frac{0.329\,E \times 2.5}{(s/d)^2}\right) \tag{11.14}$$

उदाहरण 11.10 एक दिक् स्तम्भ की लम्बाई 3.60 m है। इसमें 45 kN का अक्षीय संपीडन बल है। देवदार लकड़ी का उपयोग करते हुए स्तम्भ की डीजाइन करो।

डीजाइन

Step 1 - स्तम्भ का तनुता अनुपात

दिक् स्तम्भ की वास्तविक लम्बाई, l = 3600 mm सिरों के संयोजक 5 प्रतिशत दूरी में लगाये जाते हैं।

सिरे के संयोजक की दूरी $= \frac{5}{100} \times 360 = 180$ mm

सिरों के संयोजकों के केन्द्र से केन्द्र की बीच की दूरी $l_1 = (3600 - 2 \times 180) = 3240$ mm

दिक् स्तम्भ की कार्यकर लम्बाई $s = \frac{l_1}{\sqrt{2.5}} = \left(\frac{3240}{\sqrt{2.5}}\right) = 2050$ mm

माना कि दिक् स्तम्भ का न्यूनतम माप = 60 mm

$$\text{तनुता अनुपात} = \left(\frac{2050}{6}\right) = 34.16 > 11$$

Step 2 - स्तम्भ के लिए अनुज्ञेय प्रतिबल

भारतीय मानक IS : 883-1970 से देवदार लकड़ी के लिए अक्षीय अनुज्ञेय संपीडन प्रतिबल

$$f_{cp} = 78 \text{ N/mm}^2 \text{ , and } E = 9.5 \text{ kN/mm}^2$$

$$K_{10} = 0.702 \left(\frac{2.5}{f_{cp}} \times E\right)^{1/2} = 0.702 \left(\frac{2.5 \times 9.5 \times 10^3}{7.8}\right)^{1/2} = 38.74$$

माना $d = 60$ mm $\therefore \left(\frac{s}{d} > K_{10}, \text{ i.e. } 34.16 < 38.74\right)$ अतः स्तम्भ मध्यवर्गी है।

स्तम्भ के लिए अनुज्ञेय प्रतिबल

$$f_c = f_{cp} \cdot \left[1 - \frac{1}{3}\left(\frac{s}{k_{10} \cdot d}\right)^4\right] = 7.8 \left[1 - \frac{1}{3}\left(\frac{34.16}{38.76 \times 60}\right)^4\right] = 6.228 \text{ N/mm}^2$$

Step 3 - आवश्यक क्षेत्रफल,

अतः 2 तख्ते का उपयोग करते हैं। एक तख्ते के लिए आवश्यक क्षेत्रफल

$\left(\frac{7225.24}{2}\right) = 3612.62 \text{ mm}^2$, न्यूनतम माप (माना हुआ) = 60 mm

$$\text{तख्ते की चौड़ाई} = \left(\frac{3612.62}{60}\right) = 60.21 \text{ mm}$$

2 तख्ते 80 mm x 60 mm के लगाये जाते हैं, जैसा कि चित्र 11.7 में दिखाया गया है।

11.12 **लकड़ी के तनन अवयव** (Timber Tension Members)

साधारणतया लकड़ी का तनन अवयव के लिए उपयोग नहीं किया जाता है। क्योंकि आर्थिक दृष्टि से इस्पातीय तनन अवयव ठीक रहते हैं। आधुनिक लकड़ी के संयोजक (Modern timber connectors) से, लकड़ी के तनन अवयव भी संभव है। रेशों के समान्तर अनुज्ञेय अक्षीय तनन प्रतिबल का मान विभिन्न लकड़ियों के लिए भारतीय मानक IS : 883-1970 के अनुसार सारणी 11.3 में दिये गये हैं।

तनन अवयव के लिए निवल क्षेत्रफल (Net area) का उपयोग करते हैं।

प्रक्षिप्त क्षेत्रफल (Projected area) से छेद के लिए कटौती करके निवल क्षेत्रफल ज्ञात करते हैं। निवल क्षेत्रफल, जिसका तनन सामर्थ्य ज्ञात करने के लिए उपयोग करते हैं, वह न्यूनतम निवल क्षेत्रफल होना चाहिए।

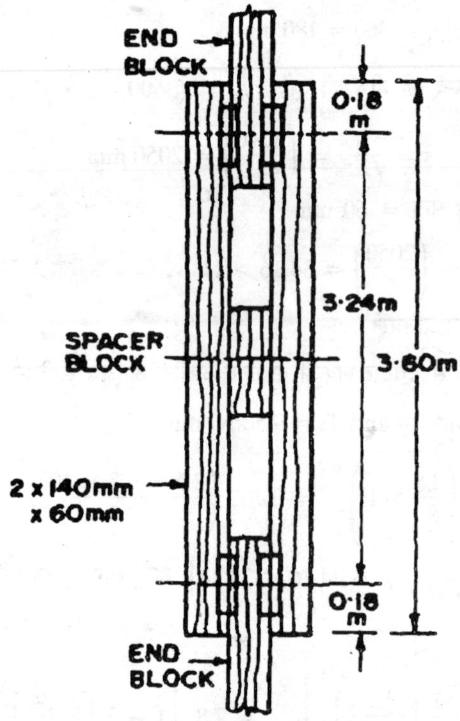

चित्र 11.7

उदाहरण 11.11 एक लकड़ी का तनन अवयव 15 cm x 5 cm देवदार लकड़ी से बना हुआ है। जोड़ने के लिए कीलों (Nails) का उपयोग किया जाता है। तनन अवयव के लिए सुरक्षित तान बल ज्ञात करो।

हल

भारतीय मानक IS : 883-1970 से देवदार लकड़ी के लिए सुरक्षित अक्षीय तनन प्रतिबल, = $10.2\ N/mm^2$

तनन अवयव के लिए सकल क्षेत्रफल = $(150 \times 50) = 7500\ mm^2$

तनन अवयव के लिए सुरक्षित तान बल, $P = \left(\frac{10.2 \times 7500}{1000}\right) = 76.50\ kN$

10.13 **लकड़ी के धरन** (Timber Beams)

सामान्यतया लकड़ी के धरन लकड़ी के एक आयताकार परिच्छेद से बनाई जाते हैं, जैसा कि चित्र 11.8 में दिखाया गया है।

जब धरन की विस्तृति अधिक होती है और भार भी ज्यादा होता है, तब बड़े माप की धरन की आवश्यकता होती है। लकड़ी की बड़े माप की धरन साधारणतया उपलब्ध नहीं होती है और संभव भी नहीं होती है। अतः संघटित धरन का उपयोग किया जाता है। संघटित धरन एक से ज्यादा धरन को बोल्ट, पेच या कीलों (Spikes) से जोड़ कर बनाते हैं, जैसा कि चित्र 11.9 में दिखाया गया है। बोल्ट को विषम स्थिति (Staggered position) में लगाते हैं और अनुदैर्ध्य दिशा में बोल्ट की बीच की दूरी धरन की गहराई के चार गुणा दूरी से कम रखते हैं। धरन के बड़े परिमाप को ऊर्ध्वाधर (Vertical) रखते हैं।

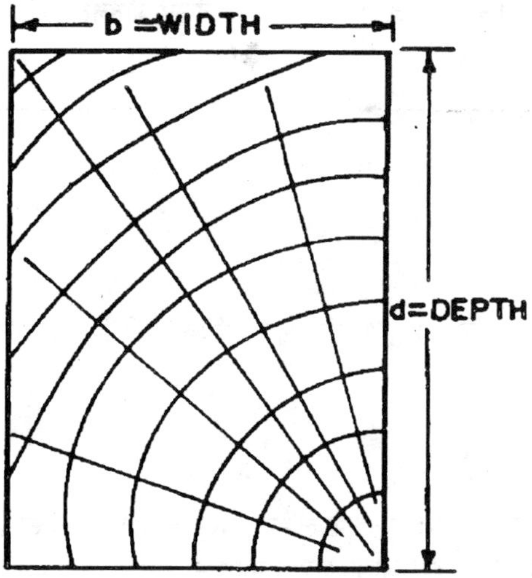

Fig. 11.8 Wooden beam

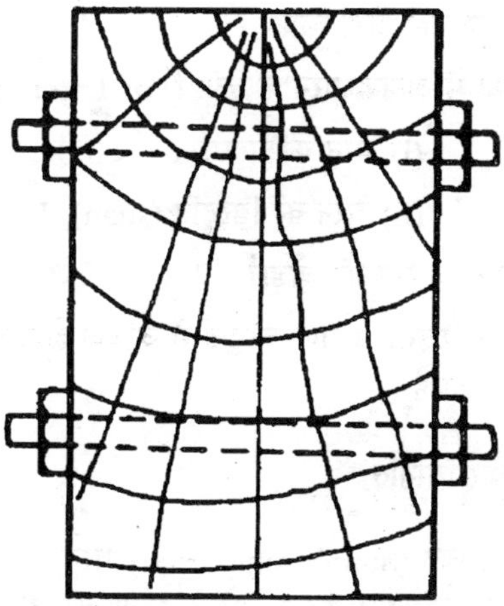

Fig. 11.9 Built-up beam

भारतीय मानक IS : 883-1970 के अनुसार निम्नलिखित आकृति गुणांक का बंकन प्रतिबल निम्न परिच्छेद के लिए ज्ञात करने के लिए, उपयोग करते हैं

(a) आयताकार परिच्छेद - विभिन्न गहराई के आयताकार परिच्छेद की धरन के लिए, आकृति गुणांक निम्न सूत्र से ज्ञात करते हैं

$$K_3 = 0.81 \left(\frac{D^2 + 89400}{D^2 + 55000}\right) \tag{11.15}$$

टिप्पणी जब धरन की गहराई 300 mm से कम या बराबर होती हैं, तब आकृति गुणांक को प्रयुक्त नहीं करते हैं।

(b) चौकोर धरन और I-धरन - चौकोर धरन और I-धरन के लिए आकृति गुणांक K_4 निम्न सूत्र से ज्ञात करते हैं

$$K_4 = 0.80 + 0.80\gamma \left(\frac{D^2 + 89400}{D^2 + 55000} - 1\right) \tag{11.16}$$

$$\text{जहाँ पर,}\ \gamma = p_1^2 (6 - 8p_1 + 3p_1^2)(1 - q_1) + q_1 \tag{11.17}$$

p_1 = धरन के संपीडन फ्लैंज की मोटाई और धरन की कुल गहराई का अनुपात

q_1 = धरन की वेब की कुल मोटाई और धरन की कुल चौड़ाई का अनुपात

(c) ठोस वृत्ताकार परिच्छेद - ठोस वृत्ताकार परिच्छेद के लिए, आकृति गुणांक, K_5 का मान 1.18 होता है।

(d) वर्गाकार परिच्छेद - वर्गाकार परिच्छेद के लिए, जहाँ पर प्रयुक्त भार की दिशा कर्ण की दिशा में होती है, तब आकृति गुणांक K_6 का मान 1.414 होता है।

धरन की कम से कम चौड़ाई 50 mm या विस्तृति के (1/50) गुणा जो भी ज्यादा हो, उससे कम नहीं होनी चाहिए। सभी धरन अवयव को, जिनकी गहराई चौड़ाई से तीन गुणा से कम है और या विस्तृति चौड़ाई से 50 गुणा से कम है, उनको पार्श्व दिशा में बंकन (Buckling) और ऐंठन (Twisting) के विरुद्ध आबद्ध (Restraint) मानते हैं और ऐसे आबद्ध की पूरी धरन की चौड़ाई से 50 गुणा से अधिक नहीं होनी चाहिए।

लकड़ी की धरन की डीजाइन अधिकतम बंकन प्रतिबल के लिए की जाती है। धरन में बंकन प्रतिबल अधिकतम अनुज्ञेय प्रतिबल से अधिक नहीं होना चाहिए।

पार्श्व दिशा में आबद्ध धरन के लिए (For Laterally restrained beams)

(i) धरन की गहराई, $d < 3\,b$ (i)

(ii) धरन की विस्तृति (span), $L < 50\,b$ (ii)

जहाँ पर, b = धरन की चौड़ाई

जब धरन की गहराई 3 गुणा चौड़ाई से अधिक होती है या विस्तृति 50 गुणा चौड़ाई से अधिक होती है, तब धरन पार्श्व दिशा में आबद्ध नहीं होती है।

धरन की कार्यकर विस्तृति

(i) शुद्धालम्बित (Simply supported) धरन के लिए - दोनों सिरों पर शुद्धालम्बित धरन के लिए कार्यकर विस्तृति दोनों सिरों की बीच की दूरी और प्रत्येक सिरे के धारण की लम्बाई की आधी दूरी जोड़कर ज्ञात करते हैं।

(ii) सतत (Continuous) धरन के लिए - सतत धरन के लिए आलम्ब पर धारण के केन्द्र से केन्द्र तक की दूरी, जिस आलम्ब पर धरन सतत है, ली जाती है।

अपरूपण प्रतिबल के लिए जाँच (Check for shear)

धरन की डीजाइन के पश्चात् अपरूपण प्रतिबल के लिए उसकी जाँच की जाती है। अधिकतम क्षैतिज्य अपरूपण प्रतिबल उदासीन अक्ष पर होता है, जिसका मान निम्न सूत्र से ज्ञात कर सकते हैं

$$f_{sh} = \left(\frac{V.Q}{I.b}\right) \quad \text{जहाँ पर,} \tag{11.18}$$

f_{sh} = क्षैतिज्य अपरूपण प्रतिबल, N/mm^2 और V = ऊर्ध्वाधर अपरूपण बल, धरन के काट पर - N

b = धरन खण्ड की चौड़ाई, mm और D = धरन खण्ड की गहराई, mm

I = धरन खण्ड का जड़त्व आघूर्ण, mm^4

Q = उदासीन रेखा पर, विचारणीय स्तर के ऊपर के क्षेत्रफल का स्थैतिक (Statical) घूर्ण

समीकरण (11.18) एक व्यापक समीकरण है जिससे क्षैतिज्य अपरूपण प्रतिबल का मान ज्ञात करते हैं। निम्नलिखित सूत्र से निम्न परिच्छेद के धरन के लिए अधिकतम अपरूपण प्रतिबल ज्ञात करते हैं।

आयताकार परिच्छेद की धरन के लिए

$$f_{sh} = \frac{3}{2} \times \left(\frac{V}{b \times d}\right) \tag{11.19}$$

अधिकतम अपरूपण प्रतिबल का मान अनुज्ञेय अपरूपण प्रतिबल के मान से अधिक नहीं होना चाहिए।

शुद्धालम्बित धरन में अधिकतम अपरूपण बल समवितरित धरन पर भार के लिए आलम्ब के किनारों पर होता है। जब धरन पर सकेन्द्रीय भार होता है, तब यदि ये भार आलम्ब के पास प्रयुक्त होते हैं, तब इनमें कुछ प्रतिशत कटौती कर दी जाती है। ये प्रतिशत सारणी 11.8 में दिये गये हैं।

सारणी 11.8

नजदीक के आलम्ब से सकेन्द्रीय भार की दूरी	1.5 D	2 D	2.5 D	3D या अधिक
प्रतिशत कटौती	60	40	20	कटौती नहीं

जहाँ पर, D धरन की गहराई है।

जो समवितरित भार आलम्ब के आस-पास और धरन की गहराई के बराबर दूरी पर होते हैं, उनकी उपेक्षा (Neglect) कर दी जाती है।

धरन की विक्षेप के लिए जाँच (Check for deflection)

धरन के लिए अधिकतम विक्षेप विस्तृति से (1/360) गुणा से अधिक नहीं होना चाहिए। जो धरन भंगुर पदार्थ (Brittle Material) को आलम्ब (Support) करते हैं, उनके लिए यह लागू होता है।

अन्य धरन के लिए अनुज्ञेय विक्षेप विस्तृति के (1/240) गुणा होता है। प्रास धरन (Cantilever beams) के लिए अनुज्ञेय विक्षेप विस्तृति का (1/180) गुणा होता है।

11.14 **जड़ी हुई धरन** (Flitched Beams)

जड़ी हुई धरन में लकड़ी की धरन और इस्पात की धरन को बोल्ट या पेच द्वारा जोड़ दिया जाता है। चित्र 11.10 में जड़ी हुई धरन दिखाई गयी है।

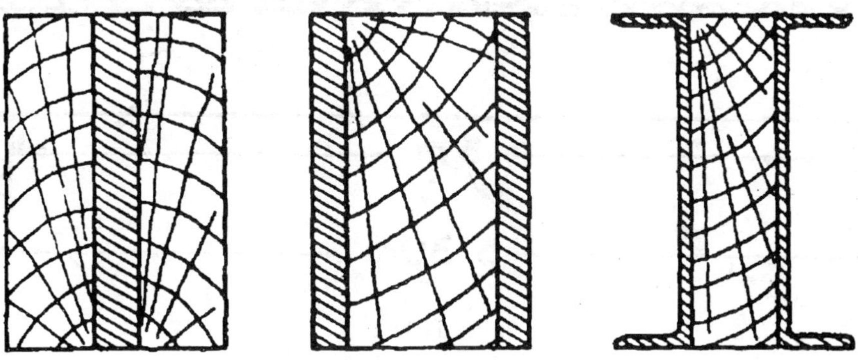

FLITCHED BEAMS

चित्र 11.10

जब लकड़ी के धरन को इस्पात की धरन के साथ जोड़ दिया जाता है, तब लकड़ी और इस्पात के रेशों में विरूपण (Deformation) बराबर होते हैं।

$$\text{इस्पात की धरन के लिए, } E_s = \left(\frac{f_s}{\Delta_s}\right) \quad \text{(i)}$$

लकड़ी की धरन के लिए, $E_w = \left(\frac{f_w}{\Delta_w}\right)$, जहाँ पर, (ii)

E_s = इस्पात के लिए प्रत्यास्थता-मापांक और E_w = लकड़ी के लिए प्रत्यास्थता मापांक

f_s = इस्पात के अधिकतम दूरी के रेशे पर बंकन प्रतिबल और f_w = लकड़ी के अधिकतम दूरी के रेशे पर बंकन प्रतिबल

Δ_s = इस्पात के अधिकतम दूरी के रेशे के लिए विकृति (Strain)

Δ_w = लकड़ी के अधिकतम दूरी के रेशे के लिए विकृति (Strain)

या $\Delta_s = \frac{f_s}{E_s}$, and $\Delta_w = \frac{f_w}{E_w}$

$$\therefore \Delta_s = \Delta_w, \left(\frac{f_s}{E_s} = \frac{f_w}{E_w}\right), \therefore f_w = \left(f_s \times \frac{E_w}{E_s}\right) \quad \text{(iii)}$$

जहां पर, $\left(\frac{E_w}{E_s}\right)$ = मापांक अनुपात (Modular ratio)

जब इस्पात में अधिकतम दूरी के रेशे पर अधिकतम अनुज्ञेय प्रतिबल होता है, तब लकड़ी में अधिकतम दूरी के रेशए पर भी बंकन प्रतिबल अनुज्ञेय बंकन प्रतिबल से कम होना चाहिए।

उदाहरण 11.12 एक शुद्धालम्बित लकड़ी के धरन पर समवितरित भार 16 kN/m है। धरन देवदार लकड़ी की बनी हुई है। धरन की वास्तविक विस्तृति 5 m है। धरन की डीजाइन करो।

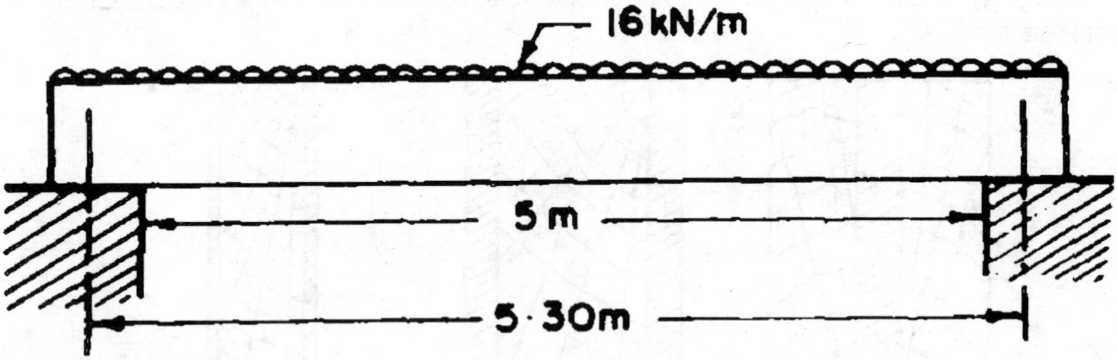

चित्र 11.11

डीजाइन -

Step 1 - धरन की कार्यकारी विस्तृति (Effective span), धरन की वास्तविक विस्तृति = 5 m

प्रत्येक सिरे पर धारण की चौड़ाई 300 mm मान लेते हैं। और धरन की कार्यकर विस्तृति = (5 + 0.30) = 5.30 m

Step 2 - अधिकतम बंकन आघूर्ण

$$M = \left(\frac{16 \times 5.30 \times 5.30}{8}\right) = 56.18 \text{ kN-m}$$

Step 3 - धरन के लिए अनुज्ञेय प्रतिबल

भारतीय मानक IS : 883-1970 से, देवदार लकड़ी के लिए, आन्तरिक स्थिति के लिए (मानक श्रेणी की लकड़ी), अधिकतम अनुज्ञेय बंकन प्रतिबल = 102 N/mm²

आयताकार (चौकोर) धरन के लिए आकृति गुणांक, (माना d = 400 mm)

$$K_3 = 0.81\left(\frac{D^2 + 89400}{D^2 + 55000}\right) = 0.81\left(\frac{160000 + 89400}{160000 + 55000}\right) = 0.9396$$

क्योंकि D = 400 mm > 300 mm

अधिकतम अनुज्ञेय बंकन प्रतिबल = (0.9396 x 10.2) = 9.584 N/mm²

आवश्यक परिच्छेद मापांक

$$Z = \left(\frac{5.618 \times 1000 \times 1000}{9.584}\right) = 5861.85 \times 10^3 \text{ mm}^3$$

Step 4 - पार्श्व दिशा में आबद्ध धरन के लिए $b = \left(\frac{1}{50} \times 530\right) = 106 \text{ mm}$

अतः धरन की चौडाई 240 mm अपनाते हैं।

आयताकार धरन के लिए परिच्छेद मापांक

$$Z = \left(\frac{1}{6} \times bd^2\right) = 5861.85 \times 10^3 \qquad \frac{1}{6} \times 240 \times d^2 = 5861.85 \times 10^3$$

Step 5- अपरूपण प्रतिबल के लिए जाँच (Check for shear)

अधिकतम अपरूपण बल आलम्ब के किनारे पर होता है।

$$V = \left(\frac{16 \times 5.30}{2} - (0.15 + 0.4 \times 16)\right) = 33.6 \text{ kN}$$

धरन में अधिकतम अपरूपण प्रतिबल

$$f_{sh} = \left(\frac{3}{2} \times \frac{V}{b \times d}\right) = \left(\frac{3}{2} \times \frac{33.6 \times 1000}{240 \times 400}\right) = 0.5166 \text{ N/mm}^2 < 0.7 \text{ N/mm}^2$$ अतः यह ठीक है।

Step 6 - विक्षेप के लिए जाँच (Check for deflection)

अधिकतम विक्षेप, $y_{max} = \frac{5}{384} \times \left(\frac{(16 \times 5.30) \times 5.30^3 \times 1000^3}{9.5 \times \frac{1}{12} \times 240 \times 400^3}\right) = 13.578 \text{ mm}$

अनुज्ञेय विक्षेप = $\left(\frac{1}{240} \times 5300\right) = 22.1 \text{ mm} > 13.578 \text{ mm}$ अतः यह ठीक है।

धारण में जाँच : (Check for bearing)

Step 6 - आलम्ब पर प्रतिक्रिया बल, $\left(\frac{16 \times 5.30}{2}\right) = 42.40 \text{ kN}$

आलम्ब पर धारण प्रतिबल, $\left(\frac{42.40 \times 1000}{300 \times 240}\right) = 0.578 \text{ N/mm}^2$

रेशों के अभिलम्ब दिशा में सुरक्षित अनुज्ञेय प्रतिबल = 2.6 N/mm²

अतः 240 mm x 400 mm की धरन अपनायी जाती है।

उदाहरण 11.13 एक शुद्धालम्बित धरन की कार्यकर विस्तृति 6 m है। यह 200 mm x 300 mm टीक की लकड़ी के साथ दो 300 mm x 12 mm की इस्पात की प्लेट से बनी हुई है और बोल्ट से जुड़ी हुई हैं, जैसा कि चित्र 11.12 में दिखाया गया है। धरन के लिए सुरक्षित समवितरित भार ज्ञात करो।

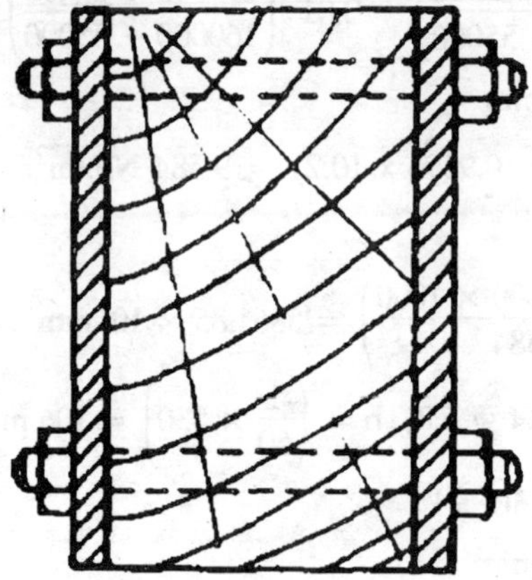

चित्र 11.12

हल

Step 1 - इस्पात की दो प्लेट के लिए परिच्छेद-मापक $Z = \left(2 \times \frac{1}{6} \times 12 \times 300^2\right)$

यह माना जाता है कि धरन पार्श्व दिशा में आबद्ध है। इस्पात में अनुज्ञेय प्रतिबल

$$f_{bs} = (0.66 \text{ x } 250) = 165 \text{ N/mm}^2$$

Step 2 = इस्पात की प्लेट के लिए प्रतिरोधी घूर्ण (Moment of resistance)

$$M = f_{b.} Z = \left(\frac{165 \times 10^3}{1000 \times 1000}\right) = 59.4 \text{ kN} - \text{m}$$

Step 3 - माना कि इस्पात की प्लेट के लिए कुल समवितरित भार W है।

$$\frac{WL}{8} = (59.4 \times 10^6) \quad W = \left(\frac{59.4 \times 10^6}{6000 \times 1000}\right) = 79.2 \text{ kN}$$

भारतीय मानक IS : 883-1970 से टीक लकड़ी के लिए, $E_w = 9600 \text{ N/mm}^2$ $\quad E_s = 2.06 \text{ x } 10 \text{ N/mm}^2$

धरन में अधिकतम 5 दूरी के रेशे के लिए लकड़ी में प्रतिबल $f_w = f_s \times \frac{E_w}{E_s}$

$$\text{या } f_w \left(165 \times \frac{9600}{2.06 \times 10^5}\right) = 7.689 \text{ N/mm}^2 < 14.0 \text{ N/mm}^2$$

(टीक लकड़ी के लिए अनुज्ञेय बंकन प्रतिबल) लकड़ी की धरन के लिए,

$$Z_1 = \left(\frac{1}{6} \times 200 \times 300^3\right) = 3000 \ 10^3 \text{ mm}^3$$

प्रतिरोधी आघूर्ण, $M_1 = \left(f_w \times Z = \left(\frac{7.689 \times 3000 \times 10^3}{1000 \times 1000}\right)\right) = 23.067 \text{ kN}-\text{m}$

माना कि लकड़ी के धरन के लिए समवितरित भार W_1 है।

$$\frac{W_1 L}{8} = 23.067 \times 10^6 \qquad W_1 = \left(\frac{23.067 \times 10^6 \times 8}{600}\right) = 30.756 \text{ kN}$$

कुल समवितरित भार $= W + W_1 = (79.2 + 30.756 = 109.956$ kN

प्रश्नावली

11.1 देवदार लकड़ी के लिए रेशों के समान्तर आन्तरिक स्थिति में अनुज्ञेय प्रतिबल 78 N/mm^2 है और अभिलम्ब दिशा में 26.5 N/mm^2 है। लकड़ी साधारण श्रेणी की है। भार रेशों के साथ 40 के झुकाव पर प्रयुक्त होता है। भार की क्रिया रेखा की दिशा में अनुज्ञेय धारण प्रतिबल ज्ञात करो।

11.2 एक स्तम्भ 120 mm x 120 mm का साल लकड़ी का बना हुआ है। स्तम्भ के लिए अक्षीय सुरक्षित भार क्षमता ज्ञात करो यदि स्तम्भ की कार्यकर लम्बाई : (i) 1.30 m, (ii) 1.80 m, और (iii) 3.20 m है।

11.3 एक वृत्ताकार साल लकड़ी के स्तम्भ का व्यास 100 mm है। स्तम्भ बाह्य स्थिति में स्थित है और बारी-बारी से गीला होता है और सूखता रहता है। स्तम्भ की कार्यकर लम्बाई 1.65 m है। स्तम्भ के लिए सुरक्षित भार क्षमता ज्ञात करो।

11.4 एक लकड़ी के स्तम्भ पर 36 kN का अक्षीय भार है। स्तम्भ की कार्यकर लम्बाई 2.80 m है। एक लकड़ी के ठोस स्तम्भ की डीजाइन करो।

11.5 एक लकड़ी के स्तम्भ पर 750 kN का अक्षीय भार है। स्तम्भ की कार्यकर लम्बाई 3 m है। एक धमन लकड़ी के संघटित स्तम्भ की डीजाइन करो।

11.6 एक दिक् स्तम्भ पर 36 kN का अक्षीय संपीडन बल है। स्तम्भ की कार्यकर लम्बाई 2.50 m है। स्तम्भ की डीजाइन करो। बबूल लकड़ी का उपयोग करो।

11.7 एक लकड़ी की धरन पर 12.5 kN/m का समवितरित भार है। धरन दोनों सिरों पर शुद्धालम्बित है। धरन की दोनों आलम्ब के बीच की दूरी 6.40 m है। धरन टीक लकड़ी की है। धरन की डीजाइन करो।

11.8 एक जड़ी हुई धरन की लम्बाई 5.60 m है। धरन दोनों सिरों पर शुद्धालम्बित है। धरन लकड़ी के दो तख्ते 100 mm x 300 mm और एक इस्पात की प्लेट 100 mm x 300 mm (जो कि दोनों लकड़ी के तख्ते के बीच में लगी हुई है), बनी हुई है। धरन के लिए सुरक्षित भार क्षमता ज्ञात करो।

12

चिनाई की संरचनाएँ
(MASONRY STRUCTURES)

12.1 **प्रस्तावना** (Introduction)

चिनाई की दीवारें, चिनाई की प्रतिधारक दीवारें (Masonry retaining walls), चिनाई के बाँध, चिनाई की चिमनियाँ आदि चिनाई की संरचनाओं के कुछ उदाहरण हैं। चिनाई की प्रतिधारक दीवारें अपने दोनों तरफ भूमि की सतहों को विभिन्न उत्थानों (Elevations) पर रखने के लिए उपयोग में आती हैं। प्रतिधारक दीवारें अपने एक तरफ भी भूमि का प्रतिधारण (Retain) करती है। दीवार के एक तरफ जो प्रतिधारण द्रव्य होता है, उसे पृष्ठ भराव (Backfill) कहते हैं। प्रतिधारण द्रव्य साधारणतया मिट्टी का होता है। पृष्ठ भराव की सतह क्षैतिज्य होती है या क्षैतिज्य के साथ झुकाव पर होती है। पृष्ठ भराव का वह भाग जो प्रतिधारक दीवार के शीर्ष से गुजरने वाले क्षैतिज समतल से ऊपर होता है, उसे अधिभार (Surcharge) कहते हैं। उसके नत कोण को अधिभार कोण, β (Surcharge angle) कहते हैं।

चिनाई की संरचनाओं पर ऊर्ध्वाधर और पार्श्व बल (Vertical and lateral forces) कार्यकर होते हैं। ऊर्ध्वाधर बल मुख्यतया स्वतः भार के कारण होते हैं। पवन भार, भूकम्पनीय भार, मृदा दबाव (Earth pressure) और जल दबाव (Water pressure) पार्श्वबल की तरह संरचनाओं पर कार्यकर होते हैं।

चिनाई की संरचनाओं की डीजाइन संरचनाओं के द्रव्य के संपीडन सामर्थ्य के आधार पर की जाती हैं। यद्यपि, मसाले (Mortar) में कुछ तनन सामर्थ्य होता है, परन्तु यह सामान्यतया मान लिया जाता है कि मसाले में तनन सामर्थ्य नहीं होता है और चिनाई और मसाले के बीच में आसंजन (Adhesion) की उपेक्षा कर दी जाती है। अतः अपरूपण बल या स्पर्शीय (Tangential) बल चिनाई के किसी तल पर चिनाई और चिनाई के बीच प्राकृतिक घर्षण (Natural friction) से अधिक नहीं होना चाहिए। चिनाई की संरचनाओं का स्थायित्व (Stability) उनके स्वतः भार पर ही निर्भर करता है। चिनाई की संरचनाओं के माप की डीजाइन इस प्रकार की जाती है कि जब उन पर पार्श्व बल हो, तब भी वे स्थायी (Stable) रहें।

12.2 **चिनाई की संरचनाओं के स्थायित्व के लिए साधारण शर्तें** (General Conditions for Stability of Masonry Structures)

चिनाई की संरचनाओं के स्थायित्व के लिए निम्नलिखित साधारण शर्तों का उल्लंघन नहीं होना चाहिए

1. चिनाई के किसी भी अनुप्रस्थ खण्ड पर तनन प्रतिबल नहीं होना चाहिए।

2. चिनाई में अधिकतम संपीडन प्रतिबल उसके द्रव्य के अनुज्ञेय संपीडन प्रतिबल से अधिक नहीं होना चाहिए।
3. चिनाई में अपरूपण बल या स्पर्शीय बल उसके प्राकृतिक घर्षण से अधिक नहीं होना चाहिए।
4. चिनाई के क़िसी भी अनुप्रस्थ खण्ड पर प्रतिरोधी घूर्ण (Resisting moment) उस पर पलटने वाले घूर्ण (Overturning moment) से अधिक होना चाहिए।

शर्त 1.

चित्र 12.1 में चिनाई की किसी संरचना का अनुप्रस्थ खण्ड दिखाया गया है। अनुप्रस्थ खण्ड का केन्द्रक बिन्दु C है। यह माना जाता है कि पार्श्वबल P है और ऊर्ध्वाधर बल W है, और दबाव की रेखा अनुप्रस्थ खण्ड को भार बिन्दु E पर काटती है। अनुप्रस्थ खण्ड पर परिणामी बल, R है और अनुप्रस्थ खण्ड का क्षेत्रफल, A है।

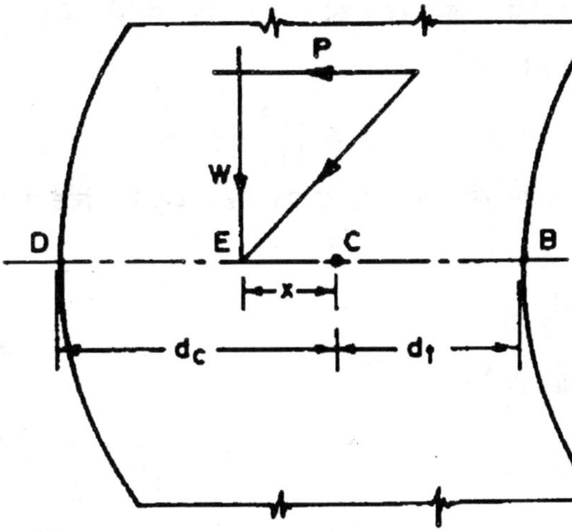

चित्र 12.1

खण्ड पर सीधा संपीडन प्रतिबल, $f_c = (W/A)$ (i)

अनुप्रस्थ खण्ड पर ऊर्ध्वाधर बल W के उत्केन्द्रीयता के कारण बंकन आघूर्ण M है।

$$M = W.EC = W.x \quad \text{(ii)}$$

बंकन आघूर्ण के कारण संपीडन प्रतिबल $f_{bc} = \left(\frac{M}{I} \cdot y_c = \frac{W . x . d_c}{A k^2}\right)$ (iii)

बंकन आघूर्ण के कारण तनन प्रतिबल $f_{bt} = \left(\frac{M}{I} \cdot y_t = \frac{W . x . d_t}{A k^2}\right)$, जहाँ पर, k = परिभ्रमण त्रिज्या (ग)

संयुक्त संपीडन प्रतिबल $f_1 = \left(f_c + f_{bc}\right) = \left(\frac{W}{A} + \frac{W . x . d_e}{A k^2}\right)$

या, $f_1 = \frac{W}{A}\left(1 + \frac{x . d_e}{k^2}\right)$ (12.1)

संयुक्त तनन प्रतिबल $f_2 = \left(\frac{W.x.d_t}{Ak^2} - \frac{W}{A}\right) = \frac{W}{A}\left(\frac{x.d_t}{k^2} - 1\right)$ (12.2)

पहली शर्त के अनुसार किसी भी अनुप्रस्थ खण्ड पर तनन प्रतिबल नहीं होना चाहिए।

अतः $\frac{x.d_t}{k^2} < 1, \quad x < \frac{k^2}{d_t}$ x का अधिकतम मान, $x = \frac{k^2}{d_t}$ (12.3)

यदि अनुप्रस्थ खण्ड की आकृति निम्नलिखित हो, तब x का मान निम्न होता है

(a) **एक ठोस आयताकार अनुप्रस्थ खण्ड**

साधारणतया चिनाई की संरचनाओं में अनुप्रस्थ खण्ड की आकृति आयताकार होती है।

माना कि संरचना की चौड़ाई B है। अतः

$$k^2 = \frac{B^2}{12} \quad \text{or} \quad d_t = \frac{B}{2}, \quad \therefore x = \left(\frac{B^2}{12} \times \frac{2}{B}\right) = \frac{B}{6} \qquad (12.4)$$

अतः अधिकतम उत्केन्द्रीय दूरी चौड़ाई की (1/6) गुणा हो सकती है। बिन्दु E चौड़ाई के मध्यवर्ती एक तिहाई भाग में कहीं पर हो सकता है।

(b) **एक ठोस वृत्ताकार अनुप्रस्थ खण्ड**

माना कि अनुप्रस्थ खण्ड का व्यास D है।

$$\text{अतः} \quad k^2 = \frac{D^2}{16}, \quad \text{or} \quad d_e = d_t = \frac{D}{2} \quad \therefore x = \left(\frac{D^2}{16} \times \frac{2}{D}\right) = \frac{D}{8} \qquad (12.5)$$

अतः अधिकतम उत्केन्द्रीय दूरी व्यास की (1/8) गुणा हो सकती है। बिन्दु E व्यास के मध्यवर्ती एक चौथाई भाग पर कही पर हो सकता है।

इसी प्रकार किसी अन्य अनुप्रस्थ खण्ड के लिए S का मान ज्ञात कर सकते हैं।

शर्त 2. जब दबाव की रेखा परिसीमित (Limiting) स्थिति पर होती है और अनुप्रस्थ खण्ड सममित (Symmetrical) होता है, तब

$$d_e = d_t$$

संयुक्त संपीडन प्रतिबल $f_1 = \frac{W}{A}\left(1 + \frac{x.d_e}{k^2}\right) \quad \left[\therefore \frac{x.d_e}{k^2}\right] \quad \therefore f_1 = \frac{W}{A}(1+1) = \frac{2W}{A}$ (12.6)

संयुक्त संपीडन प्रतिबल अधिकतम अनुज्ञेय प्रतिबल से कम होना चाहिए।

शर्त 3. माना कि द्रव्य के लिए घर्षण गुणांक μ है। तब घर्षण बल

$$F = \mu W \qquad F > P \qquad \text{or,} \qquad \mu W > P$$

या $\mu = \frac{P}{W}$ or $\mu > \tan\theta$ (12.7)

परन्तु जब, $\tan\theta = \mu$ हो, तब यह शर्त निम्न प्रकार से व्यक्त कर सकते हैं

चिनाई और चिनाई के बीच घर्षण कोण θ से अधिक होना चाहिए।

शर्त 4. पार्श्व बल P की प्रवृत्ति (Tendency) चिनाई की संरचना को किनारे पर उलटने की होती है। जिस बल की प्रवृत्ति चिनाई की संरचना को उलटने की होती है, उसके घूर्ण को प्रतिवलन घूर्ण (Overturning moment) कहते हैं। जिस बल की प्रवृत्ति चिनाई के संरचना को प्रत्यावर्तन (Restore) करने की होती है, उसके घूर्ण को प्रत्यानयन घूर्ण या प्रतिविस्थापन घूर्ण (Restoring moment) कहते हैं। प्रत्यानयन घूर्ण प्रतिवलन घूर्ण से अधिक होना चाहिए।

प्रत्यानयन घूर्ण और प्रतिवलन घूर्ण के अनुपात को स्थायित्व गुणांक (Stability factor) या सुरक्षा गुणांक (Factor of safety) कहते हैं।

12.3 **मृदा दबाव** (Earth Pressure)

पृष्ठ भराव के कारण प्रतिधारक दीवार पर पार्श्विक दबाव लगता है। इस पार्श्विक दबाव को मृदा दबाव (Earth pressure) कहते हैं।

मृदा दबाव तीन प्रकार के होते हैं – 1. सक्रिय मृदा दबाव (Active earth pressure) 2. प्रतिघाती मृदा दबाव (Passive earth Pressure), 3. विराम मृदा दबाव (Earth pressure at rest)

1. सक्रिय मृदा दबाव – जब प्रतिधारक दीवार मृदा से दूरी की तरफ विचलन करने की कोशिश करती है या विचलन करती है, तब मृदा दबाव को सक्रिय मृदा दबाव (Active earth pressure) कहते हैं।

2. प्रतिघाती मृदा दबाव – जब प्रतिधारक दीवार मृदा की तरफ विचलन करने की प्रवृत्ति रखती हैं, या विचलन (Movement) करती है, तब मृदा दबाव को प्रतिघाती मृदा दबाव (Passive earth pressure) कहते हैं।

3. विराम मृदा दबाव – जब प्रतिधारक दीवार ज्यादा दृढ़ होती है, तब यह विचलन नहीं करती है और न ही विचलन की प्रवृत्ति होती है, तब मृदा दबाव को विराम मृदा दबाव (Earth pressure at rest) कहते हैं।

प्रतिधारक दीवार पर मृदा दबाव की संगणना करने के लिए कई सिद्धान्त (Theories) उपलब्ध हैं। साधारणतया रेन्किन का मृदा दबाव सिद्धान्त (Rankine's theory of earth pressure) का मृदा दबाव ज्ञात करने के लिए उपयोग होता है। प्रारम्भ में रेन्किन का सिद्धान्त के उपयोग केवल संसजनहीन (Cohesionless) मृदा के लिए ही किया जाता था। इसके पश्चात् रेन्किन ने बेल (Bell) के साथ इस सिद्धान्त का संसजन मृदा (Cohesive soils) के लिए विस्तार किया। यहाँ पर केवल रेन्किन के मूल सिद्धान्त की ही विवेचना की गयी है। रेन्किन के सिद्धान्त में निम्न धारणाएँ (Assumptions) को माना गया है

1. प्रतिधारक दीवार में मृदा द्रव्यमान (Soilmass), संसजनहीन (Cohesionless), सूखी, समांग (Homogeneous) और अर्ध-अपरिमित (Semi infinite) है।
2. पृष्ठ मृदा का तल समतल है। यह समतल क्षैतिज्य भी हो सकता है, या नत भी हो सकता है।
3. दीवार का पृष्ठ ऊर्ध्वाधर और चिकना है। इस कारण दीवार और मृदा के बीच अपरूपण बल नहीं होता है।
4. प्रतिधारक दीवार आधार पर पराभवन (Yield) करती है।

रेन्किन के सिद्धान्त के अनुसार मृदा दबाव विभिन्न परिस्थितियों में संसजनहीन मृदा के लिए ज्ञात किया गया है।

12.4 प्रतिधारक दीवार पर सूखा या नम पृष्ठ भराव के लिए मृदा दबाव (EARTH PRESSURE ON RETAINING WALLS WITH DRY OR WET BACKFILL)

चित्र 12.2 (A) में एक प्रतिधारक दीवार दिखाई गई है। दीवार के पीछे H ऊँचाई का पृष्ठ भराव है। पृष्ठ भराव का तल समतल और क्षैतिज्य तल है। दीवार में सूखी मिट्टी का भराव है। इस मिट्टी का एकांक भार (Unit Weight, w) है।

पृष्ठ भराव के तल से गहराई पर मृदा के एक घन पर विचार करते हैं। घन के दो क्षैतिज्य सतहों पर अभिलम्ब दबाव p मानते हैं। घन के ऊर्ध्वाधर सतहों पर क्षैतिज्य दबाव p मानते हैं। रेन्किन के सिद्धान्त के अनुसार

$$p' = p \times \frac{(1 - \sin\varphi)}{(1 + \sin\varphi)} \quad \text{जहाँ पर} \qquad (12.8)$$

φ = मृदा का अंतः घर्षण कोण (Angle of internal friction or repose)

समीकरण 12.8 निम्न प्रकार से लिख सकते हैं

$$p' = K_a\, p \quad \text{जहाँ पर} \qquad (12.9)$$

K_a = सक्रिय मृदा दबाव का गुणांक (Coefficient of active earth pressure)

रेन्किन (Rankine) के अनुसार p' का मान p के मान से कम होता है।

प्रतिधारक दीवार पर कुल मृदा दबाव उसकी 1 metre लम्बाई लेकर ज्ञात करते हैं। अभिलम्ब दबाव गहराई के साथ निम्न सम्बन्ध से बदलता है

$$p = w.\, Z \quad \text{जहाँ पर} \qquad (12.10)$$

w = मृदा का एकांक भार (Unit weight of earth)

समीकरण 12.8 के अनुसार, $p' = p \times \frac{(1 - \sin\varphi)}{(1 + \sin\varphi)}$, या, $p' = w \times Z \times \left(\frac{1 - \sin\varphi}{1 + \sin\varphi}\right)$

या, $p' = K_a \,.\, w \,.\, Z$

क्षैतिज्य मृदा दबाव का वितरण त्रिभुजाकार होता है, जैसा कि चित्र 12.2 (B) में दिखाया गया है।

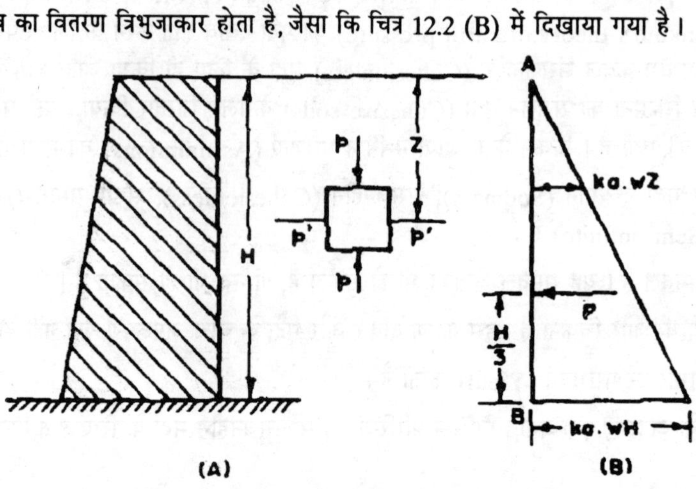

चित्र 12.2

कुल मृदा दबाव प्रतिधारक दीवार की 1 metre लम्बाई पर

$$p = \left(\frac{1}{2} \times \text{Height} \times \text{Base}\right) = \left(\frac{1}{2} \times H \times (K_a \,.\, w \,.\, H)\right) \tag{12.11}$$

$$\text{या,}\ p = \frac{1}{2} \,.\, K_a \,.\, w H^2 = \frac{1}{2} \,.\, w H^2 \,\frac{(1 - \sin\varphi)}{(1 + \sin\varphi)} \tag{12.12}$$

मृदा दबाव के आरेख का केन्द्रक आधार से (1/3) x H ऊँचाई पर होता है। कुल मृदा दबाव H/3 ऊँचाई पर प्रयुक्त होता है।

12.5 प्रतिधारक दीवार पर निमग्न पृष्ठ भराव के लिए मृदा दबाव (EARTH PRESSURE ON RETAINING WALLS WITH SUBMERGED BACKFILL)

जब प्रतिधारक दीवार में पृष्ठ भराव जल के साथ संतृप्त (Saturated) होता है, तब इसे निमग्न पृष्ठ भराव (Submerged backfill) कहते हैं। ऐसी परिस्थितियों में मृदा दबाव दो घटकों (Components) से बना होता है।

1. निमग्न मृदा का दबाव, 2. जल का दबाव

चित्र 12.3 में प्रतिधारक दीवार निमग्न पृष्ठ भराव के साथ दिखायी गयी है।

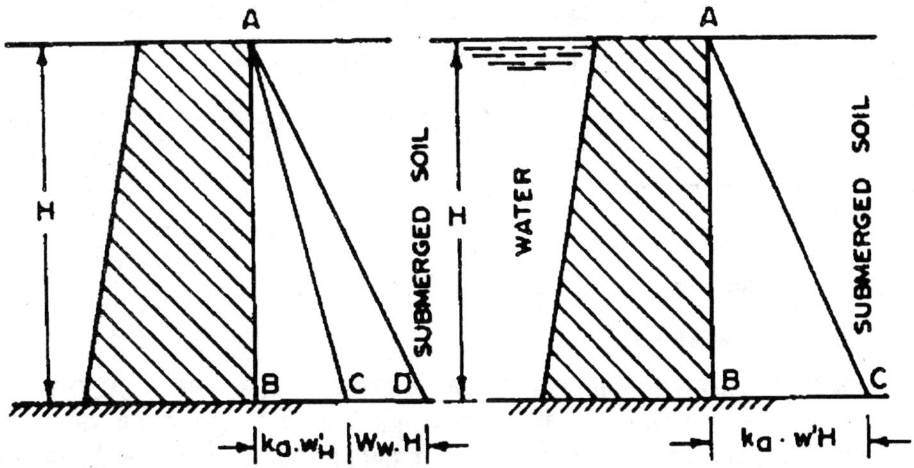

चित्र 12.3

प्रतिधारक दीवार के आधार पर निमग्न पृष्ठ के कारण मृदा दबाव, जैसा चित्र 12.3 (A) में दिखाया गया है।

$$p' = (K_a \,.\, w' \,.\, H + w_w \,.\, H) \quad \text{जहाँ पर} \tag{12.13}$$

w = निमग्न पृष्ठ भराव का एकांक भार, w_w = जल का एकांक भार

मृदा दबाव का वितरण का आरेख (Diagram) चित्र 12.3 (A) में दिखाया गया है, जो त्रिभुज ABC और त्रिभुज ACD से मिलकर बनता है। यदि प्रतिधारक दीवार के दोनों तरफ जल होता है, तब यह दबाव

$$p' = K_a \,.\, w' \,.\, H \tag{12.14}$$

होता है, जैसा कि चित्र 12.3 (B) में दिखाया गया है।

12.6 प्रतिधारक दीवार पर एकसार अधिभार के लिए मृदा दबाव (EARTH PRESSURE ON RETAINING WALLS WITH UNIFORM SURCHARGE)

चित्र 12.4 में प्रतिधारक दीवार में पृष्ठ भराव का तल क्षैतिज है और उस पर एकसार अधिभार q प्रति इकाई क्षेत्रफल पर है। ऐसी परिस्थिति में ऊर्ध्वाधर दबाव q से बढ़ जाता है और पार्श्विक दबाव $K_a.q$ से बढ़ जाता है।

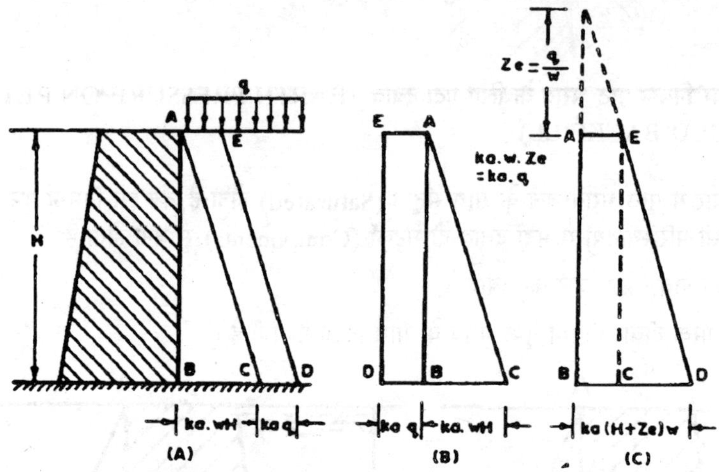

चित्र 12.4

समतल से Z की गहराई पर, पार्श्विक दबाव

$$p' = \left(K_a \cdot w \cdot Z + K_a \cdot q\right) \quad (12.15)$$

प्रतिधारक दीवार के आधार पर पार्श्विक दबाव

$$p' = \left(K_a \cdot w \cdot H + K_a \cdot q\right) \quad (12.16)$$

पार्श्विक दबाव का वितरण आरेख (Diagram) चित्र 12.4 (A) में दिखाया गया है, जो ABC + ACDE है। चित्र 12.4 (B) में पार्श्विक दबाव को वैकल्पिक (Alternative) तरीके से आरेख में दिखाया गया है। पृष्ठ भराव के प्रत्येक बिन्दु अधिभार के कारण पार्श्विक दबाव में बढ़ाव $K_a.q$ वही रहती है और गहराई Z के साथ विचरण (Vary) नहीं करता है। अधिभार दबाव q को पृष्ठ भराव के तुल्यमान ऊँचाई से भी अभिव्यक्त (Express) कर सकते हैं।

$$K_a \cdot w \cdot Z_e = K_a \cdot q \, , \, Z_e = (q/w) \quad (12.17)$$

पृष्ठ भराव के तुल्यमान ऊँचाई Z_e, का वही प्रभाव होता है, जो अधिभार q के कारण होता है। यह चित्र 12.4 (C) में दिखाया गया है।

12.7 प्रतिधारक दीवार पर सत सतह का पृष्ठ भराव के कारण मृदा दबाव (EARTH PRESSURE ON RETAINING WALLS WITH BACKFILL WITH SLOPING SURFACE)

चित्र 12.5 में प्रतिधारक दीवार पर पृष्ठ भराव का तल क्षैतिज्य के साथ β का कोण बनाता है। यह कोण अधिभार कोण (Surcharge angle) कहलाता है।

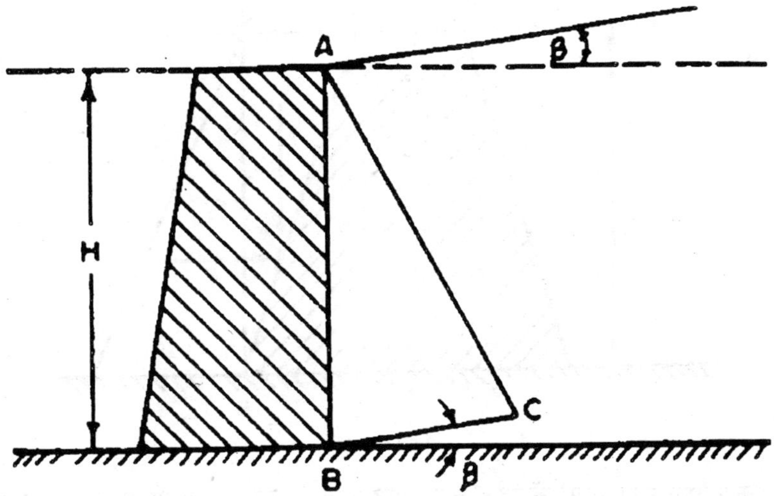

चित्र 12.5

ऐसी स्थिति में सक्रिय मृदा दबाव निम्न समीकरण से ज्ञात करते हैं।

$$p' = K_a ' . w . Z \tag{12.18}$$

$$K_a' = \cos\beta . \frac{\cos\beta - [\cos^2\beta - \cos_2\varphi]^{1/2}}{\cos\beta + [\cos^2\beta - \cos^2\varphi]^{1/2}}$$ = सक्रिय मृदा दबाव का गुणांक

मृदा दबाव का वितरण चित्र 12.5 में ABC त्रिभुज से दिखाया गया है। प्रतिधारक दीवार के आधार पर मृदा का दबाव

$$p' = K_a ' . w . H \tag{12.19}$$

जब, $\beta' = 0$, $K_a' = K_a = \frac{(1 - \sin\varphi)}{(1 + \sin\varphi)}$

कुल दबाव $= \frac{1}{2} . K_a' \times wH^2$ (12.20)

11.8 **प्रतिधारक दीवार की नत सतह और अधिभार के लिए मृदा दबाव** (EARTH PRESSURE ON RETAINING WALL WITH INCLINED BACK AND SURCHARGE)

चित्र 12.6 में प्रतिधारक दीवार दिखायी गयी है। इसकी दीवार ऊर्ध्वाधर न होकर नत सतह है। पृष्ठ भराव का तल क्षैतिज्य समतल है।

ऐसी परिस्थिति में पहले ऊर्ध्वाधर सतह BC मान कर कुल मृदा दबाव, P ज्ञात करते हैं। कुल परिणामी निम्न समीकरण से ज्ञात करते हैं।

$$P_1 = \left(p^2 + W^2\right)^{1/2} \tag{12.21}$$

$p = \frac{1}{2} K_a . w.H^2$ और W = ABC पृष्ठ भराव का भार

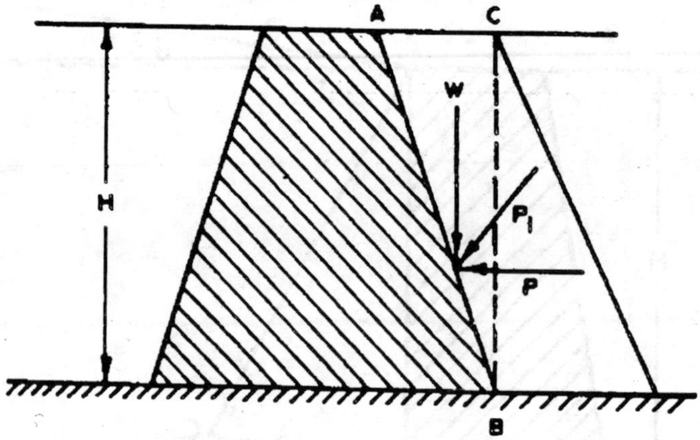

चित्र 12.6

उदाहरण 12.1 एक प्रतिधारक दीवार की ऊँचाई 6 m है। पृष्ठ भराव का तल क्षैतिज्य समतल है। आधार पर दीवार की चौड़ाई 2 m है और ऊपर की चौड़ाई 1 m है। भूमि का एकांक भार 16 kN/m^2 है और चिनाई का एकांक भार 24 kN/m^3 है। पृष्ठ भराव की तरफ दीवार की सतह ऊर्ध्वाधर है। यदि मृदा का अंतः घर्षण कोण (Angle of repose, φ) का मान 30 है, तो प्रतिधारक दीवार का स्थायित्व ज्ञात करो।

हल

Step 1 - मृदा का कुल पार्श्व दबाव, $P = \dfrac{wH^2}{2} \times \dfrac{(1 - \sin\varphi)}{(1 + \sin\varphi)}$ $\qquad [\because \varphi = 30°]$

$$\therefore\ P = \left(\frac{16 \times 6 \times 6}{2}\right) \times \left(\frac{1 - 0.5}{1 - 0.5}\right) = 96 \text{ kN}$$

प्रतिधारक दीवार चित्र 12.7 में दिखायी गयी है।

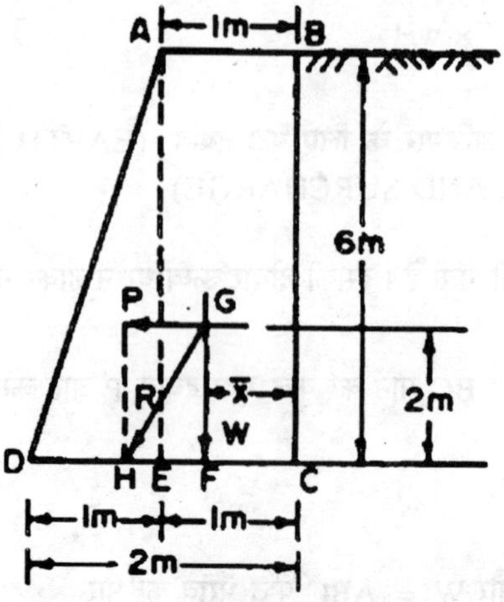

चित्र 12.7

Step 2 - गुरुत्व बल (Gravity forces)

चिनाई का क्षेत्रफल, A = (AED + ABCE)

$$\text{चिनाई का क्षेत्रफल} = \left(\frac{1}{2} \times 1 \times 6 + \times 6\right) = 9 \text{ m}^2$$

1 metre लम्बाई की दीवार का भार

$$W = (1 \text{ x } 9 \text{ x } 234) = 216 \text{ kN}$$

माना कि W भार की क्रिया रेखा, F बिन्दु से गुजरती है। बिन्दु F की बिन्दु C से क्षैतिज्य दूरी x है। दीवार के क्षेत्रफल का बिन्दु C पर घूर्ण लेने पर

$$\left[(6 \times 0.5) + 3 \times \left(1 + \frac{1}{3}\right)\right] = 9 \times \bar{x}\ , \quad \bar{x} = \left(\frac{7}{9}\right) = 0.777 \text{ m}$$

परिणामी बल, $R = \left(p^2 + w^2\right)^{1/2}$ या, $R = \left(96^2 + (21)^2\right)^{1/2} = 236.20 \text{ kN}$

परिणामी बल की क्रिया रेखा बिन्दु H से गुजरती है। मृदा दबाव आधा से H/3 ऊँचाई पर प्रयुक्त होता है। FH दूरी निम्न तरीके से ज्ञात करते हैं।

$$\left(\frac{FH}{FG} = \frac{P}{W}\right) \qquad \left(\therefore FG = \frac{H}{3} = 2 \text{ m}\right)$$

$$\therefore FH = \left(\frac{96}{216} \times 2\right) = 0.888 \text{ m} \qquad \therefore HC = (FC + FH) = 0.777 + 0.888 = 1.665 \text{ m}$$

$$\text{H बिन्दु की केन्द्र से दूरी}, \left(1.665 - \frac{1}{2} \times 2\right) = 0.665 \text{ m}$$

$$\text{आधार की चौड़ाई} = 2 \text{ m}, \left(\frac{B}{3} = \frac{2}{3} = 0.6667 \text{ m}\right)$$

परिणामी बल मध्य की एक तिहाई चौड़ाई के अन्दर है। अतः प्रतिधारक दीवार स्थाई रहती है।

12.9 जल का द्रव्य स्थैतिक दबाव (Hydrostatic Pressure of Water)

ठोस सतह और जल के बीच प्रेषित होने वाले बलों को अभिलम्ब दबाव (Normal pressure) कहते हैं। किसी भी क्षेत्रफल पर कार्यकर या प्रयुक्त बल को (जल के कारण) जल का दबाव (Water pressure) कहते हैं। जब जल विराम स्थिति में होता है, तब जल के दबाव को जल का द्रव्य स्थैतिक दबाव कहते हैं। किसी भी द्रव्य में प्रयुक्त बल को प्रति इकाई क्षेत्रफल से मापते हैं।

दबाव की तीव्रता, p = (P/A) जहाँ पर (12.22)

P = जल द्वारा प्रयुक्त भार, A = क्षेत्रफल

स्थिर जल केवल अभिलम्ब दबाव प्रेषित करता है। अतः जल में दिये गये दबाव के कारण सभी दिशाओं में अभिलम्ब दबाव बराबर होते हैं। जल में स्वतः भार के कारण दबाव होता है। जल का दबाव गहराई के साथ बढ़ता जाता है। यदि जल का एकांक भार (Unit Weight) w हो, तो जल की गहराई के साथ सम्बन्ध निम्न तरीके से ज्ञात कर सकते हैं।

स्थिर जल के एक ऊर्ध्वाधर बेलन के स्तम्भ पर विचार करते हैं। जल की सतह क्षैतिज्य है। स्थिर जल का बेलन स्थैतिक संतुलन में है। बेलन का अनुप्रस्थ क्षेत्रफल, A है। बेलन का आधार जल की सतह से h गहराई पर है। बेलन का आयतन (Volume), V = (A x h)

इस बेलनाकार स्तम्भ का भार, $W = (w.V = w.A.h)$ (ii)

जल के कारण बेलन के आधार पर ऊपर की दिशा में बल, $R = p.A$ (iii)

बेलन की सतह पर कार्यकर बल स्वतः सन्तुलन में है। अतः $R = W$

$$p \, . \, A = w \, . \, A \, . \, h, \; p = w \, . \, h \tag{12.23}$$

समीकरण 12.23 किसी भी गहराई पर जल की सतह के h नीचे दबाव का मान देती है। यह समीकरण यह बताती है कि जल की सतह के नीचे h गहराई पर दबाव एक इकाई क्षेत्रफल के आधार वाले बेलन के भार से ज्ञात हो जाता है। यह भी ध्यान में रखना चाहिए कि किसी भी द्रव्य में दबाव की तीव्रता सभी दिशाओं में बराबर होती है।

किसी भी क्षैतिज सतह पर जैसे कि किसी भी टंकी की नीचे की सतह पर, जिसका क्षेत्रफल A हो, तो

कुल दबाव $P = w.h.A$ (iv)

जब कोई सतह नत सतह (Inclined surface) हो, तब दबाव की तीव्रता सतह की गहराई के साथ सतत बदलती जाती है।

चित्र 12.8 में एक ऊर्ध्वाधर डूबी हुई सतह दिखायी गयी है। इस सतह का वितरण ज्यादा समान्तर पट्टियों में कर दिया जाता है। इन पट्टियों का क्षेत्रफल a_1, a_2, a_3 आदि है। इन पट्टियों की जल की सतह से गहराइयाँ h_1, h_2, h_3 आदि हैं। ऊर्ध्वाधर सतह पर कुल दबाव

$$P = w. \, (h_1a_1 + h_2a_2 + h_3a_3 + \ldots \text{आदि}) \tag{12.24}$$

h_1a_1, h_2a_2, h_3a_3 ...आदि मिलकर A क्षेत्रफल की सतह का एक अक्ष पर घूर्ण का मान देती है। यह अक्ष ऊर्ध्वाधर डूबी हुई सतह और जल के सतह के प्रतिछेदन रेखा होती है। अतः

$$A\bar{h} = h_1 a_1 + h_2a_2 + h_3a_3 + \ldots\ldots \tag{v}$$

$$\therefore \; P = w.A\bar{h} \tag{12.25}$$

$\bar{h}$ = क्षेत्रफल A के केन्द्रक की गहराई

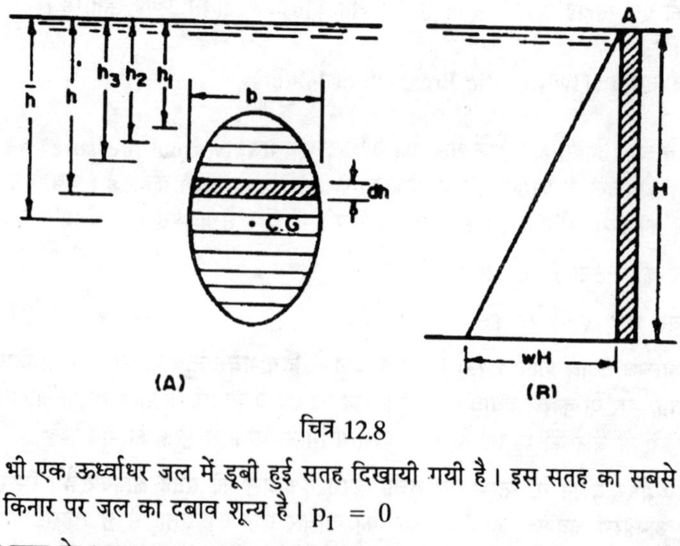

चित्र 12.8

चित्र 12.8 (B) में भी एक ऊर्ध्वाधर जल में डूबी हुई सतह दिखायी गयी है। इस सतह का सबसे ऊपर का किनारे जल की सतह के बराबर है। इस किनार पर जल का दबाव शून्य है। $p_1 = 0$ (vi)

इस सतह के आधार पर जल का दबाव, $p_2 = w.H$ (vii)

दबाव का वितरण आरेख चित्र 12.8 (B) में दिखाया गया है, जो कि एक ABC त्रिभुज है। इस ऊर्ध्वाधर सतह पर कुल दबाव इस त्रिभुज के कुल क्षेत्रफल के बराबर होता है।

$$\text{अतः } P = \left(\frac{1}{2} \times wH \times H = \frac{wH^2}{2}\right) \qquad (12.26)$$

$$\text{समीकरण 12.25 से, } P = w.A\,\bar{h} = w\,(H \times 1) \times \frac{H}{2} = \left(\frac{wH^2}{2}\right) \qquad \text{(viii)}$$

यह परिणामी दबाव त्रिभुज ABC के केन्द्रक पर प्रयुक्त होता है और इसकी दिशा AB सतह के अभिलम्ब होती है। केन्द्रक की दूरी जल की सतह से (2/3) गहराई पर होती है या आधार से (1/3) ऊँचाई पर होती है।

किसी भी जल में डूबी हुई सतह पर भी कुल दबाव समीकरण 12.25 से ज्ञात करते हैं।

$$\therefore\ P = w.A.\,\bar{h} \qquad \text{(ix)}$$

परन्तु, यह जल का दबाव नत सतह के अभिलम्ब दिशा में होता है। दबाव के केन्द्रक की गहराई भी निम्न तरीके से ज्ञात कर सकते हैं।

$$\bar{y} = \left(\frac{Ak_{00}{}^{2}.\sin^2\theta}{A\,\bar{h}}\right) = \left(\frac{k_{00}{}^{2}.\sin^2\theta}{\bar{h}}\right) = \left(\frac{k_{C.G}{}^{2} + \bar{h}}{\bar{h}}\right) \times \sin^2\theta \qquad \text{(x)}$$

$$\text{या } \bar{y} = \left(\bar{h} + \frac{k_{C.G}{}^{2}}{\bar{h}}\right)\sin^2\theta \text{ जहाँ पर,} \qquad (12.27)$$

k_{00} = जल सतह पर परिभ्रमण त्रिज्या (Radius of gyration); $k_{C.G}$ = केन्द्रक पर परिभ्रमण त्रिज्या

12.10 **चिनाई के बांध** (Masonry Dams)

चिनाई के बाँध भी गुरुत्व बाँध (Gravity Dams) और डाट के बाँध (Arched dam) के प्रकार के होते हैं। गुरुत्व बाँध जल के दबाव का प्रतिरोध अचल भार या स्वतः भार से ही करते हैं। गुरुत्व बाँध के ही स्थायित्व पर यहाँ पर विवेचना की गयी है। बाँध भी एक प्रकार से जल के लिए प्रतिधारक दीवार (Retaining Wall) ही होते हैं। बाँध के स्थायित्व की जाँच भी निम्न दो परिस्थितियों के अनुसार की जाती है।

1. जब बाँध खाली होता है, और बाँध के द्रव्य पर केवल स्वतः भार होते हैं।
2. जब बाँध भरा हुआ होता है, और बाँध पर स्वतः भार के साथ जल का दबाव भी होता है।

परिणामी भार या बल की क्रिया रेखा दोनों परिस्थितियों में किसी भी क्षैतिज काट पर मध्य की एक-तिहाई चौड़ाई के अन्दर होनी चाहिए।

एक समकोणिक त्रिभुज चित्र 12.9 में दिखाया गया है। यह बाँध के लिए एक आदर्शीय अनुप्रस्थ खण्ड है। जल की सतह A शीर्ष तक है। बाँध की 1 metre लम्बाई ली जाती है। AB सतह पर कुल दबाव

$$P_H = \frac{wH^2}{2} \qquad \text{(i)}$$

इस दबाव की क्रिया रेखा आधार से (H/3) की ऊँचाई पर है। चिनाई के बाँध का भार

$$W + \frac{1}{2}.\rho\,.\,B\,.\,H \qquad \text{(ii)}$$

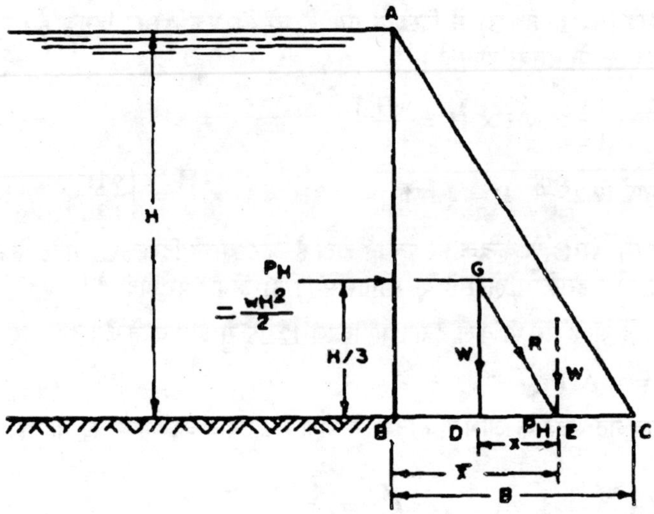

चित्र 12.9

जहाँ पर,

p = चिनाई का एकांक भार, B = बाँध की आधार पर चौड़ाई

बिन्दु B से चिनाई के भार की क्रिया रेखा (B/3) की दूरी पर है। जब बाँध खाली होता है, तब जल का दबाव शून्य होता है। अतः बाँध के आधार पर उत्केन्द्रीय दूरी

$$e = \left(\frac{B}{2} - \frac{B}{3}\right) = \frac{B}{6} \tag{iii}$$

समीकरण 12.2 से, बाँध के खुरे (Toe) पर दबाव

$$f = \frac{W}{A}\left(\frac{x \cdot d_t}{k^2} - 1\right) \quad \left(\because\ x = \frac{k^2}{d_t}\right) \quad \therefore\ f = 0 \tag{iv}$$

समीकरण 12.1 से बाँध के एड़ी (Heel) पर दबाव

$$f = \frac{W}{A}\left(1 + \frac{x.d_e}{k^2}\right) \quad \left(\because x = \frac{k^2}{d_e}\right)$$

$$\therefore\ f = \frac{W}{A}\ (1 + 1) = \frac{2W}{A} = \frac{2W}{B \times 1} \tag{v}$$

$$\therefore\ f = \frac{2}{B} \times \frac{1}{2} \times P \times B \times H = \rho.H \tag{vi}$$

जब बाँध पानी से भरा हुआ होता है, तब P_H और W का परिणामी बल E बिन्दु से गुजरता है। E बिन्दु की स्थिति निम्न तरीके से ज्ञात कर सकते हैं।

बलों के त्रिभुज के सिद्धान्त से, त्रिभुज GDE से

$$\left(\frac{DE}{GD} = \frac{P_H}{W}\right), \quad \left(x = DE = \frac{P_H}{W} \times GD\right)$$

$$x = \left(\frac{P_H}{W} \times \frac{H}{3}\right) = \frac{wH^2}{2} \times \frac{H}{3} \times \frac{1}{\frac{1}{2} \times \rho \times B \times H} \quad \text{(vii)}$$

या, $$x = \left(\frac{1}{3} \times \frac{w}{\rho} \times \frac{H^2}{B}\right) \quad (12.28)$$

E बिन्दु खुरे की तरफ (B/3) की दूरी पर हो सकता है, ताकि परिणामी बल मध्य एक तिहाई चौड़ाई के अन्दर ही हो। अतः

$$\frac{B}{3} = \left(\frac{1}{3} \cdot \frac{w}{\rho} \cdot \frac{H^2}{B}\right), \quad \therefore B = \left(\sqrt{\frac{w}{P}}\right) \quad (12.29)$$

समीकरण 12.29 से आदर्शीय बाँध के अनुप्रस्थ खण्ड की न्यूनतम चौड़ाई ज्ञात होती है।

यदि, $w = 10 \text{ kN/m}^3$, और

$$\rho = 20 \text{ kN/m}^3, B = 0.71 H \quad (12.30)$$

बाँध के खुरे पर अधिकतम दबाव, $$f_{max} = \left(\frac{2W}{B}\right) = \rho \,.\, H \quad \text{(viii)}$$

समीकरण 12.7 से घर्षण गुणांक, $\left(\mu > \frac{P_H}{W}\right)$, या, $\mu > \frac{1}{2} wH^2 \times \left(\frac{1}{\frac{1}{2} \times \rho \,.\times B \times H}\right)$

या, $$\mu > \frac{w}{\rho} \times \frac{H}{B} \quad (12.31)$$

या, $$\mu > \frac{1000}{2000} \times \frac{0.71B}{B}, \text{ या, } \mu > 0.355 \quad (12.32)$$

12.11 **समलम्बाकार बाँध की आधार की चौड़ाई** (Width of Base of Trapezoidal Dam)

एक समलम्बाकार बाँध ABCD चित्र 12.10 (A) में दिखाया गया है। बाँध की जल की तरफ सतह ऊर्ध्वाधर है। बाँध की ऊपर की चौड़ाई, a है। बाँध की आधार की चौड़ाई, b है और बाँध की ऊँचाई h है। बाँध की आधार की चौड़ाई इस प्रकार रखते हैं कि परिणामी बल, R की क्रिया रेखा एक मध्य एक तिहाई चौड़ाई के अन्दर से गुजरे

बिन्दु G बाँध के अनुप्रस्थ खण्ड का केन्द्रक है। बिन्दु G में ऊर्ध्वाधर रेखा आधार पर E बिन्दु पर परिच्छेदन करती है। माना कि DE दूरी D से x है। समलम्बाकार बाँध को एक त्रिभुज BJC और एक आयत ABJD में वितरित करते हैं। बिन्दु D पर दोनों क्षेत्रफल का घूर्ण लेने से

$$x\frac{(a+b)}{2} \times h = \left[\left(h \times a \times \frac{a}{2}\right) + \frac{1}{2} \times h \times (b-a) \times \left(a + \frac{1}{3}(b-a)\right)\right]$$

या, $$\frac{x(a+b)}{2} \times h = \frac{h}{2}\left[a^2 + \frac{(b-a)(b+2a)}{3}\right\}$$

या, $$\frac{x(a+b)}{2} \times h = \frac{h}{6}\left[b^2 + ab + a^2\right] \quad \text{(i)}$$

$$\therefore x = \left(\frac{a^2 + ab + b^2}{3(a+b)}\right)$$

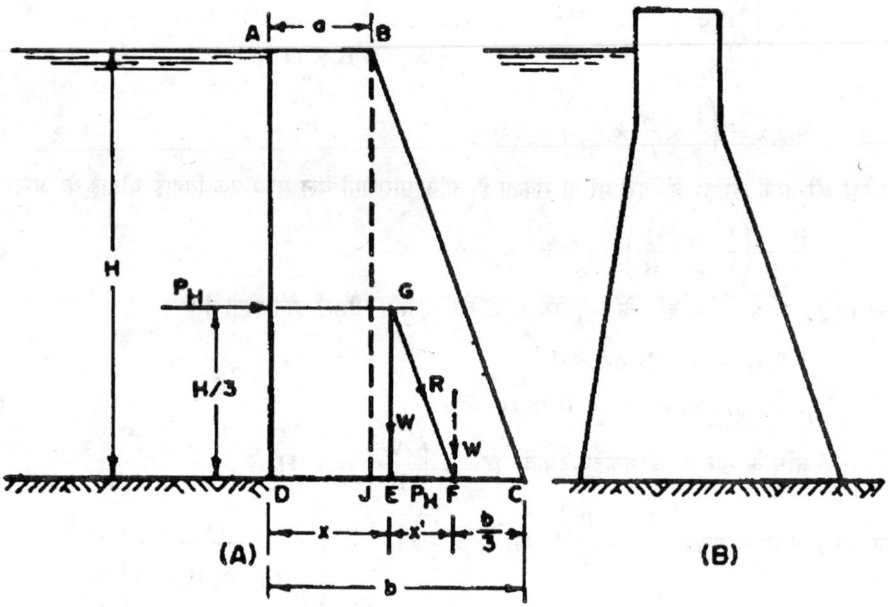

चित्र 12.10

जल का कुल दबाव 1 m लम्बाई पर, $P_H = \frac{wH^2}{2}$ (ii)

चिनाई का कुल भार $W = \frac{\rho (a+b) H}{2}$ (iv)

GEF त्रिभुज से (बल के त्रिभुज के सिद्धान्त से)

$$\left(\frac{EF}{GE} = \frac{P_H}{W} = \frac{wH^2}{2} \times \frac{2}{\rho (a+b) H}\right) \text{ या, } \left(\frac{EF}{GE} = \frac{w.H}{\rho (a+b)}\right) \quad \left(\therefore GE = \frac{H}{3}\right)$$

$$\text{या, } EF = x' = \frac{wH^2}{3(a+b)} \quad \text{(v)}$$

दबाव की क्रिया रेखा GF मध्य एक तिहाई चौड़ाई के भीतर होनी चाहिए, ताकि चिनाई में कोई तनन बल नहीं हो। अतः

$$(x + x') = \frac{2b}{3}$$

$$\text{या, } \left(\frac{a^2 + ab + b^2}{3(a+b)}\right) + \left(\frac{wH^2}{3\rho (a+b)}\right) = \left(\frac{2b}{3}\right)$$

$$\text{या, } \left(a^2 + ab + b^2\right) + \left(\frac{wH^2}{\rho}\right) = \frac{2b(a+b)}{3}$$

$$\text{या, } \left(a^2 + ab + b^2\right) + \left(\frac{wH^2}{\rho}\right) = \left(2ab + 2b^2\right)$$

$$\text{या, } b^2 + ab - \left(a^2 + \frac{wH^2}{\rho}\right) = 0$$

$$\therefore\ b = \left(\frac{-a + (a^2 + 4\,(a^2 + wH^2)/\rho)}{2}\right)^{1/2}$$

$$\therefore\ b = \left(-\frac{a}{2} + \left(\frac{5}{4}a + \frac{wH^2}{\rho}\right)^{1/2}\right) \quad (12.33)$$

यह ध्यान में रखना चाहिए कि समीकरण 12.33 न्यूनतम चौड़ाई ही देती है।

$$\text{अधिकतम संपीडन प्रतिबल, } f_{max} = \left[\frac{2\,w}{b \times 1} = \frac{\rho H\,(a + b)}{b}\right] \quad (12.34)$$

वास्तव में बाँध की जल की तरह सतह में भी एक खड़ा ढाल (Steep batter) रखते हैं, जैसा कि चित्र 12.10 (B) में दिखाया गया है।

उदाहरण 12.2 एक समलम्बाकार चिनाई के बाँध की ऊँचाई 75 m है और ऊपर की चौड़ाई 12 m है। बाँध की जल की तरफ सतह ऊर्ध्वाधर है। जल की सतह बाँध के ऊपरी सतह तक है। चिनाई का एकांक भार 24 kN/m³ है। बाँध के आधार के लिए न्यूनतम चौड़ाई ज्ञात करो। आधार पर अधिकतम संपीडन प्रतिबल भी ज्ञात करो।

बाँध की फिसलन के प्रतिरोध में स्थायित्व भी ज्ञात करो। बाँध के आधार और भूमि के बीच घर्षण गुणांक μ का मान 0.7 है।

हल समीकरण 12.33 से, **Step 2 :** बाँध के आधार की न्यूनतम चौड़ाई

$$b = \left(\frac{a}{2} + \left(\frac{5a^2}{4} + \frac{wH^2}{r.h}\right)^{1/2}\right) \quad b = \left[-\frac{12}{2} + \left(\frac{5}{4} \times 12^2 + \frac{1000}{2400} \times 75 \times 75\right)\right]^{1/2}$$

या, $b = 44.23$ m

समीकरण 12.34 से अधिकतम संपीडन प्रतिबल

$$f_{max} = \left(\frac{\rho\,H\,(a + b)}{b}\right) = \left(\frac{24 \times 75 \times (12 + 44.23)}{44.23}\right)$$

या, $f_{max} = 2288.36$ kN/m², या $f_{max} = 2.288$ N/mm²

फिसलन के प्रतिरध में स्थायित्व की जाँच

$$\frac{P_H}{W} = \left(\frac{wH^2}{2} \times \frac{2}{\rho\,H\,(b + a)}\right) = \frac{w}{\rho} \times \frac{H}{(a + b)}$$

$$\left(\frac{P_H}{W}\right) = \left(\frac{10 \times 75}{24 \times 56.23}\right) = 0.556 < 0.7 \quad \text{अतः ठीक है}$$

12.2 जैक डाट छत की डीजाइन (Design of Jack Arch Roofing)

जैक डाट का उपयोग छत बनाने में किया जाता है। जैक डाट का निर्माण ईटों की किनारों पर रख कर किया जाता है। ईटों की डाट इस्पातीय धरनों के नीचे की फ्लेंज पर आलम्बित होती हैं। ईटों की डाट का उठान (Springing) भी इन्हीं इस्पातीय धरनों से होता है। जैक डाट चित्र 12.11 में दिखाई गई है।

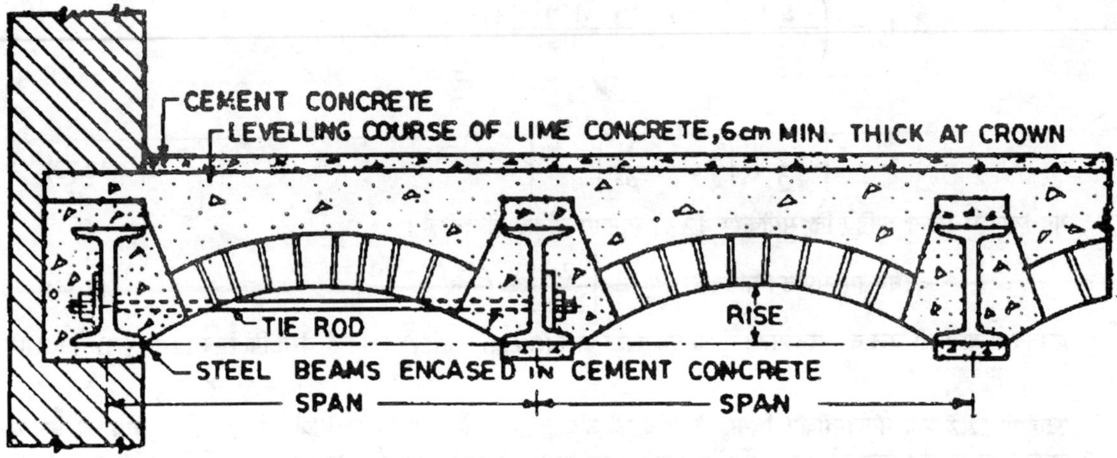

चित्र 12.11

इस्पातीय धरनों को साधारणतया 1.0 m से 1.4 m तक के अन्तराल पर रखते हैं। परन्तु यह अन्तराल कभी भी 2 m से अधिक नहीं होना चाहिए। धरनों को डीजाइन उन पर आने वाले छत के भाग को आलम्बित करने के लिए की जाती है। जैक डाट का उठान (Rise) छोटा होता है। यह उठान विस्तृति के (1/8) गुणा से (1/12) गुणा तक रखते हैं। मध्यवर्ती धरनों पर दोनों तरफ से डाट से **पार्श्विक प्रणोद** (Lateral thrust) प्रेषित होता है और इस कारण इनका सन्तुलन हो जाता है। सिरों पर लगी हुई धरनों पर पार्श्विक प्रणोद एक तरफ से प्रेषित होता है। इन पार्श्विक प्रणोद का प्रतिरोध करने के लिए तान छड़ों का उपयोग करते हैं। तीन छड़ों को नट (ढबेरी) और वाशर लगाकर मजबूती से कस देते हैं।

जैक डाट की डीजाइन के लिए उल्लेख (Specifications for Design of Jack Arches)

भारतीय मानक भवन (Indian Standard Institution) की सिफारिश (Recommendations) के अनुसार भारतीय मानक IS : 2118-1962 में जैक डाट की डीजाइन और निर्माण के लिए निम्न उल्लेख किये गये हैं।

1. इस्पातीय धरन का विक्षेप (Deflections) उसके विस्तृति से (1/480) गुणा से अधिक नहीं होना चाहिए।

2. डाट की मोटाई 10 cm से कम नहीं होनी चाहिए।

3. तान छड़ों का व्यास 12 mm से कम नहीं होना चाहिए।

4. साधारणतया तान छड़ों को इस्पातीय धरनों के नीचे की फ्लैंज से 7.5 cm की ऊँचाई से कम ऊँचाई पर नहीं रखते हैं। तान छड़ का अन्तराल धरन की चौड़ाई से 20 गुणा से अधिक नहीं होना चाहिए।

तान छड़ की डीजाइन निम्न पार्श्व प्रणोद (Side thrust) के लिए की जाती है।

$$T = \left(\frac{WL}{8R}\right) \tag{12.35}$$

जहाँ पर, T = जैक डाट की 1 m चौड़ाई के लिए पार्श्व प्रणोद

W = चल और अचल भार [1 m चौड़ाई पर]

L = डाट की विस्तृति, R = डाट की उठान

उदाहरण 12.3 एक 6 m x 4.5 m के कमरे की छत के लिए जैक डाट की डीजाइन करो। कुल समवितरित भार (जिसमें छत का स्वतः भार भी सम्मिलित है) 975 kN/m^2 है। चिनाई में अनुज्ञेय संपीडन प्रतिबल का मान 0.3 N/mm^2 है।

डीजाइन

जैक डाट की डीजाइन - 4.5 m विस्तृति पर इस्पातीय धरन 1.5 m अन्तराल पर रखते हैं।

Step 1 - जैक डाट द्वारा भार वहन

जैक डाट के लिए विस्तृति = 1.5m

जैक डाट के लिए उठान = $\left(\frac{1}{12} \times 1.50 \times 1000\right) = 125$ mm

डाट की विस्तृति के लिए 1 m चौड़ाई पर भार

W = (1.2 x 1 x 975) = 1462.5 kN/m

Step 2 - जैक डाट से पार्श्व प्रणोद (Side thrust)

$$T = \left(\frac{WL}{8R}\right) = \left(\frac{146.25 \times 1.50 \times 1000}{8 \times 125}\right) = 21.938 \text{ kN}$$

माना कि डाट शीर्ष (Crown) पर मोटाई t है।

1 m की चौड़ाई के लिए डाट रिंग का क्षेत्रफल A है। अतः A x f_c = T

$$(100 \text{ x } t \text{ x } 3 = 21.938), \quad t = \left(\frac{21.938 \times 1000}{3 \times 1000}\right) = 73.13 \text{ mm}$$

अतः डाट की मोटाई न्यूनतम मोटाई 100 mm के बराबर रखते हैं।

Step 3 - इस्पातीय धरन की डीजाइन -

धरन की स्पष्ट (Clear) विस्तृति = 4.50 m

धरन के दोनों सिरों के नीचे 300 mm का धारण (Bearing) मानते हैं। अतः धरन के लिए कार्यकर विस्तृति = (4.50 + 0.30) = 4.80 m

धरन पर समवितरित भार, w = 1462.5 kN/m

$$\text{अधिकतम बंकन आघूर्ण } M = \left(\frac{wl^2}{8}\right) = \left(\frac{146.25 \times 4.8 \times 4.8}{8}\right) = 42.12 \text{ m-kN}$$

$$\text{अधिकतम अपरूपण बल } F = \left(\frac{wl}{2}\right) = \left(\frac{146.25 \times 4.8}{2}\right) = 35.15 \text{ kN}$$

$$\text{आवश्यक परिच्छेद मापांक } Z = \left(\frac{4212 \times 1000 \times 1000}{165} = 255.2 \times 10^3\right) \text{mm}^3$$

ISI हैन्ड बुक नं. 1 से ISLB 250, @ 0.279 kN/m का जाँच के लिए चयन करते हैं।

वेब की मोटाई, t_w = 6.1 mm, I-खण्ड की ऊँचाई, h = 250 mm

I-खण्ड की चौड़ाई, b = 125 mm, I-खण्ड का परिच्छेद मापांक, Z_{xx} = 297.4 x 10^3 mm^3

जड़त्व आघूर्ण, I_{xx} = 3717.8 x 10^4 mm^4

Step 4 - अपरूपण में जाँच (Check for shear) औसत अपरूपण प्रतिबल = $\left(\frac{F}{h \times t_w}\right)$

$$f_{sh} = \left(\frac{35.15 \times 1000}{251 \times 6.1}\right) = 23.05\ N/mm^2 < (0.4 \times 250 = 100\ N/mm^2$$ अतः ठीक है।

Step 5 - विक्षेप के लिए जाँच (Check for deflection)

धरन के लिए अधिकतम विक्षेप

$$y_{max} = \left(\frac{5}{384} \times \frac{1462.5 \times 4.8 \times 4.8^3 \times (1000)^3}{2.047 \times 10^5 \times 3717.8 \times 10^4}\right) = 2.3283\ mm$$

अनुज्ञेय विक्षेप, = $\left(\frac{1}{480} \times 4800\right) = 10\ mm$

अतः धरन की ISLB 250, @ 0.279 kN/m का चयन ठीक नहीं है। धरन के जड़त्व आघूर्ण को बढ़ाते हैं। आवश्यक जड़त्व आघूर्ण

$$= \left(\frac{3717.8 \times 13.283 \times 10^4}{1.00}\right) = 4860 \times 10^4\ mm^4$$

अतः ISLB 275, @ 0.330 kN/m धरन का चयन करते हैं।

Step 6 - तान छड़ की डीजाइन (Design of Tie Rod)

तान छड़ का अन्तराल धरन की चौड़ाई से 20 गुणा से अधिक नहीं होना चाहिए। अतः

$$20 \times (12.5 + 1.5) = 2800\ mm$$

अतः तान छड़ 2 m के अन्तराल पर लगाते हैं।

तान छड़ पर पार्श्व प्रणोद = (21.938 x 2) = 43.88 kN

22 mm व्यास तक, तनन में अनुज्ञेय प्रतिबल = 150 N/mm^2

आवश्यक निवल क्षेत्रफल = $\left(\frac{43.8}{150}\right) = 29.25\ mm^2$

अतः ISRO 25 (25 mm व्यास) छड़ों को लगाते हैं।

12.13 चिनाई की नींव की डीजाइन (Design of Masonry Footing for Foundation)

दीवार की नींव के लिए नींव की चौड़ाई, नींव की गहराई और कंक्रीट ब्लोक की गहराई ज्ञात करते हैं। नींव की चौड़ाई निम्न विधि से ज्ञात करते हैं।

माना कि नींव की चौड़ाई, b है। 1 m दीवार के लिए, नींव का भूमि पर धारक क्षेत्रफल = (b x 1) = b m^2 (i)

नींव की 1m लम्बाई पर कुल भार = W (ii)

भूमि के लिए सुरक्षक धारक क्षमता = p kN/m^2 (iii)

अतः $p \times b \times 1 = w, \quad \therefore b = w/p$ (iv)

कंक्रीट ब्लोक पर चिनाई के रद्दे की चौड़ाई दीवार की चौड़ाई B से दुगनी रखते हैं। कंक्रीट ब्लोक का दोनों तरफ प्रक्षेप (Projection) 2a रखते हैं।

अतः नींव की आवश्यक चौड़ाई = (2B + 2a) (v)

समीकरण (iv) और (v) में जो भी चौड़ाई अधिक होती है, नींव की चौड़ाई वही रखी जाती है।

नींव की न्यूनतम गहराई (Minimum depth of foundation)

नींव पर कुल भार W है। नींव का क्षेत्रफल A है। नींव के नीचे मृदा (Earth) का एकांक भार w (kN/m3) है।

नींव के नीचे मृदा पर ऊर्ध्वाधर दबाव, $p_1 = (W/A)$ (vi)

मृदा के कणों में क्षैतिज दबाव $p_2 = p_1 \times \left(\frac{1 - \sin\theta)}{1 + \sin\theta}\right) = \frac{W}{A} \times \left(\frac{1 - \sin\theta}{1 + \sin\theta}\right)$ (vii)

मृदा के कणों को सन्तुलन में रखने के लिए आवश्यक प्रतिघाती दबाव, सतह से h गहराई पर

$$= w \times h \left(\frac{1 + \sin\theta}{1 - \sin\theta}\right) \quad \text{(viii)}$$

$$\text{अतः } w \times h \times \left(\frac{1 + \sin\theta}{1 - \sin\theta}\right) + \frac{W}{A} \times \frac{(1 - \sin\theta)}{(1 + \sin\theta)}$$

$$\therefore h_{min} = \frac{W}{A \times w} \times \left(\frac{1 - \sin\theta}{1 + \sin\theta}\right)^2 \quad \text{(12.36)}$$

समीकरण (12.36) से नींव के लिए न्यूनतम गहराई ज्ञात करते हैं। इस समीकरण में θ मृदा के लिए अतः घर्षण कोण (Angle of repose) होता है।

कंक्रीट ब्लोक की गहराई (Depth of Concrete Block)

कंक्रीट ब्लोक की गहराई की संगणना निम्न विधि से की जाती है।

कंक्रीट ब्लोक के प्रक्षेपित हिस्सों को प्रास धरन मान सकते हैं। इस भाग पर नीचे की तरफ से मृदा का समवितरित दबाव p_1 ऊपर की तरफ प्रयुक्त होता है। कंक्रीट ब्लोक की 1 cm लम्बाई की पट्टी ली जाती है। कंक्रीट ब्लोक में चिनाई के किनारे तक अधिकतम आघूर्ण

$$M_{max} = \left(\frac{p_1 \times a^2}{2}\right) \text{ जहाँ पर,} \quad \text{(x)}$$

a = कंक्रीट ब्लोक का प्रक्षेपित भार

कंक्रीट ब्लोक के लिए प्रतिरोध आघूर्ण, $M.R = \left(f_m \times 1 \times \frac{d^2}{6}\right)$ (xi)

$$\text{अतः } \left(f_m \times 1 \times \frac{d^2}{6}\right) = \left(\frac{p_1 \times a^2}{2}\right) \quad d = \left(\frac{3\,p_1\,a^2}{f_m}\right)^{1/2} \text{ जहाँ पर,} \quad \text{(12.37)}$$

d = कंक्रीट ब्लोक की गहराई

f_m = कंक्रीट का भंजन मापांक (Modulus of rupture), N/mm^2

दीवार के लिए चिनाई की नींव चित्र 12.12 में दिखाई गई है।

कंक्रीट ब्लोक की गहराई निम्न वैकल्पिक विधि से ज्ञात कर सकते हैं।

इस विधि में अधिकतम अपरूपण बल के तल का क्षैतिज के साथ झुकाव 45 मान लेते हैं। इससे कंक्रीट ब्लोक की गहराई ज्ञात कर लेते हैं, जैसे चित्र 12.12 में दिखाया गया है।

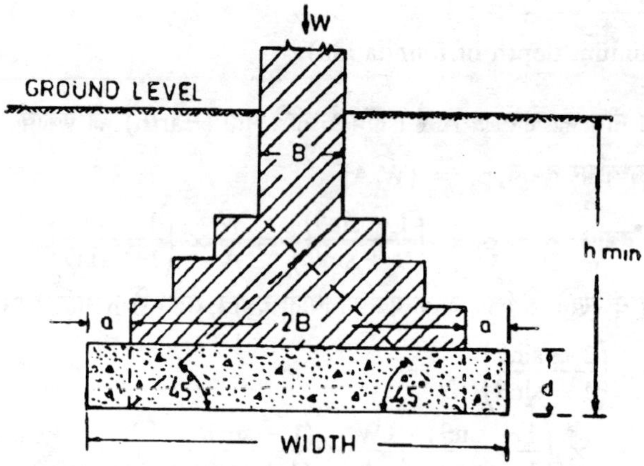

MASONRY FOOTING FOR FOUNDATION

चित्र 12.12

उदाहरण 12.4 एक दीवार 1 m लम्बाई में 200 kN का भार प्रेषित करती है। मृदा के लिए अतः घर्षण कोण 30° है। मृदा के लिए सुरक्षित धारक क्षमता 160 kN/m^2 है। मृदा का एकांक भार 1200 kg/m^3 है। दीवार की चौड़ाई और ज्ञात करो।

हल

Step 1 - दीवार के लिए नींव की चौड़ाई $= (W/\rho) = (20/16) = 1.25$ m

Step 2 - दीवार के लिए नींव की न्यूनतम गहराई

$$h_{min} = \frac{W}{A \times w}\left(\frac{1-\sin\theta}{1+\sin\theta}\right)^2 + \frac{20 \times 1000}{1.25 \times 1 \times 1200}\left(\frac{1-0.5}{1+0.5}\right)^2 = 1.48 \text{ m}$$

उदाहरण 12.5 एक दीवार की मोटाई 50 cm है। दीवार 1 m की लम्बाई में 200 kN का कुल भार प्रेषित करती है। मृदा के लिए अतः घर्षण कोण 30° है। मृदा के लिए सुरक्षित धारक क्षमता 160 kN/m^2 है। मृदा का एकांक भार 12.00 kN/m^3 है। कंक्रीट का भंजन मापांक का मान 0.2 N/mm^2 है। दीवार के लिए नींव की डीजाइन करो।

डीजाइन -

Step 1- दीवार की मोटाई = 500 mm

दीवार 1 m लम्बाई में भार = 200 kN

नींव का स्वतः भार (भार का 10 प्रतिशत मानते हुए) = 20 kN

मृदा पर 1 m लम्बाई में कुल = 220 kN

नींव की चौडाई, $b = \left(\frac{W}{\rho}\right) = \left(\frac{22 \times 1000}{16 \times 1000}\right) = 1.375$ m

दीवार की चौड़ाई, B = 400 mm

यदि कंक्रीट ब्लोक की चिनाई से प्रक्षेप 200 mm मानते हैं, तब नींव की चौड़ाई = (2B + 2a) = (2 x 50 + 2 x 20) x 10 = 1400 mm

अतः नींव की चौड़ाई 1.40 m रखते हैं।

Step 2 -नींव की न्यूनतम गहराई रैन्किन सूत्र द्वारा

$$h_{min} = \frac{A}{A.w} \times \left(\frac{1 - \sin\theta}{1 + \sin\theta}\right)^2 = \frac{22 \times 1000}{1.40 \times 1 \times 1200}\left(\frac{1 - 0.5}{1 + 0.5}\right)^2 = 1.455 \text{ m}$$

Step 3 - कंक्रीट ब्लोक की गहराई

$$d = \left(\frac{3 p_1 a^2}{f_m}\right)^{1/2} \qquad \text{(i)}$$

$$p_1 = \left(\frac{W}{A}\right) = \left(\frac{22 \times 1000}{1.40 \times 1 \times 1000 \times 1000}\right) = 0.157 \text{ N/mm}^2$$

$$a = 20 \text{ cm}, \quad f_m = 0.25 \text{ N/mm}^2 \qquad \text{(ii)}$$

अतः

$$d = \left(\frac{3 \times 0.157 \times 20 \times 20}{0.25}\right)^{1/2} = 274.4 \text{ mm} = 300 \text{ mm}$$

नींव की डीजाइन चित्र 12.13 में दिखाई गई है।

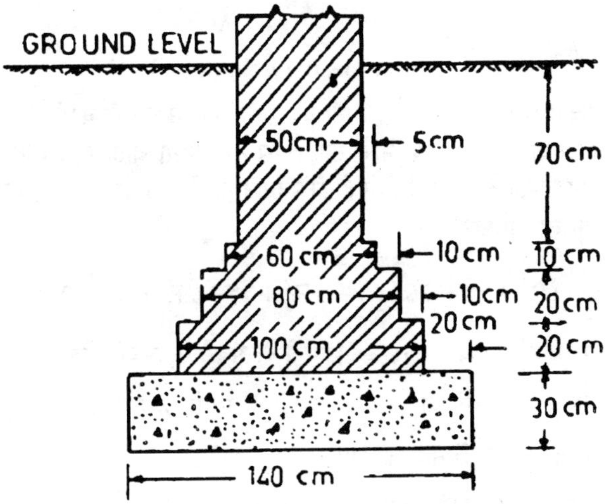

चित्र 12.13

12.14 चिनाई की चिमनियाँ (Masonry Chimneys)

चिमनियों का उपयोग गैस द्रव्य को वायु मंडल में ऊँचाई पर छोड़ने में किया जाता है। इससे ये गैस द्रव्य आस-पास के वातावरण को दूषित नहीं करती हैं। चिमनियों का अनुप्रस्थ क्षेत्रफल काफी बड़ी रखते हैं, ताकि जलने के बाद ये गैस सरलता से जा

सकती है। चिमनियों का यह अनुप्रस्थ क्षेत्रफल ईधन (Fuel) के प्रकार और उसकी मात्रा (Quantity) पर, ड्राफ्ट (Draft) पर और घर्षण द्वारा हानि पर निर्भर करता है। चिमनियों की ऊँचाई आवश्यक ड्राफ्ट पर निर्भर करती हैं। संरचनात्मक डीजाइन के लिए चिमनियों की ऊँचाई और सबसे ऊपर का व्यास मालूम होता है।

चिनाई की चिमनियों का निर्माण साधारणतया ईटों की चिनाई में करती हैं। चिनाई की चिमनियों की आकृति वर्गाकार, षटकोणिक, अष्टकोणिक और वृत्ताकार होती है। अन्य आकृतियों की तुलना में वृत्ताकार आकृति को प्राथमिकता दी जाती है।

12.15 **चिमनियों में लाइनिंग** (Lining for Chimneys)

जिस पदार्थ का लाइनिंग के लिए चिमनियों में उपयोग किया जाता है, उन पदार्थों में काफी ज्यादा तापमान वहन करने की क्षमता होनी चाहिए। लाइनिंग की आवश्यकता ब्रीच प्रवेश से चिमनी की काफी ऊँचाई तक होती है, जहाँ पर गैस चिमनी को क्षति नहीं पहुँचा सके। ईटों की चिमनियों में कुछ विशेष प्रकार की ईटों का उपयोग किया जाता है, जो तापमान के प्रेषण को रोकती है। लाइनिंग की ऊंचाई साधारणतया चिमनी की ऊँचाई से एक-चौथाई से (1/5) गुणा तक रखते हैं। कभी-कभी लाइनिंग चिमनी की पूरी ऊँचाई तक भी कर दी जाती है।

12.16 **चिनाई की चिमनी पर विभिन्न कार्यकर बल** (Various Forces Acting on Masonry Chimney)

चिनाई की चिमनी पर निम्नलिखित विभिन्न बल कार्यकर होते हैं

1. चिनाई की चिमनी का स्वतः भार (Self Weight of masonry chimney)
2. लाइनिंग का भार (Weight of lining)
3. पवन भार (Wind forces)
4. भूकम्पनीय भार (Seismic forces acting on masonry chimneys)

1. चिनाई की चिमनी का स्वतः भार -चिनाई की चिमनी का स्वतः भार ऊर्ध्वाधर कार्यकर होता है। चिनाई की चिमनी तो वृत्ताकार होती है, उसका ऊपर से आधार (Base) या नीचे तक व्यास बढ़ा दिया जाता है, अर्थात् ये चिमनियाँ ऊपर से नीचे की तरफ ढालू होती है। दो क्षैतिज काट खण्डों के बीच में चिनाई की चिमनियों को एक कटा हुआ शंकु मान सकते हैं। जो शंकु भीतर से खोखला होता है। खोखले शंकु का आयतन

$$V_p = \left[\frac{\pi H}{3}(R_1^2 + r_1^2 + 2R_1 r_1) - (R_2^2 + r_2^2 + 2R_2 r_2)\right] \text{ जहाँ पर} \tag{12.38}$$

R_1 = चिमनी के आधार पर बाहरी त्रिज्या, r_1 = चिमनी के सबसे ऊपर की ऊँचाई पर बाहरी त्रिज्या

R_2 = चिमनी के आधार पर आन्तरिक त्रिज्या, r_2 = चिमनी के सबसे ऊपर की ऊँचाई पर शंकु का आन्तरिक व्यास

H = शंकु के कटे हुए भाग की ऊँचाई चिमनी का भार

$W = \rho.V,$ ρ = चिनाई का एकांक भार

$$\text{या } W = \rho \cdot \frac{\pi H}{3}\left[(R_1^2 + r_1^2 + 2R_1 r_1) - (R_2^2 + r_2^2 + 2R_2 r_2)\right]$$

$$\text{या, } W = \frac{H}{3}\left[\pi(R_1^2 - R_2^2) + \pi(r_1^2 - r_2^2) + (2\pi R_1 r_1 - 2\pi R_2 r_2)\right]$$

$$\therefore W = \frac{H}{3}\left[A_1 + A_2 + \sqrt{A_1 A_2}\right]$$

चिमनी के क्षैतिज काट के कारण किसी भी अनुप्रस्थ खण्ड पर संपीडन प्रतिबल

$$f_1 = (W_s/A) \tag{12.39}$$

$$\text{या, } f_1 = \left(\frac{W_s}{\pi (R_1^2 - R_2^2)}\right) \tag{12.40}$$

2. लाइनिंग का भार (Weight of lining) - चिमनी में लाइनिंग का भार भी सीधा ऊर्ध्वाधर होता है।

$$W_L = (\rho_2 . \pi . d . t_L . H_L),$$ जहाँ पर,

ρ_2 = लाइनिंग का चिनाई में ईटों का भार, 20 kN/m^3 और d = लाइनिंग का औसतन व्यास

t_L = लाइनिंग की मोटाई और H_L = लाइनिंग की ऊँचाई

लाइनिंग सीधे आधार पर आलम्बित होती है।

3. चिमनी पर पवन बल (Wind force on chimney) - पवन भार क्षैतिज दिशा में कार्यकर होता है। पवन बल का दबाव संरचनाओं की आकृति पर निर्भर करता है। इसके साथ यह बल संरचनाओं की ऊँचाई, उनकी स्थिति और वायुमंडलीय अवस्था पर भी निर्भर करता है। भूमि के तल से ऊँचाई के साथ पवन बल प्रति इकाई क्षेत्रफल पर बढ़ता रहता है। डीजाइन को सरल बनाने के लिए चिमनी की ऊँचाई को कई भाग में वितरण कर लेते हैं। प्रत्येक भाग पर पवन बल समवितरित (एक समान वितरित) मान सकते हैं। भारतीय मानक IS : 875-1964 से प्रत्येक भाग की मध्य ऊँचाई पर पवन बल के दबाव का मान ज्ञात कर लेते हैं। चिमनी पर कार्यकर पवन बल की निम्न प्रकार से संगणना की जाती है

$$P = k.p \times \text{प्रक्षिप्त क्षेत्रफल (Projected area)} \tag{12.41}$$ जहाँ पर,

k = आकृति गुणांक (Shape factor), p = पवन का दबाव

चिमनी की विभिन्न आकृतियों के लिए आकृति गुणांक का मान सारणी 12.1 में दिया हुआ है।

सारणी 12.1. आकृति गुणांक (Shape in plan)

आकृति	गुणांक k		
	चिमनी की ऊँचाई और आधार का अनुपात		
	(0-4)	(4-8)	8 या इससे अधिक
वृत्ताकार	0.7	0.7	0.7
अष्टकोणिक	0.8	0.9	1.0
वर्गाकार (पवन की दिशा कर्ण के अभिलम्ब)	0.8	0.9	1.0
वर्गाकार (पवन की दिशा सतह के अभिलम्ब)	1.0	1.15	1.3

अतः वृत्ताकार चिमनी के लिए, पवन बल

$$P = (0.7 \times p \times \text{प्रक्षिप्त क्षेत्रफल}) \tag{12.42}$$

पवन बल की प्रवृत्ति चिमनी को उलटने की होती है। इस कारण चिमनी के क्षैतिज अनुप्रस्थ काट पर एक प्रतिवलन घूर्ण, Mw कार्यकर होता है। इस घूर्ण के कारण पवन की दिशा (Windward side) में चिमनी पर तनन प्रतिबल होता है और विपरीत दिशा (Leeward side) में संपीडन प्रतिबल होता है। अधिकतम तनन और संपीडन प्रतिबल का मान बराबर होता है। जिसकी संगणना निम्न प्रकार से करते हैं

$$f_w = \left(\frac{M_w}{I} \times R_1\right) = \frac{M}{Z} \quad \text{जहाँ पर,} \tag{12.43}$$

R_1 = चिमनी के क्षैतिज अनुप्रस्थ काट पर बाहरी त्रिज्या और I = अनुप्रस्थ काट का जड़त्व आघूर्ण

$$\text{अतः } I = \left[\frac{\pi}{4}(R_1^4 - R_2^4)\right] = \frac{\pi}{64}(D_1^4 - D_2^4) \tag{12.44}$$

वृत्ताकार आकृति के कारण चिमनी का स्थायित्व कम से कम ईटों के निर्माण के होते हुए भी अधिक होता है। वृत्ताकार आकृति सबसे अधिक प्रभावी होती है। वृत्ताकार आकृति का पवन की कोई भी दिशा हो, प्रतिरोध बराबर होता है।

4. भूकम्पनीय बल (Seismic forces) - भूकम्पनीय बल क्षैतिज दिशा में कार्यकर होता है। भूकम्पनीय बल संरचनाओं पर तभी कार्यकर होता है, जब संरचनाएँ भूकम्पनीय क्षेत्र में स्थित होती हैं। भूकम्पनीय बल का मान भारतीय मानक IS : 1893-1962 से ज्ञात करते हैं। IS : 1893-1962 में भूकम्प के प्रतिरोध के लिए संरचनाओं की डीजाइन के लिए सिफारिशें दी हुई हैं।

भूकम्पनीय बल का प्रभाव और पवन भार का प्रभाव दोनों में जो भी प्रभाव ज्यादा होता है, वह ही केवल संरचनाओं पर कार्यकर लिया जाता है और उनकी डीजाइन की जाती है।

12.17 **चिनाई की चिमनियों का स्थायित्व** (Stability of Masonry Chimneys)

चित्र 12.14 में एक चिनाई की चिमनी दिखाई गई है। चिमनी की आकृति वृत्ताकार है। चिमनी का व्यास ऊपर से नीचे की तरफ बढ़ता है।

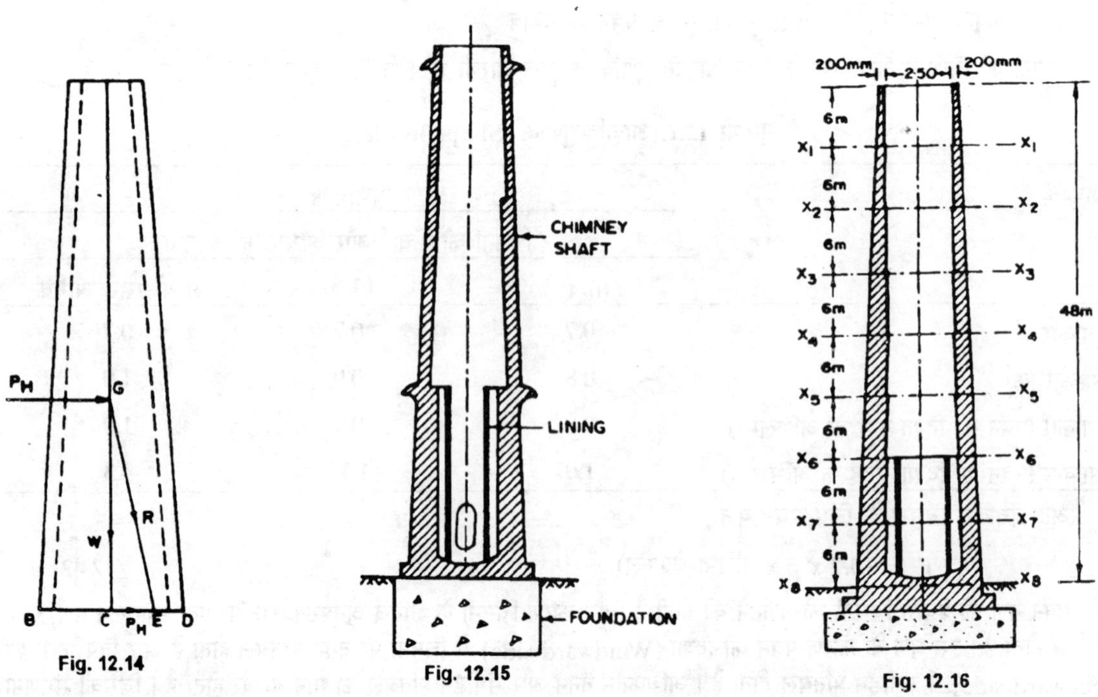

Fig. 12.14 Fig. 12.15 Fig. 12.16

चिनाई की चिमनी का स्थायित्व उसके स्वतः भार Ws, और पवन भार P_H पर निर्भर करता है। चित्र 12.14 में पवन भार P_H की कार्य रेखा को बढ़ाते हैं। यह रेखा चिमनी के स्वतः भार Ws की कार्य रेखा पर बिन्दु G पर परिच्छेद करती है। बलों के त्रिभुज GCE में, GE दोनों बलों के परिणामी बल, R (Resultant force) को बताती है। जब तक बिन्दु E किसी भी क्षैतिज अनुप्रस्थ काट पर मध्यवर्ती एक चौथाई व्यास के अन्दर रहता है, तब तक चिमनी के चिनाई में तनन प्रतिबल उत्पन्न नहीं होता है। चिमनी का स्थायित्व रहता है।

किसी भी क्षैतिज अनुप्रस्थ काट पर संयुक्त संपीडन प्रतिबल निम्न होता है

$$f = \left(\frac{W_s}{A} + \frac{M_W}{I} . R_1\right) \tag{12.45}$$

यह संयुक्त संपीडन प्रतिबल अनुप्रस्थ काट से अधिकतम दूरी (बाहरी सतह पर) पवन को ओट की दिशा पर अधिकतम होता है। इसका मान अनुज्ञेय संपीडन प्रतिबल से अधिक नहीं होना चाहिए।

12.18 **चिनाई की चिमनी की डीजाइन के लिए उल्लेख** (Specification for Design of Masonry Chimney)

चिनाई की चिमनी की डीजाइन के लिए निम्न उल्लेख होते हैं

1. (a) वर्गाकार चिनाई की चिमनी की ऊंचाई उसके आधार की चौड़ाई से 10 गुणा से अधिक नहीं होनी चाहिए।

   (b) वृत्ताकार चिमनी में ऊँचाई उसके आधार के व्यास से 12 गुणा से अधिक नहीं होनी चाहिए।
2. चिमनी शेफ्ट का झुकाव 1 क्षैतिज 48 ऊर्ध्वाधर रखते हैं। यह झुकाव 1 50 से कम नहीं होना चाहिए जैसा कि चित्र 12.15 में दिखाया गया है।
3. किसी तल पर प्रक्षिप्त (Projections) की चौड़ाई उस तल पर चिमनी की मोटाई से ज्यादा नहीं होनी चाहिए।
4. चिमनी की सबसे ऊपर के भाग की मोटाई एक इंट के माप से कम नहीं होनी चाहिए। प्रत्येक 6m की ऊर्ध्वाधर दूरी पर यह मोटाई ईट की आधी लम्बाई के बराबर बढ़ाते हैं।

चिनाई की चिमनी की डीजाइन के पश्चात् उसके स्थायित्व की जाँच कर ली जाती है।

उदाहरण 12.6 एक चिनाई की चिमनी की ऊँचाई 48 m है। उसके सबसे ऊपर का आन्तरिक व्यास 2.5 m है। चिमनी पर 150 kg/m^2 का पवन भार कार्यकर है। ईटों का एकांक भार 2000 kg/m^3 है। ईटों की चिमनी के लिए अनुज्ञेय संपीडन प्रतिबल 10 kg/cm^2 है। चिमनी की डीजाइन करो।

चिमनी का सबसे ऊपर आन्तरिक व्यास 2.5 m है, जैसा कि चित्र 12.16 में दिखाया गया है। चिमनी शेफ्ट का झुकाव 1 48 रखा गया है।

चिमनी की ऊपर से प्रत्येक 6 m ऊर्ध्वाधर दूरी पर प्रक्षिप्त चित्र में दिखाये गये हैं। प्रक्षिप्त 100 mm माप के रखे गये हैं। लाइनिंग की मोटाई 200 mm रखी गयी है। लाइनिंग की ऊँचाई चिमनी के ऊँचाई के एक-चौथाई रखी गई है, $\left(\frac{1\times 48}{2} = 12\text{ m}\right)$। चिमनी के सभी माप चित्र 12.16 में दिखाये गये हैं।

चिमनी के स्थायित्व के जाँच के लिए संगणना की गयी है। सभी माप और संगणना सारणी 12.2 और 12.3 में दिखाये गये हैं।

सारणी 12.2

अनुप्रस्थ काट	चिमनी का व्यास		क्षेत्रफल			आयतन	ऊर्ध्वाधर भार	सीधा संपीड़न प्रतिबल
	बाहरी	आन्तरिक	A_1	A_2	$\sqrt{A_1A_2}$	$\left[\frac{H}{3}(A_1 + A_2 + \sqrt{A_1 + A^2}\right]$	$\sum W_2$	W/A
1	2 (m)	3 (m)	4 (m^2)	5 (m^2)	6 (m^2)	7 (m^2)	8 (kN)	9 (N/mm^2)
XX	2.90	2.50						
X_1X_1	3.15	2.75 / 2.55	1.68	1.83	1.76	10.54	210.80	0.1153
X_2X_2	3.40	2.80 / 2.60	2.68	2.92	2.80	16.80	336.00	0.1873
X_3X_3	3.65	2.85 / 2.65	3.77	4.08	3.92	23.54	470.80	0.2495
X_4X_4	3.90	2.90 / 2.70	4.94	5.34	5.14	30.84	616.80	0.3063
X_5X_5	4.15	2.95 / 2.75	6.22	6.69	6.45	38.72	774.40	0.3602
X_6X_6	4.40	3.00 / 2.80	7.59	8.12	7.85	47.12	942.40	0.4128
X_7X_7	4.65	3.05 / 2.85	9.05	9.68	9.80	57.06	1141.20	0.4641
X_8X_8	4.90	3.10	10.60	11.30	10.94	65.68	1313.60	0.5159

चिमनी के नीचे कंक्रीट की बेलनाकार नींव लगायी जाती है। नींव की डीजाइन इस प्रकार की जाती है कि अधिकतम संयुक्त संपीडन प्रतिबल का मान मृदा के सुरक्षक धारण क्षमता से अधिक नहीं हो। किसी भी अनुप्रस्थ काट खण्ड पर तनन प्रतिबल भी नहीं हो।

सारणी 12.3

अनुप्रस्थ काट	जड़त्व आघूर्ण	परिच्छेद मापांक	प्रक्षिप्त क्षेत्रफल	पवन बल	ऊपर से गहराई	प्रतिबल		
	$I = \frac{\pi}{64}(D_1^4 - D_2^4)$	$Z = I/R_1$	A	$P_H = (0.7 \times p \times \sum A)$	h	$F_b = \frac{M}{Z}$	$f_b = \frac{W}{A} + \frac{P_H . h}{Z}$	$f_b = \frac{W}{A} - \frac{P_H . h}{Z}$
1	2 (m4)	3 (m3)	4 (m2)	5 (kN)	6 (m)	7 (N/mm^2)	8 (N/mm2)	9 (N/mm2)
XX	–	–	–	–	–	–	–	–
X_1X_1	2.16	1.366	18.15	19.06	6	0.0413	0.1566	0.0740
X_2X_2	3.59	2.112	19.65	39.69	12	0.3000	0.3000	0.0746
X_3X_3	5.56	3.047	21.15	61.90	18	0.1827	0.4322	0.0668
X_4X_4	8.06	4.133	22.65	85.68	24	0.2492	0.5555	0.0571
X_5X_5	10.82	5.216	24.15	120.97	30	0.3192	0.6794	0.0410
X_6X_6	14.32	6.509	25.65	137.97	36	0.3815	0.7933	0.0313
X_7X_7	18.90	8.128	27.15	166.48	42	0.4305	0.8946	0.0313
X_8X_8	23.50	9.583	28.65	186.06	48	0.4669	0.9828	0.0490

टिप्पणी 1. आधार पर संयुक्त संपीडन प्रतिबल 90.828 N/mm^2 है। यह अनुज्ञेय संपीडन प्रतिबल N/mm^2 से कम है।
2. पवन की तरफ सतह पर कहीं भी तनन प्रतिबल नहीं है। अतः चिनाई की चिमनी की डीजाइन ठीक है।

प्रश्नावली

12.1 एक चिनाई की प्रतिधारक दीवार की ऊँचाई 9 m है। दीवार के ऊपर की चौड़ाई 1m और नीचे की चौड़ाई 7 m है। दीवार की पृष्ठ सतह ऊर्ध्वाधर है। मृदा और चिनाई का एकांक भार क्रमशः 16 kN/m^3 और 24 kN/m^3 है। मृदा के कण के लिए अतः घर्षण कोण 30 है। चिनाई और चिनाई के सतहों के बीच घर्षण गुणांक 0.5 है। मृदा का सुरक्षक धरक मापांक 150 kN/m^2 है। कुल पार्श्विक दबाव, कुल ऊर्ध्वाधर भार और परिणामी बल के लिए उत्केन्द्रीय दूरी ज्ञात करो। प्रतिधारक दीवार का स्थायित्व, (a) तनन, (b) संपीडन, (c) फिसलन और (d) प्रतिवलन घूर्ण के विरोध में जाँच करो। दीवार के आधार पर अधिकतम और न्यूनतम प्रतिबल ज्ञात करो।

12.2 एक चिनाई के समलम्बाकार बाँध की ऊँचाई 50 m है और उसकी ऊपर की चौड़ाई 8m है। बाँध की जल की तरफ की सतह ऊर्ध्वाधर है। जल का स्तर बाँध के ऊपरी सिरे के बराबर है। चिनाई का एकांक भार 24 kN/m^3 है। बाँध के आधार की चौड़ाई ज्ञात करो। आधार पर अधिकतम संपीडन प्रतिबल भी ज्ञात करो।
बाँध की फिसलन के विरोध में स्थायित्व की भी जाँच करो। बाँध के आधार और मृदा के बीच घर्षण गुणांक 0.65 है।

12.3 एक 4 m x 3m कमरे के छत के लिए जैक डाट की डीजाइन करो, यदि कुल भार 1000 kN/m^2 है, जिसमें छत का भार भी सम्मिलित है।

12.4 एक दीवार 1 m लम्बाई में 240 kN का भार प्रेषित करती है। मृदा के लिए अतः घर्षण कोण 30 है। मृदा के लिए सुरक्षित धारक क्षमता 20 t/m^2 है। मृदा का एकांक भार 16 kN/m^3 है। दीवार की चौड़ाई और गहराई ज्ञात करो।

12.5 यदि उदाहरण 12.4 में दीवार की मोटाई 400 mm है, तो दीवार के लिए नींव की डीजाइन करो। कंक्रीट का भंजन मापांक का मान 0.3 N/mm^2 है।

12.6 एक चिनाई की चिमनी की डीजाइन करो। चिमनी की ऊँचाई 42 m है और सबसे ऊपर का व्यास 2.5 m है और सबसे ऊपर चिमनी को मोटाई एक ईट के लम्बाई के बराबर है। चिमनी पर पवन भार 15.0 kN/m^2 है। ईटों की चिनाई के लिए अनुज्ञेय संपीडन प्रतिबल 1.0 N/mm^2 है।

Glossary of Technical Terms plus Index
(तकनीकी शब्दावली जोड़ सूची)

Fluid Power and Tribology

Anil Agarwal & M.L. Bhatia

The fluid power and pneumatics has become the need of every modern automatic process. Even than no good Indian book is available on the subject. This book has been written to fulfill the need of engineering and diploma students.

The complete book has been divided into three sections : Fluid Power, Pneumatics & Tribology. We hope that the book will be welcomed by the teachers and our beloved students. The following topics have been discussed in detail with self explanatory diagrams.

Contents

1. Various type of hydraulic pumps; **2.** Actuators and valves used in fluid power; **3.** Various hydraulic and pneumatic circuits; **4.** Various lubricating systems; **5.** Different types of lubricants; **6.** Pneumatic system components

Readership: Diploma Polytechnic Mechanism, AMIE

ISBN: 978-81-7233-650-9 | 2010 | Paperback | 300 pp. | ₹ 140

द्रव शक्ति एवं स्नेहन

(Fluid Power and Lubrication)

अनिल अग्रवाल

उद्योगों में खनिज तेलों का दो प्रकार से उपयोग किया जाता है। प्रथम रूप में इसके द्वारा विभिन्न मशीनों को स्वचालित बनाया जाता है जिससे द्रव की दाब उर्जा को यांत्रिक उर्जा में परिवर्तित कर मशीनों को गति प्रदान की जाती हैं। द्रव शक्ति के सिद्धान्त, युक्तियाँ एवं परिपथ आदि का मय चित्रों के विस्तृत वर्णन पुस्तक के प्रथम भाग में दिया गया है। इस भाग में द्रव शक्ति मशीनों में कार्य करते समय आने वाली कठिनाईयों के कारण एवं उनके उपचार भी बताए गए हैं। खनिज तेलों का स्नेहक के रूप में उपयोग सर्वविदित है परन्तु खनिज तेलों के विभिन्न गुण एवं विशिष्ठ परिस्थितियों में तेलों के चयन एवं स्नेहन विधि के ज्ञान के अभाव में स्नेहन की प्रक्रिया अधूरी ही रहती है। पुस्तक के अन्तिम भाग में स्नेहकों के भौतिक, रसायनिक गुणों एवं उनके परीक्षण आदि को विस्तार से समझाया गया है। इसके अतिरिक्त इस भाग में स्नेहन की विभिन्न विधियों का भी समावेश किया गया है। स्नेहकों के रख रखाव को भी पुस्तक में स्थान दिया गया है। इस पुस्तक को तीन भागों में विभाजित किया गया है – 1. द्रव शक्ति, 2. वायवीय प्रणाली, 3. स्नेहक एवं स्नेहन। द्रव शक्ति के समानान्तर होने के कारण पुस्तक के मध्य भाग में वायवीय शक्ति को भी संक्षेप में समझाया गया है। जिसकी जानकारी छात्रों को वायवीय शक्ति मशीनों को समझने में सहायक होगी।

ISBN: 978-81-7233-649-3 | 2010 | Paperback | 265 pp. | ₹ 130

SCIENTIFIC PUBLISHERS (INDIA), Web.: www.scientificpub.com

उद्यमिता विकास हैन्डबुक

ओ.पी. हरकुट एवं जी.पी. वैष्णव

ऑल इंडिया कौंसिल फॉर टेक्निकल एज्युकेशन (AICTE) के दिशा निर्देशों के अनुसार प्रबन्ध एवं उद्यमिता विषय इंजीनियरिंग के सभी शाखाओं के विद्यार्थियों के पाठ्यक्रम में होना चाहिए। अतः प्रबन्ध एवं उद्यमिता विषय में जिन बातों की जानकारी की विद्यार्थियों तथा उद्यमियों को आवश्यकता होती है उन सभी टॉपिक्स को इस पुस्तक में सरल एवं सारगर्भित रूप में दी गई है, जिससे विद्यार्थियों एवं उद्यमियों को सभी जानकारी एक ही स्रोत से उपलब्ध हो सके।

इस पुस्तक में निम्नलिखित अध्यायों के अन्तगर्त पूरे पाठयक्रम का समावेश किया गया है – **1.** प्रबन्ध, प्रशासन तथा संगठन, **2.** वैज्ञानिक प्रबन्ध, **3.** स्वामित्व के प्रकार, **4.** संगठन के प्रकार, **5.** कार्मिक प्रबन्ध, **6.** मजदूरी तथा प्रोत्साहन, **7.** क्रयण विभाग, **8.** भंडार तथा भंडारण, **9.** विक्रय विभाग, **10.** वित्तीय प्रबन्ध, **11.** उद्यमिता, **12.** उद्यमिता विकास, **13.** लघु उद्योग की स्थापना, **14.** प्रोजेक्ट रिपोर्ट, **15.** लघु उद्योगों के वित्तीय स्त्रोत, **16.** कर प्रणाली एवं बीमा, **17.** उद्यमिता सहायतार्थ संस्थाएँ, **18.** श्रम विधायन, **19.** प्रदूषण नियंत्रण अधिनियम, **20.** विविध।

ISBN: 978-81-7233-589-2 | 2007 | Paperback | 390 pp. | ₹ 160

प्रबंध एवं उद्यमिता

वी.के. शर्मा एवं ओ.पी. हरकुट

उद्यमिता विकास एवं उद्योग लगाने के लिए जिन–जिन विषयों के बारे में जानकारी आवश्यक है, जैसे – सरकार की औद्योगिक नीति, सहायतार्थ विभिन्न संस्थाएँ/संगठन, बाजार सर्वेक्षण तथा अनुसंधान, उत्पाद चयन, स्थान का चयन, विभिन्न वित्तीय स्त्रोत, प्रोजेक्ट रिपोर्ट तैयार करना, कच्चा माल प्रबन्ध, विपणन सुविधायें, अनुबन्ध, वित्तीय तथा लागत लेखांकन करें तथा बीमा, श्रमिक संघ एवं विभिन्न श्रम अधिनियम आदि संबंधित विषयों के बारे में जानकारी इस पुस्तक में बहुत ही सरल एवं सारगर्भित रूप में दिया गया है। जिससे उद्यमी को उद्योग लगाने सम्बन्धी अधिकाधिक जानकारी एक स्त्रोत से उपलब्ध हो सकें।

विषय–सूची

1. उद्यमिता एवं उद्योग, **2.** औद्योगिक नीति, **3.** उद्योगों के सहायतार्थ संगठन, **4.** उद्यमिता विकास, **5.** बाजार सर्वेक्षण व अनुसंधान, **6.** उद्योग प्रारम्भ करने का तरीका, **7.** उद्योगों के वित्तीय स्त्रोत, **8.** प्रोजेक्ट रिपोर्ट, **9.** कच्चा माल प्रबन्ध, **10.** विपणन सुविधाएं, **11.** अनुबन्ध एवं निविदा, **12.** लेखांकन पद्धतियाँ, **13.** कर प्रणाली तथा बीमा, **14.** श्रम–विधायन या औद्योगिक अधिनियम, **15.** श्रमिक संघ।

ISBN: 978-81-7233-612-7 | 2010 | Paperback | 267 pp. | ₹ 130

SCIENTIFIC PUBLISHERS (INDIA), Web.: www.scientificpub.com

पदार्थों की सामर्थ्य - II

एन. मानवानी एवं एम. मानवानी

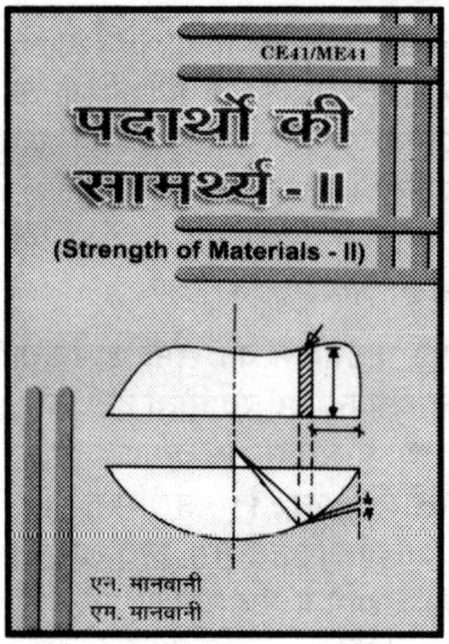

यह पुस्तक हिन्दी भाषा में लिखी गई है जो कि पॉलिटेक्निक कॉलेजों के विद्यार्थियों के लिए उपयोगी हैं। यह पुस्तक प्राविधिक शिक्षा बोर्ड राजस्थान जोधपुर के पाठ्यक्रमानुसार (CE41/ ME41) लिखी गयी हैं। इस पुस्तक में 7 अध्याय हैं। पुस्तक में 100 से भी ज्यादा सांख्यिक प्रश्न तथा चित्र हैं। अधिकतर सांख्यिक प्रश्नों को आसान तरीके से चित्रों द्वारा हल किया गया हैं, जिससे विद्यार्थी विषय को समझ सकें। पाठ्यक्रम में न होने के बावजूद भी बहुत से सूत्रों को व्युत्पित किया गया हैं जिससे विद्यार्थियों को विषय को समझने में आसानी रहें।

विषय - सूची

1. धरन विक्षेप (Deflection of Beams) ; 2. स्तम्भ तथा थाम (Columns and Struts); 3. मरोड व ऐंटन (Torsion); 4. कमानी (Springs); 5. पतले बेलनाकार व गोलाकार खोल (Thin Cylindrical and Spherical Shells); 6. प्रत्यक्ष तथा बंकन प्रतिबल (Tension Members); 7. ढांचदार संरचना (Frames)

ISBN: 81-7233-485-0 | 2007 | Paperback | 208 pp. | ₹ 105

Related Books

978-81-7233-692-9	Antena and Wave Propagationn	*Mathur, A.*	2011	360
978-81-7233-685-1	Computer for Law Students	*Jain, P.K.*	2011	150
978-81-7233-659-2	Design of Concrete Structures	*Ramchandra*	2010	480
978-81-7233-654-7	Design of Steel Structures - 1	*Ramchandra*	2010	480
978-81-7233-644-8	Design of Steel Structures - 2	*Ramchandra*	2010	480
978-81-7233-522-9	Engineering Thermodynamics	*Purohit, R.K.*	2008	290
81-7233-287-4	Fluid Power Engineering	*Purohit, R.K.*	2008	190
978-81-7233-757-5	Fluid Mechanics	*Purohit, R.K.*	2012	520
978-81-7233-691-2	Foundation of Mechanical Engineering (4th Ed.)	*Purohit, R.K.*	2011	335
978-81-7233-619-6	Global Groundwater Resources and Management	*Paliwal, B.S.*	2010	3700
81-7233-487-7	Hydraulic Meachines	*Purohit, R.K.*	2007	285
81-7233-425-7	Hydrogeology and Environmental Geology of Sonar River Basin	*Jain, S.K.*	2006	625
81-7233-486-9	Limit State Design of Concrete Structure	*Ramchandra*	2007	480
978-81-7233-614-1	Limit State Design of Steel Structure	*Ramchandra*	2009	440
81-7233-413-3	Material Science and Processes	*Purohit, R.K.*	2005	120
978-81-7233-536-6	Mechanical Engineering	*Purohit, R.K.*	2008	275
978-81-7233-502-1	Thermal Engineering	*Purohit, R.K.*	2008	280
81-7233-268-8	Monograph on Field Permeability Tests in Alluvium and Rock	*Shah, C.R.*	2001	550
978-81-7233-761-2	Steam Turbines and Steam Power Plant	*Jaswal, R.*	2012	120

SCIENTIFIC PUBLISHERS (INDIA), Web.: www.scientificpub.com